# L'ESPRIT

# DES BÊTES

## ZOOLOGIE PASSIONNELLE

## MAMMIFÈRES DE FRANCE

### Par A. TOUSSENEL

Auteur des *Juifs Rois de l'époque.*

DEUXIÈME ÉDITION

AUGMENTÉE DE DEUX CHAPITRES.

> Si l'on n'eût écouté que ce que Dieu
> dit à l'homme, il n'y aurait jamais eu
> qu'une religion sur la terre.
> JEAN-JACQUES.
> Ce qu'il y a de mieux dans l'homme
> c'est le chien.
> CHARLET.

## PARIS

### LIBRAIRIE PHALANSTÉRIENNE

29, QUAI VOLTAIRE.

1855

# L'ESPRIT DES BÊTES

## ZOOLOGIE PASSIONNELLE

## MAMMIFÈRES DE FRANCE

PARIS. — IMPRIMERIE L. GRIMAUX ET Cᵉ, RUE DU CROISSANT, 16.

# L'ESPRIT

# DES BÊTES

## ZOOLOGIE PASSIONNELLE

---

## MAMMIFÈRES DE FRANCE

---

### Par A. TOUSSENEL

Auteur des *Juifs Rois de l'époque*.

DEUXIÈME ÉDITION
AUGMENTÉE DE DEUX CHAPITRES.

> Si l'on n'eût écouté que ce que Dieu
> dit à l'homme, il n'y aurait jamais eu
> qu'une religion sur la terre.
> JEAN-JACQUES.
> Ce qu'il y a de mieux dans l'homme
> c'est le chien.
> CHARLET.

## PARIS

LIBRAIRIE PHALANSTÉRIENNE
29, QUAI VOLTAIRE.

1855

A MES AMIS

CHARLES BRUNIER

ET

CYPRIEN DU MOTAY.

A. Toussenel.

# AVERTISSEMENT DE L'AUTEUR.

———

Le titre de cet ouvrage dit l'esprit dans lequel il a été conçu. C'est un traité de zoologie *passionnelle*, c'est-à-dire de zoologie qui n'a pas cours à la Sorbonne. C'est aussi un traité de chasse concernant tous les animaux de France, mais où la chasse est prise à un point de vue plus élevé que d'habitude et où l'on enseigne fort peu l'art de faire le bois et de juger un dix-cors au pied ou aux fumées, un art, du reste, qui ne s'apprend pas dans des livres. C'est le résumé consciencieux et fidèle des études passionnées d'un chasseur qui, après avoir vécu trente ans et plus dans l'intimité des bêtes de son pays et avoir eu beaucoup d'agrément avec elles, a éprouvé le besoin de leur offrir un témoignage public de son estime et de sa gratitude. C'est l'œuvre d'une intelligence simple et droite, s'adressant de préférence à la femme et à l'enfant, aux cœurs simples et droits comme elle. Si quelques taches d'érudition classique maculent certaines pages de ce livre, c'est que l'auteur se sera laissé aller, sans le vouloir, à sacrifier au mauvais goût du public qui exige des preuves et refuse ridiculement le droit d'écrire à qui n'a pas tout lu. A ceux qui seraient tentés de blâmer l'outrecuidance de son style et l'amertume de ses récriminations à l'endroit de la science officielle, l'auteur répond qu'il est dû beaucoup d'indulgence à qui a beaucoup souffert; et qu'il a passé douze ans, douze ans mortels dans ce bagne odieux de l'enfance qu'on nomme le collége. Et que Dieu, en lui mettant au cœur dès l'âge le plus tendre, l'amour désordonné des oiseaux et du vagabondage, l'avait évidemment destiné à la haute mission de chasseur cosmopolite et d'explorateur du globe... et que, dès-lors, il n'est pas tenu de reconnaissance

1

envers une société marâtre qui a brisé l'essor de sa vocation glo
rieuse, pour le faire écrivain malgré lui.

Beaucoup ont écrit sur la bête, mais nul historien ne l'a encore envisagée au point de vue spécial de l'analogie passionnelle,
c'est-à-dire au point de vue de sa ressemblance morale, intellectuelle et physique avec l'homme, d'où tant de traités de zoologie
incomplets. La bête est le miroir de l'homme comme l'homme
est le miroir de Dieu. Les poètes seuls ont compris le véritable
caractère de la bête et lui ont fait tenir parfois un langage convenable. L'auteur prévient son public que le présent traité de
l'*Esprit des bêtes* a pour objet de compléter l'œuvre de la poésie
et de combler une énorme lacune de la science; pourquoi il a
jugé nécessaire de le faire précéder de quelques considérations
indispensables, concernant l'origine des bêtes et l'analogie passionnelle, ainsi que les amours des Planètes et le caractère subversif de la dernière création.

Cet ouvrage devait être le premier terme d'une série d'*Esprits
de choses*, que l'auteur se proposait de publier à de courts intervalles. De graves accidents politiques dont il n'est pas responsable, sont venus interrompre son travail. Il a dû attendre, pour y
remettre la main, un moment d'accalmie.

Le présent volume contient une exposition sommaire de l'histoire de la chasse et de l'influence de cet art sur les progrès
de l'humanité; plus, la description topographique et philosophique de la France; la nomenclature de ses bêtes à quatre
pattes, avec le portrait analogique de chacune d'elles; deux nouveaux chapitres sur les Phoques et les Cétacés; enfin un traité
complet de la chasse à courre, précédé d'une courte analyse des
voies et moyens de la vénerie française. Les volumes suivants
comprendront l'histoire analogique et cynégétique de tous les
oiseaux de France, et traiteront de la chasse au chien d'arrêt et
des divers procédés d'aviceptologie mis en usage dans la contrée
située entre le Rhin, les Pyrénées et les Alpes, l'île de Corse y
comprise. Le traité de l'*Esprit des bêtes de France* sera suivi de
l'*Esprit des bêtes d'Algérie*. Après l'*Esprit des bêtes*, viendra
l'*Esprit des fleurs*, etc.

# INTRODUCTION.

---

Discours sur l'origine des bêtes et sur l'analogie universelle.

Une seule loi régit l'univers : l'Amour. Amour est le moteur
divin, irrésistible, qui attire la Terre vers le Soleil, l'amant vers
sa maîtresse, la sève vers l'extrémité des rameaux, la molécule
métallique soi-disant insensible vers la molécule de même nature.
Que cette puissance s'appelle Amour, Attraction, Affinité moléculaire, le nom ne fait rien à la chose : elle est une ; c'est le principe universel de mouvement et de vie ; c'est la force venant d'en
haut et à laquelle cèdent avec entraînement tous les êtres créés.
Les sages ont appelé cette puissance *passion*, du mot latin *pati*,
qui veut dire *subir*, pour exprimer l'idée de la passivité de
l'homme et de son obéissance forcée à la loi supérieure. J'accepte
l'expression parce qu'elle est juste et parce que je ne veux pas
m'occuper, pour le moment, de la flétrissure qu'ont vainement
tenté d'accoler à cette expression les cuistres et les sots.

La passion, principe du mouvement universel, est le verbe
éternel par lequel Dieu fait entendre à toutes ses créations sa
volonté et sa loi. La passion est la *révélation permanente* de la
volonté de Dieu, et il n'y en a point d'autre. Elle pousse l'homme
au Bonheur. Le Bonheur, c'est, pour chaque être, l'essor intégral et continu de toutes ses facultés, de toutes ses attractions
naturelles. L'être créé est heureux, quand il est dans la voie de
sa destinée. La liberté, qui est le moyen du bonheur, est l'obéissance à la loi d'attraction. Le satellite est infiniment persuadé
qu'il ne fait que suivre sa propre volonté lorsqu'il parcourt l'orbite que lui a assignée l'attraction. L'amant non plus ne fait *que
ce qu'il veut*, quand il obéit aveuglément aux caprices de sa sou-

veraine. C'est pour cela que le peuple des amoureux est le seul qui mérite le beau nom de peuple libre, comme étant le seul qui obéisse au gouvernement de son choix.

Dieu a proportionné les attractions aux destinées des êtres; et pour guider ses créatures vers le pôle de cette destinée, il leur a donné une double boussole, le Plaisir, qui leur indique qu'elles sont dans la bonne voie, et la Douleur, qui les avertit qu'elles s'en écartent.

Les cieux proclament la sainteté de la passion et instruisent la Terre à révérer l'Amour, dont la puissance emporte la Planète à travers les espaces et dessine l'ellipse symbolique autour du foyer d'attraction, et fait éclater l'allégresse à la surface des globes, quand ils émergent des ténèbres pour se baigner aux flots de l'océan de lumière.

Les poètes, qui comprennent Dieu à demi mot, ont comparé l'Aurore qui teint l'Orient de rose et dissipe la nuit, au sourire radieux de la beauté qui chasse les soucis du cœur et promet un beau jour. Les poètes ont bien dit.

En effet, comme l'amant qui se pare de ses plus beaux habits et lisse ses cheveux et parfume son langage pour la visite d'amour, ainsi, chaque matin la Terre revêt ses plus riches atours pour courir au-devant des rayons de l'astre aimé, et déploie, pour lui plaire, un luxe extravagant... C'est le même feu d'amour qui fait miroiter à cette heure les diamants de la robe humide des prairies et qui allume les fournaises d'or du ciel; c'est le même besoin d'aimer qui réveille sous la feuillée les mélodieux ramages et fait s'entr'ouvrir les corolles embaumées des fleurs pour boire les arômes de lumière et secouer dans les airs leurs cassolettes d'encens.

Fleurs et moissons, parfums et chants joyeux éclosent au souffle d'amour. Ces allégresses sans fin, ces ineffables harmonies qui s'éveillent du sein de la nature endormie, au premier baiser du soleil, chantent le mot d'amour. « Dieu est un, disent-elles, et l'amour est son prophète. »

Heureuse, trois fois heureuse la Terre, que pas un concile sidéral n'ait encore lancé l'anathème contre l'immoralité des baisers du Soleil! Car la fausse morale qui régit l'humanité de la Terre a fait la part de félicité plus large au végétal et au minéral qu'à l'homme; elle n'a pas interdit aux végétaux ni aux minéraux d'aimer. Car, il faut bien l'avouer à la honte de cette humanité, il y a eu dans son sein de faux docteurs et de fausses religions pour diffamer et anathématiser l'amour, en dépit des certificats du bon Dieu et des glorifications du Soleil. Il y a eu, il y a encore d'odieux imposteurs qui soutiennent que la passion est un piége, un piége que Dieu nous tend. Il y a des prêtres qui se disent pieux et qui enseignent que le spectacle de nos souffrances est particulièrement agréable à ce Dieu, lequel n'aurait pas de plus grand bonheur que de tantaliser ses pauvres créatures et de leur jouer des niches infernales; à ce point que les fidèles de ce soi-disant Dieu bon se seraient vus dans l'obligation de le supplier tous les jours *de ne pas les induire en tentation.* Les prêtres juifs racontent qu'il était une fois un Dieu de *justice* et de *clémence* (qu'ils appellent Sabaoth) qui avait commandé à un père de lui égorger son fils en témoignage de sa foi, et qui avait attendu que le couteau paternel fût sur la gorge de la victime, pour crier au sacrificateur d'arrêter... Comme s'il était supposable qu'un Dieu un peu humain pût se livrer à d'aussi déplorables plaisanteries; comme s'il était possible qu'un Dieu qui se respecte, irait commencer par prescrire à un père de chérir son enfant de toutes les puissances de son âme, pour le forcer de l'égorger après! Une autre fois, d'après les mêmes narrateurs, c'était le Soleil que ce même Sabaoth arrêtait sur les murs d'une méchante bicoque de Palestine, pour procurer aux bourreaux qui en faisaient le siége la faveur de quelques minutes de boucherie de plus! Comme si un Dieu pouvait arrêter le soleil sans arrêter le temps et sans s'arrêter lui-même. Ah! je sais tout ce qu'il faut passer de folies à l'humaine misère; et que le prêtre qui a ses passions à nourrir doit vivre de l'autel; je sais qu'il n'y a que les dieux méchants qui rapportent et qui vaillent conséquemment la peine d'être servis; mais je n'en dis pas moins que ce dogme du Dieu tentateur est la folie la plus déshonorante qui ait trouvé place dans le cerveau de l'homme, l'injure la plus grave que celui ci ait faite à la divinité.

Qu'était-ce cependant que cette doctrine monstrueuse d'un Dieu, Suprême ordonnateur des mondes, d'un Dieu qui a ses tourbillons et ses univers à conduire et qui s'amuse à tenter des hommes, en un tout petit coin d'une toute petite planète, perdue dans l'immensité de l'espace et non encore découverte par les astres les plus voisins? C'était la conclusion fatale et rigoureuse du dogme de l'indignité de la passion. Il fallait bien, en effet, commencer par s'insurger contre la loi de Dieu, contre la loi de justice et d'amour, pour fonder le règne de l'oppression et de la contrainte. Il fallait que la fausse morale eût excommunié préalablement la passion, pour qu'un moraliste anglican osât écrire que le droit de s'asseoir au banquet de la vie n'appartient qu'au fils du riche, ainsi que le droit d'amour et de paternité.

C'est-à-dire que la fausse morale, en dégradant la passion, a destitué Dieu de son grade de chef du mouvement pivotal, qui est le mouvement passionnel. Devons-nous tolérer de telles infractions à l'ordre suprême? je ne le pense pas.

Or, joignez-vous à moi, âmes saintes et charitables qu'embrâse l'esprit de Dieu, vous toutes, vous toutes surtout, nobles et généreuses filles d'Ève, à qui Dieu n'accorda la beauté et le don de séduire que pour maintenir le cœur de l'homme en puissance de passion. Joignez-vous intimement à moi pour faire justice du dogme odieux de l'indignité de la passion sur lequel les imposteurs et les tyrans ont érigé, depuis six mille ans, leurs régimes de torture; et procédons au plus vite à la réhabilitation de l'amour, de l'amour dont la cause est la vôtre autant que celle de Dieu, est la cause du bonheur et de la liberté humaine. La réhabilitation de la passion est le commencement de la sagesse, est la première étape de la route d'harmonie. L'amour, c'est la colonne de feu qui doit guider vers la terre promise la pauvre humanité aujourd'hui égarée, altérée et errante au désert des sociétés limbiques. Relevez-vous avec moi, filles d'Ève aux cheveux soyeux, blonds ou noirs, prêtresses nées de la loi d'amour, relevez-vous pour dire de votre voix, si douce au cœur de l'homme, pour dire avec les fleurs, les oiseaux et les astres : Dieu est bon.

Eh! sans doute, Dieu est bon, quoi qu'en disent ses ministres, et s'il est bon, il n'aime pas le carnage et le sang dont il nous inspire l'horreur, et ceux qui lui chantent des *Te Deum* pour le remercier d'avoir favorisé leurs armes, le calomnient et l'insultent. Il est notre père ; et alors il est tenu de vouloir notre bonheur, puisque c'est sa loi même qui veut que les pères travaillent au bonheur de leurs fils. Il est juste, et par conséquent *chacun des désirs qu'il nous donne est une promesse qu'il nous fait.* Par exemple, s'il n'avait pas voulu qne nous fussions immortels, il ne nous aurait pas donné envie de l'être; il nous aurait donné attraction pour l'idée du néant. L'un ne lui coûtait pas plus que l'autre. La meilleure preuve de notre immortalité est le besoin que nous avons d'y croire. Il faut ici, en effet, de deux choses l'une : ou que nous soyons immortels suivant notre désir, ou, dans le cas contraire, que Dieu, qui nous a mis ce désir au cœur, *sans y être forcé*, soit un être souverainement insidieux et méchant. Or, cette dernière hypothèse ne saurait trouver accès que dans un cerveau détraqué. En vérité, en vérité, je vous le dis, il a été écrit bien des milliers de volumes en faveur de l'immortalité de l'âme qui n'en apprennent pas autant sur ce sujet consolateur que l'immortelle formule *des attractions proportionnelles aux destinées*, traduction littérale des trois mots : Dieu est bon !

Ainsi, le mouvement passionnel est le mouvement pivotal de la mécanique céleste, et ceux qui l'ont supprimé sont des Vandales qui n'ont rien compris à la science.

Outre la *passion*, principe moteur, souffle de Dieu, deux autres principes sont en jeu dans le système de la nature : le principe passif et mu, la matière ; le principe neutre et arbitral, la mathématique; et la réunion de ces trois principes constitue le fameux principe de la trinité divine, de la trinité primordiale, qui se retrouve au fond de toutes les religions d'Asie.

A chacun de ces trois principes correspond un ordre d'essors passionnels. Au principe moteur, les essors *animiques*, les passions dites *affectives ou cardinales* fonctionnant dans l'intérêt de l'*espèce;*

Au principe passif et mu, les passions inférieures ou matérielles dites *sensitives*, fonctionnant dans l'intérêt de l'*individu;*

Au principe neutre et régulateur, les essors intellectuels, les passions dites *distributives*, fonctionnant dans l'intérêt de l'ordre.

L'ensemble de ces essors constitue la série ou gamme passionnelle. La série est le mode qu'emploie l'auteur de toutes choses pour distribuer l'harmonie. *Numeri regunt mundum*, traduction libre : *la série distribue les harmonies.*

Il y a la gamme des sons comme il y a celle des couleurs, des odeurs, des saveurs, comme il y a la gamme des planètes. Chaque terme de la série ou chaque note de la gamme a son titre passionnel qui détermine son grade et lui donne son numéro d'ordre ; mais toute série se moule sur la série passionnelle. Il y a des séries de premier degré à 7 termes, de second degré à 12, de troisième degré à 32, etc. La série planétaire du tourbillon solaire dont la Terre fait partie est une série de troisième degré à 32 termes ; toute série du tourbillon solaire qui ne compte pas ses 32 termes, est semblable à un clavier d'harmonie désemparé d'un certain nombre de notes et qui a besoin de se compléter.

Une louable émulation anime toutes les séries. Chaque série inférieure aspire au grade immédiatement supérieur. Le Soleil ne s'est jamais plaint de n'être que le pivot d'un tourbillon de troisième degré, et à voir la régularité avec laquelle il accomplit ses fonctions de foyer général de vie et de lumière, on pourrait croire que son travail quotidien a pour lui un grand charme. Cependant ceux qui lisent au fond de sa pensée la plus secrète savent parfaitement que le plus grand bonheur du Soleil serait de passer pivot de tourbillon de quatrième puissance à la prochaine promotion. Après cette consécration éclatante de la légitimité de l'aspiration ambitieuse, que dire de la sottise de ces braves gens de philoso-phes qui s'en vont répétant sans cessse que le propre de la sagesse est de modérer ses désirs... Mais hâtons-nous d'arriver à un autre ordre d'idées.

Toute création est une manifestation de la puissance génératrice d'une planète qui tend à parfaire son mobilier animal, végétal ou minéral, conformément aux lois de la série. Les planètes, qui sont des êtres supérieurs à l'homme, sont androgynes, c'est-à-dire qu'elles ont la faculté de créer par la simple fusion de leurs propres arômes. Elles usent assez rarement de cette faculté.

En général, la fécondation des germes contenus dans leur sein s'opère par échange et communication d'arômes avec les autres planètes au moyen des cordons aromaux dont chaque astre est pourvu.

Les planètes ont de grands devoirs à remplir, comme citoyennes d'un tourbillon d'abord, comme mères de famille ensuite. Aussi l'étude attentive de leurs faits et gestes les représente-t-elle incessamment occupées à modifier, à perfectionner, à compléter de ci de là chez l'une et chez l'autre les moules existants. « Les planètes, a écrit un homme d'un profond génie, sont des fermiers qui travaillent pour nous payer tribut. » Le suprême bonheur des astres est de produire et de manifester leur puissance. Une des grandes causes du refroidissement de la majeure partie des astres du tourbillon pour la Terre, vient des entraves involontaires apportées par celle-ci à l'expansion de cette puissance créatrice, mais n'anticipons pas sur un sujet douloureux que nous aurons à reprendre plus tard. J'ai ouï dire que certaines planètes avaient, en matière de moule, des imaginations d'une excentricité adorable. M. Leverrier me prendrait probablement pour un calomniateur, si je lui racontais tout ce que je sais de la bizarrerie des idées de *sa* planète, que M. Comte appelle une planète *subjective*.

La puissance aromale des planètes ne dépend nullement de leur masse, mais bien du titre de leurs arômes. La Terre, qui est 1,400 fois plus petite que Jupiter, est réservoir d'arômes tout aussi important, plus important peut-être que cet énorme globe. On saura pourquoi tout à l'heure.

Chaque planète possède son arôme typique, son titre passionnel spécial, dont tous ses produits sont signés. « Tout ce que la Terre engendre est conforme à la Terre, » dit avec justesse Hippocrate. Or, chaque création portant sa marque de fabrique, il ne s'agit plus que de connaître le titre passionnel de chaque planète pour avoir la clef de la classification universelle des êtres, c'est-à-dire de la classification universelle des sciences. L'étude du titre passionnel des planètes est plus facile qu'on ne pense et présente plus de charmes que de difficultés.

Chaque création astrale se résume, en effet, dans un type, dans un être pivotal, un être roi qui résume lui-même toutes les créations antérieures de sa planète et dont le titre se reconnaît à ce qu'il est investi de la faculté de créer et de collaborer avec Dieu.

Cet être roi, cet être pivotal sera l'homme pour la planète Terre. L'homme est, en effet, le type supérieur de la création terrestre, le résumé complet de toutes les créations antérieures de son globe. Avant de s'arrêter à la forme humaine dans le sein de sa mère, *l'homme a passé par toutes les formes inférieures de l'animalité.* L'homme est un monde en petit dont le cerveau réfléchit l'univers et Dieu.

Etudions l'homme, et l'histoire de l'homme nous donnera celle des bêtes que nous cherchons, et celle des fleurs, et celle de tous les règnes que nous ne cherchons pas, car Dieu est un, et l'homme étant roi sur son globe, tout le reste des êtres créés sur ce globe doit se modeler sur lui, en vertu du principe d'unité. *Totus ad exemplar regis componitur orbis.*

La science des rapports de l'homme avec les choses créées a nom l'Analogie passionnelle ; ce n'est pas une science, c'est la SCIENCE, c'est-à-dire la science pivotale qui embrasse toutes les autres. L'analogie est le fil d'Ariane qui guide l'intelligence humaine à travers les dédales les plus compliqués de la nature. Elle ne date pas d'hier, car elle est vieille comme la métaphore, comme le langage humain, comme la poudre à canon. C'est elle qui donna autrefois à Œdipe le mot d'un rébus trop fameux et poussa le Sphinx au suicide.

Le peuple grec qui n'a dû sa supériorité artistique et intellectuelle sur les autres qu'à sa force en analogie, avait pressenti le rapport des passions de l'homme avec l'ordre des choses créées, quand il avait inscrit au fronton du temple de Delphes la formule γνῶτι σεαυτόν.

*Connais-toi toi-même !* C'est-à dire analyse ton corps et ton âme et tu tiendras la clef de tous les mystères de la nature. Le secret de l'univers est tout entier, en effet, dans la formule de la sagesse antique.

La science moderne sait l'homme ; elle l'a complètement analysé au moral et au physique ; elle l'a disséqué dans son intelligence et dans sa chair ; elle est donc armée du moyen de peser le firmament et de scruter l'âme des globes.

L'homme est le roi de la planète Terre et le collaborateur de Dieu à qui il est identique en substance. Si l'homme n'était pas identique en substance à Dieu, il ne le comprendrait pas, et sa raison n'aurait pas la force de le mettre en rapport avec l'ordre éternel, avec les mondes visibles et les mondes invisibles.

L'homme crée à l'instar de Dieu. Son domaine s'appelle l'Art, par opposition à la Nature, qui est le domaine de la création planétaire. La nature ébauche, l'art polit. La nature donne le marbre, l'art en fait des statues plus belles que nature et dans lesquelles il incarne l'idéal. Dieu fait le sauvageon, l'homme le greffe, et, par des procédés à lui, métamorphose l'âpre poire sauvage en beurré savoureux. La pêche de Montreuil et la rose des peintres qui ne ressemblent en rien à leurs types originels et qui sont beaucoup plus belles aussi que nature, sont des créations dont tout l'honneur revient à l'homme. Le blé lui-même est une création humaine. Ne craignons pas de rendre à l'homme ce qui appartient à l'homme. Dieu n'a jamais été jaloux de la gloire de l'homme, au contraire, puisque c'est lui qui a mis au cerveau de l'homme le désir de s'illustrer et de s'enrichir en créant. L'homme a la passion de créer comme la planète, et le bonheur qu'il éprouve à créer est proportionnel à l'importance de son œuvre.

L'homme est mieux qu'une intelligence servie par des organes ; car la trop célèbre définition de M. de Bonald s'applique à mon chien Castagno, tout aussi bien qu'à moi et même mieux qu'à moi dans une foule de circonstances, notamment dans la quête du faisan au fourré, où l'intelligence de Castagno est servie par un nez et des pattes que mes organes ne sauraient se flatter d'égaler.

Cependant, sans vouloir ravaler l'intelligence de Castagno au-dessous de ses mérites, j'ai le droit de dire que son intelligence est bornée comparativement à la mienne, attendu qu'elle ne s'exerce pas au-delà de la vie animale. C'est pour cela qu'on l'a appelée *instinct*, afin de la distinguer de l'intelligence de l'homme, qui s'appelle la *raison*. — L'homme est un animal doué de raison, a écrit Cicéron, *ratione prœditum.*

Et autant l'homme est supérieur à la bête par l'intelligence, autant il lui est généralement inférieur pour la vigueur des muscles et la subtilité des sens ; ce qui tue d'emblée la doctrine des matérialistes qui prétendent que la pensée ne peut naître que des sens. L'homme est le roi légitime de la Terre, et la bête a été créée et mise au monde pour l'aimer et le servir.

L'homme est un clavier passionnel à 32 touches, une série de troisième degré, comme la série planétaire. Mais ce clavier, par malheur, ne fonctionne le plus souvent que comme un simple clavier à 12 touches, comme une série de deuxième degré. Douze est le nombre d'harmonie *simple*, et TRENTE-DEUX le nombre d'harmonie *composée*. Le clavier personnel de l'homme est un clavier momentanément éclipsé. De tous les sens de l'homme, en effet, un seul, le sens auditif, possède son clavier complet de 32 notes. Toute série de 32 termes comprend 24 notes de gamme ou d'octave, 12 en majeur, 12 en mineur, 4 notes de transition ou ambiguës et 4 sous-pivotales.

Pourquoi la série humaine en est-elle si souvent réduite au jeu de la série de second degré (12 termes), et plus bas encore, au jeu de la série de premier degré (7 termes)? Demandez-le à la Terre qui a engendré l'homme et qui l'a fait nécessairement à son image, comme dit Hippocrate.

L'homme est le produit d'une création *hongrée*, c'est-à-dire interrompue dans son plus beau moment. L'homme est le dernier né d'un globe déchu, dont tous les règnes sont marqués du sceau de lacune et d'avortement. L'homme est le roi d'une planète, mais d'une planète *en quarantaine*, d'une planète quasi-mise au ban de son tourbillon pour cause d'infirmité contagieuse et qui traîne à sa suite un cadavre immonde de satellite, quand elle devrait marcher escortée d'un glorieux cortége de cinq lunes vivantes. On comprend que, dans de telles conditions d'existence, Dieu y ait regardé à deux fois avant d'accorder à l'homme de la Terre, comme à celui de Saturne ou de Jupiter, le libre et plein essor de son clavier harmonien, et qu'il ait jugé à propos de réduire, pour le grand nombre des cas, le clavier passionnel du roi de la Terre à un nombre de touches inférieur. En agissant ainsi, le suprême ordonnateur des choses a proportionné sagement les attractions de l'homme à ses destinées temporaires. Ne blâmons pas l'Eternel de sa parcimonie ; l'humanité terrestre d'aujourd'hui a bien assez de ses douze passions, puisqu'elle en a encore plus qu'elle n'en peut nourrir. Le point important, c'est que la puissance du levier passionnel qui nous reste suffise pour nous stimuler à réagir contre notre misère actuelle, et à nous préparer un plus doux avenir.

Avant de passer au douloureux récit des malheurs de la Terre et de la Chute, avant d'expliquer le pourquoi des horreurs de la création dernière, que j'en finisse avec l'exposition de la gamme passionnelle de l'homme.

La gamme ou série passionnelle de l'homme se compose essentiellement de 12 notes radicales, en jeu double. Ces 12 notes sont divisées en trois groupes, comme toute série à 32 termes.

1° Le groupe des passions *cardinales* ou *affectives*, correspondant au principe moteur, et qu'on pourrait appeler les grands ressorts du cœur humain. Ces passions cardinales sont au nombre de 4, l'Amitié, l'Amour, le Familisme, l'Ambition.

2° Le groupe des passions *sensitives*, correspondant à la matière, et dont le nombre est nécessairement fixé par celui des cinq sens.

3° Enfin, le groupe des passions *distributives*, correspondant au principe neutre ou régulateur. Les passions distributives, au nombre de 3, sont chargées de diriger le jeu du clavier général, de régler les accords et les discords des autres passions. Elles portent les noms suivants, tirés de leur emploi : *Cabaliste*, fougue *réfléchie*, passion de l'émulation et de l'intrigue ; *Composite*, enthousiasme, fougue *aveugle*, passion des accords ; *Papillonne* ou *Alternante*, passion du changement, soutien du charme et préservatif de l'ennui qui naît de l'uniformité.

L'essor des passions cardinales ou affectives tend au *Groupe*, groupe de famille, groupe d'amour ; celui des sensitives ou matérielles au *Luxe*, luxe *interne* (santé), luxe *externe* (richesse) ; celui des distributives à la *Série*, qui distribue les harmonies.

Les passions cardinales ont deux claviers ou deux modes, comme la série, mode *majeur*, mode *mineur*. Le mode majeur comprend les deux passions chez lesquelles l'essor spirituel l'emporte sur l'essor matériel, Ambition et Amitié; le mode mineur, les deux passions chez lesquelles l'essor matériel domine l'essor spirituel, Amour et Familisme. L'Ambition est dite cardinale *hypermajeure*, l'Amour, cardinale *hypermineure*; l'Amitié, *hypomajeure*, le Familisme, *hypomineure*. Le mode majeur module par nombres impairs, 7 et 5; le mode mineur, par nombres pairs, 8 et 4. Ces détails, qui n'ont l'air de rien, sont d'une importance immense dans l'étude du mouvement passionnel.

Toutes les passions de l'homme se confondent et se résument en une seule passion pivotale ou foyère, dite *Unitéisme* ou passion d'unité, sentiment religieux. Ainsi, toutes les couleurs du prisme s'unissent pour former la couleur blanche, couleur d'unitéisme.

Le clavier passionnel planétaire correspond exactement au clavier passionnel humain, et la série des astres est en parfait rapport de titres et de nombre avec la série des passions humaines. Les principales pièces de la charpente sidérale portent les mêmes noms que celles de la charpente humaine; seulement, le jeu en est toujours double ou plutôt composé; tandis que le jeu des passions humaines n'est que simple, la moitié du temps.

Le clavier planétaire se compose aussi de douze touches radicales, en majeur et en mineur, divisées aussi en trois groupes comme les touches du clavier humain.

Le clavier sidéral étale au grand complet toutes les pièces de son double jeu. Gamme majeure: 12 satellites, 7 à Saturne, cardinale d'Ambition, 5 à la Terre, cardinale d'Amitié. Gamme mineure: même nombre de satellites, 8 à Herschell, cardinale d'Amour, 4 à Jupiter, cardinale de Familisme.

24 satellites, plus les 4 sous-pivots ou cardinales : Saturne, Herschell, la Terre, Jupiter : 28; plus les 4 ambiguës : Protée, Sapho, Vénus, Mars, en tout 32 planètes, la série de troisième puissance avec le Soleil, pour pivot ou foyer général d'arômes.

Je sais bien que les astronomes de l'Institut ne sont pas d'accord avec moi sur le chiffre normal de 32 planètes, et qu'ils contestent les huit satellites d'Herschell comme les cinq de la Terre ; mais je n'ai point à me préoccuper de ces contestations plus ou moins vétilleuses. D'abord, un Institut qui aurait la moindre notion d'astronomie passionnelle, comprendrait à première vue qu'une planète cardinale d'amour ne peut pas s'accommoder d'un cortége de quatre ni de six lunes, attendu que l'amour ne peut rien avoir à démêler avec ces deux chiffres. Ensuite, il me suffit que le télescope de l'analogie ait découvert les huit satellites, pour que je regarde comme non avenues les protestations de quelques méchants télescopes d'observatoire affligés de myopie, et je réfute ces protestations par cette simple réplique. L'analogie avait annoncé la planète Leverrier (Sapho) avant la naissance de cet astronome. Quant aux cinq satellites de la Terre, je ne nie pas la force de l'objection. La Terre n'a pas un cortége de cinq satellites, c'est vrai, mais elle pourrait l'avoir : la preuve, c'est qu'elle l'a eu.

Je ferai remarquer en passant l'inconvenance et l'impropriété des noms assignés par la science civilisée aux astres du tourbillon solaire. Cette inconvenance de termes semble même avoir été poussée jusqu'au voisinage de l'injure dans la dénomination de la planète cardinale d'Amour, qu'ils ont affublée d'un nom d'homme. Un nom d'homme à une cardinale d'Amour ! voilà une de ces balourdises qui suffisent à donner une idée du désordre qui trouble les esprits de notre pauvre humanité. Comme les Grecs comprenaient mieux que nous les délicatesses du langage et les égards dus au sexe mineur, eux qui nommaient d'un nom de femme toute noble abstraction, toute vertu, et qui avaient féminisé jusqu'à la divinité de la guerre !

Une anomalie étrange, et qui constate l'état d'imperfection, de non achèvement de l'homme, et les lacunes de son organisation, c'est que tel de ses sens, comme le sens auditif, possède son clavier complet, son clavier de 32 touches, tandis que le sens de la vue ne jouit que d'un clavier de 7 à 12 touches, tandis que les autres sens présentent à peine des rudiments de la hiérarchie sériaire.

Le clavier musical, le clavier de l'oreille, est en effet complet chez l'homme ; il a ses 32 notes aux 12 titres passionnels, ses deux gammes majeure et mineure de 12 notes chacune, appuyées de leurs 4 notes sous-pivotales et de leurs notes de transitions ou ambiguës. Le clavier musical de l'homme est en rapport parfait de titre et de nombre avec le clavier planétaire : il est facile d'y retrouver les 4 notes cardinales *ut* (amitié), *mi* (amour, *sol* (familisme), *si* (ambition); les 3 ambiguës ou distributives, *ré* (cabaliste), *fa* (papillonne), *la* (composite); les 5 sensitives, ou passions inférieures : les 5 demi-tons. Reconnaissons cependant, comme signe de la faiblesse de l'organe auditif de l'homme, que cet organe est incapable de saisir les cinq demi-tons dans la première vibration de la gamme.

Hélas ! notre œil ne perçoit pas même douze couleurs dans le spectre solaire, bien qu'elles y soient et au-delà. Nous ne saisissons que sept rayons, les rayons correspondant aux quatre passions cardinales et aux trois distributives : violet (amitié), indigo (cabaliste), bleu (amour), vert (papillonne), jaune (familisme), orangé (composite), rouge (ambition). Notre atmosphère viciée n'intercepte pas seulement les cinq demi-couleurs analogues aux cinq demi-tons de la gamme musicale et aux cinq sensitives ; elle nous enlève la perception absolue du clavier mineur.

Une seule observation suffit pour démontrer l'imperfection du sens de la vue chez l'homme. L'homme est le seul être animé de sa planète qui ne puisse regarder fixement le soleil. Les hiboux, que le trop grand jour offusque, ont une compensation qui manque à l'homme, la faculté d'y voir pendant la nuit ; s'ils n'ont pas la vue *cosolaire*, ils ont au moins la vue *conocturne*. Ovide a raison d'affirmer que Dieu a donné à l'homme un visage sublime, *os sublime*, et qu'il lui a commandé de regarder le ciel. Seulement sa définition s'applique à l'homme normal, à l'homme d'harmonie, et non pas à l'homme de la civilisation, qui ne peut regarder le soleil en face. Les animaux, qui savent ce défaut à leur maitre, aiment à l'en plaisanter. Un coq qui s'aperçoit que vous vous occupez de lui ne manque jamais de tourner la tête de côté pour darder son regard dans le soleil, et comme pour vous dire, dans son langage ironique : Roi de la Terre, tâche donc d'en faire autant.

La gamme des saveurs et des odeurs et la gamme du sens pivotal, le tact, sont à peine ébauchées chez l'homme. Il est douloureux de penser que les choses ne se passent pas ainsi pour les hommes des autres planètes. Dans tous les globes parvenus à l'état d'harmonie, l'homme perçoit distinctement 32 couleurs dans le spectre solaire ; il est pourvu, en outre, d'un clavier réglé pour les sens du goût, de l'odorat et du tact. Le jeu varié de ces nouveaux clavecins multiplie les jouissances et les voluptés de l'harmonien dans des proportions infinies, incroyables, et telles que l'imagination du civilisé ne saurait toucher à ces calculs sans se gonfler immédiatement d'un profond sentiment d'envie. Pauvres Terriens, quand donc pourrons-nous, à notre tour, inspirer ce sentiment d'envie, après avoir si longtemps inspiré la pitié !

La faculté de percevoir les arômes pivotaux ou cardinaux est proportionnelle d'ailleurs au titre passionnel des espèces : ainsi, il est plus que probable que nous dépassons en facultés de perception visuelle composée tous les animaux de la terre. Tout porte à croire que l'homme, en raison de sa consubstantialité avec Dieu, est le seul être ici-bas qui perçoive la couleur blanche ou d'unitéisme. A ce compte, le levrier serait forcé de voir le lièvre en violet, et l'alouette le soleil en jaune. Castagno, mon chien braque, que j'ai consulté plus d'une fois sur cette question d'optique, m'a toujours répondu d'une manière évasive.

Au surplus, toutes les aspirations de l'homme le poussent vers la série de troisième degré ; l'ambition d'arriver en plein clavier harmonique éclate dans toutes ses manifestations. Les premières combinaisons de ses douze passions radicales engendrent d'emblée les 32 principaux caractères humains, ou dominantes caractérielles, servant à distinguer les individus et à les distribuer en groupes et en séries. D'immenses calculs qu'on trouvera tout faits ailleurs portent à 810, pour le clavier majeur et à un même nombre pour le mineur, le chiffre des combinaisons caractérielles nécessaires pour assurer le jeu régulier d'une société alvéolaire (commune). Le clavier dentaire de l'homme qui n'offre que 28 touches chez l'enfant, en a 32 chez l'adulte. Ces dents sont disposées en ordre mineur par groupes pairs de 8 et 4 avec l'os

2

hyoïde pour pivot. Le clavier pectoral compte également 32 touches appelées les côtes et les demi-côtes, mais distribuées par
7 et 5 selon le mode majeur, et se ralliant sur le pivot du sternum. Ainsi des doigts et des vertèbres ; là où existent les organes doubles et symétriques se rencontre le nombre 32, nombre
pivotal de l'harmonie composée pour tous les globes du tourbillon
solaire. Au nombre de 32 sont les cœurs de la phalange et les races humaines, et les cartes du jeu de piquet et les soldats du jeu
d'échecs. Le jeu de piquet et le jeu d'échecs, qui pivotent sur le
nombre 32, sont certainement deux des plus admirables inventions de l'esprit humain, et qui démontrent invinciblement par
la récréation qu'elles procurent à l'homme, qu'il n'est pas pour
celui-ci de combinaison harmonique possible hors du nombre 32.
Le jeu de dominos, qui n'a que 28 pièces, est au jeu de piquet ce
que le clavier dentaire de l'enfant qui n'a que 28 touches, est à
celui de l'homme fait qui en a 32. Le jeu de dames, qui a 40 pièces, c'est-à-dire 8 de plus que le jeu d'échecs, n'en est pas moins
mille fois plus pauvre en combinaisons et en ressources que celui-ci, nouvelle preuve, déjà donnée par le clavier musical du
reste, que le nombre 32 est le véritable terme d'harmonie composée. L'alphabet de la langue universelle du tourbillon solaire se
compose de 32 caractères.

Conclusion douloureuse, et que j'ai vainement éludée jusqu'ici ! Le Civilisé, l'homme actuel de la Terre est à l'Harmonien
comme 12 est à 32, c'est-à-dire comme l'addition est à la multiplication ; car le nombre 32 est le *produit* de la multiplication de
8 par 4, du premier cube par le premier carré ; tandis que le nombre 12 n'est que la *somme* de ces deux chiffres.

Le Civilisé, au lieu d'être un *produit*, n'est qu'un simple
*total !*

Le Civilisé, au lieu d'être un jeu d'échecs, n'est qu'un jeu de
dominos !

Beaucoup de personnes qui ne sont pas familiarisées avec l'é-
tude de l'arithmétique passionnelle s'affligeront médiocrement de
ce résultat. J'envie leur ignorance.

Cette rapide exposition de la série passionnelle terminée, il nous faut aborder le récit des malheurs de la Terre, et dire les causes de l'avortement de la création dernière et des lacunes qui déshonorent les claviers de ses divers règnes. S'il est vrai que la bête ait été créée pour aimer l'homme et le servir, l'histoire doit nous apprendre pourquoi il existe une foule d'animaux comme le requin et le tigre, comme le cousin et la puce, qui dévorent leur monarque au lieu de le servir. Le sujet est poignant et douloureux sans doute, et je ne l'entame pas sans une extrême répugnance, mais le moyen d'écrire une histoire consciencieuse des bêtes, sans la faire précéder d'une notice abrégée sur la création !

Nul ne sait ce que la Terre a vécu de siècles à l'état de comète. D'abord les foyers de tourbillons conservent seuls dans leurs annales le souvenir de ces époques primitives des astres qu'ils ont implanés, comme les mères conservent seules le souvenir des premiers pas de leurs enfants. Or, la Terre n'étant pas encore en communication télégraphique avec les hautes puissances sidérales, on ne voit pas où elle aurait pu puiser sur ce sujet des documents certains. L'opinion la plus accréditée a fixé à 15,000 années la durée de l'existence *cométale* de cette planète ; je ne prends pas sur moi de garantir l'exactitude rigoureuse de ce chiffre. On sait du reste le mode d'existence de ces astres chevelus qui sont les embryons des globes et nous apparaissent sous forme de noyaux de vapeurs embrasées qui s'élancent dans l'espace d'une course désordonnée et décrivent des ellipses d'une maigreur inouïe dont les années sont des siècles. L'année est la révolution complète d'un astre quelconque autour de son pivot. Les comètes, qu'on n'a pas encore suffisamment étudiées, sous le rapport moral, sont la corporation vestalique du firmament. Une comète est une vierge farouche, hostile aux relations d'amour et qui ne cède qu'à la dernière extrémité à la puissance d'attraction de quelque astre pivotal qui la force à *s'implaner*, c'est à-dire à s'ajuster au clavier sidéral de quelque tourbillon malheureux en quête d'une note absente. On voit alors l'orbite quasi-rectiligne de la rebelle s'infléchir peu à peu, s'adoucir, adopter la courbe elliptique des planètes, courbe d'amour aux deux foyers convergents ; puis ses vapeurs de feu se condensent graduellement sous la double pression de l'attraction moléculaire et du refroidissement, en masses métalliques, cerclées d'une atmosphère humide, mère des océans; puis vient l'éclosion de la vie végétale des algues, puis celle des palmiers où déjà l'amour a ses sexes, où les lèvres humides du stigmate sollicitent déjà les baisers de l'étamine, mais où l'étamine est obligée encore d'emprunter les ailes de la brise pour transmettre au pistil ses amoureux messages. Après le végétal, l'animal, madrépore, poisson, saurien, oiseau, quadrupède, l'homme enfin, et en dernier lieu la femme, deuxième édition de l'homme, revue et corrigée, et considérablement embellie.

Que la Terre ait passé par toutes les phases obligées de l'enfance des mondes, c'est ce que la raison humaine ne saurait révoquer en doute. L'histoire des révolutions de la Terre est écrite en effet, et en caractères gros et lisibles, dans les stratifications de ses couches minérales, où l'on retrouve casées et étiquetées, avec ordre et par dates, les assises de ses divers règnes, et le monde des forêts (charbon fossile) et celui des sauriens gigantesques, des dragons et des chauves-souris, enfin celui des mastodontes, de l'éléphant, de l'ours, qui fut le précurseur de l'homme. Passons sur ces époques peu intéressantes pour arriver à celle où la Terre a été appelée à faire partie du tourbillon solaire, à titre de planète cardinale d'Amitié. Cette époque est peu éloignée de nous; la Terre n'est pas, comme l'a affirmé M. de Voltaire, *une vieille coquette qui cherche à cacher ses rides*, c'est, au contraire, un astre fort jeune, et la preuve, c'est que cet astre traverse en ce moment même la phase la plus douloureuse de l'enfance, la phase de la dentition. Mon Dieu oui, à l'heure qu'il est, n'en déplaise à M. de Voltaire, la Terre fait ses dents. Les dents de la Terre s'appellent l'imprimerie, la vapeur, la poudre-coton et la navigation aérienne, dont l'enfantement lui coûte tant de souffrances, mais qui sont autant d'instruments dont notre humanité doit nécessairement se servir pour transiter de la Civilisation aux phases sociales supérieures, comme l'enfant, une fois armé de ses canines dont l'éruption lui a fait tant de mal, s'en sert pour transiter de la bouillie au bifteck.

La Terre a été appelée à faire partie du tourbillon solaire en qualité de planète cardinale pendant 80,000 ans et quelque chose, et c'est tout au plus si elle atteint sa dix-millième année; ce n'est pas là certainement un grand âge pour une planète. La Terre a marché aussi vite que les autres planètes dans la voie du progrès, mais seulement, hélas! jusqu'à sa troisième création. Vers ce temps-là un désastre inouï vint briser son essor, et c'est de ce jour funeste que datent ses misères et ses religions révélées, et la rupture de ses relations amicales avec les puissances du tourbillon.

Disons, dès à présent, qu'on aurait tort de se préoccuper plus qu'il ne convient du caractère subversif des premières créations des globes; car ce caractère subversif est de nécessité. Une création est toujours en rapport avec la situation morale et les besoins de son globe. La malfaisance des espèces est la règle générale dans les créations des phases subversives ou limbiques; elle n'est plus que l'exception dans les phases harmoniques. La dernière création de la Terre, si féconde en requins, en tigres et en vipères, n'est que l'image des douleurs et de la vermine qui assiègent l'enfance humaine; mais ces créations-là sont nécessaires comme le mal pour forcer l'homme à conquérir ses glorieux destins, à force de génie et d'efforts courageux.

La loi de la série, la loi du mouvement et du progrès indéfini veulent que l'humanité réagisse sur le milieu inférieur où elle se meut, de manière à dompter le mal et à s'élever de plus en plus dans l'échelle de l'universelle hiérarchie. Et ici se trouve précisément la marque de la séparation profonde qui existe entre l'homme et la bête.

La bête obéit dès le premier jour à ses attractions spéciales; son instinct est renfermé dans de certaines limites qu'elle ne dépasse jamais; l'homme, au contraire, est poussé par des aspirations éternelles vers l'idéal de la perfectibilité; le repos pour lui c'est la mort, c'est le néant. Nous ne devons pas nous exagérer les horreurs d'une création subversive, par la raison que les créations d'harmonie ont pour objet de faire disparaître de la surface des globes toutes les espèces rebelles à l'homme et de compléter la série de toutes celles dont le concours est une condition indispensable du développement intégral de sa puissance et de sa félicité. Dieu ne fait rien d'inutile. Peut-être que l'homme n'aurait jamais ambitionné les jouissances de la propreté et du comfort sans le stimulant de la puce, de la punaise et des autres infamies qui tyrannisent ce tyran de la Terre. Aussi dit-on que la planète Saturne, qui nous a dotés de la puce, s'est donné presque autant de peine pour parfaire l'ignoble insecte parasite que pour créer le cheval , sa plus belle œuvre et son plus beau titre de gloire parmi nous.

Ce qui prouve l'extrême jeunesse de la Terre d'ailleurs, c'est le petit nombre de siècles qui se sont écoulés entre la phase de l'E-dénisme et celle que nous traversons aujourd'hui : soixante siècles au plus.

Or, l'Edénisme est la période de la vie de la planète qui corres-pond à la première phase de la vie de l'humanité. Elle s'ouvre le jour même de la naissance de l'homme. Les premiers hommes naissent adultes, les premières femmes nubiles. Les peintres qui représentent Adam et Eve avec des corps tout à fait semblables aux nôtres et ornés de la cavité ombilicale, font un anachronisme et une faute d'orthographe.

On ne concevrait pas que l'homme, dont l'enfance est si lon-gue, fût parvenu à asseoir sa domination sur ce globe, fût par-venu même à se défendre contre les périls de l'extérieur, s'il eût été jeté par ses auteurs, faible et nu, au beau milieu de la créa-tion actuelle. Aussi les planètes mères ont-elles toujours grand soin de faire coïncider l'éclosion de leurs humanités avec une ère paradisiaque au sein de laquelle celles-ci puissent se développer et grandir; grandir assez en intelligence pour comprendre la né-cessité du travail; en force physique, pour contraindre la nature avare à leur fournir leur subsistance quotidienne.

La durée de l'Edénisme, hélas ! fut trop courte pour la Terre et son humanité. Toutes les religions des peuples de la Terre re-grettent cette ère paradisiaque; ces regrets sont excusables; mais ils dénotent la faiblesse de l'intelligence de l'homme et le peu de foi qu'il a dans la bonté de son Dieu. Les yeux que Dieu ⸗ donnés à l'homme sont faits pour regarder en avant et non pas en arrière; l'homme religieux et sensé ne doit se préoccuper que de l'avenir et non pas du passé ; le fameux mot d'ordre de la France : *en avant*, doit être celui de l'humanité entière. Je ne pleure pas le bonheur de l'Eden, par la raison que j'attends mieux et que je désire plus.

En effet, ce bonheur de l'Eden dont on a tant parlé, n'était qu'un bonheur mesquin, si on le compare à celui dont nous jouirons en France et partout, quand nous aurons réalisé l'harmonie sur le globe; si on le compare à celui dont jouissent présentement les harmoniens de Saturne ou d'Herschell. C'était, si vous voulez, l'heureuse quiétude de la période d'Enfance, comparée aux voluptés enivrantes de la période d'Amour. Les Paradisiens ignoraient le luxe, et le luxe est le foyer vers lequel converge l'essor collectif des passions sensitives. Or, qu'est-ce qu'une félicité qui ne donne pas satisfaction au plein essor des sensitives ! Un jour, en Harmonie, quand nous aurons réduit le moraliste et le guerrier à l'état de mythe, les diamants, les parfums et les essences précieuses ruisselleront dans les moindres fêtes; les femmes mettront à contribution les mers et les forêts, les bêtes et les plantes, pour ajouter par la parure à la puissance de leurs charmes, dont les statues des Phidias d'aujourd'hui n'offrent qu'une pâle idée. La musique déploiera ses innombrables phalanges de chanteurs et d'exécutants pour entonner l'hymne de la prière et du travail. Dans ce temps-là, nous ne serons guère éloignés de confondre dans nos obscurs souvenirs le séjour du paradis terrestre avec celui de la Sibérie et de l'Irlande, où les pauvres travailleurs mouraient de faim par milliers.

Les historiens dits religieux qui se sont chargés de transmettre aux générations postérieures le tableau des délices de la vie paradisiaque, ont abusé ici comme toujours du droit de calomnier Dieu. Ils ont écrit que ce Dieu avait commandé à ses créatures de *croître* et de *multiplier*, c'est-à-dire qu'il leur avait mis au cœur un ardent besoin de connaître et de s'instruire, et puis après qu'il leur avait défendu de toucher au fruit de l'arbre de science. De telles contradictions, je le répète, sont une honte pour ceux qui les fabriquent, aussi bien que pour ceux à qui on les sert. Comme ces tristes et fastidieuses descriptions du bonheur pastoral des Paradisiens qu'on trouve dans la Genèse sont bien faites pour de grossières imaginations de juifs, de barbares ou de civilisés! Comme ils devaient s'amuser, ce monsieur et cette dame si peu vêtus, qui se promenaient tout le long du jour sans rien faire, dans un superbe parc émaillé de toutes sortes d'animaux! Quelle est édifiante la tenue de ce couple infortuné qui se tient toujours par la main et jamais par la taille! Et que j'admire la vertu de ces deux malheureuses victimes de sexe différent, qui se résignent philosophiquement à bayer aux corneilles, ce pendant que les oiseaux du voisinage se livrent en leur présence à une foule de conversations criminelles contagieuses!... Que vous semble enfin de cette femme que Dieu aurait dotée de la beauté suprême et à qui il n'aurait pas donné en même temps un admirateur pour lui dire combien elle était belle! Excusez-les, mon Dieu, car ils ne savent ce qu'ils disent!...

J'ignore de quelle pâte sont pétris les chrétiens et les chrétiennes qui regrettent encore les délices du paradis perdu, mais j'avoue n'avoir jamais bien compris qu'un homme de sens pût ambitionner la position sociale de nos premiers parents, à moins d'une passion exagérée pour l'histoire naturelle et d'une forte provision de cigares.

Le bonheur des Edéniens ne venait pas de ce que l'amour y était interdit, au contraire. Le bonheur des Edéniens était un bonheur composé, mais seulement de premier degré. Il résidait, *au passionnel*, sur la liberté illimitée d'amour, sur l'absence de préjugés (innocence), sur le droit d'*insouciance* surtout, ce droit précieux que la nature accorde à l'Enfant et au Sauvage, et qu'elle refuse au Barbare et au Civilisé. Il est difficile de faire entendre aux hommes corrompus de la phase sociale actuelle que la liberté d'amour, que la liberté du choix est la première condition de la dignité de la femme et du bonheur de l'homme. L'imagination de ces êtres profondément gangrenés de moralisme et d'hypocrisie, ne veut pas admettre la compatibilité de la liberté amoureuse et de la pudeur, charme suprême du sexe féminin et qui décuple le prix des conquêtes d'amour. Ces moralistes, qui sont pour la plupart assez vieux et très-laids, sont persuadés que si l'on émancipait en ce moment toutes les femmes, ces malheureuses viendraient se jeter à leur cou. Illusion gratuite et superlativement ridicule ! Que messieurs nos législateurs nous accordent seulement la loi du divorce, ils verront.

Au *matériel*, le bonheur des Edéniens reposait sur l'équilibre parfait de température, sur l'abondance de tous les fruits de la terre et sur l'absence du capital. L'équilibre de température fut cause que, pendant toute la durée de cette période, le rhume de cerveau et le catarrhe, sources originelles de toutes les maladies humaines, furent totalement inconnus; d'où ces exemples fréquents de longévités fabuleuses qui nous étonnent dans l'histoire de nos premiers parents. Alors la durée de la vie moyenne était de cent quarante-quatre ans, et l'on aimait encore passé quatre-vingt-dix-neuf. La taille de l'homme approchait de sept pieds, celle de la femme de cinq et demi. L'abondance des fruits que la nature, prodigue de ses dons, appendait toute seule au-dessus de la bouche de l'homme, le dispensait du travail et lui conférait l'heureux droit d'insouciance. *Le capital enfin, qui donne le droit de fainéantise et de parasitisme*, n'était pas encore inventé ; le capital n'est jamais qu'une précaution contre la misère, et ne saurait exister là où est inconnue la misère.

Équilibre de température, absence de préjugés et de capital, nature riche et prodigue, tout cela s'est presque retrouvé, hélas ! dans la Cythère de l'Océanie que découvrit Bougainville, il n'y a pas cent ans. Taïti nous offrait encore, dans le siècle dernier, un tableau de mœurs de *demi-Edénisme*, période de transition de l'Edénisme pur à la Sauvagerie, période mixte où l'homme jouit encore du droit d'insouciance, où l'on s'aime beaucoup encore, mais où l'on commence déjà à se manger un peu et à employer des moyens énergiques contre l'excès de population. A Taïti, aussi, les hommes avaient près de sept pieds, et les femmes étaient toujours jeunes. Les civilisés d'Europe nous ont déjà gâté ces îles fortunées qui inspirèrent à Jean-Jacques de si touchantes sympathies. Ils y ont introduit leur Bible et leur morale, et en moins de quatre-vingts ans, la population de Taïti a décru du chiffre de cent cinquante mille âmes à celui de dix mille ; la maladie a remplacé la santé, l'inquiétude l'insouciance, la propriété morcelée celle de la tribu ; et la richesse de la taille et la beauté de la femme ont subi une dégénérescence analogue. Encore un demi-siècle de la domination puritaine de la Grande-Bretagne, et la race poétique des Cythériens de l'Océanie est perdue. Pauvre race ! On dit que ses impitoyables persécuteurs ont bien odieusement exploité ses faiblesses ! — On dit qu'ils lui ont défendu, sous peine d'amende, d'aimer entre le lever et le coucher du soleil, — et qu'ils ont pu faire exécuter, avec le produit de ces amendes, des travaux gigantesques. Pauvre race ! car ses bourreaux ne se sont pas contentés de lui ravir l'insouciance et l'amour, ils l'ont calomniée, ils l'ont accusée d'immoralité profonde et de penchants invincibles pour le vol. Pour le vol, comme si le vol pouvait se loger là où il n'y a pas même l'idée de la propriété ! Comme si les provocantes syrènes qui s'avançaient à la nage au devant de l'escadre du navigateur européen et qui arrachaient les clous de la coque des navires pour s'en faire des colliers, avaient jamais songé à causer le moindre tort à personne ! Comme si elles n'avaient pas toujours été disposées, au contraire, à céder généreusement, en échange de ces méchants clous de cuivre, tout ce qui leur appartenait !

C'est une chose très bizarre que les principes de la propriété et de la morale n'aient jamais eu de plus chaleureux partisans que chez les peuples pillards, les peuples voleurs de profession, les peuples religieux comme l'Anglais et le Romain.

Mais les délices de la température des îles océaniennes ne sauraient donner une idée, même approximative, de la température dont jouissait la Terre dans la période Édénique.

Car, en ce temps-là, la Terre se pavanait, resplendissante d'orgueil, au milieu d'un pompeux cortège de satellites ; et la glorieuse écrasait de son luxe le pauvre Jupiter. En ce temps-là, cinq lunes l'escortaient, Mercure, Cérès, Pallas, Junon, Phœbé (la Lune), cinq lunes vives, jeunes, ardentes, douées d'une puissance énergique d'absorption et de résorption arômale et dont l'office principal était de raffiner les arômes de leur astre cardinal et de communiquer à toutes ses productions végétales une saveur exquise et des propriétés délirantes. Et ces cinq lunes brillantes et nuancées chacune d'une couleur différente, comme autant de feux de Bengale, servaient d'illumination perpétuelle à ses nuits, et donnaient à la voûte étoilée d'alors un éclat velouté, un charme religieux qu'aucune langue de poète d'aujourd'hui ne saurait rendre. Et l'astre portait au front, en signe de sa puissance, une couronne radieuse, une couronne boréale dont l'aspiration bienfaisante absorbait l'excès de calorique de la zone équatoriale, pour le répartir avec art sur la vaste surface du continent boréal où régnait la douceur d'un printemps éternel, où l'éléphant polaire se prélassait nonchalamment sur des tapis de fleurs. Et la Terre, aidée dans son travail par le concours affectueux de tous ses satellites et par celui de tous les astres du tourbillon solaire, enfantait chaque jour quelque production nouvelle, ajoutait quelque nouveau terme aux séries de ses trois règnes, animal, végétal, minéral.

J'entends des fâcheux m'interrompre pour m'objecter que ce nouvel aspect de l'existence paradisiaque n'est pas en conformité parfaite avec les idées généralement reçues dans le monde, avec les idées de la Genèse. Et que me fait à moi l'opinion de la Genèse? Je réponds que je ne connais pas de sottise humaine qui n'ait sa source dans un texte sacré, et que je ne tiens pas essentiellement à me trouver d'accord avec un livre qui fait tourner le Soleil autour de la Terre, et qui fait égorger les enfants par leurs pères. Peut-être bien, d'ailleurs, que si je tenais beaucoup à faire parler la Bible en faveur de ma thèse, je n'aurais pas besoin de fouiller-très-avant dans le livre juif pour mettre la main sur les preuves écrites de l'existence de la couronne boréale au temps de la Création. Je me suis même laissé dire à ce sujet qu'un savant naturaliste de Genève (M. de Candolle) avait réussi à démontrer l'existence du phénomène par l'autorité même de la Genèse. Si j'ai bien retenu maintenant ce que j'ai lu en ce livre peu moral, il doit s'y trouver un passage d'un certain Isaïe, un prophète inspiré de Dieu, qui en dit encore plus à cet égard que le naturaliste de Genève, affirmant en propres termes que quand ce *globe aurait jeté sa lèpre* (Civilisation), *la lumière de la Lune serait comme celle du Soleil, et celle du Soleil sept fois plus brillante, comme la lumière des sept journées!!*

*Et erit lux Lunœ sicut lux Solis et lux Solis septempliciter, sicut lux septem dierum* (Isaïe, ch. 30; v. 26.) On demande des autorités saintes, j'en donne.

Je sais encore que l'humanité, simple comme au jeune âge, s'est hâtée d'accueillir une explication ridicule de la Chute. Dieu m'est témoin que je ne me serais pas détourné de la route de mon récit pour m'amuser à réfuter ce conte absurde de la damnation éternelle et du fruit défendu, mais on ne peut pas raisonnablement, non plus, m'empêcher de le pousser du pied, quand je le rencontre sous mes pas. Ce que je fais.

La Chute de l'humanité, c'est le passage de la liberté à l'oppression, de la richesse à la misère, de l'insouciance à l'inquiétude, de la propriété sociale à la propriété individuelle, de l'innocence à la perfidie, de la paix à la guerre. Quelle faute opéra cette métamorphose désastreuse? Une seule, la misère.

Oui, la misère toute seule. La détérioration de la climature, *l'avènement du capital* et la double invasion de l'esprit religieux et philosophique qui ont contribué pour une si large part aux malheurs de l'espèce humaine, n'arrivent qu'en second ordre dans les causes de la dégradation de l'homme.

Il arriva qu'un jour la population de l'Eden se trouva trop nombreuse pour que la production *spontanée* du sol pût suffire à tous ses besoins, et que les hommes reconnurent la nécessité d'augmenter cette production par le travail. Mais c'est chose pénible que le travail dans l'enfance de l'humanité; car il faut d'abord que l'industrie invente et façonne ses outils; il faut que le chasseur ait obtenu préalablement le concours du chien et celui du cheval pour que le laboureur songe à entreprendre la culture. Or, les hommes, qui ne voulaient pas s'astreindre aux dures conditions du travail et qui se voyaient plus forts que les femmes, commencèrent par asservir celles-ci, et l'esclavage commença sur la Terre. Et, comme les tyrans ne manquent jamais de bonnes raisons pour justifier leurs méfaits, ils mirent le malheur de la

Chute sur le compte de la femme et la firent maudire par les Dieux. Les Dieux faits à l'image de l'homme, sont toujours de compte à demi avec les bourreaux pour calomnier les victimes; sont toujours prêts à couvrir du manteau de l'inviolabilité la sainte paresse des habiles. Ce qui n'empêche pas de dire que, puisque la chute de l'humanité a commencé par l'asservissement de la femme, l'humanité ne se relèvera que par la complète émancipation de celle-ci : exemple, le Canada.

Mais ce n'était pas assez d'avoir jeté tout un sexe en esclavage. Les femmes esclaves ne suffisant pas à nourrir de leur travail la paresse des hommes, les plus *forts* de ceux-ci se coalisèrent pour écraser les *faibles*, et ils organisèrent la caste, la caste des *paresseux*, la caste *noble*. Ils partagèrent le monde en deux catégories, les oisifs et les travailleurs, les propriétaires et les prolétaires; les *Saints*, les *élus de Dieu*, et les *réprouvés*, les *parias*. Ils s'arrogèrent *le droit de consommer sans produire*, laissant aux déshérités, aux vaincus, aux travailleurs *le droit de produire sans consommer*. Et ils eurent des prêtres et des philosophes qui moyennant une part dans leurs priviléges de paresse, déclarèrent que l'esclavage et l'exploitation du fort par le faible étaient le dernier mot de la volonté de Dieu, *la seule base possible de l'ordre et de la société*. Et tout ce qui protesta contre la volonté de Dieu, exprimée par ceux qui s'en constituaient d'eux-mêmes les interprètes, fut impitoyablement mis à mort, comme rebelle à la loi divine.

Hélas ! l'exploitation de la faiblesse par la force dure encore, quoiqu'elle ait commencé il y a 6,000 ans, et l'Arabe et le guerrier sauvage continuent de dormir et de reposer sous la tente, pendant que la femme esclave s'exténue aux rudes labeurs; et, dans un grand pays que chacun peut connaître, et qui se vante d'avoir affranchi tous ses enfants du joug du privilége, il n'y a pas longtemps qu'on naissait encore législateur de par le capital. Naissait fabricateur de la loi, quiconque avait reçu le jour d'un spéculateur compromis dans l'accaparement des farines, d'un joueur enrichi par la fourbe... Naissait sujet de la loi, mais exclu du droit de la faire, quiconque n'avait hérité de ses auteurs que talent ou vertu. On appelait cela avant 1848 égalité des droits.

Or, la planète souffrait horriblement de ces discordes intestines, de ces prétentions désordonnées de la force et du capital, et la douleur minait insensiblement sa santé, et les ravages de la maladie suivaient sur sa surface une marche parallèle à celle des ravages de la guerre. Elle continuait bien son œuvre de création avec courage, mais la vigueur lui manquait déjà pour parfaire ses races d'hommes, ce qui se reconnaît sans peine aujourd'hui aux caractères de la face des dernières races créées (Australiens) qui ressemblent trop aux quadrumanes. Et la triste lacune, fille de l'impuissance et mère du chaos, commençait à déshonorer la série.

Le déclin s'annonçait vers la fin du troisième siècle de l'ère paradisiaque. Au bout de trois autres siècles, le virus des doctrines moralistes qui prêchent la compression pour consolider le régime du capital et de l'iniquité, s'était déjà infiltré dans les veines de l'humanité; et la cardinale d'Amour, justement indignée des théories qui avaient cours ici-bas, sur le compte de sa passion rectrice, avait rompu violemment avec la Terre. Le courage de celle-ci fut moins fort que sa douleur; la langueur s'empara d'elle, et bientôt une maladie de la nature la plus pernicieuse faillit tarir dans son sein les sources de la vie. Cette maladie était par malheur contagieuse; ce que voyant les autres astres, ils s'empressèrent de suivre l'exemple de la cardinale d'Amour et d'interrompre toutes relations amicales avec la planète empestée. Cérès, Pallas, Junon s'enfuirent vers l'entre-ciel de Jupiter. La planète vestalique, Mercure, lune favorite du tourbillon, et chef des satellites de la Terre, se réfugia au parvis du Soleil. La Lune seule, l'infortunée Phœbé, digne d'un meilleur sort, avait voulu demeurer fidèle à la Terre au milieu de la désertion générale; elle paya cher cet acte de dévoûment sublime; la contagion l'atteignit, elle mourut au troisième accès. Nous sommes tous mortels.

Le déluge d'il y a 6,000 ans fut la première conséquence de cet accident déplorable; car Phébé désorbita dans les convulsions de son agonie, et s'approchant un peu trop de la Terre, fit extravaser les mers de celle-ci et noya quelques continents. Encore si le sinistre se fut borné à une inondation, mais le coup porta bien plus haut; il ébranla la Terre sur son axe qui, de perpendiculaire, devint oblique à l'Ecliptique... et l'hiver avec ses frimas naquit du déplacement. Alors le méridien magnétique déclina subitement, et la couronne boréale qu'entretenait le courant régulier du fluide tomba du front de la Terre ! Le double flambeau des pôles s'éteignit, et l'immense continent du Nord, naguère si émaillé d'animaux et de fleurs, s'ensevelit soudain dans son linceul de glace... L'âme se fend au récit de telles catastrophes. L'éléphant qui fut trouvé en 1805, aux bouches de la Léna, au beau milieu d'un bloc de glace où il s'était conservé pendant 6,000 ans au moins, *en chair et en poil*, cet éléphant avait vu toutes ces choses et bien d'autres encore, et sa parfaite conservation atteste que l'englacement des pôles s'est produit par un refroidissement subit, par le fait du même choc qui décoiffa la Terre.

Et voilà ce que c'est que la Chute, cet accident que la malignité humaine et l'imposture ont si étrangement défiguré. La chute de l'homme n'a été que le contrecoup de celle de la couronne boréale. La femme n'a été pour rien dans le désastre. Le péché originel, que de mauvais plaisants ont appelé le péché *original*, sous prétexte que l'idée de faire expier aux gens un crime qu'ils n'avaient pas commis était éminemment facétieuse, le péché originel est un conte. Celui de ses péchés que l'humanité a payé le plus cher est le péché *capital*.

Depuis la catastrophe, la Terre travaille avec ardeur à réparer ses désastres. La fréquence des aurores boréales dit assez la continuité des peines qu'elle se donne pour reconquérir sa couronne, attribut de sa dignité de cardinale, et condition *sine quâ non* de la restauration de sa température paradisiaque. Mais parfois aussi le découragement s'empare d'elle, et de noires idées traversent son cerveau, quand elle revient au souvenir du passé et qu'elle songe aux années qui la séparent encore des jours où elle rentrera dans sa gloire et reprendra le cours interrompu de ses créations. Quelquefois ces accès de marasme se sont prolongés de telle sorte, que la vie même de la planète a été mise en question. Je ne connais pas de globe qui ait eu l'enfance aussi pénible que la Terre, et dont on ait désespéré autant de fois. Les deux plus dangereuses crises dont l'histoire ait gardé mémoire sont celles qui se rappor-

tent à l'époque de la mort de César et à la fin du siècle dernier.
La Terre n'est pas remise encore de cette récente secousse... Le
bruit a couru même que la question d'amputation de la planète
malade avait été sérieusement agitée naguère, dans le grand
conseil de voûte sidérale, à l'occasion de l'apparition de l'épidé-
mie des pommes de terre. J'aime à penser que la résolution est
tout à fait prématurée, et que ces bruits ont été répandus à dessein par les amis de la Terre, qui voudraient lui faire peur, et
l'amener par intimidation à jeter sa philosophie et ses philosophes par-dessus les moulins. Ainsi soit-il ! Il est certain que l'impossibilité où la Terre se trouve de fournir au Soleil son contingent d'arôme *tétracardinal* est pour tout le tourbillon une cause
d'irritation légitime et un grave empêchement, et la pauvre malade n'est pas seule à souffrir de son délaissement. Reste à savoir
jusqu'à quand la fausse morale abusera de notre patience, pour
prolonger la disgrâce de la Terre !

L'exposé qui précède raconte implicitement les misères et les
lacunes de la création dernière (n° 3). Le mal y est en dominance, les caractères subversifs y sont la règle générale, les caractères harmoniques (espèces utiles à l'homme) l'exception. Il
y a des familles, comme celle des félins, comme celle des serpents, qui ne comptent pas une seule espèce franchement ralliée
à l'homme; et sur une masse de cent mille espèces d'insectes
peut-être, c'est tout au plus si trois ou quatre ont consenti jusqu'à
ce jour à travailler pour nous. Tout cela est dans l'ordre, et il n'y
a point à se récrier contre un pareil état de choses. Laissons passer les fourmis, les lions et les sauterelles; d'autres créations vien-
dront qui commenceront par rétablir la balance entre les types;
puis viendra la dernière, la suprême création d'harmonie qui
intervertira totalement les termes de la proportion, et qui ne conservera de caractères subversifs que ce qu'il en faudra pour la
montre. On peut bien avoir un peu de patience en face d'un tel
espoir.

Rien de plus facile, avons-nous dit, que la classification des
bêtes, des planètes, des minéraux quand l'arôme typique et le
titre passionnel de chaque planète sont connus.

En effet, nous avons un clavier passionnel, hominal ou sidéral, composé de 32 touches en jeu majeur et mineur, avec 5 ambiguës et 4 sous-pivotales. Ces 32 notes sont produites par le doublement des deux modes ou des 12 notes de gamme, augmentées de leurs complémentaires. Chaque gamme de 12 notes se décompose en deux groupes, par 7 et 5 ; chaque groupe de sept en deux groupes, par trois et quatre. Ne spéculant que sur un seul mode, puisque le mode mineur n'offre qu'une contre-épreuve symétrique du mode majeur, nous trouverons pour le cadre de la classification universelle douze séries *radicales*, quatre de transition, en tout seize grandes divisions naturelles ; puis subdivision des séries radicales en groupes, genres, espèces et variétés, par 7, 5, 4, 3, 1. Tout moule éminent en dignité révèlera la paternité cardinale et indiquera le n° 1 de la série ; chacune des modulations graduées de la série recevra son nom de baptême du titre aromal des satellites, ou de l'ambiguë de sa cardinale. La dominante passionnelle de chaque groupe, de chaque individu en un mot, indiquera son origine planétaire, et dira en même temps, comme une pierre de touche infaillible ou plutôt comme un diapason de la gamme passionnelle, les lacunes des séries existantes et la tâche des créations à venir.

On a demandé le principe de la classification universelle des sciences, le voilà, car je le répète, *toutes les sciences sont la même...* et les bêtes, les minéraux et les fleurs ne sont que des moules divers pétris par la puissance créatrice des Planètes pour représenter la passion humaine. Les Planètes obéissant dans la fabrication de leurs types à la loi une de la Série, il s'en suit fatalement que le cadre de toutes les classifications est le même pour tous les règnes de la nature. Gamme des caractères, gamme des couleurs, gamme des sons, gamme des bêtes, des fleurs, tout prend modèle pour se former sur la hiérarchie passionnelle. C'est désormais à l'affinité caractérielle, à l'analogie, de placer chaque famille à son rang et de lui assigner son numéro d'ordre. Les cases de l'échiquier universel restent les mêmes, il n'y a plus à changer que les noms sur l'étiquette.

Cependant, si facile que soit une classification universelle des sciences, c'est toujours une classification universelle, c'est toujours une exposition complète de la loi de la série dans tous les règnes de la création, c'est-à-dire le dernier mot de la science humaine et presque le dernier mot de Dieu! Je n'ai pas le dernier mot de Dieu et n'en suis pas fâché; mais j'avoue ingénument que je ne voudrais pas être obligé de faire tenir dans un double in-folio de mille pages ce que j'aurais à dire sur ce sujet grand comme le monde. Ensuite cet ouvrage est un traité de l'esprit des bêtes de France, et non pas un traité complet de nomenclature passionnelle. Il a ses limites, hélas! fixées par l'indigence universelle et le prix du volume. Je demande donc à me renfermer dans ces limites fatales. Que la science officielle prenne cette tâche de nomenclature universelle à l'endroit où je l'ai laissée ; qu'elle la mène à bonne fin, comme c'est son métier et son devoir, elle me fera plaisir, et je serai très-fier d'avoir contribué à la tirer de la mauvaise voie pour la remettre sur la bonne.

Que si néanmoins la curiosité de la lectrice, trop vivement surexcitée par ce titre de nomenclature passionnelle, exigeait quelques exemples de l'application du nouveau procédé de classement et ne voulait pas patienter jusqu'à l'inventaire du mobilier zoologique de la France, je m'empresserais de voler au-devant de ses désirs.... heureux de trouver cette occasion agréable de démontrer d'un seul coup la simplicité de la méthode analogique et l'absurdité de toutes les autres.

Les arômes typiques des planètes sont connus, je le sais; mais ils ne le sont pas cependant à ce point qu'on puisse adresser à l'historien qui les rappelle et les précise le reproche de redite et de banalité. J'en citerai brièvement quelques-uns pour l'exemple.

Saturne, cardinale d'ambition, a pour arômes typiques les arômes de tulipe et lys, ou, pour me servir du langage plus simple de l'analogie, Saturne *parfume* de tulipe et lys, de tulipe en *simple*, de lys en *composé*. L'arôme simple est celui qui n'appartient qu'à la Planète; le composé résulte de la combinaison de l'arôme simple avec l'arôme d'une ou de plusieurs autres planètes. Herschell, que j'aimerais mieux appeler Eros ou Aphrodite, parfume d'iris en simple, de tubéreuse en composé ; la Terre, violette en simple, jasmin en composé ; Jupiter, jonquille en simple, narcisse en composé ; le Soleil, foyer général des arômes du tourbillon qui ne peut avoir d'arômes simples qu'à la manière de la couleur blanche, parfume d'orange et de raisin musqué. Si la puissance de l'odorat était développée chez l'homme au même degré que celle de l'ouïe, la simple odeur d'une plante ou d'un métal suffirait pour lui en apprendre l'origine avec tous les tenants et les aboutissants.

Chaque planète verse dans l'espace un parfum, un chant, une lueur, dont les séries et les accords forment autant de suaves *mélodies* ou de suaves *harmonies*. Dieu est un immense artiste, mais qui n'invite à ses concerts que les grands génies de l'humanité. Képler a donné la gamme des planètes. La Terre répète sans cesse, dit-il, les deux notes *fa* et *mi*, parce que ces deux notes sont syllabes initiales des deux mots *faim* et *misère*, *Famem* et *Miseriam*.

Mais la raison est le seul instrument qui soit infaillible chez l'homme et c'est par conséquent l'étude seule du caractère des êtres qui peut lui révéler leurs analogies planétaires. Partant de là, étudions le caractère du premier animal venu pour le classer dans sa série. Veut-on savoir quel est le titre aromal du cheval par exemple ? Voyons les mœurs du cheval.

J'observe que le cheval est le seul quadrupède qui tienne avec soin son arbre généalogique, preuve de fierté aristocratique, d'orgueil de sang. J'observe que le cheval est passionné pour les combats, pour les tournois, la chasse, la pompe, la parure ; que dans l'état sauvage, il obéit à des chefs choisis pour leur valeur. Je devine, à ces traits saillants du caractère, l'emblème du gentilhomme, l'emblème de l'ambitieux altéré de gloire et d'honneurs, et je le classe d'autorité parmi les productions du clavier de Saturne. Restera à juger ensuite, par la comparaison, quelle sera la place qui lui reviendra dans la série des ambitieux. Or, le caractère est si fortement accentué dans l'exemple choisi, que chacun, j'en suis sûr, va s'écrier avec moi que le cheval est emblème *cardinal* d'ambition, par conséquent création *pivotale* de

Saturne. Chacun aura dit vrai; le cheval émane des plus purs
arômes de la planète cardinale d'ambition, de ce globe orgueilleux, qui marche accompagné d'un cortège de *sept* satellites et
qui pose dans le ciel comme un portrait de Van Dyck; de Saturne, dont on devinerait le caractère martial rien qu'à sa fière
tournure et à la couleur ambitieuse de la double écharpe dont il
aime à ceindre ses flancs. Tout est flamboyant, éclatant, bruyant
et voyant dans cet astre, qui chérit l'apparat comme le cheval de
sang. La tulipe est emblème cardinal d'honneur, le lys emblème
de vérité; Saturne a pris la tulipe et le lys pour ses arômes typiques. Le nombre 7 est nombre archétype de hiérarchie; presque
toutes les plantes de l'*heptandrie* de Linnée (fleurs à 7 étamines)
émanent des arômes de Saturne, le marronnier d'Inde, entre
autres, et le blé sarrazin, la *rouge* céréale. Le marronnier d'Inde
est l'emblème du beau soldat chamarré de broderies, du soldat de
l'armée de parade, de l'armée étincelante de dorure et d'épau-
lettes, remarquable par son alignement et sa brillante tenue sous
les armes, mais dangereuse à raison de son inutilité dispendieuse
et de la nombreuse vermine de fournisseurs et d'agents flibus-
tiers qu'elle nourrit et protége... Le sarrazin, dont la graine enivrante épargnée par le fléau sème l'ardeur des combats mortels
dans le sein de la gent emplumée des basses cours, le sarrasin
symbolise aussi un batailleur, mais un batailleur d'autre titre.
Ce caractère de famille, ce caractère d'émulation et de lutte se
retrouvera dans la poire, une autre création glorieuse de Saturne,
le fruit savoureux aux feuilles rouges et aux séries innombrables,
qui livre plein essor à toutes les rivalités de goût. Ce métal rouge,
luisant, sonore, avec lequel se fabriquent les canons, les cloches
et les clairons de guerre, dont les aigres fanfares chatouillent si
agréablement l'oreille du cheval : le cuivre est de Saturne. Si le
cuivre, qui se distingue par tant de qualités brillantes, est encore
vénéneux, c'est de la faute de la Terre et de la fausse morale qui
la gouverne; car c'est la fausse morale qui est cause que l'ambition pousse les hommes au crime, au lieu de les pousser à la
vertu, comme elle en est chargée. Qu'on me laisse venir l'époque où l'ambition ne mènera plus les gens qu'à la gloire, et le

cuivre s'empressera de déposer au fond du creuset ses propriétés perfides.

La planète Cardinale a produit le cheval et le tigre ; la planète ambiguë Protée a produit le cheval nain d'Afrique, le chat domestique et le coing. Les astronomes ont oublié jusqu'à présent de découvrir cette planète ambiguë Protée, dont la découverte dans vingt ou trente ans d'ici ne manquera pas de servir de prétexte à quelque ovation scandaleuse.

Le cuivre me pousse à parler de l'or, roi des métaux, le plus inoxidable, le plus resplendissant et le plus *colorant* de tous. Le lecteur intelligent devine que ce métal royal ou pivotal ne peut provenir que des arômes du Soleil, foyer général d'arômes du système, et qui distribue aux autres astres, comme l'or aux autres métaux, la lumière et la couleur. Le caractère sacré d'irradiation, de ralliement, d'unitéisme et d'autorité, apparaîtra dans toutes les créations de l'astre roi. Ce sera l'éléphant parmi les quadrupèdes ; le paon parmi les oiseaux ; le blé, la canne à sucre, la pomme de terre, la vigne, chez les plantes ; l'or, le diamant, dans le règne minéral. La vigne, dont le jus parfumé, lait des vieillards, dispose l'homme à l'expansion et à la fraternité ; la vigne, plante si éminemment française, la vigne est le plus pur produit des amours de la Terre et du Soleil. Le premier de tous les vins du monde, celui qui se bonifie le plus par la vieillesse, à l'instar de l'amitié, le vin velouté des crûs de Haut-Brion, Laffitte, Château-Margot, parfume de violette !

La vache pacifique et féconde, la vache, mère nourricière de l'homme, proviendra du massif et puissant Jupiter, cardinale de familisme, et aussi la pomme de Calville, emblème de prévoyance, et la jonquille d'or, symbole parfumé de la tendresse maternelle. Les créations de la cardinale de familisme brilleront plus par le côté utile que par le côté poétique. Le familisme n'est pas la plus élevée en titre des passions cardinales ; au contraire, puisque c'est une passion forcée et non libre. Nous nous apercevrons facilement du titre inférieur des essais de Jupiter au caractère des moules de son ambiguë, l'affreuse planète Mars, qui a trop travaillé à la confection du mobilier zoologique de la Terre. Ce que la Terre doit à

Mars de types odieux, venimeux, hideux et repoussants ne se calcule pas. Je citerai parmi ces types le crapaud, ma bête d'horreur, emblème du truand qui étale ses plaies et ses pustules aux regards des passants, ou qui porte sur son dos des chapelets d'enfants sales et déguenillés.

La beauté, la richesse, et aussi le nombre des touches du clavier de la cardinale d'Amour promettaient à la Terre d'innombrables séries de types ravissants, parfumés, délicats. Déception cruelle ! Aucune planète ne s'est montrée plus avare de ses dons envers sa pauvre sœur que la trop susceptible cardinale d'Amour. Herschell n'a pu pardonner à la Terre ses théories morales contre l'amour ; mais c'est surtout dans ses moules du clavier végétal que sa mauvaise humeur éclate. Herschell a infligé à la Terre une pénitence bizarre, en expiation de ses dérèglements intellectuels. Elle a voulu que, pendant toute la durée du règne de la morale sur la Terre, ses provenances à elle, cardinale d'amour, fussent marquées du sceau de son antipathie politique. *Furens quid fœmina possit !* Pour ce faire, elle a travesti indignement tous les moules de ses arômes ; si bien, que les emblèmes terrestres d'amour ne figurent plus aujourd'hui qu'une risible mascarade, et qu'il est devenu d'une difficulté excessive de deviner les hiéroglyphes amoureux, même quand on est prévenu. Non contente du succès de cette perfidie, Herschell a poussé l'ironie jusqu'à la cruauté : elle était réservoir naturel de fleurs bleues, en sa qualité de cardinale hypermineure ; elle a abusé de sa position pour refuser le parfum d'amour aux fleurs de cette couleur qu'elle a été obligée de livrer à la Terre ; et elle leur a inoculé, en échange, le parfum de pharmacie et des propriétés... *morales*. La Terre a compris l'épigramme et s'y est montrée trop sensible. Ainsi, la gamme des fleurs terrestres se trouve presque complètement désemparée de la note d'azur, et réclame vainement la rose bleue par la plume éloquente de M. Alphonse Karr. L'éclosion de la rose et de l'œillet d'azur aux parfums hyperaphrodysiaques demeure indéfiniment ajournée. En place de l'œillet bleu, nous aurons pour nous distraire la bourrache, une fleur charmante, d'un bleu céleste admirable, mais qui purifie le sang au lieu de l'embrâser et ne fait pas de bouquets. Les précieux cadeaux que la Terre a reçus d'Herschell, du temps de l'entente cordiale des deux globes, disent tous les trésors qu'elle a perdus à la rupture. Citons le café, la truffe, la tubéreuse, l'iris, l'œillet, l'hortensia, parmi les végétaux ; le saphir, parmi les minéraux ; le cygne, la tourterelle, l'hirondelle, le ramier, le faisan, la perdrix, la caille, parmi les oiseaux ! Autant de dons pernicieux que la morale réprouve, mais dont le moraliste raffole !

Un délicat et suave arôme, et moins enivrant que ceux d'Herschell, caractérise les créations de notre infortunée planète dont le concours est pour cette cause si instamment réclamé de tous les astres du tourbillon solaire. C'est le parfum de la violette, du jasmin, du réséda, de la vigne. La plupart de ces végétaux odorants, qui s'enlacent aux autres arbres pour former des berceaux, émanent des arômes de la Terre. Le titre de fidélité et de dévouement qui caractérise les créations de cette cardinale miniature inspire un puissant intérêt pour son malheureux sort. Il n'est pas d'astre dans le ciel dont on s'occupe autant, dont le retour à la santé et à la raison soit attendu avec plus d'impatience ; car le tourbillon tout entier souffre de sa souffrance, et la cardinale d'Amour, qui témoigne aujourd'hui tant de mauvais vouloir à la pauvre délaissée, est peut-être celle qui accueillerait sa rentrée en grâce avec le plus de joie. Songeons bien à une chose, c'est que les fleurs violettes, les très-doux parfums et les vins délicats sont presque aussi rares en Herschell que les fleurs bleues sur notre Terre ; qu'on les désire fort en Herschell, et que désir de fille est un feu qui dévore, bien plus encore en cardinale d'amour qu'en cardinale d'amitié, c'est-à-dire ici-bas.

Vénus, l'*ambiguë* de la Terre, parfume de lilas, arôme mixte entre celui d'amour et celui d'amitié, comme la couleur lilas est mixte entre le violet et le bleu. Les ambiguës parfument toujours d'arôme mixte. Le lilas, arbrisseau charmant, riche de fleurs, pauvre de fruits, première parure de la saison d'amour, symbolise l'amitié bi-sexuelle, une amitié excessivement passionnée, mais qui transiterait volontiers du majeur au mineur. Le lilas est une des plus adorables choses de ce monde, comme l'affection

qu'il exprime : l'amitié enthousiaste des Petites Hordes pour la
corporation des Vestales.

Mais les plus délicieuses créations d'Hébé, première lune
d'Herschell, et celles de Vénus et celles de la Terre, doivent céder
le pas pour la grâce de la forme, la délicatesse et la suavité des
arômes, aux créations de la lune favorite du tourbillon, de la
planète Vestale, l'ex-cheffe des satellites de la cardinale miniature
(Terre). Rien de plus gracieux, en effet, de plus frais, de plus
suave, de plus odorant et de plus velouté que la rose et le pois de
sénteur, la pêche, la fraise, le petit pois, emblèmes parlants de
virginité... charmes de l'odorat, du palais et des yeux..., fleurs
éphémères dont la couleur tendre semble pétrie de l'incarnat des
lèvres de la vierge, fruits parfumés comme son haleine et portant sur leur épiderme le duvet de ses joues, fruits éphémères
aussi et non de garde, et qu'il faut se hâter de manger dans leur
fleur.

Il va sans dire que le nom de la planète à qui nous devons la
rose, le petit pois et la pêche, est parfaitement inconnu au Bureau
des Longitudes, où l'on n'a pas l'habitude de juger les astres à
leurs fruits. Ils l'ont appelée Mercure!! Ils n'ont pas trouvé, entre
eux tous, de nom plus convenable que celui du patron de l'ignoble boutique, pour désigner la créatrice des roses. Mercure... une
planète aromisée en titre vestalique! Je puis pardonner beaucoup
de choses à la science officielle, mais non des méfaits de cet ordre. Singulières lois cependant que celles qui nous régissent, qui
défendent de traiter de voleur un usurier, un sac d'écus à face
humaine, une brute, un madrépore, une éponge, un être qui ne
nous est rien... et qui permettent d'infliger à des astres qui font
notre bonheur les sobriquets les plus désobligeants!

Quoi! pas une parole pour le chien! viens-je de m'entendre
dire. Oh! pardon, ce n'était point un oubli, et j'aurais d'ailleurs
eu le temps de réparer un oubli envers le chien, d'ici à la fin de
ce livre, qui a la prétention d'être un traité de chasse. Je voulais passer le chien sous silence pour ne pas revenir, à si court
intervalle, sur un sujet épuisé (le déluge). Le chien, emblème
*cardinal* d'amitié, *satellite* vigilant et sergent de ville de l'homme,

toujours prêt à combattre et à mourir pour lui ; le chien, je n'ai
pas besoin de le dire, est création pivotale de la Terre, cardinale
d'amitié. C'est même, avec la vigne, une des plus caractéristiques
productions du clavier d'amitié, et l'une de celles, assurément,
qui lui font le plus d'honneur. Si je veux dire ici un mot de trop,
ce n'est pas en faveur du chien de chasse, mais en faveur d'une
autre espèce, l'espèce la plus fidèle, hélas ! et la plus dédaignée.
Je ne demande pas l'analogie, je demande l'origine du barbet, du
mouton, du caniche-victime, le même qui joue aux dominos et
qui suit seul le convoi de son maître. La réponse est bien facile
pour quiconque a lu avec fruit le récit désolant que je lui ai fait
naguère de la mort de Phœbé. Le caniche est le dernier témoignage d'affection que la terre ait reçu de son infortunée satellite Phœbé, morte de malemort à la fleur de ses ans, morte
avec le regret de n'avoir pu compléter pour son astre chéri la
série des canins ! Car nous ne saurions nous abuser sur ce chapitre : la série des canins n'est pas complète; la gamme est interrompue à la note du chien de pêche, et le chien de Terre-
Neuve se flatterait en vain de combler la lacune. Le terre-neuve
n'est qu'un pêcheur d'hommes, et c'est un pêcheur de poissons
qu'il nous faut. Combien sont-ils au Jardin-des-Plantes qui se
doutent que la même cause qui a produit le dernier déluge a motivé l'interruption de la série des canins ?

J'ai dit les arômes typiques des cardinales et même les arômes
mixtes des ambiguës, avec la manière de s'en servir pour classer
les bêtes et les fleurs. Il ne me reste plus qu'à démontrer à la
science civilisée ses erreurs et ses contre-sens pour avoir consciencieusement rempli toutes les conditions du programme de
cette introduction. Après quoi rien ne m'empêchera plus de pénétrer au cœur de mon sujet.

Ce qui a perdu les savants en matière de classification, c'est
l'orgueil et le manque de foi dans la sagesse de Dieu. Le savant
a fait comme le philosophe, il a destitué la passion de son emploi
de fanal universel de classification, de fanal sériaire, et Dieu l'a
puni en lui fermant les yeux, comme au devin Tirésias.

Les savants n'ont pas compris la chose la plus simple du

monde, à savoir : *que la passion seule distribue les caractères.*
C'est ce qui les a tués.

Quand l'immortel inventeur du mastodonte, quand Georges
Cuvier écrit que la classification est l'idéal lui-même auquel doit
tendre l'histoire naturelle, il écrit une chose très-vraie, parce qu'il
sous-entend que la classification exige la connaissance intime du
caractère des individus à classer. Malheureusement l'immortel
inventeur du mastodonte s'arrête à ses prémisses, au lieu de
passer jusqu'à sa conclusion, et il ne devine pas que c'est la passion qui distribue les caractères aux bêtes comme aux gens, et
qui écrit le véritable nom des fleurs sur leurs corolles. C'était
pourtant moins difficile que de reconstruire un paléotherium ou
un dinothérium tout entiers (des bêtes qu'on n'avait jamais vues),
avec une simple dent ou une simple vertèbre.

Quand on lit Geoffroy Saint-Hilaire l'Égyptien, un savant
bien autrement poète et bien autrement analogiste que Cuvier,
un naturaliste qui s'éclaire aux rayons lumineux du principe
d'Unité, on espère à tout moment voir surgir de ces rapprochements la proposition fulgurante; on s'attend à quelque nouvel
Εὕρηκα d'Archimède. Vain espoir ! l'analogiste se fourvoie dans
la même impasse que son illustre émule. Il jette le manche après
la cognée et s'écrie dans son découragement que la classification
est impossible. Geoffroy Saint-Hilaire n'est arrivé à ce triste aveu
d'impuissance que pour avoir agi en *simpliste,* que pour avoir
trop étudié les rapports vertébraux et pas assez les rapports passionnels des êtres.

Le tort de Geoffroy Saint-Hilaire et de Cuvier, et des autres,
est, en un mot, d'avoir eu trop de respect pour les préjugés de
l'homme et pas assez pour les révélations de Dieu. Un peu plus
de *religion* et de confiance dans le principe de l'Unité leur aurait laissé voir que la passion est la chaîne qui *relie* tous les êtres,
la brute à l'homme, l'homme à la nature et à Dieu. Et comme
ils auraient vu que toute créature inférieure à l'homme est miroir de ses passions, de ses vertus ou de ses vices, ils auraient été
amenés par analogie à baptiser chaque créature du nom de la
passion humaine par elle symbolisée.

Au lieu d'agir ainsi et de déterminer le caractère de l'animal par sa dominante passionnelle, ils ont essayé de le déterminer par la forme, c'est-à-dire qu'ils ont mis la charrue devant les bœufs, ce qui était un moyen assuré de faire de très-mauvaise besogne. La forme n'est que le costume de la passion, le moule créé par elle. La griffe a été faite pour le lion et non pas le lion pour la griffe, et le lion n'a été armé de griffes et de dents redoutables que pour symboliser un type humain atroce, le proconsul sanguinaire, exacteur et hautain, le Verrès, le Scipion, le Djezzar-Pacha et l'Ali-Tébélen, le pacha toujours disposé à se révolter contre son maître et réussissant à le croquer quelquefois. S'il n'y avait pas de Djezzar-Pacha chez les hommes, il n'y aurait pas de lion chez les bêtes. Et quand la tyrannie ne subsistera plus que de nom dans la mémoire des hommes, le tigre, le lion et le crocodile seront depuis longtemps passés à l'état de mythes.

Je me plais à reconnaître toutefois que la classification adoptée pour les bêtes est moins vicieuse en principe que celle adoptée pour les minéraux et les plantes, par la raison que la manière de manger et de marcher qui a été prise habituellement pour différencier les espèces animales, donne presque toujours des renseignements exacts sur les passions de la bête et fournit quelquefois des moyens de classification suffisants. Mais je demande à garder mon opinion sur des systèmes de classification botanique comme on m'en a fait étudier jadis sous prétexte de m'orner l'esprit; des systèmes où l'on prend le nombre des étamines ou la déchirure d'une corolle pour bases de la distribution des groupes et des séries.

Les princes de la science qui ont écrit l'histoire naturelle jusqu'ici et qui ont laissé de côté le titre passionnel des bêtes et des fleurs, pour ne tenir compte que de la disposition de leurs organes extérieurs, sont semblables à un historien qui, voulant écrire l'histoire de Jules César ou d'Alexandre, se bornerait à nous parler de la longueur du nez de son héros, de la couleur de ses cheveux ou de la coupe de son habit, et qui oublierait de nous entretenir de ses dominantes passionnelles. N'est-il pas vrai qu'un public éclairé à qui on présenterait un pareil ouvrage, s'empresserait de le fermer dès la première page, et n'aurait pas assez de

dédain pour l'œuvre et pour l'auteur. Ce public aurait raison
parce que l'âme, la passion, le drame, sont les seules choses qu'on
cherche dans un récit, sont le nerf de l'intérêt, la couleur de l'action. Pourquoi un portrait au daguerréotype qui reproduit la forme
et les traits du visage avec une exactitude quasi-géométrique
est-il moins ressemblant qu'un portrait au pinceau? Précisément
parce que l'instrument mathématique n'a peint que l'enveloppe
extérieure; tandis que le pinceau a peint l'âme, a peint la passion,
le caractère, la chose que nous cherchons avant tout sur une physionomie. Le regard c'est l'homme, comme le style. Or, les plus
grands naturalistes ne sont pour la plupart que des daguerréotypeurs plus ou moins habiles et non des peintres. Buffon et Linnée,
qui sont parfois de grands poètes, ne sont poètes véritablement
grands que dans la peinture de la passion. Je donnerais toute la
partie scientifique des œuvres de Buffon pour les trente pages
sublimes qu'il a écrites sur le chien, sur le cheval, sur le cerf ou
le kamichi. Je donnerais tout le travail de la classification de
Linnée pour sa découverte des deux sexes et des amours des
fleurs. Hors de la passion, point de vraie science, de style, ni
d'immortalité.

Il est remarquable que les faux savants, qui ne savent pas un
mot des vrais caractères des individus qu'ils décrivent, débutent
généralement dans leurs traités par recommander l'étude approfondie des caractères.

Une autre erreur capitale de la science, une autre prétention
non moins déplacée, est de vouloir faire entrer un individu dans
une famille en l'absence de toute notion sur ses proches. J'admire
qu'on parle de la famille des gens, quand on ne sait ni leurs noms,
ni leur origine, ni leur généalogie.

Ainsi, je connais à l'Institut et ailleurs une foule de savants
très-forts sur le calcul infinitésimal, et qui ne seraient pas embarrassés de me dire, avec le temps, ce qu'il tient de minutes et
même de secondes dans un siècle; mais j'y chercherais vainement
peut-être un seul zoologiste capable de me renseigner exactement
sur le titre passionnel ou sur la généalogie de l'animal le plus
vulgaire, du canard, par exemple. Oui, je tiens que si je m'adres-

sais à M. le docteur Flourens lui-même, à qui ses immortels travaux sur cet intéressant volatile ont ouvert les portes de l'Académie française, je tiens que si je lui demandais le titre passionnel
du canard, M. le docteur Flourens, au lieu de me répondre que
le canard est l'emblème du mari ensorcelé, me tournerait le dos...
Et que si j'interrogeais l'honorable sur la généalogie de la bête
et sur la plume frisée qu'il porte sur la queue, il serait capable
de me dire que le canard est venu au monde comme ça, et
que lui, de l'Institut, n'en est pas cause. Mon Dieu, je le sais
bien, qu'ils ne sont pas cause, à l'Institut, des agréments des
bêtes; mais on conviendra que ce n'est pas là répondre d'une
façon satisfaisante. Les savants de l'antiquité n'étaient pas aussi
forts assurément que ceux du temps présent dans l'art de teindre
en rouge les tibias des poulets, et pourtant je suis bien sûr qu'ils
ne seraient pas demeurés à court devant les questions ci-dessus.
Car la sagesse antique avait deviné le principe de solidarité qui
relie entre eux tous les êtres de la nature ; et les enfants de la
Grèce, en apprenant l'histoire des hommes, apprenaient en même
temps celle des bêtes et des fleurs, en lesquelles leur mythologie
séduisante avait incarné tous les types de la passion humaine. Une
noble et touchante religion, savez-vous, que cette religion de la
solidarité universelle, qui tient les portes de l'imagination grandes
ouvertes à tous les essors poétiques, et qui fait le cœur compatis-
sant à toutes les infortunes! Oh! nous aussi, nous y reviendrons un
jour, à ce panthéisme sublime, un jour que les dogmes de compression et de terreur auront disparu de nos livres et que nous ne
croirons plus qu'au Dieu bon. Et vous y étiez déjà revenu avant
nous, pauvre saint François d'Assises, vous qui fraternisiez si
tendrement avec la brebis, le rouge-gorge et la bergeronnette,
vous qui disiez si naïvement aux hirondelles bavardes qui trou-
blaient vos ouailles : « Taisez un peu vos becs, douces hirondelles
mes sœurs, que je fasse entendre à ces braves gens la parole de
Dieu ! » Pour moi, je ne saurais passer au long de ces grands peupliers taillés en larmes, qui servent de rideaux à la couche des
morts, sans me rappeler l'inconsolable douleur des sœurs de
Phaéton.

Le fait qui condamne le plus irrémissiblement la science civilisée, c'est la répugnance des femmes et des enfants pour elle ; car les femmes et les enfants sont les créatures les plus curieuses du monde et les plus avides de s'instruire. La science civilisée ne se lavera jamais de la répulsion qu'elle a toujours inspirée à ces êtres charmants, mais terribles avec leurs indiscrets *pourquoi*. Pourquoi cette répulsion invincible de la femme et de l'enfant pour les sciences comme on les professe aujourd'hui ? Parce que la femme et l'enfant sont des intelligences droites et logiques qui, voyant que Dieu n'emploie jamais d'autre levier que l'attrait pour conduire ses créatures au bien, ne peuvent pas reconnaître le caractère d'un enseignement religieux et utile à un enseignement qui procède par la contrainte et l'ennui. Je ne me suis jamais plus approuvé de mon mépris de collégien pour l'ouvrage de M. Lhomond que depuis que j'ai atteint l'âge d'homme ; car il est évident que ma répulsion d'enfant pour cet ouvrage *impie*, était une protestation tacite en faveur de la méthode naturelle d'attraction. Dieu a fait les tout vieux pour les tout jeunes, les tout vieux qui ont beaucoup vu et qui aiment à *radoter*, à *rabâcher*, pour les tout petits qui ne savent rien, et qui ont besoin qu'on leur répète et qu'on leur rabâche plusieurs fois la même chose. Le vieillard ne se fatigue pas plus des éternelles interrogations de l'enfant que l'enfant des redites du vieillard, et Dieu, en instituant cette entente cordiale des âges que nous appelons le *ralliement des extrêmes*, avait donné la vraie règle à suivre en matière d'instruction primaire. Malheureusement les philosophes sont venus qui ont prouvé aux gouvernements que Dieu n'entendait rien à la question d'enseignement pas plus qu'aux autres, et ils ont changé tout cela ; ils ont mis le cœur à droite, comme dit Sganarelle, ce qui est cause que la femme et l'enfant, dociles à la voix de Dieu, ont déserté leurs écoles.

Je sais un moyen simple et facile de refaire l'entendement humain et de rendre l'apprentissage de la science aussi attrayant qu'il est répugnant aujourd'hui. Il consiste à supprimer tout ce qui est ennuyeux dans le programme des études actuelles et à prendre l'analogie passionnelle pour pivot du système universel d'enseignement. La passion une fois introduite dans l'étude des sciences, la cure de l'entendement humain se fera toute seule et marchera à pas de géant ; car chacun se ruera à l'étude, homme, femme ou enfant, avec un enthousiasme impossible à décrire ; et on se verra obligé d'infliger des pensums au moutard pour comprimer son ardeur de s'instruire. *Quantum mutatus ab illo !...* Je ne demande pas plus de six ans de ministère de l'instruction publique pour refaire l'entendement humain.

Les savants haussent les épaules en m'entendant parler ainsi et croient que je plaisante. Je ne plaisante pas le moins du monde ; si les savants savaient que toutes les sciences sont la même, et qu'on peut en apprendre trente-deux à la fois, sans se gêner, ils comprendraient que je parle très-sérieusement.

Toutes les sciences à la fois... ! mon Dieu oui, c'est comme je viens de le dire ! et l'enseignement passionnel, en naissant, produira des miracles comme la lire d'Amphyon. Des miracles, car l'analogie n'a pas seulement le privilége de donner aux êtres les plus inanimés (vieux style), un corps, un esprit, un visage *humain* et des passions *humaines*; l'analogie a le privilége de ne pas pouvoir enseigner une science sans les enseigner toutes, le privilége de faire jaillir de chaque démonstration cinquante découvertes, cinquante solutions non cherchées de problèmes, qui vous viennent toutes seules, qui vous partent pour ainsi dire dans les jambes, comme les faisans dans un tiré royal, et sautillent devant vos yeux comme les figures dans le kaléidoscope, et finissent par s'étager l'une sur l'autre comme les gradins d'un escalier gigantesque montant de l'homme à Dieu.

Oui, toutes les sciences à la fois, et quelles sciences. Les savants civilisés sont parvenus à faire de l'Arithmétique, science des nombres, et de la Géométrie, science des grandeurs, un double cauchemar pour l'enfance des deux sexes et même pour les adultes. Mais si je vous disais, moi, que j'ai vu des professeurs d'arithmétique passionnelle hors d'âge tenir suspendues à leurs lèvres, par le charme de leur parole, les plus adorables auditrices ! Pauvres enfants martyrs de la civilisation, à qui l'on n'a jamais donné la moindre idée des choses intéressantes qu'il y avait à

dire sur le nombre *Deux*, nombre d'union, de symétrie, de
sympathie, germe d'amour — ou sur le nombre *Trois*, nombre
sacré, considéré comme tel par toutes les religions et les cosmo-
gonies antiques, nombre des attributs de Dieu, et des trois principes naturels et des trois distributives; le nombre *Trois*, le nombre de la mesure (triangle), le nombre de la loi et de la justice
(balance), le nombre de l'agronomie, de *la propriété*, du progrès.
Mais il y a dix livres intéressants à écrire sur les vertus du nombre
*Trois*. Est-on curieux d'avoir l'explication de tous les mystères et de
tous les miracles?.... qu'on étudie les propriétés du nombre *Trois*.

Vous demandez-vous pour quelle cause, par exemple, le brave
comte de Paris, Eudes, n'assommait jamais les Normands que
*trois* par *trois?* Le moine Abbon, un saint homme d'église va
vous répondre que c'était par respect pour la Sainte-Trinité....
La Sainte-Trinité est la figure allégorique de Dieu, qui est représenté partout sous la forme d'un *triangle* rayonnant.

Certes, l'importance historique et mathématique du nombre
trois est immense, et nul ne la conteste; et cependant, comme
les jeunes personnes préféreraient encore la leçon sur le nombre
*Quatre*, le nombre de charme, le nombre du quatuor musical et
du mariage *béni*, c'est-à-dire consacré par la maternité! Le nombre *Trois* est respectable, le nombre *Trois* est sage, oui, mais le
nombre *Trois* est la prose, et l'autre est la poésie. Le cerveau, organe de la pensée, opère par trois leviers; mais le cœur, qui distribue le sang et nourrit le corps, fonctionne par quadrilles de
soupapes et de canaux. Au nombre de *Trois* sont les distributives,
passions *tutrices* et régulatrices du mouvement passionnel; au nombre de *Quatre* les affectives. Je ne connais peut-être qu'un seul
défaut au nombre *Quatre*, celui d'être un peu égoïste, un peu tirant à soi, comme le ménage familial; mais qui est-ce qui est
parfait?

Voyez maintenant l'ordre et le charme, les nombres 3 et 4,
s'unir en mode simple (addition) pour produire le second nombre sacré *Sept*; en mode composé (multiplication) pour produire
le troisième nombre sacré *Douze*. Avez-vous décomposé l'ambition, qui a pour double mobile l'esprit de corps (l'honneur, le
sentiment de la hiérarchie) et l'intérêt personnel (désir du grade).

L'ambition, c'est la réunion des deux principes qui résident dans les nombres 3 et 4 ; le nombre *sept* est le nombre ambitieux par excellence, le nombre de la hiérarchie, le nombre de la série naturelle, de la gamme musicale, de la gamme solaire, des branches du chandelier de justice, des satellites de Saturne, des sept sacrements, des sept fléaux limbiques. J'ai vu un soir un mathématicien illustre excessivement embarrassé, parce qu'une espiègle adorable de quinze ans (cet âge est sans pitié) lui avait demandé les raisons de l'ambition démesurée du nombre *sept*, raisons qu'il ne put jamais dire. La même rendit non moins malheureux, une autre fois, un célèbre maëstro qui avait cueilli une foule de palmes sur nos scènes lyriques, et qui ne put jamais expliquer non plus les causes de la sensibilité excessive de la note *si* qu'elle désirait connaître. Tout le monde sait cependant que la note *si* aspire perpétuellement à monter et qu'elle s'écrit par un *sept* dans la langue musicale de Rousseau. Je n'en finirais pas si je tenais à décrire toutes les propriétés passionnelles du nombre 7, celles du nombre *douze* encore moins. Mais nous savons déjà que le nombre sacré *douze*, si célèbre aussi dans l'histoire, est le chiffre de l'harmonie simple ; n'insistons pas sur ses mérites. Une seule observation toutefois à l'adresse des savants simplistes pour leur faire toucher du doigt une des plus récentes déceptions de leur science infaillible, pour leur démontrer que l'analogie passionnelle est la vraie et unique boussole de la science et que le naufrage attend tout navigateur audacieux qui ne la consulte pas.

La science moderne a-t-elle fait assez de bruit avec l'invention de son système métrique, avec l'uniformisation de ses poids et mesures ! S'est-elle montrée assez fière des résultats de la nouvelle méthode ! A-t-elle fait sonner assez haut à cette occasion les grelots de son collier !

Oh ! oui réjouis-toi, pauvre science, orgueilleuse en guenilles, surtout hâte-toi de jouir ; car les jours des institutions barbares sont passés, et ton système décimal est un système barbare et indigne de la France et de la Convention ; et de l'heure où la lueur de l'arithmétique passionnelle aura éclairé deux ou trois cerveaux de savants, ils auront honte de ton œuvre et renverseront

4

dans la poudre ton échafaudage métrique et feront un autoda-fé
général de tes mètres et de tes doubles-décalitres. Avant
quarante ans, je te le prédis, ton système barbare de numération
décimale sera détruit comme Ninive, et le système de la numération passionnelle s'élèvera glorieux sur ses débris !

Voyez pourtant à quoi tient le progrès ! Qu'une illusion fatale
n'eût pas égaré les savants de la Convention à la poursuite de
cette numération décimale... Que loin d'abandonner follement un
système duodécimal tout fait qu'ils avaient dans la main, ils se
fussent bornés à le modifier, à le compléter en ajoutant à la
gamme des dix caractères déjà connus les deux notes qui manquaient pour aller à douze... qu'ils eussent transféré le zéro du
dixième terme au douzième, de manière à ce que le nombre 144,
carré de 12, s'écrivit à l'avenir comme 100, carré de 10... et ils
bâtissaient une œuvre d'art et de science admirable, et ils tra-
vaillaient pour l'éternité !

Mais le principe de l'unité harmonienne, qui ne se peut découvrir qu'au flambeau de l'analogie, leur a échappé, et au
lieu d'élever à la science un monument plus durable que l'airain, ils ont bâclé une charte arithmétique qui ne vivra pas plus
que ce que vivent les chartes. Leur système ne sera pas encore
établi dans toutes les capitales du monde civilisé, qu'il faudra
déjà le jeter dehors comme un vieux pot fêlé. Pourtant c'était
chose bien simple et bien facile que de choisir le nombre 12
comme pivot du système métrique. Il n'y avait pour cela qu'à
comparer le mérite du nombre 12 à celui de son rival 10; et il
suffisait du premier coup d'œil pour juger que le nombre 12 était
non-seulement celui qui contenait le plus grand nombre possible
de facteurs sous le plus petit volume, mais qu'il était surtout le
seul qui, dans son amour de l'harmonie, de l'unité et de l'ordre,
eût puissance d'absorber les angulosités caractérielles et les tendances réfractaires des nombres 5 et 7.

Les géomètres, qui ont généralement le tort d'être des hommes
sérieux, croient se montrer aussi méchants que possible envers les
analogistes, en les traitant d'hommes d'esprit. Hommes d'esprit
tant que vous voudrez, mais, en attendant, ce ne sont toujours

pas des analogistes qui ont bâclé le système métrique décimal et qui auront à en répondre devant Dieu. Quand on voit que les auteurs du système décimal ont échoué, faute d'avoir consulté la boussole passionnelle, on a quelque peine à comprendre le sens de l'éternel refrain du moraliste : la passion égare l'homme.

La passion n'égare pas... au contraire, et quand la science est obligée de jeter sa langue aux chiens, c'est la passion qui lui vient en aide pour lui donner la solution des problèmes les plus difficiles. Apportez-nous les problèmes les plus insolubles de la politique ou de l'astronomie transcendante, et l'on se fait fort de vous les résoudre à la seconde, sans effort, sans douleur.

Qu'est-ce en effet que la politique, sinon la science du gouvernement des passions? La science politique consiste à ouvrir aux essors affectueux le champ le plus illimité; c'est l'art de développer combinément et simultanément l'action des distributives. En tête de la charte harmonienne est écrit le fameux précepte : *Aimez-vous*. S'aimer, c'est se procurer tout le bonheur imaginable, sans faire de chagrin à personne; c'est-à-dire que la liberté ou le libre essor des passions d'un chacun ne doit avoir pour limites que le respect du bonheur et de la liberté d'autrui. Or, l'amour, l'amour seul, donne l'édifiant exemple de la conciliation de la liberté et de l'autorité, l'amour qui fait que le captif *bénit ses fers* et vole avec bonheur au devant des caprices de l'être aimé. Si j'étais gouvernement, je voudrais calquer toutes mes institutions sur celles de l'amour, et je ferais graver sur les boutons de la garde nationale un Cupidon adorable pour servir de trait d'union entre l'Ordre et la Liberté.

En fait d'intérêt politique du moment, puisque nous parlons politique, il y a une question qui agite assez vivement les esprits depuis quelques années,... c'est la question de la faim, autrement dit la question de l'exubérance de population, autrement dit le problème de Malthus. Il s'agit de savoir comment les habitants de l'Europe civilisée s'y prendront pour ne pas se manger entre eux d'ici à une vingtaine d'années, si la population continue à croître comme elle fait dans des proportions effrayantes, tandis que la production des aliments destinés a nourrir cette population reste stationnaire. La question est certainement palpitante d'intérêt, à telles enseignes que M. le vicomte de Cormenin, qui éprouvait le besoin d'être utile à l'humanité, a proposé un prix de 1,200 fr. pour celui qui la résoudrait le plus vite de ce côté-ci de la Manche, car on prétend qu'elle a déjà été résolue de l'autre. On affirme, en effet, qu'il y a eu un commencement de solution de ce problème dans la Grande-Bretagne; et que les économistes de ce pays éminemment moral et philantropique ayant prouvé que l'enfant du riche possédait seul le droit de vivre, bien que l'enfant du riche naquît tout nu comme celui du pauvre, on était convenu de mettre les prolétaires au régime de la contrainte morale et leurs petits au régime du laudanum. Le système, assure-t-on, a déjà produit d'heureux fruits... Mais il est évident néanmoins que la solution n'est pas complète.

Eh bien! l'analogie passionnelle possède seule le secret de la solution intégrale; et si M. de Cormenin veut m'entendre et être juste, il gardera ses 1,200 fr. pour lui, ou bien il en fera cadeau à la rose double, parce que la rose double avait donné la solution du problème de Malthus, bien avant que celui-ci eut reçu un nom parmi les hommes; parce que la rose double avait dit, dès le lendemain de son invention par les Rhodiens : qu'*une fleur qui devient double est une fleur qui transforme ses étamines en pétales, et qui, par conséquent devient stérile par exubérance de sève et de richesse.*

C'est-à-dire, Monsieur le vicomte, qu'aussi longtemps que la misère ira croissant, la fécondité du sexe suivra une marche parallèle, et qu'il n'existe qu'un seul moyen de mettre un frein à cette fécondité toujours croissante, à savoir : *d'entourer toutes les femmes des délices du luxe.* Hors du luxe, hors de la richesse générale, point de salut!

Que si vous refusiez d'en croire la rose double sur parole, Monsieur le vicomte, je vous renverrais à l'opinion de la vache grasse et de la jument grasse que leur embonpoint rend stériles et qui vous diraient les mêmes choses, absolument les mêmes choses que la rose double. Enfin, que si cette imposante unanimité de témoignages ne suffisait pas

encore à vous bâtir une conviction inébranlable, je vous appel-
lerais en dernier recours devant l'autorité des carpes de la
Sologne. Vous n'êtes pas sans avoir été en relations avec les propriétaires des étangs de la Sologne, vous, Monsieur le vicomte,
qui êtes un riche propriétaires du Loiret. Or, demandez-leur
comment ils se conduisent à l'endroit de la multiplication de la
carpe. Ils vous répondront que les étangs de la Sologne sont si
favorables à la croissance des carpes, que la rapidité du développement de leur taille (luxe) les rend tout à fait infécondes ! et
qu'ils sont obligés, eux propriétaires, *pour conserver de la graine*
de leur poisson, d'avoir des carpières de *misère* où ils tiennent
les carpes exclusivement destinées à la reproduction. Ces carpières spéciales à la reproduction sont d'étroites pièces d'eau où
les carpes femelles sont entassées par myriades, sont les unes
sur les autres, meurent de faim, en un mot. Ne pouvant profiter,
ces carpes pondent, et ces pondeuses fécondes ont été baptisées
en Sologne du nom significatif de *peinard !*

Comprenez-vous, Monsieur le vicomte, comprenez-vous l'analogie qui existe entre la carpe ci-dessus et la femme du peuple dont
la fécondité vous alarme justement ! Ces ménages entassés les uns
sur les autres dans les étroites *carpières* des cités industrielles, ces
marmots qui pullulent dans les bas-fonds de nos sociétés, sont le
*peinard* humain. Je vous avais demandé le prix de 1,200 francs
pour la rose double, je me reprends ; je demande que le prix soit
distribué à la rose double et au *peinard* de la Sologne, *ex œquo.*
Que les peuples seraient heureux, mon Dieu ! si les gouvernements étaient analogistes !

Politique transcendante ou astronomie transcendante, c'est tout
un pour l'analogie, le firmament ne lui pèse pas dans la main
plus que la société. La rose double et le peinard ont dit la solution du problème de Malthus. Voici venir le caractère passionnel
du nombre 4 et celui du nombre 7, qui vont nous donner le mot
d'une énigme indéchiffrable et qui intriguait tous les astronomes
depuis des siècles.

Pourquoi, se demandaient tous les jours avec angoisse ces
savants désorientés, pourquoi le créateur n'a-t-il accordé que 4

satellites à Jupiter qui est la plus grosse des planètes, du tourbillon, tandis qu'il en a confié 7 à Saturne, 8 à Herschell,
5 à la Terre ? Évidemment, il s'est glissé quelque erreur dans
ces comptes, le bon Dieu s'est trompé. — Dieu ne s'est pas
trompé le moins du monde, répond l'Analogie : la passion de
familisme module par 4 ; la planète Jupiter est cardinale de familisme, ainsi qu'il a été prouvé plus haut par la nature des dons
qu'elle a faits à la Terre (vache et pomme de Calville), — donc,
Jupiter est forcé de se contenter de 4 satellites.... Il faut bien,
en effet, que les planètes qui représentent des passions plus rele-
vées que le familisme, soient accompagnées dans leurs voyages
d'une suite plus nombreuse, en témoignage de la supériorité de
leur grade. La Terre a 5 satellites, ou du moins elle pourrait les
avoir, parce qu'elle est cardinale d'Amitié, et que l'amitié module par 5, nombre *confus*. Saturne a 7 satellites parce que l'ambition module par 7. Maintenant pourquoi le cortége d'Herschell
qui est aussi une planète pas plus grosse que rien relativement
à Jupiter, se compose-t-il de 8 lunes, du nombre précisément
double de celui des satellites de Jupiter ? Il est clair qu'il y a une
intention secrète de Dieu dans cette proportion de satellites...

L'intention se devine sans peine. Herschell est cardinale d'a-
mour, Jupiter de familisme; Herschell est touche hypermineure
du clavier, Jupiter touche hypomineure. *Deux* est le nombre du
couple... eh bien, *huit* est la troisième puissance de *deux*, tandis
que *quatre* n'en est que la seconde.... Cela signifie que l'amour
porte le bonheur sensuel au cube, tandis que le familisme ne l'é-
lève qu'au carré. C'est la même raison, mon Dieu, qui fait que
l'ellipse a deux foyers et que la parobole n'en a qu'un. Quand je
disais qu'il était impossible de toucher à une branche de l'arbre de
la science sans les faire remuer toutes. Je m'étais parfaitement
promis de ne pas dire un seul mot de la géométrie passionnelle,
et de passer tout contre sans y entrer; mais le moyen d'éviter un
malheur quand la logique et la passion vous entraînent ! Allons,
puisque nous sommes tombé dans le guépier sans le vouloir,
essayons de nous en tirer par la théorie des quatre sections coniques. Dix lignes de géométrie passionnelle, c'est autant qu'il

en faut pour produire une dizaine de solutions de problèmes complètement inédites.

D. — Pourquoi dans le cercle, première section du cône, première courbe fermée, tous les points de la circonférence sont-ils également éloignés du centre? Pourquoi tous les rayons sont-ils égaux ?

R. — Parce que le cercle est la figure de l'amitié, passion cardinale de l'enfance, qui n'admet ni ordre, ni rang, ni hiérarchie et où le ton de l'égalité et de la familiarité domine. Ici tous les individus sont égaux comme les rayons du cercle, et la forme du groupe vire fatalement au rond. Les petites danseuses viennoises qui eurent tant de succès sur la scène du grand Opéra de Paris et qui étaient au nombre de 32, je crois, n'étaient jamais plus applaudies que lorsqu'elles exécutaient des évolutions circulaires. Les figures chéries de l'enfance affectent invariablement la forme sphérique, la balle, le cerceau, la bille ; les fruits qu'elle aime de préférence aussi : la cerise, la groseille, la pomme d'api, la tourte aux confitures. Je suis encore obligé de m'arrêter dès les premiers mots, parce que je sens que je suis prêt à m'engager dans les plus hautes considérations de *Gastrosophie* et de *Gymnastique* passionnelle, encore deux sciences nouvelles, deux notes d'une gamme scientifique qui a pour pivot l'hygiène passionnelle, une science *cardinale* qui s'occupe de purger le globe et l'humanité de toutes leurs maladies morales et physiques.

Mais sans parler de Gymnastique ou plutôt de Gymnosophie passionnelle, mettons sur le tapis une chose que tout le monde a sous les yeux tous les jours, les jeux des groupes enfantins aux Tuileries. L'analogiste qui a observé ces jeux avec une attention suivie, n'a pas été sans remarquer une différence caractéristique dans le choix des amusettes et des exercices favoris des enfants des deux sexes. C'est tout naturel. Le sexe majeur a sa force à développer, l'autre sa grace ; chacun travaille de son mieux à exercer ses muscles dans la direction de ses destinées ; le garçon apprend à courir et à lutter, parce qu'il est destiné à la course et à la lutte. La nécessité n'étant pas la même pour la jeune fille qui n'est pas destinée à disputer ni à courir, mais à être disputée et courue, la jeune fille s'abstient généralement de ces exercices violents. Elle sait bien que ses petits pieds n'ont pas été taillés pour la marche, mais pour la danse; car la femme a cela de commun avec les types les plus charmants de l'espèce féline, qu'elle bondit et qu'elle saute avec plus de grâce et de facilité qu'elle ne court, et elle ne cherche point à forcer la vocation de ses petits pieds. Qu'a donc remarqué notre observateur dans le caractère des jeux de l'enfance féminine? Il a remarqué dans la physionomie de ces jeux une propension décidée vers l'ellipse.

Je compte, en effet, parmi les exercices favoris de l'enfance féminine le volant et la corde ; le volant, un pauvre cœur ailé qu'on se renvoie de l'une à l'autre avec tous les artifices de la coquetterie ; la corde, la haute école de la souplesse, de la grâce et de l'élasticité. La corde et le volant décrivent des courbes elliptiques ou paraboliques.

Pourquoi cela? Pourquoi, si jeune encore, cette préférence du sexe mineur pour la courbe elliptique, et ce mépris manifeste pour la bille, la balle et la toupie ?

Parce que l'ellipse, seconde section conique, est la courbe d'amour, comme le cercle est celle d'amitié. L'ellipse est la figure dont Dieu, de sa main d'artiste, a profilé la forme de ses créatures favorites, la femme, le cygne, le coursier d'Arabie, les oiseaux de Vénus ; l'ellipse est la forme attrayante par essence. L'ellipse a deux foyers!!... deux foyers comme l'amour, deux foyers dans chacun desquels s'absorbent fatalement tous les rayons partis de l'autre, comme dans le véritable amour, où pas une pensée ne part du cœur de l'un des deux amants qui n'aboutisse exclusivement à l'autre. Cette courbe fermée dont les foyers absorbent mutuellement leurs rayons, c'est l'image de ce monde des amoureux qui n'est peuplé que de deux êtres, *elle* et *lui!* N'est-ce pas que la définition de l'ellipse répond bien à celle-ci : *L'amour, c'est de l'égoïsme à deux!*

Les astronomes ignoraient généralement avant cette explication pour quelle cause les planètes décrivaient des ellipses et non pas des circonférences autour de leur pivot d'attraction ; ils en savent maintenant sur ce mystère autant que moi. Mais poursuivons le cours de la section conique.

L'ellipse se déchire et s'ouvre; un de ses foyers a brisé sa prison, et les rayons du foyer fidèle vont chercher à l'infini le foyer fugitif qu'ils ne rencontrent pas. Alors les mauvaises langues rapportent que c'est la monotonie du régime conjugal qui a provoqué la séparation, et elles partent du particulier pour conclure au général, disant que *l'hyménée est le tombeau de l'amour*. Mais les analogistes consciencieux ne voient rien de scandaleux dans cette métamorphose de l'ellipse en parabole. Ils trouvent naturel, au contraire, que l'ellipse, courbe d'amour, engendre la parabole, courbe du familisme, comme l'amour engendre la famille. Les enfants venus, il fallait bien que la flamme égoïste des parents s'épuisât, que l'égoïsme à deux devînt de l'égoïsme à trois, à quatre, à cinq. Un des foyers a disparu, c'est vrai, mais la tendresse du père et de la mère rayonne à présent vers l'infini, vers les générations futures auxquelles la génération actuelle se lie par les enfants. Cette faculté de rayonnement de la courbe parabolique vous explique pourquoi le miroir parabolique (réverbère) est le plus réfléchissant de tous les miroirs, pourquoi le rayon jaune, couleur du familisme, est le plus lumineux de tous les rayons du prisme. Decamps, Eugène Delacroix, Diaz, Baron, qui sont de si grands coloristes, ignoreraient peut-être encore sans moi cette particularité intéressante de la parenté du rayon jaune avec le réverbère et l'amour maternel. Le physicien a désormais l'œil ouvert sur un horizon nouveau, l'optique passionnelle.

Mais voici que la parabole s'exagère à son tour et vire à l'hyperbole. Après l'amitié l'amour; après l'amour la paternité; après la paternité l'ambition; après le cercle l'ellipse; après l'ellipse la parabole; après la parabole l'hyperbole. L'hyperbole est la courbe de l'ambition; la quatrième section conique symbolise la quatrième affective. Admirez la persistance opiniâtre de l'ardente asymptote, poursuivant l'hyperbole d'une course échevelée; elle approche, elle approche toujours du but qu'elle ambitionne d'atteindre, mais elle ne l'atteint pas. Qui ne reconnaît dans cette image saisissante l'aspiration de l'âme humaine emportée vers l'infini par une force toute puissante, et s'en rapprochant toujours et ne l'atteignant jamais; heureusement jamais. Cette aspiration perpétuelle, c'est évidemment la poésie, c'est l'art rêvant toujours un type du parfait idéal, qui s'éloigne sans cesse, mais qui va aussi s'embellissant toujours, et toujours vous appelle plus passionnément à lui. Dieu m'est témoin que c'est le manque d'espace et non le manque de bonne volonté qui m'empêche de loger ici une théorie complète d'esthétique passionnelle qui aurait distancé celles de Gœthe et de l'abbé Batteux, comme la locomotive distance le coucou. Le beau, *mobile d'attraction;* l'idéal, *utopie d'aujourd'hui,* mais *vérité de demain;* l'art ou la poésie, *puissances d'incarner l'idéal, de prévenir et de devancer les temps.*

Je ne sais pas si je me trompe, mais j'ai idée qu'une jeune personne un peu intelligente qui aurait assisté à une leçon très-bien faite sur l'ellipse et ses analogies, reviendrait facilement de ses préventions contre la géométrie curviligne. J'estime également que la qualification de géomètre ne tarderait pas à perdre ce qu'elle a aujourd'hui d'injurieux.

Si l'analogie passionnelle est parvenue à orner de fleurs la table de Pythagore et le carré de l'hypothénuse, où n'en sèmera-t-elle pas ! C'est-à-dire que je ne vois pas dans Paris tout entier une salle assez vaste pour contenir la foule des deux sexes qu'attirerait la simple annonce d'un cours de chimie, de physique ou d'astronomie passionnelles. Je ne suis pas ambitieux, je ne demande que le talent de parole de Lamartine avec le droit d'ouvrir un cours de botanique passionnelle. Elles viendraient, pour m'entendre, de Naples et de Stockolm, peut être de plus loin... et pourtant chacun devine que l'enseignement de la botanique passionnelle n'est pas dans les dons de l'homme, et que l'interprétation du langage des fleurs exige une imagination plus subtile et plus délicate que la nôtre. En Herschell et en Jupiter, les cours de botanique sont professés par de jeunes vestales de dix-huit à vingt ans, désignées à cet emploi par un charme d'élocution et de beauté sans égales. Quand je dis dix-huit à vingt ans, c'est pour me conformer au langage de la Terre, puisque les années de Jupiter sont près de quatre fois aussi longues que les nôtres, et que l'âge du vestalat n'y commence qu'aux environs de la centaine. On se tromperait aussi très-fort si l'on supposait que la science des fleurs n'est qu'une science d'agrément; toutes les sciences passionnelles sont sciences composées, réunissant toujours l'agréable à l'utile. Par exemple, une des branches les plus intéressantes de la botanique passionnelle est celle qui a nom l'algèbre médicinale. L'algèbre médicinale est l'art de découvrir le spécifique infaillible de toutes les maladies, à la simple inspection du caractère ou de la dominante passionnelle d'une fleur. Je n'ai pas déshonoré ma jeunesse à disséquer des cadavres, je l'ai noblement *dépensée* à aimer, et pourtant je ne voudrais pas m'adonner plus d'un mois à l'étude de l'algèbre médicinale sans arriver à découvrir des secrets de pharmacie merveilleux. Ma volonté bien formelle, par exemple, est de ne pas transiter vers la vie aromale (mourir) cette fois, avant d'avoir légué à la race canine en témoignage de mon estime et de mon affection, un spécifique certain contre l'hydrophobie. On dit qu'un voyageur français m'a ravi cette gloire en rapportant d'Abyssinie le spécifique tant cherché. Que le fait se confirme et je bénirai le premier le nom de l'heureux voyageur, et ma reconnaissance pour un si grand service, comprimera en mon cœur tout sentiment d'envie. J'en serai quitte d'ailleurs pour me rabattre sur quelque autre merveilleux secret. Il n'y a pas que le remède contre la rage pour conduire à l'immortalité.

L'algèbre médicinale explique *à priori* comme quoi le suc du grenadier doit tuer le ténia. Le ténia, en effet, reptile immonde et parasite qui vit du plus pur du sang de l'homme, et se loge en ses entrailles, est l'emblème de l'usurier parasite qui vit de la plus pure substance du travail social, et le grenadier symbolise l'apôtre du principe de solidarité et de justice qui doit tuer l'usure et le parasitisme.

> Ainsi, l'analogiste explique toutes choses,
> Et trouve sous ses pas des fleurs toujours écloses.

On n'est pas géomètre, dieu merci ! médecin encore moins, et pourtant on vient de vous donner en jouant les solutions des problèmes les plus épineux de la géométrie, de l'astronomie et de la médecine transcendantes.

On n'est ni musicien ni peintre, et de même on se fait fort de vous dire les raisons de l'accord des deux notes *la* et *mi*, des deux couleurs *orangé* et *azur*.

L'azur est la couleur d'amour ; l'orangé celle de l'enthousiasme ou de la *composite*. L'amour est la passion *génératrice d'enthousiasme*. Voilà pourquoi il y a accord parfait entre les deux couleurs.

Le *mi* est la note d'amour, la note bleue ; le *la* est la note de composite, la note orangé... donc accord parfait du *la* avec le *mi*, l'une *tonique*, l'autre *dominante* de la gamme mineure.

Qui m'expliquera maintenant pourquoi des deux sensibles *fa* et *si*, l'une, la première, aspire toujours à descendre, l'autre toujours à monter ? La question paraît bien simple, mais je porte défi au plus habile croque-note de la résoudre sans l'aide de l'analogie.

Le *si* aspire à monter, aspire à l'*ut supérieur*, parce que la note *si* est la sensible majeure, et que dans le mode majeur le *supérieur entraîne l'inférieur*. La note *fa* aspire à descendre vers le *mi*, parce que dans le mode mineur c'est *l'inférieur qui entraîne le supérieur*. Je ne sais pas si le lecteur s'est aperçu qu'on venait de lui révéler par mégarde la théorie naturelle de l'écriture musicale. Puisque chaque note de la gamme musicale a sa couleur, il s'ensuit qu'on ne doit l'exprimer sur le papier, ni avec des chiffres comme le veut Rousseau, ni avec des croches comme le veut l'Aretin, mais qu'on doit l'écrire avec des couleurs. Avec cette écriture-là l'apprentissage de la lecture musicale, qui demande aujourd'hui dix ans, pourrait bien coûter cinq à six leçons d'une heure chacune.

On n'est pas astronome non plus et l'on sait le nom des planètes à découvrir, et le nom qu'elles portent, et la place qu'elles occupent dans le ciel, et les plantes et les bêtes auxquelles elles ont donné le jour. Et quels autres, s'il vous plaît, que des analogistes eussent eu le courage de revendiquer pour notre globe son légitime droit à l'escorte de cinq satellites, et de prouver que c'était un malheur temporaire qui le privait aujourd'hui la jouissance des quatre cinquièmes de ses droits. Car enfin la brièveté de

notre existence et le chiffre effrayant des maladies qui en désolent le cours, et les épidémies et les volcans et les tremblements
de terre qui déchirent les entrailles de notre infortunée cardinale
et lui font vomir le feu, tous ces douloureux phénomènes, dis-je,
attestent trop cruellement que sa santé n'est pas parfaite, et à
l'analogie seule jusqu'ici revient la gloire d'avoir découvert le
véritable siége de la maladie de la Terre et d'avoir indiqué le
remède. Je ne voudrais pas retirer à M. Leverrier, qui est un
grand calculateur, dit-on, et un faible astronome, un iota de sa
renommée ; mais M. Leverrier me permettra cependant de lui dire
que les analogistes avaient parcouru *sa* planète en tous sens plus
d'un siècle avant lui, et qu'ils s'étaient même permis de la nommer
et d'en rapporter diverses productions. Il est certain que les analogistes savent depuis cent ans et plus l'arôme typique de la planète
de M. Leverrier, et si je ne demande pas à l'illustre savant d'où
provient le tabac, c'est que je crains de l'embarrasser par une
question insidieuse ; c'est que j'ai peur que l'illustre savant ne me
réponde comme tout le monde que le tabac provient de l'Amérique
méridionale. Or, le tabac ne provient pas d'Amérique ; le tabac,
ce narcotique abrutissant, dont les gouvernements constitutionnels
se servent pour empoisonner les populations et les tenir endormies sous le joug ; le tabac, qui a perdu l'Espagne, la Turquie
et la France, le tabac est une des créations pivotales de la planète
Leverrier. La planète Leverrier parfume de... *caporal*, et celui
qui l'a inventée ne le sait peut-être pas... *Nares habet, sed non...*
Je défie, du reste, tous les savants du monde civilisé de m'expliquer le symbole de monstrueuse subversion écrit dans les propriétés scandaleuses du tabac, une plante qui vous fait *respirer
par la bouche et manger par le nez !*

On n'est pas astronome, encore une fois, mais on sait que la
lunigère Herschell est cardinale d'amour ; et l'on n'a pas besoin
d'en savoir davantage, pour donner à l'Académie des sciences
l'explication du rébus de mécanique céleste qui l'intrigue le plus
à l'heure qu'il est. Je veux parler de la *marche à rebours* des
satellites d'Herschell qui se dirigent de l'Est à l'Ouest, tandis que
tous les autres satellites courent de l'Ouest à l'Est. Si ces mes-

sieurs du Bureau des Longitudes s'occupaient un peu plus des lois de l'attraction passionnelle et un peu moins de celles de l'attraction sidérale, ils auraient compris comme moi, il y a bel âge, que la course des satellites d'Herschell ne présente aucune anomalie, au contraire... vu que le Dieu d'amour qui règne souverainement en cet astre en régit naturellement le mouvement matériel, et que le Dieu d'amour n'a pas de plus grand bonheur que de bouleverser tous les usages reçus, *soumettant le fort au faible*, pour montrer sa puissance, et faisant manœuvrer ses fuseaux par les mains des hercules. (Caprice n'a point de lois. La loi générale du mouvement veut que les satellites marchent d'Occident en Orient, dit l'Amour ; c'est très-bien : alors je vais profiter de la circonstance pour imprimer à ma machine une direction diamétralement opposée. Sitôt dit, sitôt fait... et voilà pourquoi les satellites d'Herschell ont l'air d'être en dehors de la loi *générale*. Malheureusement les savants qui sont presque tous en dehors de la loi *spéciale* d'amour, ne sont plus de force à comprendre des arguments de cette nature-là.

Voulez-vous qu'on vous dise pourquoi la nation française éprouve un si grand malaise aujourd'hui et désire autre chose que ce qu'elle a. C'est parce que sa *Tonique* n'est pas d'accord avec sa *Dominante*. Sa Dominante, en effet, c'est l'honneur, et sa Tonique d'aujourd'hui est le lucre, est l'ignoble agiotage.

Comme elle plonge dans les astres, l'analogie plonge dans le passé, dans le présent, dans l'avenir. Il lui est aussi facile de lire dans l'histoire des siècles écoulés que dans celle des siècles futurs ; car il y a pour elle des livres naturels où tout ce qui est, tout ce qui fut, tout ce qui sera, est écrit. Les révélations parfumées du réséda et du pois de senteur l'ont mise au courant de l'organisation future des cinq chœurs de l'enfance et lui ont appris le dévoûement et la générosité des Petites Hordes. Elle sait, par une analyse attentive du gouvernement modèle des abeilles, quelles institutions préparatoires exige la fondation du régime harmonien. Car les abeilles qui ont si bien réalisé chez elles la théorie de la liberté, de l'égalité et du travail attrayant, les abeilles ont débuté par supprimer impitoyablement les improductifs. Ensuite elles ont statué à l'unanimité que chaque ouvrier travaillerait en proportion de ses facultés, pour être rétribué ensuite proportionnellement à ses besoins. Dès que le travail est attrayant par lui-même, il va sans dire que personne ne réclame un salaire pour s'être amusé. Ces prétentions stupides sont spéciales aux civilisés, esclaves du capital. L'harmonie ignore ces coutumes. Les abeilles ont dit enfin le dernier mot de Dieu sur la forme gouvernementale. Elles ont adopté le Consulat *maternel*, ou la monarchie élective féminine temporaire. Le souverain pouvoir qui n'est pas une sinécure dans la ruche s'y décerne à la plus belle, c'est-à-dire à la plus féconde. C'est une grande gloire pour les abeilles que d'avoir été choisies par le Créateur pour indiquer aux hommes la solution de deux questions aussi importantes que celles de la répartition et de la forme gouvernementale ; et les hommes, à mon sens, ne sauraient témoigner trop de gratitude aux abeilles pour ce double bienfait. Ce qui me passe et m'afflige, c'est qu'après la décision solennelle des abeilles, il y ait encore aujourd'hui division entre les deux principales fractions du parti socialiste sur la question du capital. Les socialistes ne s'entendent pas entre eux parce que la science de l'accord universel, qui est l'analogie, leur manque. Et les classes fainéantes se réjouissent, et les classes laborieuses se désolent de la scission des socialistes qui n'auraient besoin, pour sauver le monde, que d'être plus forts sur l'analogie.

Je ne peux pas terminer ce chapitre sur l'origine des bêtes et sur beaucoup d'autres choses, sans relever les dangereuses hérésies de Linnœus, qui, par la fausse définition des règnes, a si tristement contribué à égarer l'opinion publique sur le caractère des plantes et des métaux.

Linnœus a dit : Mineralia *crescunt;* vegetalia crescunt et *vivunt* ; animalia crescunt, vivunt et *sentiunt* : Les minéraux *croissent,* les végétaux croissent et *vivent;* les animaux croissent, vivent et *sentent.* Autant de non-sens et d'erreurs capitales que de mots.

Ni le minéral ni la fleur ne sont dépourvus de *sensibilité*. Seulement la sensibilité de ces êtres inférieurs ne se manifeste pas par les mêmes organes que celle de l'homme, par la raison toute simple que les végétaux et les minéraux sont moins richement organisés pour penser et pour parler que l'homme. Mais le cerveau et le larinx ne sont pas indispensables pour *sentir*, pour *aimer*.

Car toute substance pénétrable par l'électricité est susceptible d'aimer et de sentir, et tous les corps sont pénétrables par l'électricité, qui joue dans la nature le rôle d'agent universel d'attraction, de vie et de fécondité. On sait l'ingénieux moyen dont se sert ce fluide impondérable à panache *bleu* pour forcer les corps à s'attirer, à s'aimer. L'électricité opère sur tous les corps en leur donnant un sexe, c'est-à-dire en les dédoublant, de façon à donner à chacune des deux parties disjointes un désir furieux de rejoindre l'autre moitié. Aimer, c'est à proprement parler, être électrisé ; c'est sentir qu'on est dédoublé et éprouver le besoin de se rejoindre à l'autre moitié de son être. L'homme et la femme qui sont deux sur la terre, ne sont qu'un dans l'autre vie, je veux dire dans la vie aromale, et c'est même pour cela que le nombre des femmes est égal à celui des hommes sur la surface de tous les globes. L'électricité prêche d'exemple, et la poursuite acharnée que se font ses deux sexes est la cause de toutes les grandes crises de la nature, y compris la reproduction des êtres et leur développement. Les typhons, les ouragans, les tremblements de terre ne sont pas autre chose que des explosions de fluide électrique, c'est-à-dire d'amour comprimé. L'éclair est le baiser des nuages, orageux mais fécond. Deux amants qui s'adorent et qui veulent se le dire en dépit de tous les obstacles, sont deux nuages animés d'*électricités contraires* et gonflés de tragédies. La jeunesse, saison des orages, n'est pas précisément un âge, c'est la faculté qu'ont les corps de se gorger d'une plus grande provision de fluide électrique : ce qui explique pourquoi il y a de jeunes vieux et de vieux jeunes, sans compter ceux qui n'ont point d'âge et n'en ont jamais eu. L'expérience constate que la chevelure soyeuse, qui est le plus bel apanage de la jeunesse, est en même temps le plus puissant des condensateurs naturels d'électricité. L'expérience démontre encore que les formes elliptiques et hémis-phériques favorisent éminemment l'accumulation de ce fluide, et que les formes anguleuses, au contraire, le laissent échapper par leurs pointes. Alors nous commençons à deviner pourquoi le Créateur a semé avec tant de profusion l'ellipse sur le corps de la femme, et pourquoi il l'a dotée d'une chevelure si longue et si soyeuse. Une jeune et jolie femme est une véritable pile voltaïque, un véritable aimant, chez qui le fluide captif est retenu par la forme des surfaces et la vertu isolante des cheveux; ce qui fait que lorsque ce fluide veut s'échapper de sa douce prison, il est obligé de tenter d'incroyables efforts, lesquels produisent à leur tour, *par influence*, sur les corps animés *diversement*, d'effrayants ravages d'attraction. Et c'est alors que les regards s'allument et que les incendies se propagent avec une intensité en raison inverse du carré de la distance. La science n'a jamais pu calculer, même approximativement, la puissance de fascination qui se condense quelquefois en un simple regard de femme. L'histoire du genre humain fourmille d'exemples d'hommes d'esprit, de savants, de héros intrépides, de graves magistrats hébétés, magnétisés, séduits, foudroyés par une simple œillade féminine, une œillade assassine d'enfant. Heureusement que cette puissance formidable de fasci - nation dévolue à la femme n'a jamais commandé l'extermination des humains, au contraire; il n'en est pas moins vrai pourtant que la plupart des révolutions des empires ont eu pour origine un coup d'éventail électrique.

Un amoureux de vingt ans me demandait une fois si je n'avais jamais été témoin de regards bleus qui rayonnent dans les ténè-bres et font clair autour d'eux. « Parbleu , » lui répondis-je. Une chose très-plaisante, c'est le ton d'assurance des vieux, qui n'ayant plus la vue assez perçante pour distinguer ces lueurs, les révoquent en doute, et les appellent des *hallucinations*, des illu-sions du bel âge!

Messieurs les professeurs de physique, patentés et garantis par le gouvernement, n'osent pas dire les *deux sexes* de l'électricité;

ils trouvent plus moral d'appeler cela ses deux *pôles*. Ils ont un pôle *négatif* et un pôle *positif*, une électricité *vitrée* et une électricité *résineuse*. De telles absurdités me passent. La fausse pudeur de ces messieurs qui ne rougissent pas du commerce et qui rougissent des plus jolies œuvres de Dieu, ressemble étonnamment à la délicatesse des viandes noires qui se raffinent par la faisandaison.

La vie proprement dite, la vie de l'adulte, c'est donc la séparation des deux fluides ou des deux sexes, c'est le jeu de l'électricité. La mort, c'est la neutralisation absolue des deux électricités l'une par l'autre. Les êtres ne vivent pas encore quand le sexe n'est chez eux qu'à l'état latent, comme dans l'enfance; la vie se retire d'eux quand l'électricité ne peut plus tenir en leurs corps, comme dans la vieillesse. Le saint roi David fit preuve qu'il comprenait parfaitement les propriétés condensatrices des surfaces elliptiques polies, quand il s'adjoignit la jeune Abigaïl pour garde du corps en ses vieux jours. L'électricité fait mieux que ranimer les moribonds; elle rend le mouvement aux cadavres; je l'ai vue ressusciter des vers à soie morts d'amour et les faire r'*aimer*.

Cette vérité admise, appliquons-la au minéral.

Le minéral n'est pas un corps inerte, comme le vulgaire le suppose : c'est un corps chez lequel la vie n'est encore qu'à l'état latent. La définition même de Linnœus, *mineralia crescunt*, prouve que Linnœus ne s'était pas bien rendu compte du phénomène de la croissance, car la croissance est une agglomération de molécules qui sont sollicitées à se réunir par une puissance quelconque, et cette puissance, cette attraction moléculaire est l'électricité. Or, où il y a électricité, il y a vie : croître c'est vivre.

Certainement que si l'on place une tige métallique dans un séjour paisible et parfaitement abrité du souffle des orages, où aucune influence dangereuse ne puisse développer le sentiment en elle, certainement qu'on aura lieu de la considérer comme une matière inerte. Mais qu'on s'avise, par hasard, de la changer de place, de métamorphoser, par exemple, l'humble broche à rôti en tige de paratonnerre... tout aussitôt s'opèrera dans les mœurs du métal une révolution complète, et la puissance magné-

tique apparaîtra en lui, preuve que ses passions n'étaient qu'as-
soupies autrefois. Ce n'est pas, comme on le voit, chez les hommes seulement que les honneurs changent les mœurs. A peine la
pacifique broche a-t-elle été transférée de la basse région du
foyer culinaire au faîte des hautes tours, à peine a-t-elle quitté
l'horizontale pour la verticale, qu'elle a pris un caractère conforme
à sa position nouvelle. Couchez le fer, il s'endort; dressez-le, il
voudra marcher.

Rien de plus froid en apparence et dans la vie habituelle qu'un
paquet d'aiguilles anglaises ou une boîte de plumes métalliques.
Examinez pourtant : Voici qu'on a fait passer à proximité de cette
masse inerte le souffle amoureux de l'aimant : soudain aiguilles
et plumes de s'éveiller de leur lourd sommeil, de se dresser sur
leurs pointes, de frémir, de se trémousser dans une agitation
fébrile, de s'unir, de s'enlacer pour exécuter quelque sarabande
fantastique; bref, de prendre toutes ensemble leur volée, comme
un essaim de moineaux francs, pour aller donner de la tête et du
corps contre leur foyer d'attraction et s'y incruster avec rage.
N'en déplaise à Linnœus, *elles ont du sentiment*, ces plumes et ces
aiguilles, tout comme la fauvette de la nièce de Descartes.

Et si le feu d'amour n'embrâsait pas tous les êtres, les métaux
et les minéraux comme les autres, où serait, je le demande, la
raison de ces affinités ardentes du potassium pour l'oxygène, du
gaz hydrochlorique pour l'eau, de l'acide sulfurique pour la ba-
ryte, affinités si puissantes, si bien comprises par nous, que
nous avons été forcés de leur voler leurs effets pour en enrichir
le langage de nos passions? car nous avons aussi, dans notre langage figuré de la politique et du drame, la *fermentation* de l'esprit public, l'*effervescence* des idées, l'*ébullition* des passions *incendiaires*, etc.... Et tous ces substantifs imagés et expressifs sont
empruntés au langage de la matière, et l'on dit encore d'un
vieillard amoureux que c'est un volcan qui brûle sous la neige. Il
est évident que si ces minéraux étaient aussi insensibles et aussi
calmes qu'on veut bien le dire, nous n'aurions pas été leur emprunter leur vocabulaire pour parer à la pauvreté du nôtre. La
poésie et la vérité ont eu raison cette fois de la science. Perro-

quets de Linnœus, répétez donc tant que vous voudrez, après lui,
que les minéraux ne sentent ni ne vivent, n'ont ni passions ni
sexes; le potassium se chargera, à lui seul, de donner à vos paroles un éclatant démenti, le potassium qui *met le feu à l'eau*
pour s'unir à l'oxygène ! Il a été écrit que Léandre traversait tous
les soirs un bras de mer pour se jeter dans *ceux* de son amante,
mais on n'a jamais dit qu'il y eût mis le feu.

Et les fleurs, ô mon Dieu ! refuser le sentiment aux fleurs,
les plus sentimentales, les plus nerveuses peut-être de toutes les
créatures ! Mais où donc ces gens-là avaient-ils étudié la nature
dont ils se sont proclamés les seuls et uniques interprètes? Moi
qui suis un homme simple, j'ai beaucoup vécu aussi dans la
société intime de la nature, et elle m'a beaucoup parlé par la voix
des lilas, des roses et des luzernes. Pourquoi donc ne m'a-t-elle
pas dit la même chose qu'à eux? car voici, à quelques volumes
près, ce que j'ai retenu de ses conversations.

Elle disait :

Toutes les plantes sont des êtres sensibles, animés comme les
hommes, de passions dévorantes, et qui ne peuvent s'épanouir
dans leur magnificence qu'en un milieu qui laisse à ces passions
leur légitime essor ou, pour parler plus simplement, un milieu
qui leur fasse une *destinée proportionnelle à leurs attractions.*
Hélas ! que vous en avez vu mourir de jeunes fleurs sans vous
douter que c'était la passion qui les tuait! Oui, la passion, une
inclination violente contrariée par la barbarie d'un *tuteur inflexible*, entravée par un obstacle quelconque, une grille, un
mur noir de couvent, d'ombrageux alentours. L'une était blanche et rose et née pour vivre aux champs, ignorée et heureuse;
elle s'étiola et s'éteignit, faute d'air et de soleil, dans le séjour
des *cours* où elle fut transplantée. L'autre, qui sèche sur pied et
s'incline avant l'heure, apporta en naissant le germe de la contagion héréditaire et périt avant l'âge, victime expiatoire de la
faute d'autrui. Celle-ci, séparée de la moitié de son être par une
multitude innombrable de kilomètres, a longtemps attendu un
doux message d'amour; mais les facteurs habituels de la correspondance des fleurs, le souffle du printemps, les insectes dorés,

ont passé avec les beaux jours sans lui apporter le moindre souvenir de l'étamine aimée. Alors la pauvre délaissée a fermé sa
corolle, sa corolle, nid d'amour par elle préparé pour les tendres
mystères, tente nuptiale qu'elle avait tissée d'une merveilleuse
matière, plus précieuse, plus odorante, plus splendide mille fois
que l'étoffe du manteau d'une reine d'Angleterre. Oh ! cachons
bien à tous nos secrètes douleurs et le mal qui nous fait mourir,
et que l'œil du profane ne déflore pas du moins l'alcôve virgi-
nale où l'amour, hélas ! n'a pas lui. Elle dit, et son dernier parfum s'exhale vers la contrée natale, et sa tête allanguie s'affaisse
sur sa tige. Combien d'autres ont péri en proie au ver rongeur...
ont péri de misère et de soif et de froid !

Oh ! oui, les fleurs confessent la loi universelle d'amour, comme
le potassium et l'acide sulfurique confessent la loi du désir et du
bonheur gravée au cœur de tous les êtres par le burin de Dieu.
Le luxe et l'éclat de la fleur affirment que le bonheur est au bout
de la passion satisfaite ; son affaissement et ses pâles couleurs,
que la souffrance est au bout de la passion comprimée. Les fleurs,
en obéissant à la loi de Dieu, qui commande le plaisir, se montrent plus intelligentes qu'une foule de moralistes civilisés, qui
prétendent refaire l'œuvre de Dieu, et qui s'en vont prêchant la
mortification et le jeûne dont ils s'abstiennent pour leur compte
personnel autant que faire se peut. Et, chose assurément fort
bizarre, c'est que le soi-disant dieu de la douleur, le dieu des ca-
tholiques lui-même, n'a pas du tout l'air de savoir mauvais gré
aux fleurs qui obéissent avec le plus de zèle à son commandement : *Aimez-vous...* et que c'est, au contraire, précisément à
celles-là qui se ruinent le plus vite en frais de toilette et de parfums qu'il accorde une place privilégiée dans ses reposoirs et ses
temples. La vigne est certainement une plante sainte et une
plante chérie du Seigneur et de ses ministres, puisque c'est avec
le sang de la vigne que le prêtre communie. Eh bien ! nous allons
voir de quelle persévérance et de quels incroyables efforts la
plante sainte est capable pour surmonter les obstacles qui entra-
vent l'essor de sa dominante passionnelle, passion d'ordinaire fort
paisible, le besoin de jaser.

La vigne aime à jaser. C'est un défaut qui lui est commun
avec le chien d'arrêt et une foule de créatures adorables des deux
sexes; et en conscience, il serait difficile de faire un crime de
cette faiblesse pleine de charme à une plante dont le jus délie la
langue, et qui est un emblême cardinal d'amitié. Dans l'ardeur
d'expansion qui la brûle, la vigne s'attache avec amour à tout ce
qui l'entoure; elle monte familièrement sur l'épaule des pru-
niers, des oliviers, des ormes; elle tutoie tous les arbres. Puisque la vigne module en tonique d'amitié, sa familiarité est légitime.

J'en eus une pour amie d'enfance, amie généreuse et prodigue
que je vois encore d'ici me tendre ses longs bras chargés de fruits;
fruits dorés et vermeils qui semblaient attendre pour mûrir ces
jours heureux de septembre où l'enfant exilé rentre au foyer
natal, où M. Lhomond se tait pour laisser parler le rouge-gorge.
La riche végétation, délice des enfants, orgueil de la famille, non
contente de tapisser de ses réseaux la face méridionale d'une
muraille immense, en avait escaladé la crête pour aller voisiner
au moyen de ses pousses les plus aventureuses avec un espalier
de la maison adjacente. L'entente la plus cordiale régnait entre
les deux treilles et plusieurs circonstances que l'horticulteur devine sans peine avaient contribué à resserrer leurs liens... Mais
le deuil entra un jour dans la maison voisine; puis vint un nouveau maître qui prétendit avoir le droit d'exhausser de quelques
pieds la muraille mitoyenne, et qui en abusa.

Il fallut bien se résigner alors à trancher par le fer les nœuds
étroits qui unissaient les espaliers amis. Leur cœur en saigna bien
longtemps, mais la barbarie ne tarda pas à porter fruit. Dès le
premier automne, la récolte des deux treilles diminua de moitié
en poids et en saveur. L'an d'après, les deux tiges ne poussèrent
qu'en bois et s'emportèrent en hauteur avec une incroyable énergie. C'était pitié de voir les chétifs grapillons durcis et recroque-
villés sous la feuille, déshonorer la place où s'étalaient naguère
dans tout l'éclat de leur beauté appétissante les grappes d'or trans-
lucides. Deux ou trois ans se passent sans apporter de changement notable dans la disposition d'esprit des espaliers rebelles. La

science fait vainement appel à tous les moyens de la thérapeutique végétale pour vaincre l'infécondité opiniâtre. Fumier chaud,
bains de pied, manteau de paille l'hiver, caresses, petits soins,
rien n'y fait, ou plutôt tout se *convertit en bois*. Des deux côtés
du mur la désolation est au comble, chez les enfants surtout. La
paresse toute seule est bien douce après dix mois de travail répugnant dans le jardin des racines grecques; mais la paresse ai-
mantée de chasselas est bien plus douce encore. Déjà les grands
parents parlent de mesures extrêmes, et prononcent le mot d'ar-
rachement, quand, par une belle matinée d'avril, la mousse des
bourgeons de l'une et de l'autre treille s'entr'ouvre et laisse voir
sortant de sa coque soyeuse une double gemmule, promesse ines-
pérée d'une riche vendange. Et comme l'un des propriétaires se
glorifiait bruyamment du succès de ses efforts, qui avaient *triom-*
*phé*, à l'en croire, des résistances de la nature : « Père, lui de-
» manda son fils, un enfant de douze ans, qui prenait à bon droit
» sa part de l'allégresse paternelle, as-tu remarqué comme les
» branches qu'ils avaient *séparées*, il y a trois ans, *sont revenues*
» *ensemble* par dessus la muraille, dis? » Le savant ne prit pas au
sérieux l'observation de l'enfant... Mon père était savant.

Cinq mois après, au milieu des jouissances de la récolte, le
propriétaire de la treille voisine, un industriel, répétait pour la
vingtième fois à mon père : Savez-vous que c'est tout de même
bien drôle, ça, la coalition de ces deux vignes, qui se donnent
le mot pour faire grève et pour reprendre le travail en même
temps ? — Certainement que c'est fort singulier et fort inexplica-
ble, lui répondait mon père, qui était un savant.

Je déclare qu'on a fait beaucoup de drames avec des murs de
couvent et des victimes cloîtrées, et des échelles de soie, qui n'é-
taient pas plus intéressants que la simple histoire qu'on vient
d'ouïr. Et j'ajoute que les annales de la botanique passionnelle,
que trop peu de gens ont feuilletées jusqu'à ce jour, fourmillent
de semblables récits... et, circonstance fort remarquable, la morale de ces romans-là dit toujours : Dieu nous a mis au monde
pour aimer et jouir; aimons, soyons heureux pour faire plaisir à
Dieu.

Pourquoi les deux vignes ci-dessus ont-elles refusé pendant deux ou trois ans de produire? Je vous l'ai déjà dit, — parce que l'attraction de la vigne est de se lier d'amitié avec tout ce qui l'entoure pour jaser de choses et d'autres. En séparant les deux espaliers amis, en les soumettant au régime cellulaire, en les condamnant au silence surtout, on leur avait fait *une destinée non proportionnelle à leurs attractions*. Elles se regimbèrent et refusèrent de produire; elles étaient dans leur droit. Et elles rentrèrent dans la voie de la fécondité le jour où elles se rejoignirent et rentrèrent dans la voie de leurs attractions.

Voilà les êtres que la science civilisée nous donne pour dénués de sentiment !

Je finis, car il faut finir, car je ne sais plus où s'arrêterait le Pégase de mon imagination, si je lui rendais la main au lieu de lui serrer la bride.

Que les gens sérieux, que les moralistes civilisés à qui la lecture de chacune des pages qui précédent a inspiré un sentiment de pitié ou de colère, que tous ceux qui réclament pour l'auteur de ce livre une place à Charenton, attendent cependant pour me bien condamner, que je leur aie tout dit, que je leur aie nommé tous mes complices.

Il y a quelque temps que des physiciens de l'Institut, qui ne songeaient pas à mal, qui ne songeaient pas surtout à travailler pour la plus grande gloire de l'analogie passionnelle, se livraient à des expériences de physique amusante sur les diverses propriétés des rayons lumineux. Ils ignoraient complètement que l'analogie passionnelle eût décerné les fonctions de rayon générateur au rayon jaune. Or, ils ont découvert qu'*aucune plante ne pouvait fructifier hors de l'action du rayon jaune*... et le fait, affirmé *à priori* par l'analogie passionnelle, avec ce ton d'autorité qui la caractérise, *est demeuré acquis à la science*, comme l'existence de la planète Leverrier, comme l'existence des planètes dites *télescopiques*, qu'elle avait aussi annoncées.

J'avais établi en 1845, au rez-de-chaussée d'un journal quotidien (*Démocratie Pacifique*), la théorie de l'identité caractérielle et de l'analogie du rat et du barbare; j'avais prouvé que les deux fléaux dévastateurs se correspondaient dans l'histoire avec une exactitude rigoureuse, que chaque invasion de barbares avait déposé son rat spécial sur le sol envahi. Un savant médecin de l'Institut de France, une illustration plus qu'Européenne, M. le docteur Lallemand, a repris la thèse en avril 1847, dans la *Revue indépendante*, et il est fort probable que l'illustre docteur n'avait pas eu connaissance de mon travail, puisqu'il ne m'a pas cité.

Voici venir maintenant, en faveur de l'analogie passionnelle, un troisième acte de foi qui dépasse de mille coudées en franchise et en autorité les deux autres. C'est encore un prince de la science officielle, un mathématicien illustrissime, une des gloires de l'Institut français, un homme pieux, qui ose dire (novembre 1845) en pleine Académie :

« *Les passions sont des forces soumises aux lois de la mathématique; le jeu de ces forces constitue la* MÉCANIQUE PASSIONNELLE ! ! !

» La jeune personne qui renonce à son brillant avenir de bonheur et de famille, pour se consacrer au service répugnant des malades, *obéit à une force calculable, suit une* RÉSULTANTE ! ! ! »

Le jeu des passions constitue la MÉCANIQUE PASSIONNELLE ! Qu'avons-nous dit de plus ?

La jeune fille qui renonce à son avenir de bonheur et d'amour *suit une résultante* (tension de l'unitéisme). Qu'en dites-vous à présent, messieurs les incrédules ? Que vous semble de cette analogie passionnelle, ce rêve inadmissible de quelques cerveaux fêlés ?

Le jeu des passions constitue la mécanique passionnelle. C'est très vrai; mais il a fallu à l'honorable M. Cauchy quarante ou cinquante ans d'efforts persévérants, de travaux incompris, ridiculisés peut-être, pour arriver à confesser la loi de la mécanique passionnelle... Et voici une jeune fille, une enfant de seize ans, qui n'a pas fait plus que nous sa société chérie des $x$ ni des $y$, et qui en a appris tout autant que l'homme de science, en effeuillant des roses ou en écoutant pendant huit jours le ramage de ses oiseaux favoris.

C'est-à-dire que la science, à mesure qu'elle s'élève, proclame la souveraineté de la Passion, loi de Dieu, levier universel du mouvement. *Quod erat demonstrandum.*

Passion, passion, passion, et tout n'est que passion !

J'ai dit les mystères de la classification universelle des sciences, l'origine des bêtes, leur parenté avec les planètes, les lacunes de la création dernière... A présent que nous avons une idée de ce monde où nous devons entrer, nous pouvons passer outre à l'histoire de la chasse.

# ZOOLOGIE PASSIONNELLE.

## CHAPITRE PREMIER.

De la chasse et de son influence sur les destinées de l'humanité.

L'homme est le souverain de la Terre , c'est-à-dire le type supérieur de la série des êtres qui vivent sur la planète. Il résume en lui seul tous les caractères des types inférieurs.

A sa souveraineté sont attachées certaines attributions qui s'appellent les droits naturels de l'homme.

Le droit de chasse est le premier de ces droits après celui de vivre et celui d'aimer.

La chasse est le premier et le plus ancien des arts. Elle est antérieure à la cuisine et à la guerre; l'humanité lui doit son premier paletot et son premier rosbif.

La chasse est contemporaine du jour où la venue de la misère clôtura sur ce globe l'ère paradisiaque et ferma sur l'humanité les portes du jardin d'Éden; où, pour parler un langage plus clair, elle est contemporaine du jour où l'homme tomba d'*Édénisme* en *Sauvagerie* , et dut se résigner à gagner sa nourriture à la sueur de son front. Ce jour-là l'homme inventa la chasse pour essayer de se relever de sa chute.

'La chasse est l'industrie première-née de la nécessité, est la première manifestation de la puissance et de la liberté de l'homme. C'est par elle qu'il signale la prise de possession de son globe. La chasse, industrie pivotale du Sauvage, est en même temps le point de départ du progrès social, le premier essor du travail émancipateur qui doit quelques mille ans après r'ouvrir à l'humanité les portes des destinées heureuses.

La chasse est aussi le plus noble emploi des facultés humaines. C'est l'exercice par excellence pour faire les hommes forts. Le chasseur, le destructeur de monstres, est le bienfaiteur-né de l'humanité, le protecteur des moissons et des troupeaux, le tuteur de l'orphelin, le défenseur de la femme et de tous les opprimés. Qui fit si grands les noms de Bacchus et d'Hercule, et d'une foule de Héros? La passion de ces dieux et de ces héros pour la chasse.

L'histoire des âges héroïques n'est qu'un traité de chasse. L'humanité, dans sa reconnaissance, attribue l'invention de la chasse à ses dieux. L'Olympe est peuplé de dieux chasseurs, ou du moins les dieux chasseurs de l'Olympe sont les plus beaux, les plus adorés de tous.

C'est Apollon, le dieu de la poésie et des beaux-arts, le même qui tua le serpent Python à coups de flèche.

C'est Bacchus, l'inventeur du vin, le dompteur de tigres, le suprême consolateur des mortels affligés.

C'est Diane, la pudique vestale, l'élégante et svelte déesse de la chasse et de la chasteté, Diane, la sœur d'Apollon et la plus belle des immortelles après la mère de l'Amour et des Grâces, Diane, qui n'a pas obtenu le premier accessit de beauté, au grand concours du mont Ida, parce qu'elle n'a pas voulu le réclamer; parce que les scrupules de sa pudeur farouche ne lui ont pas permis d'accepter les conditions du programme d'examen. J'observe à ce propos que les Grecs, qui ont éprouvé le besoin d'avoir trois ou quatre chasseurs ou chasseresses de haut titre dans le sénat des dieux, n'ont pas même songé à réserver la plus petite place dans cette assemblée auguste au patron de la pêche. Or, je connais trop la mythologie grecque pour admettre qu'elle ait pu se déterminer en cette circonstance par un vil et sordide motif d'économie.

La reconnaissance des mortels fit mieux que décorer les bienfaiteurs du globe du vain titre de dieux et les colloquer dans l'Olympe. Elle leur donna place sur terre en des Panthéons magnifiques; elle consacra un culte rétribué et érigea des autels à ceux qui avaient racheté l'homme de sa misère et de son ignorance. S'il échut au peuple grec d'éterniser, par d'admirables monuments, le souvenir des bienfaits et de la gratitude, c'est que le peuple grec est le seul de l'antiquité, le seul, entendez bien, qui ait mérité d'être appelé le peuple de Dieu, étant le seul qui ait compris la sainteté de la passion, œuvre de Dieu, et osé diviniser l'amour, source de toute poésie, de toute justice et de toute religion.

Ainsi, les dieux les plus populaires de l'Olympe, ceux dont les fêtes font le plus de bruit (Bacchanales), ceux dont les statues et les temples comptent parmi les merveilles du monde (colosse de Rhodes, temples d'Éphèse et de Delphes), sont des dieux de chasse, et s'appellent Diane, Apollon, Bacchus. Et notez bien que je ne parle ici que des grands dieux, et que je passe sous silence les petits comme Hercule et Thésée.

La preuve que la reconnaissance des peuples s'est de tout temps attachée au nom du chasseur, c'est que le chasseur fut de tout temps aussi le héros des légendes populaires, aux rives de l'Eurotas et du Céphise, comme aux bords du lac Ontario. La littérature de l'Amérique du Nord, un pays né d'hier, n'a produit encore qu'un chef-d'œuvre et qu'un type. Ce chef-d'œuvre est une histoire de chasse; ce type admirable est celui de *Bas de cuir*, le chasseur primitif, chaste et religieux.

Apollon, Bacchus, Adonis, Méléagre, Céphale, Endymion, Thésée, Jason, Achille, Pâris, tous les jolis garçons de l'antiquité, furent de parfaits chasseurs. Le premier qui fut roi, Nemrod, *fut un grand chasseur devant Dieu* et non pas un soldat heureux, comme s'est plu à l'affirmer M. de Voltaire, qui n'entendit jamais

rien à la chasse, pas plus qu'à l'histoire naturelle, ce qui lui a
fait beaucoup de tort.

Ce fut encore un coup de fronde excessivement heureux qui
commença la réputation du *saint* roi David, ainsi nommé de ce
qu'il faisait égorger ses plus dévoués serviteurs en d'indignes
guet-apens pour leur voler leurs femmes... Artiste sublime, du
reste, à l'instar de Néron, grand poète et beau danseur.

La légende sans seconde des âges héroïques est celle de l'expédition des Argonautes, commandée par Jason, roi des chasseurs
de l'époque. Et qu'est-ce que c'est que l'expédition des Argonautes, sinon une illustre partie de chasse... puisqu'il s'agit de
conquérir une toison quelconque et d'assassiner les dragons qui
la gardent... puisque le nom des plus célèbres veneurs de ce
temps figure sur la liste des actionnaires de l'entreprise !

Les poétiques légendes de Pyrame et de Thisbé, de Céphale et
de Procris, ne sont pas moins populaires dans la Grèce que les légendes de Saint-Hubert et de Geneviève de Brabant dans le pays
de Gaule. Le lion de Némée a pour pendant chez nous le lion de
Pepin-le-Bref; le sanglier de Calydon a trouvé de dignes émules
dans notre histoire moderne, sans compter le loup Courtaut, et la
bête du Gévaudan, et une multitude d'ours plus ou moins illustrés
par la complainte et par *le Messager boiteux*.

Les plus adorables faiblesses des divinités de l'Olympe ont aussi
pour cause un chasseur. Il n'y a pas dans l'histoire deux intérêts
aussi étroitement unis que ceux du chasseur et de la jolie femme,
sinon ceux de la chasse et de la liberté. La déesse de Paphos, de
Cythère et de Gnide, Vénus, qui fit tant parler d'elle pour sa légèreté, Vénus n'eut jamais d'amant de cœur plus aimé que le
beau chasseur Adonis, qu'un formidable coup de boutoir ravit à
sa tendresse et sur la blessure duquel elle versa tant de larmes
qu'il en naquit une fleur. L'Aurore aux doigts de rose, l'Aurore
si réfractaire aux feux du vieux Titon, son époux légitime, se
compromit scandaleusement pour le chasseur Céphale. La chaste
Diane elle-même ne sut pas assez résister aux charmes d'Endymion, et dut avoir plus d'une fois besoin de prétexter d'une
éclipse pour expliquer l'irrégularité de son service d'éclairage

nocturne. La poésie fait foi que c'est à la justesse de son coup d'œil
et à sa réputation d'habilissime tireur d'arc que le berger Pâris,
fils de Priam, dut l'honneur insigne d'être choisi par trois immortelles peu vêtues pour arbitre souverain d'une question délicate.

Quand la vertu des déesses elles-mêmes, des déesses vestales,
chancelait si facilement devant la puissance de séduction dont le
chasseur est armé, comment eût tenu, hélas! celle des filles des
hommes! L'histoire des héros chasseurs est le martyrologe des
vertus féminines.

Atalante, la vierge obstinée, la chasseresse aux pieds légers, qui
fit courir et périr à la peine tant d'infortunés amoureux, Atalante
mollit et se laisse distancer par Hippomène. Le nom d'une autre
Atalante est uni par la légende amoureuse à celui du beau Méléagre, vainqueur du sanglier de Calydon. Médée, l'enchanteresse
Médée qui possédait de si précieuses recettes pour endormir les dragons et rajeunir les vieillards, en chercha vainement une pour
éteindre le feu d'amour allumé dans son sein par le chasseur Jason,
natif de Thessalie. C'est l'amour d'Ariane, fille de Minos, qui ouvre
au chasseur athénien Thésée les portes du labyrinthe et lui procure
les moyens de se défaire du Minotaure et d'affranchir sa patrie du
tribut annuel de jeunes vierges qu'elle payait au roi de Crète.
Qui consolera plus tard la pauvre Ariane, abandonnée dans
l'île de Naxos, féconde en vins fumeux, sinon un autre chasseur
passant dans ces parages, le chasseur indien Bacchus! Pour qui
l'autre fille de Minos, ce prince si chéri des dieux, qui eut
peu de satisfaction du côté de son épouse et de ses deux demoi-
selles, pour qui la malheureuse Phèdre, criminelle et vertueuse
à la fois, brûla-t-elle de feux si dévorants et si illégitimes? Toujours pour un chasseur, pour le beau ténébreux Hippolyte, écuyer
de grand renom, mais connu dans la Grèce *pour pousser la vertu
jusques à la rudesse.*

Phèdre, Médée, Ariane... des filles de sang royal qui se prennent de passions furibondes pour d'aimables chasseurs, c'est
presque toute la tragédie antique!

C'est encore un jeune chasseur qui alluma l'incendie d'Ilion
avec une étincelle d'amour. La guerre de Troie, qui occupe une

si large place dans les fastes de l'antiquité, n'est qu'une affaire de cœur comme on en voit tous les jours quatre ou cinq dans la *Gazette des Tribunaux*, une histoire de séduction suivie de vendetta maritala, dans laquelle le beau berger Paris, déjà nommé, joue le rôle le plus agréable. L'enlèvement d'Hélène, princesse européenne, par un chasseur d'Asie, n'est que la représaille de l'enlèvement de Médée, princesse asiatique, par un chasseur Thessalien. Ce n'est que la seconde manche d'une partie engagée entre les deux continents, et dont la belle fut gagnée depuis par Alexandre le Macédonien à la bataille d'Arbelles.

Hélas ! pourquoi la belle Hélène abandonna-t-elle si légèrement son époux et ses devoirs les plus sacrés pour suivre son séducteur sur la terre étrangère, puisque nous devions payer sa faiblesse si cher ! Car il y a bien longtemps que nous l'expions, sa faiblesse, en grec et en latin, en thêmes, en versions et en vers. On parle quelquefois de l'expiation à laquelle nous a condamnés aussi la faute de nos premiers parents, faute bien digne de pardon, puisque c'était le bon Dieu lui-même qui avait induit en tentation les coupables avec sa prescription imprudente : *Crescite et multiplicamini.* Je doute que les conséquences de la curiosité légitime de notre première mère aient été aussi désastreuses pour l'humanité, aussi fécondes en pensums surtout, que les suites de la légèreté d'Hélène au col de cygne.

La chasse est la seule branche d'industrie où l'importance de la fonction se mesure au talent et à la capacité, où la critique facétieuse soit de ton et impitoyable pour la maladresse et les prétentions déplacées. D'où chez le chasseur l'estime de soi-même, le sentiment de la dignité personnelle, l'exaltation du courage et le mépris de la mort. Qui supporte plus stoïquement la torture et meurt mieux que le sauvage façonné par la chasse à la souffrance et à la privation ?... Il est vrai que le sauvage des grands lacs qui chante sa chanson de mort, est persuadé que le Manitou l'attend pour lui donner un permis de chasse de tous les jours dans les forêts des esprits. On n'a pas calculé pour quelle quantité l'amour de la chasse extra mondaine entrait dans le mépris de la mort chez ces martyrs courageux.

Si l'on a vu tant de déesses et tant de reines épouser des bergers, c'est que ces bergers sont du bois dont on fait les chasseurs, et les chasseurs du bois dont on fait les héros. Si le chasseur obtient si fréquemment le prix d'amour que décerne la beauté, c'est que la beauté n'a jamais donné dans le travers de la fausse morale et qu'elle est noblement demeurée fidèle et docile à la voix de Dieu qui est la passion, l'attrait, et qui lui désigne secrètement ses élus. Dieu n'a concédé à la femme le privilége de faire des heureux qu'à la condition par elle de choisir parmi les plus dignes, c'est-à-dire parmi les guerriers, les chasseurs, les héros. L'amour est passion foyère d'enthousiasme, passion génératrice des merveilles; l'amour est le tribunal d'appel qui révèle le vrai mérite des condamnations iniques de la société. Le capital est la bête noire de l'amour, dont le bonheur est de l'humilier.

D'autre part, Dieu a mis au cœur des héros attraction suprême pour les bonheurs d'amour. On ne sait pas ce que le preux Roland, neveu de Charlemagne, eût pu faire ou donner pour un seul cheveu d'Angélique, princesse de Cathay, qui donna tant de choses *gratis pro Deo* à Médor. Hercule victorieux a filé cent quenouilles peut-être pour le premier baiser d'Omphale, et n'a réclamé que beaucoup plus tard une augmentation de salaire.

Les moralistes ont fort blâmé cette prétendue faiblesse du noble fils d'Alcmène filant aux pieds d'une femme. Pour moi, je ne sais rien de plus religieux, de plus humain, que ce mythe touchant de la personnification de la force brutale subjuguée par l'attrait, que ces éternelles et charmantes histoires de Mars, désarmé par l'Amour, de lions que la passion métamorphose en agneaux. Dieu et le genre humain n'ont pas de pires ennemis que ces moralistes orgueilleux qui prétendent corriger l'œuvre de Dieu en comprimant la passion, et qui la compriment, en effet, d'une façon si maladroite, qu'ils ne manquent jamais de lui faire faire explosion pour le plus grand malheur des sociétés stupides qui ont foi en leurs dogmes.

Le chasseur est l'homme fort qui ne relève que de son droit et de son arme, qui ne subit le joug d'aucune tyrannie, qui préfère la mort à l'esclavage, qui n'abdique la jouissance d'aucun de ses droits naturels qu'en vertu d'un contrat librement consenti. C'est l'homme de la nature, le pionnier vigoureux qui abomine la machine à vapeur et le travail répugnant du bagne industriel. Ses vastes poumons aspirent l'indépendance avec l'air des monts et des bois; l'air des cités le tue; la liberté, l'action et la vie au soleil sont ses premiers besoins. C'est un saint et noble rôle, je le répète, que celui que joue le chasseur dans l'histoire de l'humanité.

Voulez-vous que je vous dise d'où naît l'intérêt prodigieux qui s'attache au personnage de Robinson Crusoé?

Cet intérêt prodigieux vient de ce que l'histoire du pauvre naufragé nous représente à notre insu celle de l'humanité, jetée aussi par le grand naufrage de la chute sur une terre désolée et inculte; de l'humanité aux prises avec le dénûment et l'ignorance, et se *rachetant par la chasse* de sa condamnation. Le chasseur est pour plus des trois quarts dans le succès surnaturel du livre de Daniel Foë. Otez à Robinson son fusil et sa poudre, il n'y a plus de roman.

Les romanciers et les poètes ont si bien reconnu la supériorité du caractère de l'homme de chasse, qu'ils ne craignent même pas de choisir des braconniers illustres pour sujets de leurs épopées. *Robin Hood* et *Bas de Cuir* ne sont que des braconniers au point de vue des légistes civilisés, interprètes stipendiés du droit romain; mais la femme et le sage reconnaissent dans ces types des natures d'élite. Ce braconnier, tant vilipendé par les soute-neurs du monopole de la propriété, n'est le plus souvent après tout qu'un esclave hardi qui s'arme de ses fers pour en tuer ses bourreaux, qu'une victime de la Civilisation ou de la Barbarie, qui réclame l'exercice de son droit naturel de chasse dont on l'a dépouillé sans lui accorder aucune indemnité en échange. C'est quelquefois aussi le représentant de la race vaincue, le Saxon, le Gaulois, qui proteste les armes à la main contre la tyrannie du Normand ou du Frank; car le Normand et le Frank, après s'être emparés de l'Angleterre et de la Gaule en vertu du droit du plus fort, ont écrit dans une loi qu'eux seuls ont rédigée, que le droit de

chasse était le privilége des hommes libres, c'est-à-dire des vainqueurs ; et ils ont déclaré braconnier et criminel, et ils ont pendu
haut et court ou fait dévorer par leurs chiens le vaincu qui refu-
sait d'abdiquer son droit naturel de chasse et de courber le front
sous le joug de la conquête. Heureusement que le jour d'être le
maître peut luire aussi pour le vaincu, et qu'il faut que tôt ou
tard les crimes d'oppression et de lèse-humanité s'expient. La
révolution de 89, qui a décapité le passé, n'est, à bien prendre,
que le triomphe des principes du braconnier gaulois sur une très
large échelle. Aussi l'un des premiers actes réparateurs de cette
révolution victorieuse a-t-il été de supprimer le privilége de la
chasse. La révolution de 1830 s'est faite avec des fusils de chasse,
comme toute révolution qui veut réussir. Le fusil de chasse,
qui a tué dès l'origine la chevalerie et la féodalité, est devenu
le palladium des franchises nationales. Le chiffre du revenu des
permis de chasse est aujourd'hui pour tous pays le thermomètre
des libertés publiques. Dites-moi ce qu'un peuple brûle par an
de poudre fine et je vous dirai ce qu'il est.

L'enchaînement rigoureux de ces déductions n'a rien, au surplus, que de fort simple. La liberté, c'est la faculté pour chacun
d'exercer ses droits naturels, et la chasse est un de ces droits. Or,
il y a bien des siècles que ce droit est violé, et il s'en faut de
beaucoup qu'en France même, après tant de révolutions, la réparation soit complète. Cet ajournement indéfini du triomphe du
bon principe provient du vice de la législation romaine.

C'est l'abus odieux du droit de propriété défini par la loi romaine, *uti et abuti*, qui lèse et tue chez nous le droit naturel de
chasse. Que le possesseur du sol réclame la propriété exclusive de
sa récolte, d'une chose *créée* par lui, je la lui accorde volontiers,
mais je demande que sa réclamation s'arrête là. Ce n'est pas lui
qui a créé le gibier qui s'abat en passant sur le champ qu'il cul-
tive, comme il a créé sa moisson ; par conséquent, il n'a pas plus
de droit de propriété qu'aucun autre de ses concitoyens sur ce
gibier de passage, manne céleste que le bon Dieu a soin de faire
pleuvoir deux fois tous les ans sur la majeure partie des régions
du globe, pour témoigner que tous les habitants de ce globe doi-

vent avoir part égale à sa libéralité. La loi française elle-même, quoique fille de la loi romaine, a consacré le principe que le gibier appartient au premier occupant. Elle ne fait pas restituer au délinquant qu'elle condamne, le gibier par lui tué sur le terrain d'autrui. Je veux bien que les représentants d'une société quelconque exproprient l'individu, fraction de cette société, de son droit naturel de chasse et de tout autre, pour cause d'utilité publique; mais ils lui doivent en ce cas une indemnité en retour, et cette indemnité ne peut être que la concession d'un droit à un autre travail, de nature à procurer à l'évincé la subsistance qu'il aurait trouvée dans l'exercice de son droit de chasse. Donc aussi longtemps que justice ne lui aura pas été rendue, et que cette indemnité n'aura pas été réglée, c'est-à-dire, aussi longtemps que la société n'aura pas accordé à chacun de ses membres le droit au travail et ne lui aura pas garanti un minimum de salaire, je tiens que le *prolétaire*, dépouillé de ses droits naturels, est recevable à protester contre l'abus de la force et contre la tyrannie du droit de propriété.

Ainsi fait-il, au surplus, car il a dans l'esprit le vague sentiment de ses droits; et il s'est constitué en état de rébellion permanente contre un ordre social qui ne protége que la propriété de la terre, et il continuera de protester par le braconnage et le vol, jusqu'à ce que l'heure lui paraisse venue d'en appeler à la lutte ouverte, au jugement de Dieu.

C'est-à-dire que pour avoir copié trop servilement la législation romaine, trop dure et trop barbare pour les sociétés chrétiennes où le souffle de l'égalité a passé, et, faute d'avoir compris que le droit de vivre ou le droit au travail primait de toute éternité le droit de posséder, la législation française sur la chasse a réussi à armer contre la propriété et contre l'ordre social tout entier la partie la plus énergique et la plus remuante de la population des campagnes. On ne croit pas à la possibilité d'une nouvelle jacquerie en France, on se trompe; j'en vois de mes yeux tous les jours les formidables éléments s'aboucher, se mêler et s'unir, en attendant que brille un signal qui pousse contre nos institutions vermoulues le torrent déchaîné. Voyons déjà sur

quelles victimes s'abat la colère du prolétaire des champs dans
nos jours de tourmentes politiques : ce n'est pas sur les trônes,
pas plus que sur les gardes suisses et sur les enfants des familles
royales. Il abandonne volontiers les palais et les trônes aux vengeances du prolétaire des villes... la première victime qui tombe
sous ses coups est le gibier, le gibier des parcs royaux d'abord,
puis le gibier des simples particuliers ensuite; et Dieu sait le
temps qu'il faut quelquefois au torrent débordé pour rentrer dans
son lit ! L'histoire dira un jour, si ce n'est déjà fait, que l'expédition de Rambouillet, à laquelle l'esprit révolutionnaire voulut
donner un jour des proportions politiques grandioses, ne fut que
l'explosion violente d'un besoin de chasse généralement senti et
depuis trop longtemps comprimé. Le gargottier seul, non le
bourreau, sait le chiffre des têtes que l'ouragan moissonna dans
sa courte furie.

Le lendemain du triomphe du peuple, en février 48, tout ce
qu'il y avait de fauve dans le parc du Raincy fut impitoyablement massacré en quelques heures. On porte à plus de cinq cents
le nombre des victimes dont le sang a coulé dans cette boucherie
atroce. Le chiffre des daims tout seul s'éleva à trois cents...

En vérité, en vérité, je vous le dis, législateurs et juges, toute
loi de chasse est une loi d'intérêt politique et social supérieur, et
la plaie du braconnage ira s'élargissant sans cesse, jusqu'à ce que
l'un de vous ait trouvé la solution du terrible problème de l'accord des intérêts du capital et du travail qui se font la guerre aujourd'hui !

Rien de plus facile à fabriquer que de mauvaises lois, surtout
à l'aide de la machine représentative importée de cette Grande-
Bretagne où tout se vend, l'âme comme le corps, le vote du man-
dataire du pays comme son honneur, et la chair vive des jeunes
filles impubères comme les cadavres des morts; mais de la fabrication à l'application de la mauvaise loi, quelle distance !

Vous avez bâclé, en 1844, une loi de police de la chasse, que
j'ai vainement essayé de vous faire faire moins mauvaise, et avec
laquelle vous vous êtes imaginé supprimer le braconnage, et
forcer le braconnier au travail. Vous n'avez oublié qu'une seule

chose, mes maîtres, la chose par laquelle vous auriez dû commencer, et qui était de rendre attrayant le travail, pour que le
travail eût la puissance de rappeler et de retenir à lui le rôdeur
de nuit, l'homme des bois. Pour cette seule omission, votre loi
est entachée d'un vice radical qui se manifeste par la corruption
de ses fruits.

Vous espériez amener par votre loi de contrainte d'énergiques
natures auxquelles font besoin l'air, le mouvement, l'espace, à
s'emprisonner dans le sein de vos cités populeuses et de vos manufactures infectes, où l'air et la liberté sont mesurés à chacun,
où le fléau de la concurrence anarchique maintient fatalement le
salaire au dessous du *minimum*. Non pas, non pas, messieurs,
les choses ne s'arrangent point ainsi; les ressorts passionnels, mo-
teurs d'ordre divin, ne se brisent pas, comme vous le supposez,
au souffle de la loi humaine; et tous les peuples n'ont pas le tempérament flasque et mou de l'Irlandais ou de l'Ilote pour accepter
sans mot dire le servage industriel, la misère et la faim.

Donc, ces natures sauvages, que vous avez cru dompter avec un
article de loi, continueront à repousser dédaigneusement ce travail
abrutissant et improductif que vous leur imposez, et se regimbe-
ront au lieu de s'aplatir sous vos lanières législatives. Si les braconniers sont forcés par votre loi de renoncer au vol du gibier,
ils se rabattront sur le vol des récoltes; ils s'associeront comme
ils s'associaient pour la chasse prohibée. Poussés à bout, réduits
au désespoir, il leur restera encore l'incendie, la mendicité à
main armée, la révolte, l'appel à la guerre sociale, à cette guerre
terrible qui mit Rome autrefois à deux doigts de sa perte, et
faillit changer sous Müntzer et Hutten la face du monde chrétien.
Admirez les résultats superbes de vos lois de police contre une
autre plaie hideuse de votre société. Vous avez décrété l'abolition
de la mendicité, sans vous être occupés préalablement de tarir
la misère qui fait pousser le mendiant comme un champignon
immonde sur toutes les moisissures de votre état social. Alors le
mendiant s'est retiré de la grande route et de la voie publique,
pour ne plus offenser les regards du riche de l'aspect de ses hail-
lons. Mais aussitôt la flamme de l'incendie a parcouru les campa-

gnes à sa place , la terreur est entrée dans le camp de la propriété ; et le chiffre des affamés s'est accru en proportion des
efforts que vous avez faits pour le réduire. Car, c'est le châtiment
et l'enseignement des sociétés impies, sachez-le bien ; car, c'est le
propre des législations fausses , de ne pouvoir sortir du cercle
vicieux où l'iniquité les mure ; et votre société est un corps gangrené où l'ulcération ne s'arrête au corps que pour s'attaquer à
la jambe.

Et le braconnier braconnera malgré vous , comme la caille
passera , en dépit de l'interdiction que lui avez intimée de s'appeler dorénavant un oiseau de passage.

J'entends qu'on m'interrompt ici pour me reprocher mes sympathies coupables à l'endroit du braconnier. Le braconnage, dit-
on , est l'école du crime... C'est vrai, *légalement* parlant ; mais
moi je m'occupe de justice et non de légalité , et je sens bien que
j'ai raison de plaindre le braconnier et de l'excuser dans mon
cœur. Grattez le chasseur, hélas ! vous retrouverez le braconnier.

Oh ! l'amour de la liberté et de la vie sauvage dont ces législateurs aveugles ne veulent pas tenir compte ! Oh ! le bonheur des
champs et de l'insouciance, et l'ombre des grands bois et la douce
paresse au soleil , lorsque l'on a vingt ans , qu'on est ardent ,
robuste, et qu'on a végété dans les carrefours noirs et boueux des
villes, et qu'on y a souffert de sa propre misère, et de la misère
d'autrui !

J'habitais la Mitidja en 1842 ; j'y étais le chef du district le plus
insalubre d'alors , le plus riche et le mieux cultivé peut-être de
tous les districts algériens d'aujourd'hui. Lorsque les expéditions
multipliées du général-gouverneur eurent refoulé l'émir au-delà
des frontières du Maroc , le bruit se répandit dans la province
d'Alger que la route de Médéa à la capitale était sûre, et que des
soldats isolés l'avaient parcourue sans encombre.

Aussitôt l'esprit d'aventure se ralluma au cerveau des habitants
de la plaine fiévreuse. Les plus entreprenants s'échappèrent des
camps, où le militaire est trop le maître, et poussèrent vers le
sud. On était au printemps, aux jours les plus fleuris et les plus
embaumés de l'enfance du soleil. Le chef de cuisine du principal

restaurant de Boufarick disparut... un artiste impayable pour le
velouté de ses coulis de crabes et sans rival pour le civet de tortue. La colonie le pleura, l'autorité le réclama, mais sans succès,
par la voix du tambour.

A quelques jours de cette disparition, le chef du district,
poussant une reconnaissance vers les sources de l'Arratch, ren-
contra le fugitif endormi du sommeil de l'innocence sous un
noir massif d'orangers. Autour de lui gisaient, dans le plus
artistique désordre, les débris de son dernier repas, d'innombrables tiges d'asperges sauvages décapitées, un monceau de co-
quilles d'œufs de moineaux-francs toutes fraîches, témoignages
parlants de quelque omelette-monstre dont la frange d'or ourlait
encore la bordure d'une poële gigantesque qui servait d'ombrelle
au dormeur. — Comment! vous ici, paresseux, fit l'officier civil,
ravi de la trouvaille, vous endormi en plein jour sous les orangers
de l'Arratch, quand tous les estomacs de la colonie vous appellent, quand la gloire et la fortune vous tendent à la fois leurs
bras, quand les grands marchés sont rouverts, et que le gibier, le
mouton, la volaille vont redescendre aux prix fabuleux des premiers jours de l'occupation française! Relevez-vous, voyons, et
reprenez dès ce soir le sceptre de la casserole, que la voix de l'intérêt public vous défend d'abdiquer!...

L'artiste répondit en se frottant les yeux : Qui me parle de travail, de fortune, de casseroles, quand j'ai dix-huit francs dans
ma poche, un fusil et un poële! Qui veut que je me condamne à
vivre au milieu des fourneaux par une température constante de
45 degrés centigrades : que je m'exténue sottement pour le plaisir
des autres, quand il m'est si facile d'être heureux sans rien faire!
Travailler, se donner de la peine en cette terre bénie, mais c'est
faire injure au bon Dieu, qui y versa ses trésors à pleines mains !
S'échauffer à courir après la fortune, quand le bien arrive en
dormant; mais c'est pire que folie ! Non, non, n'essayez pas de
me séduire en flattant mon orgueil d'artiste, car vos tentatives
seraient vaines, et je l'ai respirée assez longtemps comme cela la
fumée de la gloire. Et vous-même qui me parlez, vous, Monsieur, vous chasseur, si vous saviez comme moi les joies de la

vie sauvage, je suis sûr que vous parleriez et feriez comme moi...

Et alors, l'ami de la liberté se mit à me raconter son bonheur, et comme quoi il existait, au fond de la Mitidja, à deux lieues de la mer et du cap Matifoux, un délicieux Éden, où coulait une rivière paisible, ensevelie sous les ombrages des citronniers et des frênes; une rivière dont la surface était sillonnée à toute heure par des milliers de poules d'eau, de sarcelles, de canards, promesses de salmis éternels; où chaque échappée de soleil, qui venait dessiner dans le cristal de l'onde une zône lumineuse, faisait miroiter les écailles de myriades de poissons; où les hautes herbes des bords arrosées par des rigoles naturelles servaient de patrie et d'asile à des mondes de bécassines et de marouettes, aussi bien qu'aux laies des montagnes qui descendaient pour y mettre bas au printemps. Il disait encore que l'hiver, chaque touffe de laurier-rose de la plaine abritait une bécasse, un lapin ou un lièvre; que cette plaine était pavée de cailles, de perdrix et de poules de Carthage, de la mer à l'Atlas; que les jujubiers, les orangers, les citronniers, le figuier, l'olivier, le tabac et la vigne y offraient aux passants des fruits que personne n'avait osé s'approprier encore, et qu'il avait vécu là dix-huit mois, lui troisième, dans cette solitude enchantée, avec trois francs cinquante centimes. La reprise des hostilités en 1839 avait chassé nos Robinsons de leur asile. Alors ils s'étaient retirés dans les villes pour laisser passer l'orage et *amasser des capitaux*. La paix était revenue, et tous trois, riches d'économies respectables, allaient retrouver le bonheur où ils l'avaient laissé. Joseph, c'était le nom de l'artiste en salmis, attendait ses deux associés, en dormant, vers les rives de l'Arratch.

Et le chef du district, ému de cette peinture naïve des charmes de la vie sauvage que lui-même avait rêvée tant de fois en sa triste jeunesse, ne chercha plus à combattre les résolutions de l'artiste. Il lui promit seulement d'aller lui rendre visite un jour, dans la saison des bécasses, et il le força d'accepter, en reconnaissance d'une hospitalité future, une carnassière au grand complet, un coutelas, une scie et tout ce qu'il avait de munitions de guerre. Et si le chef du district n'a pas tenu sa promesse, c'est qu'il en a

été empêché par un soldat brutal, qui l'a fait *empoigner* par des
gendarmes *pour avoir refusé de condamner par ordre deux pau-*
*vres colons innocents !*

Si quelque chasseur parisien égaré dans la solitude algérienne,
vers les latitudes ci-dessus, a fait rencontre de nos sauvages, il
a reçu d'eux, j'en suis sûr, une hospitalité confortable, et l'artiste
se sera rappelé, pour faire fête à son hôte, le secret de ses plus
exquises recettes culinaires. Mais que la loi ramène ces sauvages
en France, et avant six mois ils figureront sur les bancs de la
cour d'assises, comme voleurs de gibier, comme meurtriers
peut-être...

Ainsi, droit de chasse, liberté, dignité et bonheur, sont quatre
mots unis d'un indestructible ciment dans l'histoire des destinées
humaines; et le développement des libertés publiques raconte
les mérites de la chasse dans toutes les parties du monde.

Ainsi le pays des États-Unis est le pays le plus libre du monde,
parce que la loi américaine n'apporte aucune entrave à l'exercice
du droit de chasse. C'est aussi de tous les états civilisés celui où
le sort de la femme est le moins malheureux. Aux États-Unis, les
mœurs ont affranchi le sexe faible de tous les travaux pénibles,
et le crime de séduction y est réputé infamie. Il n'y a qu'un seul
pays, non plus, où les femmes aient droit de voter, le Canada...
Le Canada, qui s'appelait autrefois la Nouvelle-France, est un
pays de chasse peuplé par des chasseurs français.

La Corse, qui a enfanté tant de bandits, mais jamais un esclave, est un des premiers pays de chasse de l'Europe. Tous
les Corses sont chasseurs, et ils ont noblement placé la faiblesse
de la femme sous la protection de léur poignard. En Corse, tout
manque de foi, tout crime de séduction et de parjure doit être
puni de mort.

La Suisse a été affranchie du joug de l'Autriche par l'adresse
d'un chasseur bien connu sur la scène de l'Opéra. La Suisse n'a
dû la conservation de sa liberté, au milieu de vingt nations esclaves, qu'à la supériorité du tir de ses indigènes, supériorité entretenue par l'exercice continu du droit de chasse. Mais trève
d'apologie pour la Suisse, succursale odieuse de Juda, qui déverse

tous les ans des nuées d'agioteurs rapaces sur toutes les capitales européennes ! Honte au pays de renégats qui dresse ses enfants au métier de valets de bourreaux, et fournit de geôliers et de sbires tous les tyranneaux d'Italie ! Ombres révérées de Guillaume Tell, de Melchtal et d'Arnold, c'est votre indignation qui s'exhale par ma bouche pour flétrir d'un sanglant anathème ces vils souteneurs d'absolutisme, vos fils dégénérés !

L'oppression n'approcha jamais des monts de la Navarre et de la Biscaye, peuplés de chasseurs d'ours. Il y a un ordre de paysans en Suède, parce que les paysans ont toujours eu le droit de chasser en Suède. L'Écossais, l'Arnaute, le Kabaïle, tous les derniers soumis des états subjugués, sont des peuples chasseurs. Le Klepthe, qui *n'a pour tout bien qu'un bon fusil bronzé par la fumée et puis la liberté sur la montagne*, le Klepthe a fini par avoir raison du Turc, la France et la Russie aidant. L'apogée de la puissance de ce même Turc, correspond à l'époque où les soldats de cette nation sont les premiers *bombardiers* du monde, où les sultans vainqueurs traînent à leur suite des meutes de six cents chiens, aux colliers de vermeil (1).

Ces nobles et valeureux montagnards du Caucase, qui soutiennent contre le colosse russe une guerre si poétique, si émaillée d'accidents romanesques, passent pour les plus habiles tireurs des cinq parties du globe. Le Circassien ne tire qu'à cheval. Sa cible est un bonnet qu'on lui jette en l'air à cent mètres.

J'ai ouï dire que ce même empereur de Russie, qui désire naturellement, en despote intelligent qu'il est, affranchir ses sujets du joug de la noblesse, leur octroie volontiers le droit de chasse. S'il en est ainsi, le peuple moscovite est plus voisin de son émancipation qu'on ne pense.

Pourquoi l'Inde a-t-elle été si souvent ravagée et conquise ? Parce que la religion de Brahma défend de verser le sang des bêtes, c'est-à-dire interdit la chasse. Le peuple anglais, qui est le

(1) Voir dans le récit de Boucicault et dans Hammer les détails des parties de chasse auxquelles le sultan Bayezid-Ildirim (prononcez *Bajazet*) invita les prisonniers français après la bataille de Nicopolis.

peuple de proie le plus vorace qu'on ait jamais connu, ne tiendrait pas aujourd'hui le Gange et l'Indus dans ses serres (figure
de rhétorique très hardie), s'il y avait eu là-bas une dizaine de
milliers de bons tireurs seulement pour lui barrer la voie. Les
Américains de l'Union n'étaient pas cent millions et plus comme
les indigènes de la double presqu'île asiatique ; ils n'étaient que
deux à trois millions, y compris les femmes et les enfants, ce qui
ne les a pas empêchés de mettre les Anglais à la porte de chez eux
le plus facilement du monde. C'est que tous les Américains savaient manier le fusil de chasse et.que la France les aidait. Je suis
heureux et fier d'être Français quand je vois les héros de ma patrie accourir à l'aide de tous les peuples qui veulent s'affranchir :
Américains, Polonais, Grecs, Belges ou Irlandais.

Les Irlandais, ces ilotes affamés de la Sparte britannique, dont
le courant de la discussion vient d'apporter le nom sous ma
plume, me fourniront encore un argument formidable à l'appui
de cette théorie invincible : que la crainte du fusil de chasse est
la garantie la plus sûre de l'inviolabilité des droits et des terri-
toires des peuples. La race irlandaise n'est devenue la race la plus
écrasée et la plus écrasable de l'Europe, que pour être demeurée
pendant des siècles étrangère au maniement du fusil de chasse.
Ce n'est pas le *repil*, comme disent les Grands-Bretons dans leur
singulier langage, qui sauvera les enfants de la verte Érinn des
angoisses de la faim et de la voracité du minotaure anglican. Que
tous ceux qui partagent encore les tristes illusions d'O'Connel se
le tiennent pour dit, le salut de l'Irlande est dans la conquête du
droit de chasse ; mais là et non ailleurs. Qu'on me répande cent
mille fusils de chasse en Irlande, avec un peu d'apprentissage de
la manière de s'en servir, et je veux voir avant dix ans la perle
des mers résurgir resplendissante de l'abîme ; sinon, non. Hélas !
le lord anglais le sait aussi bien que moi et depuis plus longtemps
que moi le secret du salut de l'Irlande ; aussi accordera-t-il, pour
peu qu'il y soit forcé, toutes les réformes imaginables, mais le
droit de chasse jamais !

On parle quelquefois encore de l'affection des montagnards du
Tyrol pour le gouvernement despotique de l'Autriche. Le Tyro-

bien chasse, aime et chante, et le gouvernement lui garantit la
jouissance de ses trois droits les plus chers. Pourquoi s'insurge-
rait-il? Mais que le gouvernement paternel s'avise un peu d'ôter
au Tyrolien son droit de chasse et l'on verra beau jeu.

J'ai dû intervertir l'ordre des dates et puiser mes exemples et
mes preuves dans les faits historiques les plus voisins de nous,
pour frapper plus vivement l'esprit de mes lecteurs et arrêter sur
leurs lèvres l'objection de défaut d'authenticité qu'ils n'auraient
pas manqué d'opposer aux témoignage du passé. Mais l'histoire
de l'antiquité est aussi riche, plus riche, s'il est possible, que
l'histoire moderne, en matériaux susceptibles de servir de base et
d'appui à ma thèse de l'union indissoluble de la chasse et de la
liberté.

Le peuple le plus noble et le plus méritant de l'antiquité, celui
qui a illustré tous les autres, est le peuple athénien. Or, le peuple athénien, si passionné pour la liberté, pour les jouissances de
l'imagination, pour la gloire et les arts, fut le peuple chasseur
par excellence de la Grèce. Et cette finesse de coup-d'œil qui fit
de la nation athénienne une nation si profondément artiste, lui
vint précisément de sa passion pour la chasse. Je n'invente pas,
je rapporte; l'assertion est de Xénophon, le grand écrivain, le
grand capitaine, le grand chasseur, l'homme de l'antiquité qui
sait le mieux ce qu'il sait.

Pausanias raconte que les Athéniens découvrent distinctement
du promontoire de Sunium le cimier du casque et le fer doré de la
pique dont la Minerve de l'Acropolis est armée, distance : 40 kilomètres! Les Égynètes, qui ne sont éloignés que de 30 kilomètres
de l'Acropolis, voient remuer la hampe de cette pique. En revanche, les habitants d'Athènes distinguent parfaitement à l'œil
nu les moindres détails du temple de Jupiter à Égine. L'histoire
de Guillaume Tell et celle de Bas de Cuir, autrement nommé
Œil de Faucon, confirment de tous points le dire de Xénophon,
qui attribue la délicatesse exquise du sens de la vue chez les Athéniens à l'exercice passionné du droit de chasse. Fenimore Cooper,
le plus grand écrivain de chasse des temps modernes, va plus
loin que l'historien grec, quand il affirme que les Mohicans re-

connaîtraient volontiers dans les airs les traces du sillage de l'oiseau. Maintenant admirez comme tous les arts se touchent.

Les Athéniens, peuple chasseur, sont naturellement possédés de l'amour enthousiaste de la vie champêtre. Leur fameuse cité n'est donc qu'une triste bourgade avant le règne de Périclès; ils réservent tous les agréments du confort et du luxe pour leurs maisons des champs, et c'est le Pirée seul, c'est à-dire le quartier de la Bourse et le port d'Athènes qui s'embellit des dépouilles de l'ennemi et des merveilles des arts. On peut juger du reste de la vivacité de la passion horticole du peuple par l'explosion du désespoir universel consigné dans les comédies d'Aristophane, à l'époque funeste où la guerre du Péloponèse force tous les propriétaires de la banlieue à s'emprisonner dans la ville. Eh bien! ces horticulteurs inconnus, inconnus comme la plupart des serviteurs utiles de l'humanité, avaient transplanté sur leur territoire ingrat et cultivaient avec amour, de temps immémorial, les myrtes et les orangers de la Médie et les rosiers à fleurs doubles de Rhodes. C'est à eux que remonte l'art de tailler, de peigner et de planter l'if, le buis et le tilleul, comme on les taille et comme on les peigne encore aujourd'hui. Il se faisait pendant l'hiver, à Athènes, comme aujourd'hui à Paris, un commerce considérable de violettes. La violette, emblème cardinal d'Amitié, fleur suave, née des plus purs arômes de la Terre, et dont notre planète sème après elle le parfum dans l'espace, la violette était la fleur favorite de l'Athénien. La ville d'Athènes était représentée sous la figure d'une femme majestueuse, au front ceint d'une guirlande de violettes. Il était bien impossible qu'un peuple aussi fort en analogie ne fît pas des merveilles en horticulture et ne surpassât pas ses rivaux dans toutes les branches des arts.

Qui invente la tragédie, *le chant du bouc?* Naturellement les Égycores (chevriers) de la Diacrie, la contrée la plus giboyeuse de l'Attique. Ces Égycores, les plus renommés des chasseurs athéniens, se couvriront d'une gloire immortelle à la journée de Marathon.

Comme les transitions entre les saisons étaient fort brusques et l'hiver fort rigoureux dans l'Attique, les Athéniens étaient sans cesse occupés à observer l'état du ciel, la direction des vents,

la couleur des nuages, l'arrivée et le départ des oiseaux voyageurs, le vol des grues, des hirondelles, celui des milans surtout,
auxquels Aristophane leur reproche de rendre un hommage su-
perstitieux. De là les connaissances étonnantes de ce peuple en
histoire naturelle et en météorologie. Le savoir d'Aristote m'ef-
fraie pour son époque ; mais il est évident que ce Geoffroy Saint-
Hilaire de l'antiquité ne pouvait trouver un auditoire convenable
qu'au sein de la population athénienne. Il m'arrive quelquefois
de provoquer l'hilarité de nombreux civilisés en émettant l'opinion que l'homme, en sa qualité de suzerain du globe, doit être
investi quelque jour du pouvoir de régler les saisons, de modérer
ou de stimuler à son gré la chaleur du soleil, de faire en un mot
sur *sa* Terre la pluie et le beau temps. Ces braves obscurants du
beau monde n'entendent pas que les priviléges de leur espèce
s'élèvent aussi haut. Vainement leur objectez-vous que le ciel de
l'Égypte a été six mille ans pour le moins sans pleuvoir, et que ce
phénomène de l'arrosage céleste, encore inconnu dans ces parages vers le temps de l'expédition française, s'y produit maintenant quarante jours par an, parce qu'un seul homme, Mohammed-
Aly l'a voulu. Vainement leur démontrez-vous que le même phénomène a déjà lieu en Algérie, où les Français ont importé la
pluie d'été en compagnie d'une foule d'autres institutions européennes... Ils ne vous écoutent pas et haussent les épaules, en
signe de dédain et d'incrédulité. Ils étaient plus polis et plus
savants que cela à Athènes, il y a vingt-cinq siècles

En ce temps-là, tout le monde se rendait parfaitement compte de
l'influence du boisement et du déboisement sur la climature des
contrées. Théophraste fait mention d'un déboisement opéré dans
les environs de Philippi, en Macédoine, qui occasionna dans la
température des pays circonvoisins une révolution complète. Or,
il me semble qu'un défrichement est une œuvre de la main de
l'homme. La plupart des villes de l'antiquité, grecques ou romaines, avaient leur bois sacré, à la protection duquel une légende
locale attribuait le salut de la cité. Les Grecs respectaient les forêts et ne les laissaient pas défricher stupidement comme nous,
pour gagner quelques voix à un candidat ministériel. Ils com-

prenaient toute l'importance du rôle que jouent les grands massifs forestiers dans l'administration des eaux du ciel, et ce respect judicieux pour les forêts réagissait d'une façon heureuse sur la multiplication des grandes espèces de gibier. Aussi l'ours et le loup se sont-ils perpétués jusqu'à nos jours pour ainsi dire dans le nord de la Grèce, et ce n'est pas de la faute des habitants de cette contrée si la famille des lions à poil crépu à laquelle appartenait le fameux lion de Némée ne s'y retrouve plus. Pausanias nous apprend que cette espèce si regrettable fit longtemps élection de domicile dans les gorges du Tempé et de l'Olympe.

Ce même peuple athénien, dans son amour des choses de la nature, se livrait avec rage à l'éducation du faisan et du paon quinze siècles avant l'époque des croisades, en dépit de l'opinion du vulgaire, qui a tort d'attribuer à ces saintes entreprises l'honneur de l'importation des nobles volatiles dans le monde européen. Les combats de cailles étaient autrefois à Athènes, comme aujourd'hui en Chine, un des passe-temps favoris des flâneurs. Et à propos de faisan, qui peut nous garantir que l'appât de ce gibier royal n'ait pas été pour beaucoup dans les motifs de l'expédition des Argonautes... car enfin je me demande ce qu'on pouvait aller quérir de mieux dans la Colchide, la patrie du faisan, que le faisan lui-même !

Inventer, inventer, mais c'est-à-dire que je me trouve quelquefois excessivement embarrassé de me répondre quand je me demande quelle invention ne remonte pas à la chasse, n'est pas née d'un besoin de chasse..... et que je serais tenté de me tirer d'affaire comme ce jeune et spirituel panthéiste à qui son archevêque avait promis une orange s'il pouvait lui dire où était le bon Dieu, et qui répondit au prélat : « Dites-moi où il n'est pas, je vous en donnerai deux. »

C'est le chasseur qui a inventé le chien... le chien qui a donné le troupeau à l'homme, le chien, pierre angulaire de la rédemption sociale!

L'astronomie descend en ligne droite des pâtres de la Chaldée à qui le chien avait fait quelques loisirs. Quel pâtre n'est pas tant soit peu chasseur, astrologue, sorcier, médecin !

On ne voudrait jamais croire, si les certificats les plus authentiques de l'histoire n'étaient là pour en donner la preuve, que l'invention du corps de jupe en écorce de tilleul, cet appareil primitif qui précéda de tant de siècles la baleine élastique et la crinoline Oudinot, est l'œuvre d'un chasseur athénien. On ne nous apprend pas assez ces choses-là dans nos classes. Il serait si facile pourtant, en cherchant bien, d'intéresser l'enfance aux récits de l'histoire.

A quoi bon, par exemple, fatiguer son esprit novice par des dissertations sans fin sur le mérite respectif de l'art égyptien ou de l'art grec. Ne serait-il pas plus simple d'apprendre à ces enfants si désireux de savoir, que l'Égyptien était myope, que le Grec, au contraire, avait le globe de l'œil plus développé, l'orbite plus évasée qu'aucun autre peuple du monde. Laissez agir l'intelligence de l'enfant; à l'idée de ce simple rapprochement, elle lui expliquera bien vite le pourquoi de la masse et de la lourdeur de l'architecture égyptienne, le pourquoi de la grace et de la légèreté de la colonnade grecque. L'Égyptien est myope, voilà pourquoi il a besoin de monuments *grossissants;* le Grec, qui est presbyte, demande au contraire des monuments *rappetissants.* Le premier pèche par le colossal, le second par l'exigu.

De même je ne voudrais que deux lignes pour caractériser d'une manière lucide à la fois et complète la différence des deux génies de la Grèce et de Rome. Le Grec est pour la chasse, le Romain pour la pêche. Le cœur du chasseur, qui se nourrit de périls et de chair rouge, est rouge (tradition mohicane); le cœur du pêcheur qui vit de chair blanche, est pâle comme celui de la femme. Ce qui explique les victoires de Marathon et de Salamine, et tous les prodiges d'héroïsme qu'enfanta l'esprit de liberté dans la Grèce... et pourquoi le peuple romain, si grand dans les combats, n'a pas joui de dix jours de liberté dans sa vie de mille ans. La pêche, industrie éminemment réfrigérante et pacifique, pousse au sommeil de l'intelligence et à la résignation; c'est l'amie de l'Immobilisme et de la Tyrannie. Je savais bien que la mythologie grecque devait avoir eu ses raisons pour refuser une place dans son Olympe à la divinité de la pêche.

7

Il existe entre le peuple gaulois et le peuple saxon la même différence absolument qu'entre le Romain et le Grec. Le peuple de la Grande-Bretagne, peuple aquatique, ami de la pêche, de la chicane, de la servitude et de l'usure, figure assez exactement le Romain. L'Anglais, comme le Romain, n'a jamais su vaincre que pour ses maîtres; ses maitres s'appellent lord Chatam ou lord Ellenborough, au lieu de s'appeler lord Scipion, lord Pompée; mais c'est toute la différence. Le Français est l'Athénien d'aujourd'hui. Seulement, la France a été mieux dotée que la Grèce sous le rapport de la femme.

On sait que la plus grande désolation d'Athènes en ses plus beaux jours était de n'avoir pas un nom ni une image de femme athénienne à léguer à l'adoration de la postérité. Les sculpteurs d'Athènes conviennent eux-mêmes qu'il faut emprunter des détails à dix, à vingt modèles pour bâtir une Vénus passable... Phidias et Praxitèle eussent taillé dix Vénus, dix Minerves et dix Dianes dans une seule Velléda. Si la Grèce a fait tant de bruit de l'enlèvement de sa belle Hélène, c'est la preuve sans réplique qu'elle n'avait que celle-là. Il se passe peu de jours en France sans qu'un Ménélas ou deux ne perdent leur Hélène; le peuple ne s'en émeut pas, sachant qu'il en a de rechange.

Les livres anciens font foi de l'affabilité, de la politesse et des mœurs hospitalières des populations du Pirée. La galanterie, c'est-à-dire cette déférence pour le sexe faible, qui est le premier pas vers la justice, respire également dans la législation athénienne. Solon impose un *minimum* mensuel de tendresse conjugale à l'indifférence des maris. A Athènes, la femme est tenue de cultiver ses charmes, sous peine d'amende, et la magistrature des Gynécocosmes est instituée pour veiller à l'observation des lois de la parure et de la coquetterie. Je fais observer ici, à l'honneur éternel des femmes de mon pays, que jamais la Parisienne n'a eu besoin que la loi lui rappelât qu'elle était née pour plaire, et que jamais tribunal masculin ne lui a infligé d'amende humiliante pour crime d'irrévérence à l'égard de ses charmes, c'est-à-dire pour négligence de toilette; au contraire.

A Athènes, les mœurs ont devancé l'application de la morale

charitable du Christ, réclamant l'indulgence pour la femme adul-
tère. « Les maris athéniens, dit Xénophon le grand chasseur,
pardonnent une première faiblesse... ils oublient la seconde... »
Le mot est presque français.

Le Scythe, aïeul du Germain, le Germain, père du Franc, sont
cités dans tous les écrits de l'antiquité comme de parfaits modèles
de sobriété, d'innocence et d'honneur. Ces peuples, si jaloux de
leur indépendance, ces peuples à la réputation immaculée de
justice et de bravoure, sont des peuples de chasseurs, chez lesquels la femme est admise aux conseils de la tribu, guide les
guerriers à la gloire, combat et meurt avec eux. C'est le courage
surhumain des héroïnes de la Scythie qui fit croire dans le temps
à l'existence d'une nation d'Amazones sur les rives du Thermo-
doon. Ah ! ils avaient bien raison de chercher la femme libre
pour libérer le monde, ces Judas du saint-simonisme qui ont
vendu le sang du peuple aux puissances du capital pour une
poignée d'écus !

La voix des pays libres proclame la bienfaisante influence de
l'esprit de chasse.

La voix unanime des bêtes placées au plus haut degré de l'é-
chelle animale lui rend, de son côté, un solennel hommage de
gratitude.

Le chien, le loup, le renard, qui ont dans l'âme tant de rouerie, de scélératesse et d'esprit, avouent modestement qu'ils ne
doivent leur supériorité sur les autres bêtes qu'à la pratique quotidienne de la chasse, qui a fini par développer leur intelligence
outre mesure, en les forçant d'inventer tous les jours quelque
nouvelle combinaison stratégique, et en tenant constamment leur
imagination en éveil. J'ai vu des chiens piocheurs que le travail
de tête avait réduits à rien.

C'est la passion de la chasse qui a donné au faucon sa docilité,
ses talents et le désir de se rallier à l'homme, pour assurer à celui-ci la souveraine propriété du domaine des airs ; de même que
la passion de la pêche a poussé la loutre à se rallier à l'homme
pour lui assurer la jouissance du domaine des eaux.

« L'amour de la chasse est le commencement de la sagesse, »

disent l'émérillon et le chien d'arrêt ; et j'ai lu cette phrase mot pour mot chez l'historien Philon, ou peut-être bien dans Cicéron, au livre 2 du traité *De Naturâ Deorum.* Tous les sages esprits, voire des docteurs d'une foule de facultés médicales, conviennent également que la chasse est l'exercice le plus propre à entretenir la santé de l'esprit et la santé du corps. Les rois qui ont beaucoup étudié de tout temps l'art de jouir, témoignent suffisamment, par leur prédilection marquée pour les nobles déduits de la chasse, que nul autre exercice au monde ne donne de jouissances comparables ni qui s'émoussent moins vite. En effet, la passion de la chasse a cela de commun avec l'avarice, qu'elle ne fait que croître et embellir avec l'âge.

« La chasse est le seul plaisir digne des héros et des rois, *enseignant la vaillance et fortifiant le corps en même temps que l'esprit,* écrit l'écrivain Pollux, auteur de l'*Onomasticon,* à l'empereur Commode.

Oppien exprime la même idée dans la dédicace de son traité de chasse à l'empereur Caracalla, qui lui fit compter une pièce d'or pour chacun de ses vers.

Le roi d'Espagne, Alphonse X, un grand législateur, qu'on surnomma le *Sage,* fait aux princes une obligation expresse du divertissement de la chasse. (Titre 5 de la *Seconda partida* de la loi 20.)

Louis XIV, dans ses sages instructions à son petit-fils Philippe V, n'omet pas de lui conseiller l'usage modéré de la chasse, « *le plus innocent et le plus noble de tous les délassements royaux,* » écrit-il.

Laissons parler Jacques du Fouilloux, gentilhomme poitevin, offrant la dédicace de son célèbre traité de vénerie au grand roi chasseur Charles IX.

« Pour ce, il m'a semblé, sire, que la meilleure science que nous puissions apprendre après la crainte de Dieu, est de nous tenir et entretenir joyeux, usant d'honnêtes exercices, entre lesquels je n'ai trouvé aucun plus noble et plus recommandable que l'art de la vénerie. »

A côté de ces édifiants certificats de bonne vie et mœurs, que j'ai fait délivrer à dessein à la chasse par une foule d'autorités imposantes, à côté de tous autres témoignages que je pourrais invoquer, si la crainte d'effrayer mes lecteurs de mon érudition n'enrayait ici ma plume ; je demande ce que peut valoir l'innocente et solitaire protestation de saint Jérôme, criant dans le désert : « *Venatorem nunquam invenimus sanctum.* » Mot à mot : « *Jamais nous n'avons lu de nom de veneur dans le calendrier.* »

Pas un nom de veneur dans le calendrier, hélas ! Cette assertion malheureuse prouve tout simplement que le digne homme n'avait jamais mis le nez dans l'*Almanach liégeois*, et s'était horriblement rouillé dans le désert. Que si le pieux cénobite eût seulement fait sa sixième avec nous, il est certain qu'il eût bien vite appris à révérer le nom du grand saint Charlemagne, si populaire dans les colléges. Et quels regrets il aurait de son accusation téméraire d'impiété contre la corporation des chasseurs, s'il eût assisté une seule fois à la messe de saint Hubert, comme on la célébrait jadis à Chantilly !... où le plus noble veneur s'avançait dévotement vers l'autel, suivi de son plus vieux piqueur tenant son meilleur limier en laisse, et s'inclinait et baisait la patène, et y déposait son offrande, en forçant toute sa suite à faire comme lui. Pas de nom de chasseur dans le calendrier !... mais alors je demande qu'on me cite une corporation plus pieuse que celle des chasseurs et plus dévote à ses patrons. Pas de nom de saint parmi les chasseurs ! Amère dérision, quand les plus illustres du calendrier de France relèvent de la chasse ; quand il est écrit partout que le grand saint Martin, patron des aubergistes, et le grand saint Eustache, et le grand saint Germain (l'Auxerrois), et le grand saint Norbert, le pieux fondateur de l'ordre des Prémontrés, n'exercèrent jamais d'autre profession que la chasse. J'en passe et des meilleurs. Nous avions tort, comme vous voyez, de nous exagérer le mal d'une proposition imprudente ; soyons donc indulgents pour la légèreté du vénérable Père, et mettons que saint Jérôme n'a rien dit à l'encontre des disciples de saint Hubert.

Oh ! non, l'industrie qui tient l'homme en perpétuelle contemplation devant le spectacle des merveilles de la nature ne

fait pas des impies. La chasse est au contraire la grande science
qui ramène à Dieu les sceptiques que la petite science avait éloignés de lui.

A présent, je ne sais pas s'il est bien nécessaire de prendre la
défense du chasseur contre cette autre imputation banale de men-
dacité, que lui adresse si complaisamment le *servum pecus* des
profanes disant : *Tout chasseur, tout menteur.*

Le chasseur ne ment pas, il brode ; il brode avec plus d'art et
de délicatesse que personne, c'est là ce qui lui vaut tant d'ennemis. La broderie, c'est l'imagination et la poésie, c'est le luxe et
la parure de la vérité. Si le chasseur pare la vérité, c'est par
amour pour elle, comme fait l'amant épris pour la femme ado-
rée. Ce n'est pas de sa faute, s'il est plus poète et plus initié que
le reste des mortels dans les secrets de Dieu ; partant, si son langage est plus chargé de dorures et de métaphores que le commun
langage. Le langage du chien d'arrêt aussi est plein de métaphores ; mais qui fut jamais tenté d'appeler cela un mal, et de
faire un crime au chien d'arrêt de ce qu'il a trop d'esprit ? C'est
son métier d'avoir de l'esprit, à cet animal de chasse ; nous le
payons pour cela. L'esprit est ce qui nous distingue des bêtes,
me disait Castagno.

Le bon chasseur est rarement modeste, c'est justice à lui rendre ; mais gascon, encore moins. Et pourquoi mentir lorsque la
vérité est déjà si attrayante et si neuve par elle-même ? Laissons
les bêtes comme les fleurs parler leur langage naturel, elles auront toujours plus d'esprit et de grâce que nous. Et puis, de
quelle façon mentir dans un art tout de pratique où la démonstration doit suivre immédiatement le théorème, où l'épreuve du
fait est incontinent appelée à légitimer la hardiesse de l'affirmation ? Le vulgaire ne veut pas comprendre que la science de la
chasse est une science d'observation, science profonde et plus difficile à acquérir cent fois que celle des comètes et des éclipses ;
et que celui qui la possède et qui l'a payée d'une foule de rhumatismes, de coups de boutoir et de périls, a le droit d'apporter
un peu plus d'assurance en ses dires qu'un simple Parisien de
Paris. Le géomètre aussi affirme, et si chacun se garde bien

d'accuser le géomètre d'outrecuidance, c'est que chacun a peur qu'il ne demande à faire sa preuve. Alors si le chasseur est sûr de sa proposition comme le géomètre, pourquoi lui faire un crime de sa confiance, au lieu d'admirer son audace ? Il y a d'autant plus lieu d'admirer cette confiance, courageuse à la fois et naïve, qu'on a rarement vu le vrai chasseur s'énorgueillir de sa science. Le chasseur sait bien, en effet, qu'il restera toujours au-dessous du chien pour deviner le gibier, et au-dessous du rhumatisme et du lièvre pour prévoir le changement de temps. Je suis bien forcé de le dire, mais c'est l'ignorance du vulgaire qui fait presque toujours le mensonge du chasseur.

Quand je dis que j'ai tué *au vol* un superbe *saumon* de plusieurs kilogrammes, je raconte avec toute la simplicité possible un fait vrai ; mais je ne prétends pas insinuer pour autant que les saumons aient des ailes. C'est l'imagination bizarre de l'auditeur qui m'a seule prêté ce dessein. J'emploie une figure de rhé-torique, une *ellipse* pour dire que j'ai tiré au vol un aigle de mer à qui le sifflement de ma balle a causé tant d'émoi qu'il a laissé tomber dans mon carnier la proie qu'il tenait dans ses serres. Je n'ai pas menti puisque le coup a été tiré *au vol,* puisque le poisson est descendu des airs... il est bien évident qu'ici le *principal emporte l'accessoire.* Et pourtant combien de fois n'ai-je pas vu un auditoire frivole partir d'une explosion d'hilarité et d'incrédulité universelle, à la simple annonce d'un pareil coup de fusil ? Vous êtes exposé tous les jours à tuer au vol un chamois qui franchit un abîme, un chevreuil qui bondit par-dessus un hallier. Or, racontez dans le monde et de la manière la plus simple que l'accident vient de vous arriver, et soudain vous verrez se lever un beau parleur pour vous remercier de lui avoir appris que les chamois ou les chevreuils avaient des ailes, une particularité, ajoutera-t-il d'un air plein de malice, qu'il avait complétement ignorée jusqu'alors. Je déclare pour mon compte toute conversation impossible dans un salon où l'on ne peut pas avoir tué un daim ni un saumon au vol. Le mensonge, en fait de chasse, ne doit commencer qu'au delà du possible.

Le chasseur, ai-je dit, pare la vérité parce qu'il l'aime ; il n'y a pas de mal à cela. Le chasseur est humain, il a eu froid aux épaules de la pauvre déesse ; il a compris qu'il était nécessaire de l'habiller un peu pour la produire plus avantageusement dans un monde où règne la fausse pudeur, où la corruption de l'âme porte l'homme à rougir des plus charmantes créations de son dieu. Mais comme le respect du chasseur pour la vérité nue se révèle à travers les moindres détails des ajustements dont il a paré son idole ! Comme l'étoffe de ce riche manteau brodé de perles est soyeuse ! Comme ses plis ondoyants se prêtent avec grâce à dessiner les courbes les plus délicieuses aux moindres lutineries de la brise ! Comme ils s'entendent mal à garder le secret des trésors que leur a confiés l'artiste !... Ce ne seraient pas, je vous jure, des moralistes de l'École puritaine qui auraient inventé la généalogie de l'amour fils de Vénus, ni celle de Minerve, déesse de la sagesse, qui sort du cerveau de Jupiter tout armée pour combattre l'erreur. Ce ne seraient pas des orateurs publicains de nos jours qui auraient osé embrigader sous la bannière du même dieu, sous l'ignoble bannière de Mercure, l'avocat, le marchand et le voleur, comme n'ont pas craint de faire ces Grecs hâbleurs, plus hardis et plus francs que nous.

Sur mon âme et conscience, je vous le dis : le peuple chasseur qui a créé la mythologie, le peuple grec, a élevé à l'auguste Vérité le plus magnifique temple que l'amour des mortels lui ait encore bâti... Et jamais religion austère, jamais dogme de sacrifice n'a formulé la vérité éternelle d'une façon aussi nette que la mythologie païenne, et n'a mieux caractérisé les rapports de l'homme avec la nature et Dieu.

Nobles destins des peuples chasseurs et spirituels !

Chasseur et spirituel était ce peuple athénien que Dieu choisit autrefois pour semer les principes de sa loi sur le globe nouveau-né, ce peuple grec dont la civilisation actuelle glorifie tous les jours le génie bienfaisant et initiateur !

Chasseur et spirituel est encore le peuple à qui Dieu a légué l'héritage d'Athènes, le peuple dont les fils généreux auront sonné avant la fin du siècle sur toute la surface de la terre le réveil des hommes libres et le glas des tyrans; le peuple d'unité et de fraternité, le peuple de ma patrie, dont les générations harmoniennes béniront aussi le génie émancipateur et le nom glorieux !

# CHAPITRE II.

La France européenne, son climat, ses habitants.

La France est un pays favorisé du ciel. C'est la patrie des nobles veneurs et des nobles penseurs, la patrie de la femme reine, des vins délicieux et du gibier exquis. En aucun autre pays du globe Dieu n'a semé plus de chants, de trésors et de fleurs. Esprit, femmes, vins, gibier de France, sont titrés d'un arôme supérieur, ont un bouquet à eux qui ne permet pas qu'on les confonde avec les femmes et les vins des autres crus et des autres contrées.

Le rire est un don propre à l'homme, une faculté caractéristique de sa supériorité. Nulle part on ne rit comme en France.

La France est la contrée la plus chaude du globe, à latitude égale. La ligne isotherme qui passe par Paris, situé sous le quarante-neuvième degré, passe par Philadelphie, qui gît sous le quarantième, c'est-à-dire environ à la même distance de l'équateur que Naples. La latitude de Paris où mûrissent en plein champ le raisin et la pêche, est celle de Quebec où gèle le mercure. La température *moyenne* de la France est la même que celle de l'Angleterre ; mais le raisin ni la pêche ne veulent vivre en Angleterre. C'est un peu la faute aussi de la population anglaise, population vouée au négoce et au mercantilisme, et qui a prohibé dans son île les rayons du soleil... pour favoriser la consommation de la houille nationale. Le soleil des Anglais n'est qu'une lanterne sourde.

L'admirable disposition de la superficie du territoire français explique ces faveurs de la température. De hautes chaînes de montagnes s'élevant graduellement du nord au midi, y partagent le sol en une vaste série de bassins abrités et profonds, presque toujours ouverts au sud et fermés à la bise. Ces chaînes, dont quelques unes sont couronnées de neiges éternelles, donnent naissance à des cours d'eau sans nombre, à des fleuves magnifiques qui descendent lentement la pente douce de leur lit, arrosent et fertilisent les vallées, s'abouchent, s'anastomosent et courent parallèlement l'un à l'autre pour relier par des voies de communication naturelles toutes les parties du territoire, pour faciliter l'échange de tous les produits du sol entre les habitants des diverses zones.

Car il y a véritablement trois zones dans cette France exiguë, que traverse en cinq heures, dans toute son étendue, la grande hirondelle noire. Il y a la zone tropicale, où mûrissent à ciel ouvert l'orange et la grenade; où fleurissent toutes les fleurs des tropiques; la zone du littoral méditerranéen, les bassins du Var et du Tech, où les frimats sont encore inconnus, où l'atmosphère limpide a la teinte azurée du ciel de la Sicile et distribue avec une prodigalité aussi constante les jours splendides et les nuits étoilées. Il y a la zone du milieu, où croissent la vigne, le mûrier, le maïs et les autres céréales; puis enfin celle du nord, où ne mûrit plus le raisin, mais où mûrissent encore le houblon et la pomme, pour que chaque division naturelle de cette terre bénie eût sa liqueur enivrante.

Quelquefois les productions des trois zones s'assemblent sous le même regard et s'étagent l'une sur l'autre en gradins, du pied au sommet de la même montagne aux rivages de la mer bleue : en bas l'olivier, l'arbre à liége; un peu plus haut le mûrier, le noyer et le chêne; puis le châtaignier, puis le hêtre, puis le sapin, puis les arbustes aux feuilles sombres et luisantes, confinant à la région des neiges éternelles où le sol ne vit plus. Au pied du mont l'ortolan, la canepetière, la caille, le ganga; plus haut la perdrix grise, la grive, la bécasse; plus haut encore la perdrix rouge; puis, en montant toujours, la bartavelle, le coq de bruyère, la gelinotte; enfin, sur les limites de la région des neiges, le lagopède, compatriote de l'aigle, du bouquetin et du chamois. Les anciens avaient oublié de placer le jardin des

Hespérides dans l'une de ces oasis du midi de la France où croît l'arbre aux pommes d'or et qu'Esculape assigne aujourd'hui pour séjour aux poitrines débiles et aux tempéraments épuisés. Les poètes modernes ont réparé l'oubli des poètes de la mythologie grecque : « *Si vellet Deus in terris habitare, Biterris,* » disent-ils. Ce globe, en effet, n'a pas de plus doux climat que celui des villes de Béziers, Perpignan, Hyères, Antibes.

Heureuse contrée, riche demeure de l'homme, si l'homme qui a mission de créer après Dieu et de parer sa demeure eût su tirer parti des largesses de la nature! Mais l'homme civilisé, cet ennemi acharné de son propre bonheur, n'a pas agi ainsi. Il a porté avec furie la hache dans les forêts des monts qui couvraient les cîmes des hautes chaînes, et cardaient les vents de l'orage et tamisaient en douce et fécondante rosée la vapeur de la nue. Il a dénudé toutes les hauteurs et ouvert au souffle dévastateur de l'ouragan et du mistral les passes des vallées..... et les nuages, noirs de tempêtes, ne rencontrant désormais sur les crêtes qu'ils rasent que des pointes aiguës de roc pour déchirer leurs flancs, les nuages ont crevé sur les collines, et leurs cataractes furibondes ont raviné les pentes et amoncelé dans les plaines les terres des coteaux effondrés. La gelée a brûlé la vigne, le mistral a acculé l'olivier et l'arbre aux pommes d'or aux plages abritées de la mer du midi. Et chaque année quelque nouveau sinistre a frappé les cultures : hier l'inondation, l'ouragan ou la trombe ; aujourd'hui la sécheresse ou le mal contagieux du troupeau, de la pomme de terre, de la vigne, etc., etc., et la hideuse famine, la rouge pourvoyeuse d'échafaud, est revenue s'asseoir au foyer du laboureur de la contrée bénie. Honte éternelle à lui et à ses gouvernants !

Une noble terre pourtant, et que Dieu avait chérie entre toutes, et qu'il avait destinée à être le tombeau de toute barbarie... la terre où dorment depuis tant de siècles les ossements des Huns et des Arabes ; une terre où Dieu avait placé le cœur de l'humanité ; le foyer de vie intellectuelle où devaient répondre tous les cris de souffrance, toutes les malédictions des peuples opprimés ; et d'où devait jaillir jusqu'aux extrémités du monde, comme le sang régénérateur des artères, l'idée régénératrice de liberté et de fraternité..... la Terre du bon Dieu en un mot, la commune patrie de tous les autres peuples, où toute cause juste était sûre de trouver des martyrs, tout proscrit un refuge! Noble France dont les nationalités expirantes invoquaient naguère encore le nom vengeur sous la hache du bourreau, disant : Dieu est trop haut et la France est trop loin.

Noble pays et noble le peuple qui l'habite ; ce peuple Franc que le monde ancien salua dès sa première apparition sur la scène de l'histoire du titre de peuple sauveur de l'unité chrétienne, et de bouclier de Dieu. Car bien avant que le farouche Sicambre n'ait courbé le front sous la bénédiction de l'humble serviteur du Christ, l'extermination des hordes d'Attila, le fléau de Dieu, a déjà proclamé la bravoure du héros franc et la puissance de son bras invincible. Déjà la vierge libératrice et sainte dont la douce auréole doit colorer de si poétiques reflets toute page héroïque de nos annales, a fait irruption dans la légende.

Une grande nation, si généreuse et si répulsive par nature à l'ignoble trafic qui force l'homme à mentir, qu'il lui a fallu faire venir de Juda et de Genève d'infimes mercenaires façonnés à la fourbe pour tenir ses boutiques! qu'elle a été obligée de tirer de l'étranger sa tribu d'écumeurs de bourse, comme elle en avait tiré déjà sa tribu de ramoneurs! Une grande et sainte nation, la seule de qui l'esprit de nationalité soit absent ; je veux dire l'esprit de barbarie antique, la haine de l'étranger, l'amour exclusif du canton. Ah ! que tous les thuriféraires du veau d'or, que tous les croupiers du juif roi déplorent l'inaptitude des gens de mon pays aux choses du commerce et leur défaut d'égoïsme national ! Moi je revendique ces vices comme les plus beaux titres de gloire de la France, comme les signes les plus manifestes de la supériorité de ma nation sur les autres.

Bon pour les peuples de proie, l'esprit d'ardente nationalité. Bon pour l'Anglais qui ne doit voir en dehors de l'Angleterre que peuples à rançonner, de se mirer dans son patriotisme d'insulaire! L'Anglais est un juif roux qui a déclaré comme celui-ci la guerre à tous les peuples du monde et dont la fortune ne peut se faire que de la ruine de tous les autres peuples. Mais c'est précisément parce qu'il en est ainsi pour les peuples juifs qu'il en doit être autrement pour le peuple français, peuple chrétien.

Quand l'Anglais ivre s'écrie dans son stupide orgueil : *La vigne ne croît pas dans notre île et nous buvons le vin de toutes les nations !* il faut que le Français réponde : « Si Dieu nous a donné la vigne, c'est qu'il a voulu faire de nous les échansons du globe ; prenons la coupe de la communion fraternelle et versons le vin à toutes les nations ! »

Quand le barbare rouge, le marchand d'opium, prend pour devise *chacun pour soi*, le génie de la France doit écrire sur son drapeau : *tous pour chacun, chacun pour tous !*

J'admire ce Hollandais, ce Genevois, ces Anglais, tous ces juifs soi-disant chrétiens, se targuant de leur supériorité dans l'ignoble industrie commerciale où la victoire est assurée au plus fourbe !

La France est la terre classique de la vénerie. On n'a jamais chassé, on n'a jamais su chasser qu'en France. On chassaille en Angleterre, en Russie, en Allemagne. Quand l'étranger veut parler de la grande chasse, *du courre*, il dit la *chasse française*.

. Cependant la chasse fut longtemps en France, comme partout, une institution féodale et guerrière destinée à faire faire l'apprentissage de la tuerie humaine aux jeunes mâles de la caste oppressive, et à procurer à leurs papas, pendant la paix, un moyen honnête de s'entretenir la main. On sait que le passe-temps favori des Spartiates, peuple de caste, consistait dans le tir à l'ilote. Ces Spartiates étaient aux malheureux habitants de la Laconie ce que sont les Normands d'Angleterre au Saxon et à l'Irlandais. Les Spartiates enivraient leurs ilotes pour inspirer à leurs enfants le dégoût de l'ivresse ; les Normands abrutissent aussi l'Irlandais et le Saxon pour les rendre plus gouvernables. Il paraît, d'après ce que j'ai entendu dire depuis ma sortie du collége, que ce peuple spartiate si vertueux et si moral, n'était pas moins distingué par son amour du brigandage, sa barbarie et sa férocité que par sa vertu. Je n'ai jamais pu le souffrir, pour mon compte, ni en version ni en thème. Je me rappelle même qu'un de mes bonheurs en classe, où j'en ai eu très peu, était de tirer sur le

Spartiate à *vers latins ramés* (distique), pendant que mes jeunes condisciples célébraient en pompeux hexamètres ses mérites, ses vertus, ses rapines et son amour du brouet noir, qui était, par parenthèse, une manière de civet pas mal conditionné. Et quand je considérais instinctivement ce Spartiate comme l'Anglais de la Grèce ; quand je m'affligeais de ses victoires sur Athènes comme de celles des Normands sur nous, mes instincts ne me trompaient pas.

La chasse était un privilége de caste avant 89 ; la révolution de 89, en détruisant le privilége, a malheureusement ouvert la voie à la destruction du gibier. Toute la législation de la chasse est aujourd'hui à refaire.

La chasse actuelle, comme toute industrie de régime *subversif* (sauvage, barbare, civilisé), est affligée de sept sept fléaux limbiques, qui s'appellent *indigence*, *fourberie*, *oppression*, *carnage*, *intempéries outrées*, *maladies provoquées*, *cercle vicieux*, sept fléaux qui pivotent sur l'*égoïsme général* et sur la *duplicité d'action* et qu'il est absolument nécessaire d'exposer.

*Indigence.* — Rien de plus pauvre et de plus dépeuplé, en effet, que nos campagnes et nos forêts de France. Où sont le bison et l'aurochs, l'élan, le renne, le daim, le cerf, l'ours, le sanglier, le bouquetin ? Où sont l'outarde, la canepetière, la bartavelle ? Partout le lièvre et la perdrix se comptent. La caille, fatiguée de la guerre d'extermination que lui font les populations d'Europe, se décide quelquefois à quitter le continent pour des lustres entiers. Je sais des plaines en France où l'alouette ne chante plus, de grands bois où le rossignol, le rouge-gorge et la fauvette ne nichent pas tous les ans. Le domaine du bec-figue et celui de l'ortolan se rétrécissent tous les jours, en même temps que celui de la vigne, du figuier et de l'olivier. La bécassine et la marouette fuient devant l'assainissement déplorable des marais ; le canard et la sarcelle cherchent des eaux vives plus hospitalières que celles de la Somme et de la Seine. La France, le beau pays favorisé du ciel, destiné, par la diversité de ses températures et par la délicatesse de ses fruits, à servir de demeure de prédilection à toutes les espèces succulentes, la France est devenue pour toutes les créatures du Seigneur, un affreux coupe-gorge où les plus hardis voyageurs ne s'aventurent qu'en tremblant. Je ne connais, dans toute la ville de Paris, cité de sept lieues de tour et pourvue de monuments sans nombre, que quatre ou cinq misérables colonies d'hirondelles !

Or, les insectes, débarrassés de la surveillance des petits oiseaux, des pics et des mésanges, ont rongé la moelle des grands arbres et dévoré leurs feuilles, et la végétation des forêts et des vergers a souffert d'incalculables dommages. La destruction du linot a livré la vigne à l'invasion de la pyrale. Le gibier détruit, une puissante ressource d'alimentation dont l'entretien ne coûtait rien à l'homme a été enlevée au peuple français, et ce gibier est devenu le privilége de la table du riche, et l'accroissement exagéré de son prix a poussé le travailleur des champs à quitter son métier de laboureur pour se faire braconnier; et il s'en est suivi des procès, des haînes et des meurtres, et la nécessité d'augmenter les corps onéreux et improductifs des agents de répression ; et il s'est ajouté un grief de plus à la masse des griefs du prolétaire, qui s'est demandé de quel droit le propriétaire voulait s'approprier à lui tout seul le gibier qu'il n'a pas créé et que Dieu donne à tous.

*Fourberie.* — Et comme la ruse, le vol, la fourberie et le mensonge sont les armes naturelles de l'esclave, de l'enfant dont la fausse morale combat les penchants légitimes, de la femme à qui l'on fait jurer des serments qu'elle ne peut pas tenir, du prolétaire qui ne peut prendre part à la fabrication des lois qui sont faites contre lui, le braconnier riposte par le collet, le drap de mort, l'affut de nuit à la théorie du droit absolu de propriété ; et sa rébellion qui s'appuie sur un principe juste entretient, dans le sein de la société, de redoutables ferments de dissolution et de ruine.

*Oppression.* — Avec le dernier siècle est morte l'aristocratie de race dont nos pères jetèrent un jour les titres de noblesse au ruisseau; mais sur ses ruines s'en est élevée une autre, l'aristocratie des gros sous, plus cupide, plus orgueilleuse, moins bien élevée que sa devancière et moins brave, et qui déshonore la vénerie en vendant son gibier. Le banquier qui tient d'autant plus à son gibier qu'il *fait de l'argent avec* (style de banque), le banquier et le braconnier anglais qui pullulent en France et regardent cette terre comme un pays conquis depuis 1830, le banquier, dis-je, et le braconnier anglais figurent honorablement dans la catégorie des fléaux limbiques de la chasse, au titre *d'oppression*.

*Carnage.* — Quant au *carnage*, c'est le seul art dans lequel le chasseur civilisé soit passé maître. Pour le chasseur civilisé, le gibier n'a point de sexe, la saison pas de lois. Cependant, si le culte de la destruction avait des autels parmi nous, nos préfets en seraient de droit les grands-prêtres. Les préfets auraient été créés et mis au monde pour organiser le massacre du gibier qu'ils ne feraient pas mieux. La loi de 1844 ayant eu la faiblesse, malgré mon opinion et celle du *Journal des chasseurs*, de s'en remettre à ces magistrats pour la fixation des époques d'ouverture et de clôture de la chasse, ils ont profité de ce droit pour échelonner les ouvertures. L'échelonnement des ouvertures entre départements voisins est tout simplement l'organisation de la tuerie et le massacre des innocents sur la plus large échelle. J'en sais un, un préfet de l'Oise qui a classé le cerf, le daim et le chevreuil parmi les ANIMAUX NUISIBLES dont la destruction est permise en tout temps et par toute sorte de moyens ! Il y en a d'autres qui autorisent la chasse en temps de neige. Le prix du permis de chasse est de 25 fr. pour tous les citoyens français, eh bien ! des préfets ont trouvé moyen de faire que le prix de ce permis coûtât deux fois plus cher aux habitants du Nord qu'aux habitants du Midi ; car ceux-ci peuvent chasser huit mois avec ledit permis, ceux-là quatre mois seulement. Les préfets, sans être plus dévôts que l'ordonnance ne le comporte, n'en ont pas moins renchéri sur la sévérité des commandements de l'Eglise à l'endroit de la chair, en interdisant la chasse au mois de février, c'est-à-dire en temps de carnaval. Jamais l'Eglise n'eût décrété une semblable interdiction dans ses dispositions les plus sévères sur l'article du jeûne. Remarquons bien, en effet, que l'Eglise n'infligeait aux infracteurs de ses commandements que la peine de l'enfer, tandis que l'arrêté préfectoral inflige des amendes de 50 fr. en plus, pour contravention à ses dispositions contre la chair de pâté,

8

Ces mêmes préfets ont en outre rétabli les lois somptuaires abrogées par notre législation, en prohibant dans de certaines contrées la consommation du pâté de Chartres, tolérée et autorisée en d'autres. Je ne vois pas alors que ce fût tant la peine de crier contre le parti prêtre pour en arriver là.

Si nos législateurs avaient eu, en fait de chasse, la moindre intelligence des véritables principes du droit commun, ils auraient décidé que le permis de chasse qui coûte 25 francs à Marseille comme à Lille, ne peut pas conférer plus de droits au Marseillais qu'au Lillois; que la durée de la chasse est de six mois pour le Nord comme pour le Midi, et ils auraient divisé la France en trois zones et fixé législativement au même jour l'ouverture et la clôture de la chasse pour tous les départements de la même zone, et les intérêts de nos plaisirs et les intérêts du gibier eussent été également sauvegardés. La mesure était probablement trop simple pour qu'on y ait songé.

*Intempéries outrées.* — Les *intempéries outrées* sont, pour le gibier français, une non moins grande cause de ruine. Les cieux racontaient la gloire de Dieu, du temps du roi David, ils ne semblent plus raconter aujourd'hui que la gloire de Satan; car on dirait que c'est le hasard et non plus la Providence qui règle l'ordre des saisons. Il n'y a plus de saisons en France. J'ai vu parfois la froide température de l'hiver se continuer jusqu'au solstice d'été et les lilas fleurir à cette époque. Une autre année, l'hiver oubliait de venir. En 1845, les récoltes meurent de pourriture, en 1846, de sécheresse, et il s'ensuit une disette effroyable qui fait couler l'or à flots dans les caisses des accapareurs de grains, et périr de faim des milliers de malheureux. Quel affront, quelle honte pour l'homme qui s'intitule le roi de la nature, de ne pouvoir pas même ordonner à SES nuages de pleuvoir quand il faut, et à SES saisons de s'équilibrer et de garder leurs rangs !

D'où viennent les misères des intempéries provoquées? Je l'ai déjà expliqué : du déboisement irréfléchi des cimes et des pentes, de l'imprévoyance stupide des gouvernements et des gouvernés. Quand l'eau des nues a crevé sur les coteaux par l'action du roc chauve, que le ruisseau s'est fait torrent et le fleuve mer, le ruisseau et le torrent ont emporté et roulé pêle-mêle dans leurs flots les cadavres des perdreaux, des lapins et des lièvres avec ceux des troupeaux de l'homme et les meubles d'icelui. Le coq de bruyère, la gelinotte, la palombe, le sanglier, le chevreuil ont disparu avec les sapins et les chênes; et l'oiseau de passage n'a plus osé s'arrêter en des campagnes dénudées, infertiles, sans abri. C'est par centaines de mille qu'il faut compter les perdreaux que les pluies froides de juin font périr chaque année en France, en même temps qu'elles font couler la vigne.

*Maladies provoquées.* — Autre conséquence désastreuse de ces brusques transitions d'un printemps de Sibérie à un été de Sénégal. Les tissus des plantes que Dieu n'avait pas préparées pour ces rudes épreuves se sont désorganisés par la répétition trop fréquentes de ces secousses; les plantes et les grains en ont contracté des germes de maladie qu'ils ont communiqués au sang des animaux qui s'en nourrissent, au sang de l'homme lui-même, témoin la maladie des pommes de terre. Les pluies froides qui tuent les jeunes couvées, engendrent la pourriture qui attaque les lapins et les lièvres. Le gibier et les plantes souffrent si cruellement de la sottise et de l'imprévoyance de l'homme qui les gouverne, qu'il est bien juste que l'homme soit puni par l'insalubrité des récoltes et des viandes, de ses infractions innombrables au grand principe de la solidarité universelle. La solidarité ou l'association intelligente des intérêts est l'unique planche de salut pour l'homme et pour la bête. Aussi longtemps que ce principe sauveur n'aura pas prévalu dans la politique internationale des peuples, il est inutile d'attendre aucune solution complète d'une question de chasse quelconque. A quoi sert, par exemple, que nous appliquions en France une législation équitable à la caille, si les principes de cette même législation ne sont pas mis en pratique dans les contrées étrangères, en Afrique, en Italie, en Sardaigne, en Sicile, où vivent pendant six mois et plus les cailles et autres espèces qui nous doivent apporter le précieux tribut de leur chair? Hors de l'unité, je n'aperçois que le cercle vicieux.

*Cercle vicieux.* — En effet, la destruction du gibier en a amené la cherté ; la cherté a offert une prime à la destruction ; *cercle vicieux*. La loi s'arme contre le braconnage d'une pénalité sévère ; le braconnier tue le garde pour se soustraire à la rigueur de la loi : *cercle vicieux*. Le garde n'ose plus se faire l'agent de cette pénalité rigoureuse : *cercle vicieux*. Des civilisés comprennent la nécessité de s'associer contre le fléau de l'incendie ; ils inventent des assurances... Le lendemain l'incendie s'allume sur tous les points du territoire où l'assuré s'empresse de mettre le feu à sa grange et à ses meubles pour s'en défaire à un prix avantageux : *cercle vicieux*. La civilisation tourne dans un éternel cercle vicieux.

*Égoïsme général.* — Pourquoi ce chasseur, dont le carnier gonflé refuse place à de nouvelles victimes, n'est-il pas encore las de tuer ? Par la raison que ce chasseur sait que le gibier qu'il ne tuera pas aujourd'hui sera tué demain par un autre, et qu'il ne lui plaît pas que cet autre en profite. On se plaint de l'esprit de destruction dont tous les gens de la campagne sont animés à l'égard du gibier. Je voudrais bien savoir pourquoi l'homme des champs s'intéresserait à la conservation du gibier qui mange ses récoltes et qu'il n'espère jamais voir figurer sur sa table. L'*egoïsme général* qui se formule par ces actes et qui est pivot direct des sept fléaux limbiques, oppose à lui seul une barrière insurmontable à la conservation et à la multiplication du gibier.

*Duplicité d'action.* — La *duplicité d'action*, pour n'être que le pivot inverse des mêmes fléaux, ne leur prête pas un concours moins puissant. La duplicité d'action est le crime que commettent les préfets, qui s'ingénient à prendre des arrêtés contraires à l'esprit des lois protectrices du gibier. Un préfet de l'Oise qui classe le cerf et le chevreuil parmi les animaux nuisibles, au rang desquels il oublie de colloquer la pie ; un préfet du Nord qui permet la chasse en pleine neige ; messieurs les préfets qui ne prennent pas des arrêtés concernant le mode de la chasse aux filets, et ceux qui échelonnent les ouvertures, et ceux qui ressuscitent les mandements de l'église sur le jeûne, sont tous des administrateurs coupables qui péchent par duplicité d'action, et qui travaillent à qui mieux mieux à faire des ennemis à leur gouvernement. Les préfets et les gouvernements ont tort de ne pas vouloir

comprendre ce que je leur répète à chaque page : que les révolutions bien réussies sont des affaires de fusils de chasse, témoins
Guillaume Tell et *son arbalète*, l'évènement de juillet et tant
d'autres ! Si j'étais gouvernement, je me garderais bien de badiner avec les armes à feu.

J'ai dit ce que Dieu avait fait pour la France en matière de gibier, ce que l'homme avait fait de la munificence de Dieu à l'é-
gard de la France. Même générosité de la part de la nature, même
sottise du civilisé à l'égard de la vigne. Le Franc barbare s'est
montré plus reconnaissant que le Franc civilisé des faveurs du
soleil. Il a écrit dans sa loi salique un article qui punit de la
peine la plus sévère quiconque arrachera un cep de vigne. La
vigne est plante sainte et favorite de Dieu, puisque le Christ a
pris le sang généreux de la vigne pour remplacer le sien dans le
calice de la communion. Moïse n'a fait jaillir que de l'eau claire
du flanc du rocher ; la vigne en a fait jaillir un nectar parfumé,
qui fortifie le travailleur et le console de ses peines, qui lui fait
le travail attrayant, et qui tresse, en s'attachant à tous les arbres
qu'elle rencontre, des berceaux délectables offrant au voyageur
accablé par le poids du jour et de la chaleur un ombrage et des
fruits. La patrie de la vigne est une contrée bénie, et nulle contrée du globe ne saurait disputer à la France ce titre glorieux de
patrie de la vigne. Or, parce que la vigne est plante sainte, le gibier de la vigne est le plus exquis de tous, et parce que les vignobles de France, parce que les crûs de la Côte-d'Or, de la Champagne, de la Gironde, du Rhône et de l'Adour sont les premiers
vignobles du monde, le gibier de France aussi était gibier hors
ligne. Le raisin de France communique aux espèces qui en ont
goûté une fois, une succulence de chair et une supériorité d'arôme
qui lui assignent à tout jamais la place d'honneur aux banquets
d'harmonie. Je ne connais rien pour mon compte ici-bas qui
ressemble au bec-figue de vigne, lequel n'a pas besoin qu'on
l'engraisse comme l'ortolan paresseux... ; au bec-figue, merveille d'embonpoint et de finesse, et de qui il a été dit que s'il
avait la taille du dinde, nulle fortune au monde ne le pourrait
payer. Pauvres gastrosophes de la société civilisée, qui ne savent

pas que les dindes d'harmonie auront trois fois au moins la taille du dinde actuel, et que la finesse de leur chair atteindra, si elle ne la dépasse, la finesse de la chair des bec-figues d'aujourd'hui !.. Et qu'il y aura d'immenses Clos-Vougeots et d'immenses Clos-Laffittes, tout exprès plantés des plus précieux cépages pour nour-, rir des faisans, des cailles et des grives qui figureront par monceaux sur la table de tous!... Car rien n'approche des bec-figues de vigne, si ce n'est la caille de vigne, la grive et le faisan de vigne. Et remarquez qu'il n'est nullement prouvé que le bec-figue et la caille s'engraissent de raisin. Ce qui est bien constaté, c'est que ces deux succulentes espèces fréquentent les vignes pour un motif d'insectivorie et de frugivorie quelconque, et que le séjour qu'elles y font a la propriété de raffiner leur chair. Les Romains, qui étaient de grands mangeurs plutôt que de grands gastrosophes, avaient consacré dans le temps la supériorité de la grive... *Inter aves turdus, gloria prima.* (Martial.) Les chèvres dont le lait sert à la fabrication des fameux fromages du Mont-d'Or, sont nourries de feuilles de vigne empilées, pressées et salées d'après une savante méthode.

Mais la vigne, ainsi que j'ai dit, était un emblème cardinal d'amitié. Par conséquent, la vigne était trop proche parente de la Terre pour n'avoir pas à se ressentir des premières de la mauvaise santé de sa planète. Alors, la vigne a été affligée de sa maladie spéciale, comme le blé et la pomme de terre, comme le chêne, comme l'homme. Sa petite-vérole à elle, sa carie, c'est la désorganisation de ses tissus par déchirement; c'est le mal de la gelée, mal qui provient surtout de l'influence de la lune rousse, un phénomène de résorption manquée que les Instituts n'expliquent pas. Or, comme les cépages les plus délicats et les plus parfumés étaient naturellement ceux qui avaient le plus à souffrir des ravages du mal, on les a remplacés par des cépages grossiers, mais plus robustes; et le vigneron, ruiné par la gelée, ruiné par les impôts directs, ruiné par les impôts indirects, a renoncé à la qualité pour la quantité... Alors le gibier exquis des vignobles de France a perdu sa saveur, comme le vin français son renom. Alors, les industriels des grandes villes, les manufacturiers de la

Normandie où la vigne ne croît pas, ont fabriqué du vin de toutes pièces pour empoisonner le peuple; et le fisc, voyant là un moyen d'imposer l'eau comme le vin, s'est associé à l'ignoble industrie pour associer la honte de l'administration à celle des empoisonneurs patentés.

Si bien que de tous les dons précieux que le Ciel fit à la France, un seul lui est resté, le plus précieux, il est vrai, la femme blonde, une création ravissante dont le suprême ordonnateur des choses a doté les pâles contrées du Nord, pour les dédommager de l'absence du soleil. Je ne médis pas de la brune, au contraire, je l'aime et la porte dans mon cœur, mais elle est de tous les climats. Oui, je sais que l'égoïsme du temps n'a pas encore faussé la divine nature de la femme de France; qu'elle seule parmi nous n'a pas sacrifié au veau d'or, qu'elle seule consacre encore au culte de la passion vraie les autels privilégiés de son cœur, et qu'elle garde fidèlement son âme pour le poète et l'artiste, quand la tyrannie paternelle livre son corps au banquier ou à l'homme de loi. C'en est assez pour sauver le monde.

Si ailleurs, en effet, les dons les plus aimés du Ciel, la femme blonde et le vin, ont le défaut d'amortir l'intelligence de l'homme et d'enfumer sa pensée, la femme et le vin de France ont, au contraire, le privilége de donner de l'esprit aux bêtes et de galvaniser l'inertie. Il y a un siècle que la société européenne serait morte du spleen britannique, si l'esprit français n'avait pas été là pour préserver les nations de l'influence désastreuse du constitutionalisme... Et l'esprit français, c'est la gaîté du bon sens aromisée d'expansion fraternelle par le bouquet du chambertin, nuancée de délicatesse et de pudeur par le reflet de la chevalerie. Si l'esprit français a conquis le monde, c'est qu'il a traduit de tout temps l'influence de la femme, c'est que la femme n'a jamais cessé de régner parmi nous. La courtoisie, la galanterie, la loyauté, le mépris du commerce, qui furent jusqu'à l'invasion des idées anglaises, les traits distinctifs du caractère français, n'étaient que des rayonnements glorieux de la royauté féminine. L'urbanité du langage, autre conquête de la femme, n'est que l'expression de la charité du cœur. Pourquoi toutes les victimes de l'oppression tournent-elles leurs regards vers la France? Parce que c'est le seul pays où la femme ait conservé quelque empire, et que la femme est toujours du côté des victimes; parce que l'oppression ne peut pas durer là où la femme règne, quand même elle n'y gouvernerait pas. Les enfants de Loyola savaient bien ce qu'ils faisaient, quand ils s'intitulaient les champions de la Vierge.

Pourquoi Molière est-il le plus puissant de tous les penseurs le plus aimé de tous les poètes? Parce qu'il est le champion le plus redoutable du bon sens et du libre essor d'amour; parce qu'il n'est pas une ligne de ses écrits immortels qui ne soit une protestation ardente contre l'oppression de la femme, et qui ne tende à ridiculiser les époux... ridicules. Molière, qui a révolutionné autant de cerveaux que Rousseau et Voltaire, est né et ne pouvait naître qu'à Paris, capitale du bon sens, où jamais les sympathies du parterre ne seront pour les maris vexés, dont les dix-neuf vingtièmes et plus méritent parfaitement leur sort. Et, à propos de cette vexation, que je dise encore à l'honneur de la France que, de tous les maris vexés, et la liste en est longue, celui de ma patrie est le plus discret et le plus généreux. Comme le mari d'Athènes, il oublie et pardonne, ou bien quand la douleur l'égare, il poignarde l'infidèle et ne l'humilie pas. Il ne la livre pas à la population, comme le mari juif, pour la faire lapider: encore moins songe-t-il à battre monnaie avec son déshonneur, comme le mari anglais.

Je sais peu de secrets qui aient autant intrigué les philosophes, les poètes et les beautés d'ailleurs, que le secret de cette puissance magique de la femme parisienne, puissance qui amène à capitulation tous les bourreaux de la terre, et qui dompte la sauvagerie des ramiers. Le secret de cette puissance n'est pas seulement, en effet, dans la supériorité de ses charmes corporels; cette puissance réside surtout dans la supériorité de son titre caractériel, dans sa coquetterie!

L'amour égoïste et les sots ont maudit la coquette, mais l'ami de l'humanité lui élève un autel dans son cœur.

La coquetterie, c'est l'ambition de plaire et de régner par l'attrait, c'est le grand art de vaincre et de garder ses conquêtes. Or, pour se rendre maîtresse des volontés d'autrui, il faut commencer par se rendre maîtresse de soi-même. Les ingrats, qui maudissent la coquette, ne savent pas ce que lui coûte la conservation de son pouvoir. Car enfin en amour le plus grand bonheur est d'aimer, non de plaire ; les plus favorisés sont ceux qui aiment le plus. Alors ne nous plaignons donc pas des rigueurs de la coquette qui se contente de se laisser aimer, et qui nous abandonne le meilleur rôle. La coquetterie est un sacrifice que l'amour fait à la charité.

Si l'esprit espagnol, l'esprit italien et l'esprit allemand n'ont pas conquis le monde, c'est que l'espagnole, l'italienne et l'allemande ont trop oublié l'art de plaire pour s'occuper de celui d'aimer... Si l'esprit français est en train d'achever l'œuvre du Christ, c'est que la femme de France a toujours su se garder d'une dangereuse ivresse et maintenir sur son esclave sa supériorité et ses droits. Que la Française eût faibli comme les autres, et l'esprit français ne verserait pas aujourd'hui à tous les peuples la haine de l'injustice et l'amour de la liberté. Le peuple français n'est resté debout que parce qu'il n'a pas jeté à terre son idole, comme les autres, et qu'il n'a pas eu besoin de se courber pour l'adorer.

Je suis désespéré maintenant d'être obligé de faire beaucoup de peine aux admirateurs de l'antique, mais je ne puis pas cependant, pour caresser les travers de ces hommes d'âge, mentir à ma conscience et à la vérité. Or, voici la vérité : il y a de la beauté grecque de jadis à la beauté française d'aujourd'hui juste la même distance que du temple de la Madeleine à Notre-Dame de Rheims ou à Notre-Dame de Paris. Je parle de la beauté grecque qui se résume dans les types inférieurs de la Vénus de Milo, de la Vénus à la Tortue et de la Callipyge, toutes créatures pleines de santé et susceptibles de réaliser l'idéal de la nourrice à domicile, mais n'ayant rien à démêler, hélas ! avec le pur idéal de la Divinité. Le seul type féminin dans lequel l'art grec ait réussi à incarner l'idéal est celui de la Diane chasseresse, et l'infortunée n'a pas de sexe.

Je partage complétement l'opinion d'une jeune dame arlé-
sienne très versée dans la Mythologie, et qui me disait un jour,
que si les poètes grecs eussent plus fréquenté les parages du
Rhône, jamais l'idée ne leur fût venue de faire naître Aphrodite
de l'écume des flots bleus de la mer d'Ionie. Et les vierges d'Austrasie, de Neustrie, d'Aquitaine auraient aussi et pour des raisons
analogues, le droit de protester contre l'authenticité de l'extrait de
baptême de la Déesse d'amour.

Car ce sont de délicieux types que ces filles du Rhône, à la riche cambrure, au regard noble et fier, vives, élancées, rieuses,
blondes avec des yeux noirs, brunes avec des yeux bleus; et les
autres aussi, les vierges d'Austrasie, de Neustrie, d'Aquitaine,
pâles, roses, espiègles, rêveuses, sont douces à revoir dans les
songes... Et pourtant il y a mieux que cela encore au beau pays
de France, il y a la femme de Paris, perle reine de ce riche écrin
national où chaque pays, chaque fleuve a versé son joyau.

Les hommes n'ont encore rien sculpté, rien peint, ni rien écrit
qui se rapproche autant de l'idéal de la beauté divine ou féminine, que le type de la Parisienne de race, grisette ou marquise,
c'est tout un.

Il n'y a qu'une femme idéale : celle qui plane dans les rêves
de l'amoureux de seize ans, l'enchanteresse des songes d'or dont
la bouche ne dit jamais non, le démon tentateur qui vient arracher le malheureux séminariste à sa froide cellule, pour l'entraîner dans le tourbillon des valses frénétiques, l'enivrer et le
perdre... Or, je ne connais au monde que la femme de Paris
qui puisse poser pour une apparition, pour l'ange aimé des rêves ;
la femme de Paris, sylphide aux allures éthérées, qui glisse sur
le bitume des trottoirs et ne s'y appuie pas, à l'instar des autres
mortelles, et que beaucoup ont de tout temps soupçonnée de dissimuler ses ailes.

L'admirateur enthousiaste de l'antique qui se mord les poings
de fureur à entendre mes blasphèmes contre ses adorations, et
dont la rage m'amuse, m'interrompt ici pour me dire que .. la
femme n'a pas été créée et mise au monde pour valser et pour
voltiger dans les rêves des amoureux de collége. J'en demande

mille pardons à mon interrupteur, mais la femme a été créée et mise au monde pour embellir nos destins, pour être l'âme de nos joies, le pivot de nos attractions dans le rêve comme dans la veille, la nuit comme le jour. Or, la femme n'étant reine légitime qu'à la condition de régner par l'attrait; et toutes ses grâces, toutes ses séductions ne pouvant se développer complétement que dans la danse, il s'ensuit que la danse est d'institution divine, et que toute femme *non taillée pour cet exercice délirant* est une créature *incomplète*. Je ne sais pas si je m'abuse, mais il me semble que ce raisonnement a presque la rigueur d'une démonstration géométrique. Voyons, que tout homme de sens juge et réponde, la Vénus de Milo et la Vénus à la Tortue sont-elles taillées, oui ou non, pour la danse, pour la valse surtout... la valse, la vraie danse amoureuse, la danse à deux, la danse elliptique dont la courbe est semblable à celle que décrit la planète autour de son foyer, la danse échevelée, enivrante où tout tourne, la tête et les sens; la danse protectrice qui permet au couple amoureux de s'isoler au milieu de la foule; où la danseuse émue s'abandonne languissante au bras de son partner, et boit la passion dans ses regards ! (En Herschell, où les amours sont libres, et les mœurs par conséquent pudiques et réservées au possible, le droit de valse n'appartient qu'aux couples amoureux.) Répondez oui ou non, la Vénus de Milo et celle à la Tortue sont-elles taillées pour la danse?

Tout le monde me répond par la négative... alors le procès est jugé.

Il y a longtemps, du reste, que le suffrage universel des peuples dont je ne suis ici que l'humble écho, a dévolu le sceptre de la danse à la femme de Paris, autant pour la grâce de sa démarche, sa distinction et sa suprême élégance, que pour la souplesse de sa taille, la petitesse de ses pieds, ses tendances aériennes. Je ne cède point à l'inspiration d'un pauvre sentiment de vanité nationale, en déclarant que le type de la beauté parisienne est le seul qui puisse se prêter à l'incarnation de l'idéal. Toutefois, de ce que la Parisienne de Paris est ce qu'on a imaginé de mieux jusqu'à ce jour en fait de femme, il n'en faut pas conclure que ce

soit là le dernier mot de la beauté féminine, car il n'y a point
de limite à la perfectibilité de l'idéal, pas plus qu'il n'y a de terme
à nos aspirations insatiables. La plus belle moitié du genre humain ne donnera d'ailleurs le type parfait de la beauté terrienne
qu'après qu'elle aura pu développer toute la magnificence de sa
nature dans sa liberté et sa gloire, qu'après que la sagesse humaine aura épuré le globe de ses misères actuelles : le moralisme, l'hypocrisie et la vénalité.

Ce qui fait l'infériorité et la vulgarité des types grecs, c'est
l'absence de l'âme, c'est l'absorption de l'intelligence par la matière. Ce sont de très belles créatures assurément que les femmes
de Phidias et même la Vénus de Milo et les autres Vénus ; et les
ciseaux qui ont modelé ces formes sont les ciseaux de sublimes
artistes, plus forts à beaucoup près que Puget ou Nicolas Coustou ;
mais les plus habiles ciseaux du monde ne peuvent reproduire
que ce qu'ils savent, et, dans le temps où le génie de l'art enfanta ces corps ravissants, l'homme *né de la femme* n'avait pas
encore jugé à propos de concéder une âme à celle dont il tenait
la vie. Voilà pourquoi l'âme manque à tous ces corps charmants,
comme le parfum au vase. Comme la femme n'était qu'une esclave destinée au plaisir, comme on ne lui demandait pas d'âme,
mais simplement de la chair à cet instrument de volupté, l'artiste
lui fit un corps en harmonie avec sa destinée, un corps *où le
phénomène absorba la substance* (1), où le front, le séjour de l'intelligence divine, fut déprimé et réduit aux proportions de la stupidité. La petitesse de la tête et l'étroitesse du front sont cachet
d'infériorité chez toutes les espèces. Toutes les Vénus antiques,
si suaves que soient en général chez elles les lignes du torse et
des épaules, ne sont que d'épaisses odalisques, au front stupide
et fier. Tous ces cerveaux-là sont trop petits pour tenir une âme
de déesse. L'art grec a été puni par où il a péché ; parce qu'il n'a
pas su s'élever à l'idée de la femme reine, il ne lui a pas été
donné d'en reproduire les traits.

Car, savez-vous le mythe ignominieux qui se cache sous la

_____

(1) Définit'on du philosophe Lherm.... par le philosophe Cousin.

robuste opulence de ces formes ; savez-vous ce que signifiait cette
superbe écaillère que les Praxitèles et les Protogènes du temps
faisaient asseoir sur le dos de la tortue ? Cette humble attitude
voulait dire que le principal mérite de la femme consiste à ne
pas mettre la tête ni le pied hors de son ménage, et qu'elle doit
borner l'essor de son intelligence aux soins du pot au feu et au
raccommodage des culottes maritales. Le principe de la politique
conjugale antique était le même que celui des obscurantins de
tous les siècles, le principe impie de l'immobilisme et du chacun
pour soi, personnifié par la tortue et glorifié par la presse *honnête*.
La plupart des civilisés, qui n'y entendent pas malice, sont parfaitement libres d'admirer les formes cossues et bombées de la
créature accroupie ; mais moi, qui sais le dessous des cartes, je
suis naturellement moins facile à l'éloge, et c'est précisément
cette harmonie du groupe, tant admirée par le vulgaire, qui me
fait peur et m'indigne. Je sens que ce front bas, ces lourds et
vastes flancs vont trop bien à l'esclave, et que cette figure est
clouée pour longtemps sur le dos de sa monture, d'où elle ne
s'envolera pas. Je pardonne aux vieux qui font les lois, je pardonne au notaire et au banquier, leurs sympathies intéressées
pour la Vénus à la Tortue, mais que les jeunes hommes de lettres
qui tiennent à rester mes amis se gardent bien de me confier
jamais qu'ils préfèrent cette figure massive à celles de Coustou,
sises dans son voisinage, car je penserais d'eux tout le mal imaginable. Coustou, Watteau et Gavarni sont les trois artistes qui
ont le mieux compris et le mieux exprimé par le ciseau, le pinceau, le crayon, la nature des séductions spéciales à la femme
de Paris, la distinction, la grâce et la coquetterie. Au sculpteur
les déesses, au peintre les marquises, au dessinateur les lorettes ;
le dernier venu, contre l'usage, a été le mieux partagé. Les artistes qui n'ont jamais réussi qu'à produire de l'ennuyeux et du
lourd en sculpture et en peinture, ont l'habitude de traiter les
Coustou, les Watteau et les Gavarni, de *maniérés*, parce qu'ils
sont jolis. En littérature aussi, le léger, le gracieux, est baptisé
*frivole ;* le lourd, le pédantesque, s'intitule *sérieux*. Ces malheureuses ladies anglaises qui n'ont jamais su s'habiller, mais qui

font pour la plupart d'excellentes nourrices, traitent de coquettes les Parisiennes à qui tout va bien, surtout le nu... le nu, cette parure primitive si simple et cependant si difficile à porter. L'épouse de l'agent de change et la bourgeoise vertueuse qui font une si prodigieuse consommation de crinoline, ne se montrent aussi intolérantes à l'endroit des légèretés de la lorette, qu'en raison de ce que celle-ci n'est pas obligée comme elles de suppléer par l'art à l'insuffisance de ses charmes. La crinoline est un hommage tacite que la vertu de la bourgeoise rend à la beauté de la grisette. La femme de peu, la banquière, l'avouée, l'agente de change, s'habillent pour se dissimuler; la Parisienne de sang serait moins nue sans sa robe.

J'ai eu de grosses querelles dans ma vie pour avoir affiché avec cette mâle franchise mes préférences pour la lorette, au simple point de vue de l'art et de la forme. Les dédains des petits journaux et des petits esprits pour le type de la lorette, supérieur d'une foule de coudées au type des Vénus grecques, n'ont rien qui me surprenne. La France est une nation généreuse, mais généralement douée d'une ignorance remarquable en matière d'esthétique, et prévenue d'une façon ridicule en faveur de tout ce qui n'est pas né chez elle. J'ai reconnu, du reste, que la beauté grecque avait fait son temps et qu'elle n'inspirait plus la foi, à la mollesse des épigrammes que ses tristes champions m'ont lancées. S'ils me visaient à la colère, ils ne m'ont touché qu'à la pitié.

Je remarque qu'il y a eu de tout temps alliance offensive et défensive contre la lorette entre le moraliste et la femme de peu. Tous deux l'ont accusée, par exemple, d'exercer une influence pernicieuse sur les héritages nouveau-nés. Ces pauvres gens ignorent que le plus charmant côté du rôle des jolies filles en civilisation, consiste précisément à faire restituer à la masse des travailleurs le capital parasite prélevé par les oisifs sur le travail et enfoui par les harpagons, au grand détriment de la société. Le jour où la France succomba sous la triple coalition de l'or anglais, du froid moscovite et de l'accapareur de grains, qui réussit à faire retarder de six semaines l'ouverture de la campagne de Moscou;

le jour où la France écrasée paya une indemnité de 1,500 millions
à l'Europe victorieuse qui n'en garda pas un centime, ce ne furent pas les moralistes qui firent rendre gorge à l'ennemi... On
ne sait pas assez gré à la lorette de son admirable persévérance
à ramener dans le torrent de la circulation le métal que de fu-
nestes préoccupations individuelles en voudraient détourner. On
oublie trop en France que la lorette de Gavarni et le grognard
de Charlet sont peut-être aujourd'hui les deux seules institutions
qui aient gardé le reflet des brillantes qualités de l'esprit national
français, vivacité, insouciance, gaieté, générosité, dévouement.
Peut-être n'y a-t-il plus que là, hélas! où les mesquines idées
du temps n'aient pas pénétré encore, ces idées qui se formulent
par les mots de balance de compte et d'équilibre de budget.

Oui, c'est une vaillante corporation que celle des lorettes, et
que j'admire dans sa lutte contre le capital et la fausse morale, et
dont l'avenir me paraît se colorer de rose. Son éducation gram-
maticale est peut-être à refaire; mais il n'en est pas moins certain
que la première femme qui règnera sur l'humanité et par droit
de conquête et par droit de beauté, descendra d'une lorette. Il est
certain encore que du jour où les gouvernements civilisés, à bout
de folies, voudront faire un peu de bon sens pour changer, la
lorette devra être appelée à jouer dans la réforme le rôle pivotal.
Un des premiers actes lucides de ces gouvernements, en effet,
sera infailliblement d'arrêter la race humaine sur la pente de sa
dégradation, et pour ce, de faire participer cette race au bénéfice
des primes d'encouragement jusqu'ici réservées aux seules espèces bovine, ovine et chevaline. Or, je promets pour ce temps-là
à la lorette, à la femme de race, une existence toute de soie, de
spectacle, de liberté, de gloire... De liberté, premier bonheur de
la femme, car du jour où la beauté sera une fortune, une supériorité consacrée, la beauté se trouvera affranchie du tribut odieux
qu'elle paie à l'affreux minotaure du commerce. Alors elle se
donnera et ne s'adjugera plus, et le culte de la forme s'infil-
trant progressivement dans nos mœurs, remettra chaque chose à
sa place. Puis, l'art régénéré s'armant du fouet vengeur, chassera de ses temples (premières loges de l'Opéra) les suppôts de

Mercure, marchandes et marchands qui les déshonorent aujour-
d'hui ; et les gens comme il faut, je parle de moi, de vous, de
l'artiste, du travailleur, de tout ce qui produit et qui pense, les
gens comme il faut, dis-je, ne craignant plus de se trouver mê-
lés à d'infimes parasites, courtauds de boutique ou écumeurs de
bourse, dans une communion de plaisirs intellectuels, repren-
dront le chemin du théâtre... Si j'apprenais à mes lecteurs qu'il
m'a fallu une fois renoncer à la chasse, à la chasse, mes uniques
amours, mon dernier droit naturel, à la chasse dans la plus belle
et la plus giboyeuse des forêts de France et de Navarre... pour
ne pas me trouver en communion de plaisirs avec de ridicules
boutiquiers. C'est-à-dire qu'on ne sait déjà plus où aller maintenant pour éviter ces espèces.

Et la beauté, en ce temps-là, aura ses temples et sera entourée
de tant de vénération et d'amour, que nulle créature adorable ne
sera tentée de garder pour elle seule et pour ses rideaux égoïstes
le secret de ses charmes, et que la vierge elle-même considèrera
comme un pieux devoir d'en faire l'aveu pudique au plâtre et au
daguerréotype, et d'en faire tirer la copie à un nombre immense
d'exemplaires, pour transmettre à la postérité le souvenir des
libéralités du ciel. Et les jardins publics s'enrichiront de ces divines formes, et l'imagination malléable des mères, incessamment travaillée par la répétition de ces types, s'ingéniera à les reproduire en des moules vivants... et les jours odieux de la morale
postiche et de la crinoline auront fui.

Disons maintenant que ces sages idées, renouvelées des Grecs,
sont déjà les idées de l'immense majorité des penseurs d'aujour-
d'hui, et que tous les jours l'exemple sublime de la belle Pauletta
Borghèse trouve des imitatrices dans le sein de la meilleure société parisienne. Il n'y a pas bien longtemps que je rencontrai
chez Ottin l'élégant sculpteur deux copies de plâtre toutes fraîches, deux copies de Parisiennes de race aux originaux inconnus,
mais destinés à emporter avant peu toutes les imaginations vaga-
bondes à la recherche d'un nouvel idéal. Entre ces deux moules
inédits, une main astucieuse avait colloqué deux Vénus, dont
celle de Milo ! Pauvre Vénus ! Pauvre Grèce ! Les deux images

charmantes étaient, disait-on, celles de deux sœurs d'illustre origine et tant soit peu artistes qui, ayant entendu parler de la rareté des modèles, avaient voulu offrir, à l'art, en cachette de leur mère, une preuve de dévouement. Je sais dans le même genre, et de la part de la lorette, des actes sublimes de charité et d'amour. Et je répète que toute gloire dans l'avenir est réservée à la femme de France, dont le noble front rayonna toujours du feu de l'intelligence céleste, dont la taille souple et flexible inspire toutes les comparaisons parfumées et gracieuses, et appelle sur les lèvres l'invocation enthousiaste du poète :

Alma Venus, hominun divumque suprema voluptas !

Dieu lui-même, au surplus, ne cache pas sa prédilection pour les femmes de ma patrie. C'est par leurs faibles bras qu'il aime à faire éclater sa puissance et ses sympathies naturelles pour la cause de l'amour et de la liberté. C'est par une vierge de Nanterre qu'il fait détourner des rives de la Seine l'ouragan dévastateur des hordes d'Attila; par une vierge de Domremy, qu'il chasse mille ans après du noble territoire de France l'Anglais, cet autre fléau de Dieu; c'est par la main d'une vierge de Normandie qu'il fait poignarder le plus sanguinaire des égorgeurs de 93. Et Dieu n'a pas fini de sauver l'Europe par le même procédé. Comme il a suscité une vierge française contre le Hun, contre l'Anglais, contre la Terreur, il en suscitera une contre le Juif, gardez-vous d'en douter.

On me dit que l'Anglais, pour avoir été chassé de France par l'épée d'une vierge, n'en a pas moins pris pied par le commerce et le pillage sur tout le reste du globe; que l'impure Albion, la grande prostituée, la dominatrice des mers, promène orgueilleusement sa tête au-dessus de l'équité et des droits des peuples vaincus, capturant en pleine paix des vaisseaux portugais ou égyptiens, bombardant les cités, empoisonnant les peuples... Je ris de la superbe Albion, car je sais que les jours de son insolence sont comptés, et que la nouvelle Jeanne d'Arc nous est née, de qui le faible bras brisera le colosse d'or aux pieds de boue et écrasera de ses débris l'*infâme*... Et celle-là ne procèdera pas par le glaive comme l'héroïne immortelle que l'Anglais brûla vive en châtiment de sa gloire. Elle se bornera à verser dans l'âme de ses compagnes l'amour de l'équité et l'horreur du trafic. Elle leur fera jurer à toutes de renoncer au mariage plutôt que d'épouser un marchand. Elle tuera le négoce comme d'autres vierges d'Allemagne ont tué la censure.

Et le règne de la boutique à bas, le tarif des consciences et des votes aboli, le Juif et le Génevois forcés d'aller chercher fortune ailleurs, l'esprit d'Albion cessera de dominer la politique française... Et la grande nation, libérée de la fourbe et de la banque, reprendra sa place de directrice suprême des destinées des peuples.

Et le travail attrayant, débarrassé de l'oppression du capital, réalisera soudain le décuple produit. D'innombrables armées, complètement étrangères au maniement des armes homicides, rappelleront bientôt la verdure, le chevreuil et la palombe sur les cimes reboisées des monts, et barreront au mistral les gorges du Midi et agrandiront tous les jours les domaines de l'oranger, de l'olivier, de la vigne ; et la restauration de la climature rendra au territoire de la France ses gibiers exilés. Que le règne de la femme arrive, et toutes les merveilles de la féerie orientale surgiront du sol sous nos pas plus vite que dans les contes. Oh ! que la vie en ce temps-là sera douce aux oiseaux et aux fleurs, et à toutes les créatures innocentes et gracieuses dont l'homme est encore le bourreau !

Il n'y a pas des siècles, il n'y a qu'une volonté de femme entre cette ère d'émancipation de la France et son abaissement d'aujourd'hui. *Ce que femme veut Dieu veut....*

# CHAPITRE III.

Mobilier zoologique de la France.

J'ai dit les doux trésors dont la faveur du Ciel avait comblé la France. La France cependant a toujours été pauvre en espèces de quadrupèdes et d'oiseaux, comparativement aux contrées de l'Équateur. Seulement les espèces qu'elle nourrit, sont de qualité supérieure ; les cerfs et les sangliers de ses forêts sont plus forts et mieux armés que ceux des autres contrées, ses bécasses et ses cailles ont le fumet plus fin qu'ailleurs. Espèces rares, mais utiles, tel est le caractère général de la Zoologie française, bien que les emblèmes du mal y soient en dominance comme partout.

Et d'abord qu'on n'y cherche pas les énormes pachydermes à l'épaisse cuirasse, ni les félins géants à la voix rugissante, ni les boas immenses, ni les sauriens musqués à la mâchoire nue. L'existence de ces monstres semble enchaînée aux déserts sans limites, aux forêts vierges et aux sables brûlants de la Zône de feu, comme celle des dragons de la fable aux jardins enchantés. La calme température des zônes mitoyennes a dû modifier la furie des appétits sanguinaires chez les bêtes, comme elle modérait l'essor de la sève dans le tissu des plantes. La famille du tigre se personnifie en France dans le chat domestique ; le boa *cons-trictor*, qui étouffe des taureaux, y descend aux proportions de l'orvet ; le gavial et le caïman à celles du lézard ; et la malfaisance des espèces a décru dans les mêmes rapports que leur taille. Il faut voir aussi dans ce fait une preuve de la supériorité des arômes de l'hémisphère boréal sur ceux de l'antarctique.

Toutefois le mobilier zoologique de la France n'a pas toujours été aussi pauvre qu'aujourd'hui, et sans remonter bien haut dans l'histoire, il fut un temps où les parages les plus dépeuplés de gibier, comme les rives de la Seine, avaient peu de chose à envier aux contrées les plus giboyeuses du Continent européen.

En ce temps-là, l'aurochs, taureau-géant des forêts de la Gaule, honneur perdu de nos climats, tondait en paix les herbes des prairies verdoyantes où peut-être furent depuis le Louvre et l'Institut, les Tuileries et le Palais-Royal. L'élan au col charnu, aux jambes de girafe, l'élan, dont le bois rameux abrite sous sa toiture immense près de la moitié de son corps, buvait aux ondes pures de la Bièvre. De lourds bisons embossés par le travers des îles de la Cité, de Louviers, de Saint-Louis, et plongés dans le fleuve jusqu'au poitrail, semblaient comme une flottille de canots postés là pour barrer à la civilisation romaine les chemins de Lutèce (du latin *lutum*, ville de boue). Le renne, ami de la froidure, se fixait aux mêmes bords, séduit par la longueur des hivers et par la persistance et l'éclat de neiges de six mois. [En ce temps-là, de sombres et épaisses forêts, théâtres [de sanglants sacrifices, couvraient de leur noire verdure les cinq sixièmes du sol. Chaque vallée avait son repaire, chaque fleuve, chaque rivière son marais. Là vivaient doucement sous l'ombrage des vieux chênes, d'innombrables troupeaux de sangliers, race féconde. Là hurlaient, grondaient et se ruaient à l'envi, à la poursuite des fauves, de nobles représentants de la tribu des animaux chasseurs, le grand ours noir de Russie et les loups argentés et le chat cervier du Nord, et le lynx et l'isatis à la bleue fourrure. Là bondissaient en hordes plus serrées que celles des moutons de la plaine, les cerfs, les daims, les biches et les chevreuils; et le glouton perfide, tapi sous les basses branches du hêtre colossal, attendait l'élan au passage pour lui sauter au col, lui incruster ses ongles dans la chair et lui sucer le sang.

Entre-temps, l'aigle royal, le gerfaut, le lanier, le sacre, l'autour, sillonnaient l'atmosphère de leur vol tournoyant. Le marsouin se jouait par l'orage sur le dos de la Seine, vierge des ponts de l'homme, mais non des chaussées du castor, lequel a laissé son nom à la rivière de *Bièvre*. L'oiseau cher à Léda y mirait sa blancheur dans le cristal des ondes, recueillant de droite et de gauche, dans son majestueux sillage, les témoignages de vénération et de crainte d'une foule de palmipèdes respectueux. La solitude retentissait à toute heure des cris de la bataille, glapissements aigus tombant du Ciel, sinistres hurlements et réclames de mort s'élevant de la profondeur des forêts !

Que les temps sont changés, et comme deux ou trois mille ans, quelquefois moins encore, suffisent pour altérer la physionomie des choses ! Allez donc demander l'élan et le bison aux bois de Romainville, ou bien aux plaines de l'air les orbes du gerfaut.

Décadence trop rapide, hélas ! Dès les premiers jours de l'invasion romaine, l'élan a commencé son mouvement de retraite vers la Baltique ; l'élan a mis le Rhin entre la Gaule et lui ; César le rencontre encore dans la forêt Hercynie, en société du *machlis*. Le renne s'est cantonné aux revers des monts glacés de l'Helvétie et des Cantabres. Les deux nobles races, débordées par les flots de la civilisation ont été chassées de repaire en repaire, jusque par-delà les régions boréales et l'impasse du cap Nord. Elles ne se sont arrêtées dans leur fuite que là où le sol a manqué sous leurs pas.

Il y a des savants qui ne veulent pas à toute force que le renne de Laponie et l'élan de Norwège aient jamais foulé de leur large sabot le sol des Gaules. Je n'ai jamais bien compris quel intérêt pouvait avoir un savant à refuser aux ancêtres du renne et de l'élan, qui habitent aujourd'hui la Laponie ou la Finlande, l'agrément d'avoir brouté les jeunes pousses des chênes de la Gaule, il y a deux mille ans. L'élan se retrouve encore aujourd'hui dans le nord de la Russie d'Europe, dans la Finlande et dans le gouvernement d'Archangel ; il n'est pas invisible en Suède ni en Norwège ; le roi de Prusse en entretient un superbe troupeau dans une île du Niémen.

Le bison aussi, ils en ont fait un mythe ; le bison, célébré par toutes les chroniques de la France mérovingienne et carlovingienne, et dont s'occupent tous les naturalistes de l'antiquité, Aristote, Pausanias, Pline ; le bison si cher aux plaisirs du grand

roi Charlemagne, ils l'ont nié, nié par la raison qu'ils ne le con-
naissaient pas. Moi non plus, je ne connais pas parfaitement
l'animal désigné sous le nom de *bison*, mais ce ne m'est pas une
raison de le nier. Ce bison-là est-il le même que le *bonasos* d'A-
ristote, qui porte une crinière étoffée comme celle d'un lion,
mais dont le front est orné de cornes inoffensives qui lui retom-
bent sur l'une et l'autre oreille? Je ne sais pas, mais néanmoins
je ne vois guère parmi les bêtes à cornes de ma connaissance que
le bison d'Amérique qui réponde au signalement ci-dessus ; et
encore, le bison d'Amérique ne ressemble-t-il au bonasos d'Aristote et au bison d'Oppien que par la crinière. Après cela, on sait
que les anciens s'échauffaient facilement à propos de cette question de cornes, et que le poète Oppien, par parenthèse, en voulait
voir partout, même dans les défenses de l'éléphant. Toujours
est-il qu'il existait en France du temps de Charlemagne une forte
race de ruminants sauvages qu'on appelait *bisons* et qui se chassaient dans les chasses royales en société de l'aurochs, puisque le
moine de Saint-Gall, rendant compte des fêtes données par le
grand empereur d'Occident aux envoyés du calife Haraoun-al-Ras-
chid, parle d'hécatombes d'aurochs et de bisons immolés en cette
circonstance (*uros et bisontes*). Pausanias aussi a parlé du bison
en décrivant la Phocide. Il explique comment les jeux du Cirque
faisaient une consommation effroyable de bisons, et comment on
s'y prenait pour s'en procurer en Grèce. Le procédé est ingénieux,
il consiste à creuser une fosse aux abords glissants, au bas d'une
forêt en pente, et d'y faire tomber l'animal. L'animal emprisonné, on l'affame, on le dompte. J'admire qu'il n'y ait pas de
renseignements plus précis sur une bête qui entrait comme élément de drame et de plaisir dans les fêtes publiques.

Quant à l'aurochs, point de doute sur son identité. Jules César
le signale dans un passage du livre 6, *De Bello gallico*. Il commence par lui donner une taille voisine de l'éléphant, *magnitu-
dine paulo infrà elephantos*, et le gratifie ensuite d'une force et
d'une vitesse incomparables, le tout associé à un caractère farouche et indomptable qui le fait se précipiter tête baissée sur tout ce
qu'il rencontre, bêtes et gens. Il est impossible de ne pas recon-

naître à ces traits l'*urus* de la forêt d'Ardenne du temps de Charlemagne et l'aurochs de la Lithuanie d'aujourd'hui. L'aurochs
quitte la France vers la fin de la seconde race ; l'histoire fait défaut sur sa voie vers la fatale époque de l'invasion normande. A
cette même époque où l'aurochs s'éloignait de nous sans esprit
de retour (878), la France subissait un épouvantable déluge d'insectes malfaisants, d'araignées, de scorpions et de loups enragés
qui semaient partout la désolation et la terreur. Mais, au dire de
tous les écrivains du temps, le pire de ces fléaux est encore le
Normand, souche du lord anglais.

Les derniers débris de la famille de l'aurochs errent aujour-
d'hui sous les trop frais ombrages des sapins de la Lithuanie.
L'individu donné par l'empereur Napoléon au Musée du Jardin-
des-Plantes provient de ces forêts. Les *bisons* de Pologne que
l'empereur de Russie envoie au jardin des bêtes de Londres pour
vexer le gouvernement français, sont des aurochs. On a retrouvé
naguère l'aurochs en compagnie du tigre noir dans les forêts
escarpées du Caucase.

Le glouton et le chat cervier avaient émigré à la suite de l'é-
lan et du renne, leurs victimes de prédilection. Ils ne font plus
dès-lors que de très-rares apparitions dans l'histoire de l'Europe
centrale.

L'ours noir, le loup argenté, le renard bleu, s'éclipsèrent totalement, ou peut-être, jaloux de conserver une fourrure splendide qui leur faisait trop d'ennemis, renoncèrent-ils à ce vêtement
de luxe pour adopter le costume modeste de leurs congénères
indigènes ?

Le cerf, le daim, délices des chasses royales, ont été entraînés
dans la chute de la royauté chasseresse ; car c'est le gibier du
gouvernement qui paie généralement pour les fautes des princes.
On trouve encore quelques rares individus de ces nobles espèces
échappés par miracle aux vengeances révolutionnaires, dans les
parcs des fournisseurs de vivres ou des entrepreneurs de curage,
rois de l'époque. Il y a longtemps aussi que la race du loup aurait
complètement disparu du sol français comme elle a disparu d'Angleterre, n'était l'institution tutélaire de la louveterie, un corps

spécial de hauts et puissants veneurs, préposé à la conservation du loup, ainsi que son nom l'indique. Le sanglier est près de ses fins comme le loup; le chevreuil pas encore.

Le lynx a fini en France avec le XVIIIe siècle.

Je ne désespère pas de rencontrer, à l'occasion du castor de la Seine, un membre très savant d'un Institut quelconque qui me démontre que ce ne sont pas des individus de cette famille qui ont bâti les deux ponts d'Iéna et d'Austerlitz. Je réponds d'avance à cette objection spécieuse... qu'il est absolument impossible de juger de la capacité intellectuelle et des moyens physiques du castor indigène par les individus qui nous en restent aujourd'hui, tristes débris d'un peuple dispersé à qui l'infortune a fait perdre les traditions de l'art. Le régime de l'association était tout le secret de la supériorité industrielle du castor dans les deux mondes. Du jour où le castor de France a dû renoncer au régime sociétaire, c'en a été fait de son habileté tant vantée, comme de la force de Samson après le coup de ciseau de Dalhila. L'association vivifie, l'isolement tue. Le castor gaulois acculé à cette heure sur les rives trop habitées du Gardon et du Rhône, y végète déplorablement, poursuivi sans relâche par l'homme et assailli de perpétuelles terreurs. Quel cerveau humain, si solidement trempé qu'on le suppose, résisterait pendant des siècles à l'influence abrutissante d'un pareil genre de vie ! L'isolement a tué le castor de France. De dégradation en dégradation, l'intéresssante et noble créature est passée moralement à l'état de rat d'eau. La succession des étages de son terrier trahit encore les études de l'ancien ingénieur; mais s'il se souvient parfois de son ancien talent de mineur, de charpentier, de maçon, c'est pour l'employer à la destruction des digues et des chaussées faites par l'homme; triste et stérile vengeance ! Je raconterai au chapitre du castor de France une histoire touchante conservée dans les archives du Jardin-des-Plantes.

La fortune du castor de France nous révèle celle que l'avenir réserve au castor d'Amérique pour une époque plus ou moins éloignée. J'ai ouï dire que l'intelligence de cette espèce supérieure

avait déjà subi du fait.de la persécution une atteinte mortelle.
Grande et sainte leçon pour les hommes ! Confirmation solennelle
de cette haute vérité philosophique *que la misère et l'abrutissè-*
*ment du travailleur sont fatalement au bout de toute industrie*
*morcelée.*

Combien de siècles écoulés aussi depuis que la race des faucons, à qui l'odeur cadavéreuse des cités soulève le cœur, a déserté le ciel de Paris ! Dès l'époque des croisades, c'est-à-dire,
vers le temps où la fauconnerie est le plus en honneur, les fau-
conniers se plaignent déjà de la rareté des faucons en France, et
sont forcés de tirer leurs sujets de Grèce, de Norwège et d'Écosse.
Aujourd'hui l'atmosphère française appartient en toute souveraineté aux noires bandes des choucas, des corneilles, des étour-
neaux et des pigeons ramiers. De sa maison de ville l'observateur
n'aperçoit plus dans l'air que le rare et rapide sillage de la grande
hirondelle des tours ou les évolutions capricieuses du pigeon cul-
buteur et le vol muet des oiseaux de nuit autour des vieux clo-
chers.

Il est visible par le tableau qui précède que le propre de la civilisation est de remplacer partout les nobles races par des espèces
inférieures et chétives. Qui pourrait reconnaître dans ces misérables conscrits de nos cités industrielles, qui ne vont pas même à
la taille de leur fusil de munition et qui s'en félicitent, qui pourrait, dis-je, reconnaître la race de ces Gaulois géants qui mar-
chèrent de chez eux jusqu'à l'Asie-Mineure en chantant, et
pillèrent en passant Rome et Delphes? La civilisation a banni du
territoire de France l'élan, le renne, le bison, l'aurochs, le daim,
le cerf, le sanglier; elle a laissé s'y multiplier dans des proportions désastreuses le rat de Montfaucon et le lapin de choux. Ce
n'est pas un progrès. Encore si la multiplication du faisan, du
paon, du dindon et de la pintade avait réussi à compenser tant
de pertes ! Mais l'homme civilisé n'est de feu que pour la sottise
et la destruction : il est de glace pour le bien.

Une administration intelligente et vraiment désireuse de s'immortaliser par de grandes choses, devrait n'avoir qu'un seul but
aujourd'hui... *faire tomber les alouettes toutes rôties dans la bou-*

*che du peuple ;* car la popularité la plus durable est celle qui se
base sur la gratitude de l'estomac. Si le roi chasseur Henri IV
est demeuré dans la mémoire du peuple français pour avoir émis
le simple vœu que l'immense majorité de ses sujets pût s'exercer
les mâchoires, une fois par semaine, aux muscles filandreux de
la poule au pot coriace, de quelles couronnes de lauriers ce même
peuple ne couvrirait-il pas le chef du gouvernement quelconque
qui l'aurait soumis au régime du poulet rôti quotidien. Et que
dis-je, du poulet !... Mieux que cela, s'il vous plaît, au régime
du faisan et de la bécassine, attendu que la bécassine et le faisan,
qui ne coûtent aucun frais d'entretien ni d'éducation à l'homme,
doivent lui revenir à meilleur marché que le poulet. Cette dernière raison s'applique au sucre, qui devrait, dans l'état normal
des choses, coûter deux fois moins cher que le pain à poids égal.
Je n'ai jamais été gouvernement qu'une seule fois dans ma vie,
en Afrique. Comme le prix de la viande de bœuf dépassait les
moyens de mes sujets (elle coûtait 2 fr. 40 c. le kilo), j'avais pris
l'habitude de distribuer gratis deux ou trois fois par semaine une
certaine quantité de perdrix et de bécasses ; mes sujets m'ado-
raient.

Je répète que je ne sais rien de plus facile à réaliser que ces
utopies culinaires. Il ne s'agit en effet que d'acclimater une foule
d'espèces nouvelles et de multiplier les indigènes. Or, Bakewel,
le plus grand homme qu'ait produit l'Angleterre ; Bakewel, le
sublime artiste qui entra si avant dans les secrets du Créateur ;
qui fit la chair vivante aussi docile sous la main de l'éleveur que
l'argile sous le doigt du potier ; Bakewel, à qui la Grèce païenne
eût bâti des autels, a résolu des problèmes bien autrement im-
possibles, et donné la réalité à des êtres bien autrement chimé-
riques.

Un véritable ami des bêtes, un des maîtres les plus aimés de
la science, un fils qui marche avec honneur dans le sentier de la
gloire paternelle, M. Isidore Geoffroy-Saint-Hilaire, avait présenté, il y a quelques années, à son gouvernement, un mémoire
d'un intérêt extrême, où il était surabondamment prouvé que la
France ne pouvait se passer plus longtemps d'un jardin d'accli·

matation quelque part, vers les parages de la Méditerranée. Ce gouvernement, qui était celui de M. Guizot et de M. Hébert, était trop absorbé par la recherche des moyens de se perdre pour songer aux moyens qui l'auraient pu sauver. Naturellement il aima mieux employer ses millions en subsides pour le Sonderbund que pour le Jardin-des-Plantes... dont il mourut. Celui qui vint aprè prit en considération le mémoire du savant professeur, et lui permit de réaliser une de ses utopies, en achetant pour le compte du Muséum un superbe troupeau de lamas et d'alpacas provenant de la succession du feu roi de Hollande. C'est quelque chose, mais ce n'est pas assez. La France, qui est un grand empire, la France, que la nature a dotée de toutes les températures, ne peut pas laisser sans honte à l'Angleterre, qui n'est qu'un misérable îlot perdu dans les brumes du nord et ignoré du soleil, la gloire de naturaliser en Europe les plus magnifiques espèces volatiles et mammifères des autres continents. J'appelle donc de tous mes vœux la venue d'une administration prévoyante et réparatrice qui comprenne enfin que la conquête d'une bête ou d'un légume est infiniment préférable à toutes les conquêtes imaginables de Belgiques et de rives gauches du Rhin, et qui mette ses soins à parfaire le mobilier zoologique de ma patrie. Je n'ai jamais plus souffert dans mon amour propre national, que de voir un simple lord anglais, lord Stanley, posséder pour lui seul une ménagerie plus riche et plus peuplée que celle de Paris, Paris, la capitale des arts et de la science, la reine des cités, le seul lieu où l'on mange.

En attendant cette ère de réparation, de prévoyance et de sagesse, procédons à l'inventaire du mobilier zoologique de la France d'aujourd'hui.

Ce mobilier, réduit au règne des quadrupèdes mammifères, se compose de 70 pièces environ qui se distribuent, suivant la nomenclature officielle, dans l'ordre ci-après :

Ordre des Pachydermes. . . . . . . . . . . . .      1
—        Solipèdes. . . . . . . . . . . . . .      2
—        Ruminants. . . . . . . . . . . . .     10
                                     A reporter. .    13

Report. . . . 13

Ordre des Carnassiers. . . . . . . . . . . . . . . . 16

— Rongeurs. . . . . . . . . . . . . . 15

— Insectivores. . . . . . . . . . . . . 11

— Chéiroptères. . . . . . . . . . . . . 15

— Édentés. . . . . . . . . . . . . . . . néant.

— Marsupiaux. . . . . . . . . . . . . . id.

— Quadrumanes. . . . . . . . . . . . . id.

— Bimanes. . . . . . . . . . . . . . . »

Total. . . . . , . . . . 70

Dans ce tableau ne figurent pas les deux ordres ambigus des Phoques et des Cétacés qui forment la transition entre les mammifères terrestres et les poissons. Nous réparerons dans cette nouvelle édition l'oubli que nous avons commis dans la première, à l'égard de ces bêtes si intéressantes et si dignes d'estime.

Je crois utile, avant d'aller plus loin, de prouver en quelques pages que le système de classification dont je viens de reproduire méchamment le bizarre spécimen, est le plus merveilleux chef-d'œuvre de décousu et de confusion babélique qu'ait encore enfanté la fausse science. Je donnerai, par cet exemple, une idée de la profondeur des abîmes où doit fatalement s'engouffrer l'esprit de recherche scientifique que n'éclaire pas le flambeau de l'analogie passionnelle.

J'ai déjà dit le pourquoi de ce désordre intellectuel. Je reviens avec insistance sur le sujet, à raison de son importance extrême, et j'y reviendrai toutes les fois que l'occasion s'en présentera dans le cours de ces études, parce qu'il est de ces vérités-principes qu'on ne doit pas se lasser de redire, parce que la classification est l'idéal même de la science; parce que la méthode est l'instrument de tout progrès et de toute découverte. Et de même que le réformateur social ne saurait travailler avec trop d'énergie à la démolition de l'imposture religieuse, qui est la pierre angulaire de toute oppression et de toute immoralité, ainsi l'analogiste à qui incombe la mission de démolir les erreurs de la science et de redresser les instruments défectueux d'icelle, est tenu de s'acharner avec rage contre les classifications absurdes et de les réduire en poussière. Or, l'expérience du bûcheron nous apprend que le meilleur moyen de venir à bout du chêne couronné et qui ne profite plus est de le frapper vigoureusement au pied et toujours à la même place. C'est pourquoi j'entends répéter le coup de coignée à l'entaille de la classification, jusqu'à ce que mort s'en suive; et vienne au plus tôt l'heure où mes ennemis m'accuseront de redite ; car ce reproche sera la preuve que l'idée supérieure aura pénétré jusque dans les cerveaux de la foule, et que l'analogie aura vaincu. Ainsi soit-il !

L'analogie et le bon sens nous disent : l'homme est l'unité typique de la création terrestre. Chaque bête est une *fraction passionnelle* de cette unité, ou, ce qui est la même chose, le miroir d'une passion humaine, d'un caractère humain quelconque. On sait que le caractère est déterminé par la Dominante passionnelle.

Cette double définition de l'homme et de la bête suffit pour donner la clé de toute nomenclature, zoologique, botanique, minéralogique, etc.

La classification d'un règne quelqu'il soit, ne peut être que la copie exacte, que le calque fidèle de la classification des passions humaines.

Maintenant, soyons justes. Puisque le tableau du clavier passionnel n'existe pas; puisque l'analogie elle-même n'a pas eu le temps de le parfaire, les savants ordinaires sont évidemment excusables de ne pas le connaître ; car on a toujours le droit d'ignorer ce qu'on ne peut savoir. J'excuse donc volontiers les savants d'avoir manqué la solution *intégrale* d'un problème qui n'est pas dans les possibilités des connaissances humaines de l'époque ; leur crime n'est pas là. Leur crime est d'avoir opté pour la pire des méthodes, quand ils pouvaient facilement s'en tenir à la passable. Je vais prouver en effet que les plus simples notions d'arithmétique suffisaient amplement pour tracer les voies et moyens d'une nomenclature acceptable.

Bien entendu que l'arithmétique à laquelle je fais en ce moment allusion est l'arithmétique officielle, l'arithmétique qui a pour grand prêtre M. Bezout, et dont l'étude ingrate nous a été pour tous une mine si féconde de pensums et de tribulations. Il ne peut être question de l'arithmétique passionnelle, dès que nous déclarons vouloir nous renfermer dans les limites du passable ou de l'à peu près.

L'arithmétique passionnelle, si nous commettions l'imprudence de la consulter sur ce grave chapitre de la classification, ne manquerait pas d'abuser du prétexte pour nous donner d'emblée la formule de l'idéal, ce que précisément nous voulons éviter. Elle dirait :

« Puisque toutes les bêtes sont des fractions passionnelles de l'homme, la première opération à pratiquer pour classer ces fractions et les comparer entre elles, est de les réduire au même dénominateur. »

Ainsi ce terrible problème de la classification universelle que Geoffroy Saint-Hilaire a déclaré *à priori* insoluble, et dont la solution est pour Cuvier l'idéal même de la science; ce problème, inaccessible aux plus hautes intelligences du monde civilisé, se réduirait, pour l'analogiste, à la plus simple et à la plus élémentaire de toutes les opérations d'arithmétique.

Or, ne vous imaginez pas que cette propriété singulière de formuler l'absolu à tout propos et de métamorphoser le problème le plus effrayant en un vulgaire pont-aux-ânes, soit exclusif et spécial à l'arithmétique passionnelle. Il en est ainsi de toutes les sciences de l'ordre analogique, sans aucune exception. L'absolu est pour elles un dada familier qu'elles enfourchent au moindre prétexte. Ces sciences sont semblables à ces magnifiques avenues de chasse dont les forêts royales sont percées et qui aboutissent toutes à un rond point décoré d'un obélisque que l'œil aperçoit de partout. L'obélisque du rond point de l'analogie s'appelle l'absolu. L'analogie ayant constamment les yeux fixés sur ce phare lumineux, est portée d'un mouvement naturel à indiquer la bonne voie à tous les chasseurs qui s'égarent; et l'on ne voit pas pourquoi, ayant la possibilité de formuler l'absolu, elle se contenterait de formuler l'à peu près.

Mais encore une fois nous n'avons pas besoin pour le moment de savoir le dernier mot de la classification universelle, puisque nous avons reconnu qu'il nous serait impossible de nous en servir. Quittons donc sans plus tarder ces régions de l'idéal où notre imagination voudrait nous retenir, et redescendons bourgeoisement sur le prosaïque terrain de l'arithmétique de M. Bezout, qui définit l'unité : « le terme de comparaison entre plusieurs quantités de même espèce. »

J'affirme que cette définition si lucide et si nette qui vous dit que l'unité est la première condition de l'ordre et de la hiérarchie, et que la comparaison est l'instrument de la sériation, suffisait amplement pour dicter le choix d'une méthode de classification zoologique, acceptable, sinon supérieure.

Comparer, c'est classer, disons-nous, et les bêtes sont des quantités de même espèce. Il ne s'agit donc plus, pour leur assigner leur rang de série et leur numéro d'ordre, que de leur trouver un terme de comparaison, un caractère typique commun, une unité enfin, conformément à la définition ci-dessus. L'excellence de la méthode dépendra évidemment du choix de ce caractère typique.

La meilleure de toutes les unités de classification sera celle qui réunira au plus haut degré les conditions de la généralité et de la spécialité ; celle qui, après avoir déterminé largement le caractère du règne, de l'ordre, de l'ensemble des faits constituant un tout, se prêtera le plus facilement au fractionnement des parties, à la génération des séries, des groupes, des espèces, etc. Il en sera de la supériorité de cette unité-là sur les autres, comme de la supériorité du système duodécimal sur le décimal, supériorité qui vient de ce que le nombre 12 est plus facilement divisible que le nombre 10.

Le système métrique décimal fournit cependant un excellent exemple de méthode de classement des mesures de l'espace. Dans ce système, toutes les grandeurs ont une commune mesure qui est le mètre ; et cette unité typique se divise immédiatement en autant de séries qu'elle a de dimensions à considérer. Le *mètre*, mesure pivotale, mesure des longueurs ou des lignes, engendre l'*are* (*décamètre carré*) pour mesure des surfaces, le *stère* (*mètre cube*) pour mesure des solides, le *litre* (*décimètre cube*) pour mesure de la capacité des vaisseaux, le *gramme* (*décimètre cube d'eau distillée*) pour unité de poids. La seule dénomination de chaque unité indique sur-le-champ l'ordre des faits de chaque catégorie. Toute confusion dans les résultats est impossible, et si le système métrique décimal eût été applicable à la mesure du *temps* comme à celle de l'*espace*, il n'y aurait qu'à s'agenouiller devant le génie de ses auteurs et à les proclamer les découvreurs des vraies lois de la série. Malheureusement ces inventeurs ont oublié de prendre pour étalon une mesure qui fût commune au temps et à l'espace, comme qui dirait, par exemple, la longueur d'un pendule dont les oscillations donneraient la seconde à telle latitude, et cette omission inconcevable a vicié leur système de simplisme. Il a été prouvé en outre par l'usage, que le nombre 10, pivot du système, ne jouissait ni d'une divisibilité, ni d'une élasticité proportionnelles à l'importance des hautes forctions de pivot de numération universelle. Ce qui ne m'empêche pas de voter de grand cœur une statue de marbre ou de bronze à Prieur de la Côte-d'Or, celui qui s'est donné le plus de peine pour faire adopter le système unitaire des poids et mesures, et de déclarer en même temps que l'assemblée qui a décrété cette grande chose a bien mérité du genre humain.

Il est, en effet, une infinité de cas où les avantages de l'application de cette méthode ne peuvent être contestés. Ainsi le système métrique décimal a simplifié le calcul d'une façon merveilleuse, en supprimant les fractions, c'est-à-dire en permettant d'opérer sur les fractions comme sur les nombres entiers. En ramenant à un étalon unique les diverses mesures de grandeurs, il a substitué la série ordonnée à la série confuse, et produit un précieux élément de plus pour la future communion universelle des peuples; car on ne sait pas de quelle puissance d'envahissement politique est armée une langue qui fournit aux nations le vocabulaire des détails de la vie matérielle. Le système métrique a fait mieux : en condamnant le boutiquier félon à l'emploi exclusif du litre et du kilogramme, il a réduit de moitié au moins les priviléges d'escroquerie dévolus de tout temps au négoce; il lui a défendu de frauder sur la quantité. Le débitant est bien encore libre aujourd'hui de falsifier sa denrée, de vendre du carbonate de magnésie pour du sulfate de quinine, ou de la cervelle de mouton délayée dans de l'eau de Seine pour du lait de premier choix; il a le droit, en un mot, d'empoisonner sa pratique, mais il ne peut plus lui faire tort d'un atôme de poison. Remercions la science de qui nous tenons ces bienfaits, mais regrettons en même temps que la pression du besoin d'unité qui fit éclore le système métrique vers la fin du siècle dernier, n'ait pu déterminer la création d'une classification zoologique analogue. Enfin, pour démontrer combien la chose était facile, faisons ce que les savants n'ont pas fait.

Ils avaient divisé la nature en trois règnes : minéral, végétal, animal. Ce dernier terme s'appliquant à des êtres qui se meuvent spontanément, constituait déjà une première unité, unité supérieure, celle du *règne*. Toutes les bêtes, en effet, sont des quantités de même espèce, quand on les considère au point de vue de leur dissemblance avec les métaux et les plantes.

Mais quand on a mis les bêtes à part du reste de la création, il faut bien s'occuper de les classer, de les comparer entre elles. Ce nouveau travail exige l'adoption d'une unité nouvelle d'un degré inférieur, et qui est l'unité de l'*ordre*, puisque les ordres, dans le langage scientifique, constituent les premières divisions des règnes. Les savants semblent avoir compris cette nécessité, quand ils ont choisi pour seconde unité la vertèbre qui répond parfaitement aux exigences de la classification.

Toutes les bêtes, en effet, se divisent d'abord en deux catégories parfaitement distinctes, quant à la charpente du corps. Elles sont ou elles ne sont pas vertébrées. D'où la division primordiale du règne animal en deux principales classes, que nous n'appellerons pas encore des ordres, parce que nous avons besoin de ménager ce terme. Nous dirons classes des *Vertébrés* et des *Invertébrés*.

La série a si peu occupé les savants jusqu'à ce jour, qu'elle n'a pas même pour son usage spécial un vocabulaire suffisant. Ainsi nous allons voir qu'il manque trois termes au moins à la langue scientifique officielle pour marquer la transition du règne animal à un ordre quelconque d'animaux. Je prendrais facilement

10

mon parti de cette indigence, si la misère des langues n'accusait
pas toujours la misère des idées et l'état barbare de la science.

La séparation opérée entre les Vertébrés et les Invertébrés, vient
l'opération du classement de chacun des ordres de la double série. Nous abandonnerons ici, pour n'y plus revenir, la série des
invertébrés, qui comprend le monde des insectes, des mollusques et d'une foule de moules primitifs, et nous nous en tiendrons
à la seule série des vertébrés, dans laquelle se trouve compris le
monde des bêtes à quatre pattes et à poil que nous avons choisi
pour objet exclusif de nos études dans le présent volume.

Le premier terme de comparaison qu'engendre l'unité tirée de
la vertèbre est évidemment le terme tiré de l'élément ou du milieu qu'habitent les divers règnes de la série. Il est impossible,
en effet, de ne pas distinguer *à priori*, par une opération spontanée de l'esprit et des yeux entre les Vertébrés qui vivent dans
le sein des ondes et qui portent une cuirasse d'écaille, et ceux qui
vivent dans les airs et sont vêtus de plumes et ceux qui marchent
sur la terre et se couvrent d'un manteau de fourrure. Il y a donc
nécessité absolue de créer ici trois divisions cardinales à nommer
comme on l'entendra : *Ondiens, Terriens, Aériens*, etc., *Squam-
migères, Plumigères*, etc.

Mais j'observe que la nature de chaque milieu détermine un
mode de locomotion spécial pour les animaux qui l'habitent, et
j'en conclus qu'il serait plus avantageux de choisir ce mode de
locomotion lui-même que le milieu pour type générique. Je sub-
stitue en conséquence cette seconde unité à la première, et j'ob-
tiens une nouvelle série intitulée des *Nageurs*, des *Voleurs*, des
*Coureurs*, des *Rampeurs*, etc.

Je poursuis mon raisonnement et j'ajoute que puisque tout
mode de locomotion se traduit par un appareil organique spécial,
il est bien plus philosophique encore de prendre cet appareil lui-
même pour unité comparative de la série nouvelle. Et la substi-
tution me donne la série des vertébrés à *nageoires*, à *ailes*, à
*quatre pieds*, à *deux pieds*, *sans pieds*, etc.

Abstraction faite de la classification passionnelle qui engrène
en plein dans l'idéal, je considère ce dernier système de nomen-

clature ordonnée d'après la comparaison des organes de la locomotion des bêtes, comme le plus simple et le plus rationnel de
tous.

C'est naturellement aussi le plus facile à monter de toutes pièces, car la facilité de l'arrangement est le signe qui vous indique le plus infailliblement que vous êtes dans la voie de la série.
Cette réflexion me porte à regretter plus douloureusement encore
que la science n'ait pas complètement adopté la méthode pédiforme
depuis des siècles, attendu que si elle eût procédé ainsi du temps
de Pline ou d'Aristote, ou seulement du temps de Linnœus et de
Buffon, l'ordre règnerait aujourd'hui dans le monde des bêtes à la
place du chaos.

Je me hâte cependant de reconnaître avant d'aller plus loin
que l'anarchie qui règne encore en ce moment dans la classification zoologique était en quelque sorte fatale, et que la responsabilité de ce mal ne doit pas retomber tout entière sur la tête de la
science.

On conçoit, en effet, que l'homme qui s'est trouvé dès le commencement en rapports journaliers avec les bêtes, dont il cro-
quait quelques unes, dont quelques autres le croquaient, ait été
obligé de donner un nom à ces verbes de Dieu, bien avant que
ses connaissances en anatomie comparée fussent assez fortes pour
lui permettre de baptiser convenablement toutes les formes de
l'animalité. Puis il est arrivé naturellement que ces noms de hasard ont été consacrés par l'usage, par la poésie, la religion, la
légende nationale, et qu'ils se sont incrustés si profondément par
toutes ces racines dans le langage des peuples, qu'il est devenu
presque impossible plus tard de les déloger de leurs positions.
J'admets encore que la science se soit crue longtemps obligée
d'accepter les faits accomplis pour ne pas trop effaroucher dans le
principe, par une innovation maladroite, les ignorants qu'elle
avait à séduire, et pour se tenir par son langage à la portée des
plus faibles esprits. Seulement, si je suis plein d'indulgence pour
les concessions temporaires qui s'excusent par la nécessité des
temps, je suis impitoyable pour les concessions éternelles qui
sont des lâchetés et des crimes.

La tradition, l'usage, le dictionnaire, vous ont imposé le substantif *oiseau* et le substantif *poisson* comme dénominations communes de toutes les bêtes à plumes et de toutes les bêtes à écailles, et vous avez été forcés, dites vous, de plier devant le fait. C'est très bien ; je ne vous blâme pas d'avoir philosophiquement souffert ce que vous ne pouviez pas empêcher ; mais vous deviez protester au nom de la science opprimée contre la tyrannie du fait, tout en la subissant. Et ne l'ayant pas fait, vous avez failli à vos devoirs. Rien ne vous excuse surtout de n'avoir pas tenté de faire une concurrence sérieuse aux substantifs vulgaires et insignifiants, en lançant dans la circulation littéraire une série de substantifs plus vrais, plus expressifs et plus mélodieux.

Le système métrique aussi avait à lutter contre cette puissance formidable d'inertie, qui s'appelle l'habitude. Il avait à détrôner des potentats plus solidement assis dans les usages familiers de la vie domestique, que beaucoup de souverains sur leurs fauteuils de velours, des potentats qui s'appelaient le boisseau, le bichet, l'once, le sou, et dont la résistance à l'invasion des idées nouvelles devait être bien autrement héroïque que celle des monarchies de quatorze siècles..... Car il est à remarquer que la double déclaration de guerre du progrès à l'ancien régime et aux anciennes monnaies et aux anciennes mesures, porte la même date, et que dix trônes ont sombré en cinquante ans sous l'effort de la tourmente..., tandis que le setier, le muids et la feuillette, semblables au juste d'Horace, sont encore debout sur les ruines des vieilles institutions politiques démolies. Et pourtant le mètre a vaincu ou du moins ne tardera pas à être vainqueur sur toute la ligne ; et les noms de l'hectare, du kilo et du litre, sont aujourd'hui dans toutes les bouches ; et le paysan le plus encroûté de routine et le plus rétif au progrès fait semblant de ne pas comprendre que ses auteurs aient pu opposer une résistance aussi longue à l'adoption de la nouvelle méthode.

Je n'apprendrai rien de neuf à personne en disant, que le triomphe du système métrique fut surtout décidé par l'immense popularité du litre qui tient plus que la bouteille, et que pour cette raison le peuple adopta d'enthousiasme. Mais il n'en est pas moins utile de citer fréquemment cet exemple de la haute fortune du litre pour qu'il soit toujours présent à la pensée des nomenclateurs, et leur rappelle que l'heureux choix des mots nouveaux et des nouvelles mesures est dans toute entreprise de réforme une des premières conditions de succès.

Je disais donc que la science officielle avait accepté trop humblement les noms accolés par l'usage et par la tradition aux types génériques de la première subdivision des vertébrés, et qu'elle eût mieux fait de répudier cet héritage de la routine et de prendre ses types primordiaux de série, soit dans l'élément habituel, soit dans le mode de locomotion, soit dans l'appareil organique qui en révèle le système; sauf à créer une nouvelle langue pour les besoins des nouvelles idées. Or, cette hardiesse de vues et d'actes n'étant aucunement dans le tempérament de la science, il était fatal encore qu'elle fît défaut dès le lancer sur la voie de la classification naturelle et qu'elle perdît complétement la chasse après quelques détours et quelques houraillements. Ainsi en est-il advenu, hélas! si bien que la malheureuse se trouve aujourd'hui engagée dans un dédale de dénominations si barbares, si confuses, si inextricables, que je juge tout-à-fait inutile d'essayer de l'en tirer. J'aime mieux lui montrer comme elle aurait dû faire, en reprenant l'histoire des générations de la série où je l'avais laissée.

Je commence par abandonner à leur misérable sort toutes les dénominations vagues et insignifiantes d'*oiseaux*, de *poissons*, de *Sauriens*, de *Chéloniens*, d'*Ophidiens*, de *Batraciens*, de *Cétacés*, etc., car aucun de ces substantifs qualificatifs ne supporte l'analyse, et l'esprit se mettrait vainement à la torture pour découvrir les rapports naturels qui existent entre les mots *poisson* et action de nager, *oiseau* et action de voler, *Ophidien* et action de ramper, et ainsi de suite. Or, des noms qui ne font pas allusion au caractère principal des êtres qu'ils sont chargés de désigner, sont des étiquettes menteuses et qu'il faut supprimer. A peine si parmi toutes ces appellations de la nomenclature zoologique, j'en connais deux ou trois qui méritent d'être conservées.

La Vertébrie se divise spontanément en trois règnes, d'après la nature du milieu ou de l'élément habitable.

Nous procédons à l'égard de la vertébrie ondienne et de la vertébrie aérienne, comme nous avons fait à l'égard de l'invertébrie. N'ayant point à nous occuper d'oiseaux ni de poissons dans le cours du présent volume, nous éliminons ces deux règnes du champ de nos études. Ainsi fait le chimiste qui poursuit ardemment à travers les magmas les plus complexes et les gangues les plus tenaces le prétendu corps simple qu'il espère isoler. La série que nous travaillons à isoler est celle des mammifères, et nous ne tarderons pas à atteindre le but de nos efforts.

La Vertébrie terrienne ou épigyenne se subdivise en deux branches parfaitement distinctes : Oviparie, Mammiférie.

Oviparie et Mammiférie sont deux termes excellents et réellement scientifiques, comme celui de Vertébrés. Ils portent avec eux une signification si puissante et si claire, que la confusion disparaît aussitôt qu'ils se montrent. La Mammiférie, qui est la série des animaux supérieurs aboutissant à l'homme, joue dans la classification zoologique matérielle le même rôle qu'à dû jouer le clocher de la cathédrale de Chartres dans la triangulation de la Beauce quand on a fait la carte de ce pays. La Mammiférie est un des pôles de l'animalité.

J'ai dit Mammiférie et non pas Viviparie, par opposition à Oviparie, parce que l'opposition est plus absolue et plus directe entre le Mammifère et l'Ovipare, qu'entre ce dernier et le Vivipare. Mammifère, en effet, emporte Vivipare, tandis que Vivipare n'emporte pas Mammifère. La vipère, l'orvet, l'anguille, une foule de grands poissons et de reptiles venimeux sont vivipares, sans être pourvus de mamelles. Il y a même des reptiles qui sont à la fois Ovipares et Vivipares. Donc cette opposition ne suffit pas. Mais le Mammifère est toujours vivipare.

Un autre caractère constant de la Mammiférie, et que n'offre jamais l'Ovipare, est la pilosité du cuir. Ce caractère du tégument pileux persiste jusque chez les baleines et les dauphins qui habitent le sein des mers profondes; à plus forte raison le retrouve-t-on chez les phoques; et il en a coûté bien cher à quelques glorieux savants de notre époque d'avoir méconnu les liens qui unissaient indissolublement la mamelle et la fourrure; car c'est

la méconnaissance de cette inséparabilité qui a été cause de tous
les désagréments qu'ils ont subis dans l'affaire de l'Ornithorinque.

L'Ornithorinque est, comme chacun sait, une bête paradoxale,
moitié desman, moitié canard ; une bête taillée sur le patron de
la chauve-souris, de la taupe-grillon et du poisson-volant, c'est-
à-dire qui cumule dans de riches proportions ces caractères d'ambiguité extrême que le vulgaire appelle de la monstruosité. Or, la
question s'éleva un jour dans le monde savant de savoir auquel
des deux ordres de l'Oviparie ou de la Viviparie appartenait le
nouveau sphinx natif de l'Australie, et il arriva que les docteurs de
Paris, qui n'avaient jamais vu l'animal qu'empaillé, le jugèrent
d'après la partie de son corps qui s'était le mieux conservée, le bec.
Et comme ce bec est un vrai bec de canard à double mandibule
aplatie, ils prirent naturellement le sujet nouveau pour un volatile, et, après l'avoir reconnu en cette qualité, ils furent bien
obligés de le classer parmi les Ovipares. J'ai connu l'Ornithorinque dans cette fausse position ; ce fut le temps de sa gloire. En
ce temps-là, qui n'est pas loin de nous, non-seulement j'ai entendu professer à la Sorbonne et ailleurs que l'Ornithorinque
faisait des œufs, mais j'ai rencontré fréquemment des navigateurs
dignes de foi, des Anglais, qui avaient vu ces œufs dans le nid,
et qui les avaient palpés, et qui regrettaient de ne pas en avoir
apporté avec eux, pour nous les faire voir. Et la popularité de l'oiseau à quatre pattes et à poil allait s'accroissant chaque
jour, et peut-être qu'elle durerait encore, à l'époque où nous
sommes, si la malencontreuse idée n'eût passé tout à coup par la
tête d'un fâcheux de débrouiller un mystère qui charmait tant
de monde, sans faire de mal à personne. Le malheur voulut
encore que ce fâcheux fût un naturaliste éminent, doué d'un
esprit logique, et qui comprît que le meilleur moyen d'éluci-
der la question de l'Ornithorinque était d'aller étudier l'animal
fabuleux au sein de sa contrée natale, parmi les roseaux de l'Australie, à l'autre bout du monde. Et, tirant vers les Antipodes,
le savant curieux consacra de longs mois à l'étude du problème,
et le résultat de ses investigations fût, hélas ! que les mœurs
des ornithorinques vivants contrastaient avec celles des ornitho-

rinques empaillés jusqu'à la disparate absolue... et que les individus qui s'étaient donnés pour ovipares à Paris après leur mort en avaient indignement imposé à la Science, étant sortis vivants du sein de leurs mères, qui les avaient nourris pendant un certain temps de leur lait, à l'instar de toutes les femelles de bêtes à poil.

Cette restauration de la vérité qui replaçait l'Ornithorinque dans la catégorie des animaux vulgaires, porta un coup terrible à sa célébrité. Les savants qui avaient inventé l'œuf de l'ornithorinque et les flatteurs qui l'avaient vu, n'ont pas encore pardonné à l'observateur indiscret le méchant tour que leur a joué sa franchise. Si Jules Verraux, qui a dit la vérité sur l'ornithorinque et qui a fait je ne sais pas combien de mille lieues pour l'aller chercher, parvient jamais à l'Institut, section des bêtes, le fait me surprendra.

Une autre ligne de démarcation bien profonde et bien nettement accusée entre l'Oviparie et la Mammiférie est celle qu'a tracée la nature dans la diversité d'importance des fonctions de la maternité chez les deux races. Chez les quadrupèdes ovipares, moules inférieurs, les charges de l'éducation sont nulles. La mère se borne à pondre dans le sable ou ailleurs des œufs recouverts d'une molle enveloppe dont elle confie l'incubation au soleil. Le jeune éclot sans l'assistance de personne ; il entre dans la vie au hasard et sans qu'aucun être de son espèce lui révèle par sa tendresse et par sa prévoyance, la loi sublime de la solidarité. Il y a plus qu'un abîme, il y a souvent un déluge entre l'Oviparie et la Mammiférie.

L'Oviparie se subdivise en deux grandes sections, qui s'appellent la Quadrupédie et l'Apédie, ou la Reptilie. Dans la première sont compris les Sauriens (crocodiles, lézards) et les Chéloniens (tortues). Dans la seconde figurent les Ophidiens (serpents). Les Batraciens et autres ambigus trouvent facilement dans ce système leur place sur les ailes. Mais nous ne donnons ces indications de points de division et de suture que comme simples renseignements et pour faciliter les opérations de la nomenclature aux personnes de bonne volonté. L'histoire de l'Oviparie terrienne n'est pas plus de notre ressort que celle des oiseaux et des poissons, et si je m'attarde quelques instants à ce travail de hors d'œuvre, c'est parce que je n'y dois plus revenir, et parce que je ne puis passer sur le quadrupède-ovipare sans lui consacrer quelques lignes pour caractériser sa mission.

Le quadrupède-ovipare est né comme le serpent Python, du limon de la terre. Il est contemporain des plus jeunes âges de la planète. Il a pour proches parents tous les monstres de la fable, les Orques, les Dragons, les Chimères, qui ne sont pas des procréations de l'imagination des hommes, mais bien des souvenirs presqu'exacts des Ptérodactyles et des Mégalosaures, de formes ayant eu vie. Le quadrupède-ovipare est un moule d'essai dont l'informité grossière s'explique par l'inhabileté de la puissance créatrice qui ne pouvait donner à ses incarnations au début de son œuvre, cette élégance de formes et cette harmonie de proportions qui devaient caractériser plus tard les produits raffinés de la même fabrique. On trouve dans cet ordre de la quadrupédie-ovipare une illustre famille qui porte sa maison sur son dos comme le colimaçon, et simule de loin le quartier de roche. Une autre qui joue la poutre à moitié cachée par les herbes, et dont la cuirasse de granit mamelonnée de verrues hideuses, rappelle par ses enjolivures tous les accidents de la robe des melons cantaloups. Telle tribu goîtreuse porte de chaque côté de la gorge, en manière de faux-col gigantesque, un aileron de cartilage translucide à l'instar du poisson–volant ; telle autre couvre son corps d'une cotte de maille de malachite et affecte perpétuellement des façons de perche en colère, tenant sans relâche tendu le foc de son arête dorsale. J'en passe et des meilleurs : iguanes, geckos et basilics, etc. Tout ce monde fantastique a été créé évidemment pour opérer la transition la plus insensible de la minéralité à la végétalité et à l'animalité.

L'allure de prédilection de toutes ces bêtes est l'immobilité, et cette allure est celle qui leur réussit le mieux. Comme elles ont été faites pour imiter les pierres et les morceaux de bois, êtres peu remuants de leur nature, le mouvement leur messied. Il est peu d'impression plus pénible que celle que fait naître le spectacle de la marche du caméléon. Aussi voit-on que cette malheureuse bête demeure des heures, des journées, des saisons entières, aplatie et clouée sur la branche qu'elle a choisie pour domicile et où elle vit, Dieu sait comme, de papillons et de mouches qu'elle dardille au passage, à l'aide d'une langue impossible, longue comme une lanière de fouet, visqueuse comme un gluau, rapide comme un trait. Le don qu'a reçu le caméléon de réfléter les tons des milieux où il pose lui était indispensable comme moyen de salut. La nature lui ayant refusé la célérité pour fuir, lui devait comme fiche de consolation la faculté de se dissimuler sans bouger de place. La poésie a commis une bien fausse attribution d'emblème à l'égard du caméléon en faisant de la bête innocente et chétive le symbole du flatteur hypocrite. L'hypocrite aspire aux honneurs et à la fortune, et prend toutes sortes de masques et de langages pour arriver au but de son ambition. Le caméléon, au contraire, est muet et ne se déguise que pour cacher sa vie. Il a trop peu de besoins d'ailleurs pour être obligé de fausser sa conscience et de se prostituer à tout venant.

Un autre signe frappant de l'inexpérience qui a présidé à la mise à vie du quadrupède-ovipare, est le défaut de proportion qui s'observe entre les deux termes extrêmes du développement de l'individu chez certaines espèces de la série. C'est ainsi que le crocodile, qui atteint parfois une taille de dix mètres de longueur, un poids de cent kilogrammes et une capacité stomacale assez vaste pour absorber un homme, naît d'un œuf moins volumineux que celui du cygne. Le règne tout entier des oiseaux qui sont des ovipares à deux pieds et à plumes, n'offre pas un seul exemple de pareille anomalie. C'est que les oiseaux sont généralement un progrès sur le quadrupède-ovipare, qui les a probablement précédés dans la vie de plusieurs milliers d'années.

Ainsi les moules de la Quadrupédie-Ovipare sont viciés d'un caractère spécial d'ébauche, de non-achèvement et de primitivité. Le crocodile, qui pourrait être considéré comme le moins défectueux de tous ces types, est si peu fini, cependant, qu'il a besoin après chaque repas des services d'un todier ou d'un pluvier quelconque qui lui cure les dents. Je ne sais pas bien non

plus jusqu'à quel point un lézard de Norwège qui passe neuf
mois de l'année engourdi dans la terre, et qui oublie souvent de
manger pendant les trois autres, peut se vanter de vivre de la
vie animale. J'en dis autant de ces crapauds qui passent philosophiquement l'hiver à l'état complet de glaçons et ne recouvrent
le mouvement et la circulation qu'après le dégel. Je connais des
végétaux qui capturent plus d'insectes et qui restent moins en
place que ces animaux-là.

La Mammiférie se subdivise, comme l'Oviparie, en deux grandes sections principales : *Quadrupédie* et *Bipédie*, ou plutôt *Bimanie*. Ce dernier terme est préférable à l'autre, en ce que la
main constitue dans tous les règnes la forme perfectionnée du
pied, et devient même le propre nom du pied quand la marche
verticale remplace la marche horizontale. Et ce changement de
nom est forcé, car aussitôt que le poids du corps cesse de porter
sur les quatre membres, les antérieurs, débarrassés de la fonction
de supports et devenus libres, sont immédiatement appelés à des
fonctions plus nobles ou plus complexes. Il est donc juste que le
titre change avec la fonction. Bimanie est du reste un mot adopté
par la science pour désigner une catégorie de Mammifères de
l'ordre le plus élevé, et nous ne saurions mieux faire que de nous
rallier à cette expression. Maintenant, l'homme étant la seule
espèce de Mammifères à deux mains qui vive en France, et cet
ouvrage étant exclusivement consacré à l'histoire des bêtes,
nous avons le droit de laisser de côté cette série.

Enfin, nous avons terminé les opérations préliminaires de
notre classification, et nous tenons isolée cette Quadrupédie mammifère, objet de nos recherches. Mais, hélas ! nous n'avons fait
qu'accomplir la moins rude partie de notre tâche ; car c'est surtout à partir du point où nous sommes arrivés, que nos rapports
avec la science officielle vont devenir plus pénibles et notre langage plus acerbe. C'est ici que nous allons avoir besoin de rappeler les brouillons à l'ordre et au grand principe de Bezout :
l'Unité est le terme de comparaison entre plusieurs quantités de
même espèce.

Et d'abord, quelle était l'Unité à prendre pour comparer entre elle ces quantités de même espèce que nous avons appelées les Quadrupèdes mammifères.

Je ne connais qu'une façon simple et logique de répondre à la question : je ne sais qu'une voie pour arriver à la solution du problème.....

Qui est de faire un relevé exact de la date de l'apparition de chaque espèce sur le globe, et d'y joindre un état circonstancié des lieux, à l'heure de la naissance.

Ce relevé, qui vous donne d'emblée une classification méthodique des espèces par rang d'âge, a encore le double avantage de résumer l'histoire des révolutions de la planète et d'indiquer la série des créations futures par la série des créations antérieures.

J'ai donné à ce travail, plus aisé qu'on ne suppose, tous les développements convenables dans l'histoire des oiseaux de France, dont le personnel, cinq à six fois plus nombreux que celui des Mammifères, m'offrait une base d'expérimentation plus large et plus commode. J'y renvoie les personnes curieuses que ces détails pourraient intéresser.

Il résulte de ce travail que le pied est, pour le quadrupède comme pour l'homme, la pierre de touche qui détermine le plus exactement la finesse des titres caractériels et distribue le plus hiérarchiquement les séries. On savait déjà que la petitesse du pied avait été considérée de tout temps comme signe de race et cachet d'aristocratie dans les tribus supérieures de la Mammiférie. La supériorité de la femme sur l'homme est écrite dans la délicatesse exquise de ses formes, et surtout dans l'incomparable perfection de son pied.

Le pied est, en effet, de tous les organes extérieurs, celui qui réunit au plus haut degré le double caractère de la généralité et de la spécialité, et qui se prête le mieux à l'agencement de la série ; car le système de la locomotion est naturellement en rapport avec la nature et les productions des milieux, avec le genre de nourriture des espèces. Le pied dit le régime de vie de l'animal, sa lenteur ou sa vélolocité, ses mœurs sanguinaires ou paisibles ; ses dents, son caractère, etc.

Conséquemment, l'observation imposait à la science, qui voulait demeurer en dehors de la classification passionnelle, l'obligation de formuler une nomenclature basée sur la comparaison du pied. Cette nomenclature donne les séries ci-après pour la Quadrupédie mammifère :

Monodactylie (pied d'une seule pièce, *Solipèdes*), Didactylie (pied à deux doigts, *Ruminants*), Tridactylie (Rhinocéros, etc.), Tétradactylie (*Digitigrades*), Pentadactylie (*Plantigrades*), Quadrumanes, Bimanes, etc., etc. Il y a place dans ce système pour les séries ambiguës des Phoques, mammifères amphibies (pieds-nageoires), des Baleines (poissons-mamelles) sans pieds, des Chauves-Souris (oiseaux-mamelles), pieds ailés. On peut encore, après avoir établi la division cardinale d'après le nombre des doigts, prendre pour unité de division secondaire le genre de nourriture ou l'élément habituel, ou un autre caractère séparatif quelconque, et obtenir de la sorte un système qui ressemble à quelque chose d'ordonné. Or, remarquez qu'il était d'autant plus facile à la science d'engrener dans cette méthode, qu'elle y avait déjà mis le pied ; car la plupart des termes dont nous venons de nous servir sont empruntés à son vocabulaire.

Il est facile aussi de remplacer le pied par le genre de nourriture comme caractère pivotal de sériation. Je me suis parfois amusé à construire les deux méthodes de pied en cap et à les appliquer par passe-temps aux bêtes qui nous occupent. Elles m'ont toujours paru aussi faciles à manier l'une que l'autre. Si d'un côté, la méthode pédiforme est plus philosophique et plus large quant à l'ensemble, l'autre est plus souple quant aux détails. Si la première est un manteau superbe qui englobe plus correctement l'animalité dans ses plis, la seconde est un cache-misère qui dissimule plus habilement les trous de la faune locale. C'est peut être celle qui irait le mieux à la France. Elle raconte du reste avec la même clarté que la méthode pédiforme l'histoire des révolutions de la Planète et la Genèse des bêtes à poil. Elle vous fait assister à l'éclosion de la Mammiférie qui naquit naturellement au sein de l'eau salée, puisque la mer est le premier milieu habitable des globes. La première incarnation de la Mammiférie s'appelle le Cétacé, qui a pour organes

de locomotion des nageoires comme le manchot, qui est la première incarnation de l'oiseau; et ces deux moules d'essai sont
*piscivores* par la raison fort simple qu'il n'y a en ce temps dans
le monde que des Poissons à manger. La *Piscivorie* constitue par
conséquent la première des cinq grandes divisions du règne des
Mammifères dans la méthode qui prend le genre de nourriture
pour caractère pivotal ou unité de classification. On voit ensuite
la Mammiférie piscivore passer du Cétacé muet au Phoque, qui
possède une voix et dont l'apparition suit de très près celle du
premier rocher qui surgit du fond de l'abîme. Après le Phoque
vient la Loutre, contemporaine de la formation des fleuves et des
lacs, etc., etc. Vous tenez toute l'histoire des Mammifères piscivores; celle des Herbivores ne demande pas plus de place.

Aussitôt, en effet, que la terre et le rocher ont émergé quelque
part, l'herbe y pousse, et il naît pour la manger une bête ovipare
ou mammifère quelconque. La prairie sous-marine étant la première qui se forme, le premier mammifère créé pour la manger est
une bête à nageoires comme toujours, un Mammifère nommé le
Lamentin ou le Dugong qui engendre l'Hipopotame, qui engendre
le Buffle, qui engendre le Taureau, qui engendre tous les Herbivores. Il est curieux de suivre ici la marche de la série qui vous
conduit du fond des eaux salées de l'embouchure des grands fleuves au fond des eaux douces de l'intérieur, des herbes sous-marines aux roseaux des savanes, des marécages aux prairies, des
prairies aux vallées, aux plateaux, aux collines, aux montagnes.
Après l'herbe, l'arbuste et l'arbre; après l'Herbivorie, la Frondi-
vorie et la Frugivorie. Après les Mammifères des rives, les Mammifères des prés, des plaines, des forêts. Après que le règne
végétal a enfanté les Vertébrés et les Insectes qu'il est chargé de
nourrir de sa substance, apparaissent les mammifères *Insectivo-*
*res* et les *Carnivores* destinés à vivre de la chair des insectes et des
quadrupèdes herbivores. Enfin les Omnivores et l'homme, qui
planent sur le tout.

On peut voir par l'exemple qui précède et par celui de la méthode pédiforme donné au Monde des oiseaux, avec quelle facilité
et avec quelle rapidité se fabriquent les meilleures classifications

organiques. On peut se demander encore, en présence de semblables faits, si les maîtres de la science qui excipent perpétuellement de la difficulté de l'œuvre pour légitimer leur paresse, sont
bien recevables à invoquer une pareille excuse. Je déclare pour
mon compte avoir toujours trouvé la besogne si facile et si ré-
créative qu'il ne m'est pas venu à l'idée une seule fois de réclamer un brevet d'invention pour la chose, ni même le prix Cuvier
qui doit être décerné en 1855, à l'ouvrage d'histoire naturelle le
plus intéressant.

Ainsi donc il est impossible que l'esprit d'unité ne distribue pas
l'harmonie dans une certaine mesure, abstraction faite du choix
plus ou moins judicieux de l'Unité. Quand Linnœus prend l'étamine pour pivot de sa classification botanique, il fait assurément
un mauvais choix, mais ce choix, si mauvais qu'il soit, n'en a
pas moins contribué d'une manière efficace au progrès des études. En effet, le système incomplet de Linnœus n'a pas tardé à
engendrer la méthode des familles naturelles dite méthode de
Jussieu.

Ainsi, encore une fois, rien de plus facile que d'additionner et
de comparer les uns avec les autres des tiers, des quarts et des
sixièmes, quand on a commencé par réduire ces fractions au
même dénominateur, c'est-à-dire par les convertir en douzièmes.
Rien de plus aisé que de comparer les unes avec les autres des
bêtes à quatre pieds, quand on a pris pour terme de comparaison
le nombre des doigts de pied de chacune d'elles, ou bien leur
genre de nourriture. Mais par contre rien de plus chiméri-
que et de plus impossible que de prétendre comparer ou classer
les mêmes bêtes avant de leur avoir assigné préalablement un dénominateur commun.

Or, ce que l'arithmétique et le bon sens proclamaient impossible, est précisément ce que les savants ont tenté.

La science a repoussé systématiquement et impitoyablement
l'unité du domaine de la zoologie. Elle l'a repoussée sous toutes
ses espèces, pied, mâchoire, genre de nourriture, élément habituel; si bien que l'anarchie qui règne parmi les bêtes est à
l'heure où je parle une des hontes de la situation. Et la respon-

sabilité de cette anarchie scandaleuse retombe hélas! sur tous les maîtres, car je cherche vainement un innocent parmi tant de coupables.

Linnœus lui-même qui fut un esprit quasi-universel, et dont les vastes études embrassèrent toutes les branches de l'histoire naturelle, Linnœus qui réussit à tirer les plantes du chaos par son ingénieux système de classification botanique, fut moins heureux avec les bêtes. J'ajoute que nul ne contribua plus efficacement que lui à aggraver le mal. J'admire que le puissant génie qui comprit les nécessités de la hiérarchie botanique, qui en conçut les moyens et parvint à enrégimenter cent mille plantes sous la bannière de l'Unité, ait été complétement inhabile à discipliner et à faire tenir en rang quelques centaines de bêtes à poil. J'admire encore que de tous les naturalistes qui ont eu sous les yeux depuis cent ans la méthode des familles naturelles de Dejussieu, aucun n'ait songé jusqu'ici à en faire l'application au règne animal, entreprise pourtant bien facile et qui ne peut guère coûter plus de huit jours de travail à un homme de bonne volonté.

Que vingt autres illustrations scientifiques aient échoué là où ne réussit pas Linnœus, qui fut visité une fois dans sa vie par l'esprit d'unité, la chose se conçoit sans peine, et je ne veux pas citer à ce propos des noms propres. J'aime mieux d'ailleurs couvrir d'un voile respectueux et pudique ces tristes infirmités du génie que d'en rire. Ce que ma raison ne s'explique pas, je le répète, c'est l'horreur de l'unité en matière de classification zoologique chez l'auteur d'un système de classification botanique pivotant sur l'unité de l'étamine. Je gémis douloureusement de voir se perdre dans le labyrinthe comme les autres, celui qui tenait en mains le fil d'Ariane.

Georges Cuvier a donné une idée bien haute de l'importance et de la difficulté de la classification parfaite, en la posant comme l'idéal de la science. Je partage tout-à-fait l'opinion de ce grand homme quant à la difficulté de l'œuvre et à la somme de génie humain nécessaire pour l'accomplir; mais j'estime néanmoins que les zoologistes ont dépensé plus de génie pour atteindre

à l'idéal de l'absurde, qu'il n'en eût fallu pour réaliser l'utopie
de Cuvier.

Ce que j'appelle l'idéal de l'absurde, c'est ce semblant grotesque
de système de nomenclature zoologique que l'on professe effron-
tément dans les écoles publiques avec l'autorisation du gouver-
vernement et du conseil supérieur d'enseignement. C'est cette
liste de noms barbares que j'ai produite au début de ce chapitre, et
où l'on trouve des Pachydermes, des Marsupiaux, des Édentés et
le reste. La liste contient une dixaine de noms au plus, ainsi que
vous pouvez le voir, et les malheureux ont mis à contribution
trois langues d'abord : la grecque, la latine, la française, pour
forger les dix mots... Trois langues pour forger dix mots, afin
qu'aucun de ces mots ne ressemblât à son voisin, et ne pût indiquer la parenté des séries auxquelles ils devaient servir d'étiquettes.
Ainsi, dès la première parole des maîtres, éclate et se révèle par
la confusion des langues, l'horreur de l'unité !

Mais le langage n'est jamais que la forme et le vêtement de
l'idée. C'est l'ordonnance de la classification elle-même, qui constitue le crime de rébellion flagrante contre l'ordre naturel, et
qui résume le beau idéal du chaos.

Les nomenclateurs se sont d'abord dispensés de classer les
Mammifères par rang d'âge et de primogéniture, sous le prétexte
futile que les registres de l'état civil du monde constatant les nais-
sances des bêtes, manquaient à leurs archives. J'ai donné tout à
l'heure les moyens d'apprécier la valeur d'une pareille excuse,
dont jamais ne se sont fait faute la paresse ni le mauvais vouloir.

Ensuite, au lieu de prendre un organe quelconque de la bête
pour type d'unité sériaire et de ranger les familles les unes après
les autres, d'après les modifications de ce type, comme a fait
Linnœus dans son système de classification botanique, où les
plantes qui n'ont qu'une étamine constituent la tribu de la *Mo-
nandrie*, celles qui en ont deux la tribu de la *Diandrie*, et ainsi
de suite ; — au lieu, dis-je, de suivre cet ordre logique et naturel
qu'indique le bon sens, les nomenclateurs ont pris au hasard dix
organes, et ils ont fait de chacun de ces organes un type de série.
Ils ont nommé l'éléphant par son cuir, le cheval par son sabot, le

11

cerf par sa manière de manger, le chien par sa manière de marcher, le kangourou par sa poche abdominale, etc. ... Il faut voir
avec quel art inimitable ils vous ont embrouillé tout cela. J'ai
besoin de beaucoup d'empire sur moi-même pour me maintenir
calme en présence de ces abominations scandaleuses, et pour
retenir sur mes lèvres le sarcasme prêt à s'en échapper en traits
âpres et mordants.

Car je crois, Dieu me pardonne, que je calomnie les savants
quand je les accuse d'avoir pris une unité quelconque, pied, cuir,
dent, nourriture, pour terme de comparaison entre les divers
ordres de la Quadrupédie mammifère. L'horreur de l'Unité, qui
a pour corrélatif l'amour du pêle-mêle, ne leur a pas même
permis de s'élever jusque-là.

Ainsi, j'ai eu tort d'affirmer qu'ils avaient tiré le nom de l'é-
léphant de son cuir. Ils n'ont pas osé prendre le cuir pour
dénominateur d'une série. Ils ont créé la série des *cuirs épais*,
autrement dit des *Pachydermes* (éléphant, rhinocéros, tapir,
sanglier); mais ils ont reculé devant la création de la série des
*cuirs minces*. Ils ont trouvé moyen de se passer de l'Unité en
employant la fraction. Il existe maintenant une autre série de
Quadrupèdes mammifères, porteurs d'une cuirasse osseuse beaucoup plus résistante que celle des éléphants et des rhinocéros
(Pangolins et Tatous), et qu'on n'a pas même songé à rallier
sous un titre commun emprunté à ce caractère anormal.

Et pourquoi, s'il vous plaît, cette barbare dénomination de
*Pachyderme* appliquée à l'éléphant, au sanglier et au tapir, sous
prétexte d'égalité d'épaisseur dans le cuir? Est-ce qu'il n'y avait
pas, je vous le demande, entre ces trois bêtes-là, un trait d'union
plus proéminent? Est-ce que chacune de ces espèces n'avait pas
reçu de la nature un organe plus apparent, plus caractéristique
que l'épaisseur du cuir et prouvant mieux la parenté d'origine, un
groin, par exemple, une trompe? Et comment avez-vous les yeux
faits pour que ce développement formidable de l'appareil olfactif
ne vous ait frappés tout d'abord, comme il a frappé les Amazoulous de l'Afrique australe, qui disent des éléphants *les longs
nez*. Voyez pourtant à quelles magnifiques conséquences vous

conduisait d'emblée la reconnaissance du groin ou de la trompe comme titre divisionnaire de la série. Vous commenciez par intituler la série : des *Proboscidiens*, ou des porteurs de trompe. Et comme l'analogie indique la signification du groin, vous signaliez d'avance, par ce nom seul la tribu des êtres les plus laids, les plus sensuels et les plus voraces de la création, la tribu des goinfres, par excellence... mais tribu essentiellement utile à l'humanité par sa voracité même, et descendant en ligne droite du soleil, ce qu'il est complètement inutile de prouver.

J'ai essayé de faire ressortir l'inconvenance de ce nom de Pachyderme, pris comme étiquette de série; mais il n'y a pas un des termes comparatifs adoptés par la nomenclature officielle qui ne prête le flanc à de semblables attaques. Oyez le cheval se plaindre du risible sobriquet qu'on lui a infligé.

Solipède est, en effet, le nom que ces fâcheux ont imposé à la série des Herbivores monodactyles, quand ils ont pris le pied pour type de la série. Or, je demande quel est celui de nous qui, à la place du cheval, ne protesterait pas comme lui contre cette qualification étrange; car enfin, il faut être de bonne foi en zoologie comme ailleurs, et dès qu'il était convenu que quadrupède voudrait toujours dire une bête à quatre pattes, il s'ensuivait naturellement, ce me semble, que solipède voudrait toujours dire aussi une bête à un seul pied. Alors je désapprouve complètement les savants d'avoir créé une série de quadrupèdes solipèdes, c'est-à-dire une série de bêtes à *quatre pieds* qui n'en ont qu'*un seul*. La science officielle n'évite pas avec assez de soin ces alliances adjectives malheureuses et qui font rire d'elle.

Autre plaisanterie non moins blâmable :

La dent est un caractère de division primordiale très digne assurément d'être pris en considération, puisqu'il indique de prime abord les mœurs et le genre de nourriture des bêtes à classer, et les savants en auraient abusé dans leur nomenclature que je ne leur en ferais pas un reproche.

Mais comment qualifier la conduite de gens qui ont l'air de se prendre au sérieux, de s'appeler savants et qui, ayant à opter entre les divers emplois de la dent comme caractère divisionnaire, ne s'en servent qu'une fois... et juste pour désigner les bêtes qui n'en ont pas ! Car, c'est ainsi qu'ils ont fait dans l'espèce. On peut voir, en effet, que la nomenclature officielle qui s'honore de la série des *Édentés* est complétement veuve de celle des *Dentés*. Or, je demande à appeler cela dans mon rude langage une atroce plaisanterie.

La plaisanterie est d'autant moins tolérable, que cette dénomination d'*Édentés*, qui a l'air de vouloir dire *sans dents*, s'applique à des espèces qui ont une mâchoire parfaitement garnie. Il faudrait pourtant tâcher de s'entendre sur la valeur des mots avant de s'en servir.

On voit encore en cette nomenclature une série dite des *Monotrèmes*, qui vous force logiquement d'appeler celle des *Polytrèmes*; mais le Polytrème, ainsi que le Denté, est sourd à votre voix.

C'est-à-dire que jamais ailleurs on n'afficha un plus profond mépris des liens sacrés de la famille, des lois de l'ordre, des principes de M. Bezout, et que je suis peut-être resté au-dessous de mon devoir en qualifiant ce risible grimoire de chef-d'œuvre du tohubohu. La vérité est que la chose à laquelle ressemble le plus cette juxtaposition d'espèces disparates qu'ils appellent leur nomenclature est une veste d'arlequin.

Heureusement pour les intérêts et la gloire de tous ces fauteurs d'anarchisme, que le monde civilisé est plein de gens qui se contentent de tout ce qu'on leur donne, et qui prennent le Monotrème, l'Édenté et le Pachyderme, sans demander leur reste.

Mais arrêtons-nous un moment dans notre œuvre de démolition pour en revenir à nos bêtes; et pour instruire le procès de la science, replaçons toutes les pièces sous les yeux du public.

Il a été dit que le personnel de la Mammifèrie française se composait de soixante-dix espèces environ, non compris les séries ambiguës des phoques et des cétacés. Nous savons de plus que la faune française est si pauvre en espèces mammifères, que les trois quarts des séries naturelles y brillent par leur absence : Éléphants, hippopotames, rhinocéros, antilopes, chameaux, singes, marsupiaux, édentés, monotrèmes, etc., etc., etc. Je crois

inutile de faire remarquer que cette fréquence des lacunes constitue un grave sujet d'empêchement pour les classifications frag-
mentaires et locales.

La nomenclature officielle distribue ce personnel en six ou
sept séries dites des Pachydermes, des Solipèdes, des Ruminants,
des Carnassiers, des Rongeurs, des Insectivores et des Chéiroptères. Je ne suis pas bien sûr que cette dernière tribu des mammifères ailés ne fasse pas partie de la classe des Insectivores.

La série des Pachydermes ne compte qu'un seul genre, le sanglier, père du porc domestique, qui peut être au besoin considéré comme une seconde espèce.

La série des Solipèdes, mot que j'ai peine à prononcer sans
rire, comprend deux genres, le Cheval et l'Ane ; une variété : le
cheval nain des Landes et de la Corse. (Les chevaux nains constituent de véritables variétés, puisqu'ils ne proviennent pas de la
cardinale Saturne comme le cheval arabe, mais bien de l'ambiguë
Protée) (1). Le mulet n'est pas une espèce, puisqu'il ne se reproduit pas, ou du moins puisqu'il ne peut se reproduire au-delà de
deux générations.

La série des ruminants a été ainsi nommée de la faculté que
possèdent les animaux de cette famille de faire remonter dans
leur bouche les aliments qu'ils ont déjà avalés une fois, pour les
remâcher plus en détail, ce qui s'appelle *ruminer*. Elle renferme
dix genres et se bifurque en deux principaux groupes dits des
*Cornus* et des *Branchus*. Je proteste contre la dénomination de
ruminant, comme j'ai protesté contre celle de solipède, la manière de manger ne pouvant être raisonnablement prise pour
Unité comparative.

Le groupe des ruminants *cornus* prend son nom de son armure
de tête, vulgairement nommée *corne*, qui lui sert à la fois de
parure et de défense. Cette corne est persistante, ce qui la distingue de l'armure des ruminants *branchus*. On rencontre quelquefois néanmoins de bonnes familles de ruminants domestiques,

_____

(1) Cette note m'appartient.

qui par déférence pour leur maître à qui déplaisait la corne, s'en sont débarrassés. Ce groupe ne compte plus aujourd'hui en France que sept variétés, dont trois domestiques, le *taureau*, mari de la *vache* et père du *veau;* le *bouc*, mari de la *chèvre* et père du *cabri;* le *bélier*, mari de la *brebis* et père de l'*agneau*. Le bœuf et le mouton ne sont pas des espèces particulières ; ils ne sont que les oncles des veaux et des agneaux dont les taureaux et les béliers sont les pères.

Quatre espèces vivent encore à l'état sauvage : le bouquetin des Pyrénées, souche du bouc domestique ; le moufflon de Corse, souche du bélier ; le chamois et l'isard, qui ont peut-être bien aussi de vieux liens de parenté avec la chèvre. Absents pour cause de destruction : le bison et l'aurochs.

Le groupe des ruminants *branchus* reçoit son nom de son armure de tête comme celui des cornus. Cette armure a été appelée bois parce qu'elle semble végéter et se ramifier comme une branche. Elle est caduque, c'est-à-dire qu'elle tombe et repousse tous les ans à une époque fixe. Le groupe des branchus de France a, comme celui des cornus, de grandes pertes à déplorer. Il regrette l'élan et le renne et ne comprend plus aujourd'hui que trois espèces, le cerf, le daim et le chevreuil. Encore le cerf et le daim ne figurent-ils que pour mémoire dans le catalogue du mobilier zoologique de la France. M. Isidore Geoffroy Saint-Hilaire, dont je ne saurais trop louer le zèle et le dévoûment à la science, a déjà résolu la question de l'acclimatation du *cerf-cochon* de l'Inde et du cerf d'Aristote. Mais combien d'années nous séparent encore de l'époque bienheureuse où ces espèces conquises concourront aussi puissamment que les indigènes au repeuplement de nos forêts.

Il y aura à tenir compte d'une troisième division, celle d'un genre ambigu de Ruminants sans bois ni cornes, comme le dromadaire, la vigogne, etc., lorsque ces espèces auront été naturalisées en France. Mais n'oublions pas de mentionner que la tentative de l'empereur Napoléon pour naturaliser le dromadaire dans le département des Landes échoua. Le dromadaire est emblème d'esclavage patriarcal. C'est la grande raison qui me fait douter *à priori* qu'il réussisse jamais à s'acclimater sur le sol de la France, terre d'Évangile et de liberté... à moins que la race juive, qui n'a pas encore déserté le patriarcat, ne s'implante décidément sur ce sol en souveraine absolue, comme a fait la race franque.

La série des carnassiers, vivant exclusivement de chair, de proie et de rapine, comprend six genres, qui se décomposent en deux séries principales, l'une dite des *Digitigrades*, l'autre des *Plantigrades*. Les Digitigrades sont les bêtes qui marchent sur leurs doigts, comme le chien ; les Plantigrades, celles qui s'appuient sur la plante des pieds, comme l'ours.

A cette dernière série appartiennent les deux genres de l'ours et du blaireau. La série des Digitigrades se subdivise en trois groupes dits des *Canins*, des *Félins* et des *Mustéliens*.

Le groupe des Canins compte trois espèces : Chien, Loup, Renard. Celui des Félins, deux espèces au plus, le Chat sauvage, souche du chat domestique, et le Lynx. Le groupe des Mustéliens, plus peuplé à lui seul que les deux autres ensemble, renferme sept espèces : Martre, Fouine, Putois, Furet, Belette, Hermine et Herminette. Le vison est le même animal que la fouine.

Beaucoup de gens m'ont affirmé que la Genette existait encore dans l'ouest et dans le midi de la France où elle fut commune autrefois, notamment dans les forêts du Poitou et du Rouergue. Le fait malheureusement ne me paraît pas prouvé, et je juge l'existence de la Genette aussi problématique que celle du Lynx. La genette, qui est une des plus jolies bêtes du monde, constitue un genre ambigu ou de transition entre les félins et les mustéliens. Elle porte la robe mouchetée du chat sur le corps souple de la fouine.

Je ne me rappelle pas bien s'ils ont créé ou s'ils n'ont pas créé une série spéciale pour la loutre qui est un quadrupède piscivore, ambigu du chien au phoque.

A la série des Carnassiers succède celle des Rongeurs, dont le principal caractère est de porter à chaque mâchoire deux dents incisives d'une longueur démesurée, puis d'avoir le train de der-

rière beaucoup plus élevé que celui de devant. Cette série compte
quinze genres : Lièvre, Lapin, Marmotte, Cochon d'Inde, Écureuil, Loir, Lérot, Muscardin, Hamster, Surmulot, Rat brun,
Souris, Campagnol, Rat d'eau, Castor. Le rat d'eau constitue une
espèce particulière quoi qu'il n'ait pas de membrane à la patte.

·La série des Insectivores qui sont des Omnivores atteints d'une
fringalle permanente, se compose de quatre genres : Hérisson,
Taupe, Desman, Musaraigne. Le genre Taupe compte deux variétés ; le genre Musaraigne, six.

La dernière série, celle des Chéiroptères ou des chauves-souris,
comprend une quinzaine d'espèces, partagée en Vespertilions,
Oreillards, Rhinolophes, Noctule, Sérotine, Pipistrelle, Barbas-
telle, etc.

Deux Pachydermes, trois Solipèdes, dix Ruminants, quinze
Carnassiers dont un Piscivore, quinze Rongeurs, dix Insectivores, quinze Chéiroptères, en tout soixante-dix bêtes à poil. Voilà
le bilan de la France.

Il est évident, à priori, que ce bizarre ramassis de dénominations impropres empruntées à tous les jargons du grimoire, ne
peut pas s'appeler décemment une nomenclature. Il est évident
que tous ces noms de bêtes, à deux ou trois exceptions près,
ont été forgés par le hasard et par l'usage, qui sont les pires de
tous les parrains, et que la tentative d'additionner des pachydermes grecs avec des insectivores latins et des rongeurs français,
pour ne manquer ni d'originalité ni de hardiesse, n'en est pas
moins une bouffonnerie détestable.

A tant faire pourtant que de s'affranchir de tous les liens de
l'Unité et de la méthode, et de s'arroger le droit de choisir ces
noms, comme il était facile de faire un meilleur choix ! Qui les
a empêchés, par exemple, d'intituler la tribu du cheval et de
l'âne, la tribu des *Porteurs*, du service que les bêtes de cette catégorie sont appelées à rendre à l'homme ? Ce titre n'en dit-il pas
plus à l'esprit que celui de *Solipède ?*

La nature semble avoir destiné la noble et délicate tribu des
bêtes à cornes à servir de nourriture à l'homme, au lion, au tigre,
à tous les bourreaux de la terre. Pourquoi n'avoir pas donné à

cette pauvre famille un nom en harmonie avec sa destinée de victime (Victime, de *victus*, *victuaille*).

Carnassiers n'est pas non plus un titre qui spécifie suffisamment les trois tribus des Canins, des Félins et des Mustéliens, plus l'Ours et le Blaireau, etc. D'abord, parce que ces deux dernières espèces adorent par-dessus tout les fruits et les légumes, et ensuite parce que la Taupe est plus carnivore et plus sanguinaire à elle seule que tous les quadrupèdes connus sous le nom de carnassiers. Ces dénominations de Canins et de Félins tirées des noms latins du Chien et du Chat, joignent elles-mêmes au défaut de l'absolue insignifiance celui de l'impropriété.

Il était incomparablement mieux d'intituler cette série des *Chasseurs* et de la diviser en trois groupes. Le premier, dit des *forceurs* ou des chasseurs proprement dits, animaux doués d'un odorat puissant, d'un jarret d'acier et d'une intelligence supérieure, s'associant pour chasser et forçant la proie de haute lutte. J'ai nommé le Loup, le Chien, le Renard.

Deuxième groupe, dit des *Guetteurs*, bêtes paresseuses et chassant isolément, s'approchant de leur proie en rampant, la surprenant et ne la forçant pas ; douées en outre d'ongles tranchants et rétractiles qui leur confèrent la faculté de grimper. Chat et Lynx.

Troisième groupe, dit des *Égorgeurs* ou des *Buveurs de sang*, animaux reconnaissables à leur museau pointu, à leur étroit corsage, à leur odeur musquée, les plus féroces de tous les carnassiers, à l'exception de la Taupe, préférant le sang à la chair et les œufs au Poulet. Martre, Fouine, etc. Ce nom d'égorgeurs ou de buveurs de sang va mieux évidemment à des bêtes qui égorgent pour le seul plaisir d'égorger, et qui saignent leurs victimes à la jugulaire en véritables praticiens, que celui de *Mustéliens*, synonime de *Rat allongé*.

Digitigrades et Plantigrades sont des termes qui ne manquent pas d'un certain cachet scientifique, mais qui logiquement ne peuvent trouver place que dans une classification qui prendrait la marche ou la forme du pied pour type de sériation pivotal. Le titre de *Dormeurs* ou de *Paresseux* me paraît mieux convenir à l'Ours et au Blaireau que celui de Plantigrades, dans une classification libre et purement arbitraire comme celle dont l'Institut se sert.

Rien n'empêchait de rallier par le groin les membres épars de cette affreuse famille naturelle dont j'ai déjà parlé, et qui est si remarquable par sa laideur, sa sensualité, sa boulimie féroce. Les bêtes à groin de France sont le Porc (Sanglier), le Hérisson, la Taupe, le Desman, la Musaraigne. Pour baptiser convenablement la famille, il y eût eu à choisir entre *Proboscidiens, Goinfres* et *Dévorants*, noms plus significatifs qu'insectivores et pachydermes.

La série des Rongeurs exigeait pour le moins une subdivision en trois groupes : 1° celui des *Herbivores*, Lièvre, Lapin, Cochon d'Inde ; 2° celui des *Grimpeurs frugivores* qui vivent sur les arbres, Écureuil, Loir, Lérot, Muscardin ; 3° Enfin, le groupe des *Cannibales*, comprenant toutes les espèces qui vivent sous terre, qui émigrent et se dévorent avec bonheur les unes les autres, à l'instar des Barbares. Cette série de Rongeurs se rallierait par la Marmotte au groupe des Carnassiers dormeurs et à la série des Amphibies par le Rat d'eau et le Castor.

J'ai déjà dit le seul nom qui puisse désigner scientifiquement la tribu des Mammifères volants. Ce serait un joli mot qui signifierait Oiseau-Mamelle ou Quadrupède voilier. La famille a porté longtemps sur son étiquette Chauve-Souris. Ce terme avait l'inconvénient de ne vouloir rien dire du tout, mais je ne sais pas encore ce que la famille a gagné à échanger son nom vulgaire contre celui de Chéiroptère qui veut dire en grec *mains ailées* ; car j'ai deux fortes objections à faire valoir contre cette dénomination étrangère : la première, que la Chauve-Souris n'a pas de mains ; la seconde, qu'elle n'a guère d'ailes.

C'est-à-dire qu'en somme, toute la classification officielle est à démolir et à rebâtir de la base jusqu'au faîte, et qu'il est urgent pour l'honneur de la science que la lumière se fasse dans ce chaos. Je présume que le public à qui j'ai mis sous les yeux les pièces du procès, a jugé comme moi.

J'ai dit les vices de la nomenclature officielle et donné le pré-

cepte en même temps que l'exemple des classifications supérieures.
La science constituée ne peut équitablement en demander plus à
un profane. Maintenant, pour tâcher de mettre un peu d'ordre à la
place de cette anarchie, j'ai pris un parti énergique qui m'a permis de rentrer par un biais dans le giron de l'analogie et de la
classification passionnelle. Ne voulant pas faire une classification complète pour soixante-dix espèces de bêtes, je me suis
borné à diviser l'histoire des Mammifères de France en quatre
principaux chapitres. Le premier de ces chapitres traitera des animaux *ralliés* à l'homme, à titre d'*auxiliaires* ou de *domestiques*;
le second, des bêtes qui ne se chassent pas; le troisième, des
bêtes qui se tirent, mais ne se chassent guère; le quatrième,
enfin, des bêtes qui se *forcent* et ne se tirent pas. Ce quatrième
chapitre sera intitulé du *Courre*. Je l'ai placé à la fin de ce livre,
à raison de l'intérêt qui s'attache aux bêtes dont il décrit les faits
et gestes et pour mieux terminer l'ouvrage; car la division naturelle de ces chapitres serait celle-ci : Bêtes d'Utilité, d'Agrément, Indifférentes, Nuisibles. J'ai placé l'histoire des Phoques
et des Cétacés à la fin du troisième chapitre, bien que l'ordre de
la série naturelle colloque ces Piscivores sur les premiers gradins
de la Mammiférie.

# CHAPITRE IV.

### Des animaux ralliés à l'homme ; les Auxiliaires ; les Domestiques.

L'ambition secrète de tous les animaux est de se rallier à l'homme, leur souverain légitime, et surtout à la femme. Cedant; jusqu'à ce jour, le chien est peut-être le seul qui ait eu le courage de son opinion !

Toutes les bêtes, à de rares exceptions près, oiseaux et quadrupèdes, désirent sincèrement fraterniser avec l'homme, et c'est tout au plus si, depuis six mille ans et sur quelques milliers de bêtes, l'homme a su en amener une quarantaine à lui !

Je ne sache pas de condamnation plus sanglante de la phase sociale actuelle que ce simple rapprochement de chiffres. L'impuissance du Civilisé à rallier les bêtes est la démonstration la plus géométrique du caractère subversif de la Civilisation.

Je vois tous les jours jeter la pierre au Zèbre pour son humeur insociable et farouche, pour son indomptabilité et son horreur invincible du travail. Le zèbre est l'emblème du Sauvage ; il partage ses répugnances profondes pour le travail civilisé ; il affecte même de se tatouer comme lui. J'avoue que je ne comprends pas ces reproches, et que je trouve parfaitement légitimes, au contraire, les répulsions et les mépris du zèbre pour les hommes du temps actuel. Comment ! voici un animal qui a reçu le jour dans le pays des Hottentots, des Namaquois ou des Amazoulous, les plus affreuses gens du monde ; qui n'a eu sous les yeux pendant toute la durée de son bel âge que des scènes de carnage et d'anthropophagie propres à soulever le cœur ; qui, transporté en Europe par un concours singulier de circonstances douloureuses, y

a été témoin des supplices barbares que l'homme a l'habitude d'infliger aux malheureuses créatures qui ont eu l'imprudence de se
fier à lui... Cet animal ne s'éprend pas à cette vue d'un subit enthousiasme pour l'espèce humaine et ses institutions... et l'espèce
humaine s'étonne et traite de stupide l'animal réfractaire ! Pardon, messieurs, pardon, mais ici le plus âne des deux n'est pas
celui qu'on pense, et je joins courageusement ma protestation
contre le travail répugnant à celles du sauvage et du zèbre ; et
aussi longtemps que l'association des forces actives de la société
n'aura pas affranchi le travailleur de l'oppression du capital, moi
aussi je soutiendrai que la plus terrible imprécation à adresser a
un ennemi est celle du zèbre : *Puisses-tu être réduit à labourer
un champ !*

Les animaux *ralliés* à l'homme se divisent en deux catégories :
celle des Auxiliaires, qui mettent toutes leurs facultés au service
de l'homme, comme le chien et le cheval ; celle des *Domestiques*,
qui se contentent de vivre sous ses lois, et de lui apporter le
tribut de leur toison ou de leur chair.

Les Auxiliaires sont au nombre de six en France : le Chien,
le Cheval, l'Ane, le Taureau, le Chat et le Furet.

Les domestiques comptent cinq espèces : la Chèvre, la Brebis,
le Porc, le Lapin, le Cochon d'Inde.

## LE CHIEN.

Au commencement, Dieu ayant créé l'homme et le voyant si faible, lui donna le chien.

Il chargea le chien de voir, d'entendre, de sentir et de courir pour l'homme.

Et pour que le chien fût tout entier à l'homme, il le titra exclusivement en amitié et en dévouement, affections du mode majeur. Il lui mit au cœur le plus profond mépris pour les joies de la famille et de la paternité. Il borna chez lui le sentiment d'amour à l'instinct brutal de la reproduction. Il laissa les passions du mode mineur, l'amour et le familisme, à la race canine inférieure, au renard si cher à l'Anglais.

Le chien, qui est le plus docile, partant le plus intelligent de tous les animaux, n'eut garde de désobéir à la volonté de Dieu. Il se fit le serviteur dévoué, le sergent de ville de l'homme.

Le chien est, dans toute société fondée sur la propriété individuelle, comme la nôtre, le gardien vigilant et le défenseur héroïque de ce qui s'appelle l'ordre public et la propriété. Voyez cette lourde diligence qui descend avec fracas la rue de la cité, menaçant d'écraser les passants et d'écorner les boutiques; le chien s'élance avec fureur à la tête des chevaux pour arrêter leur marche; il mord les roues qui lui passent quelquefois sur le corps; le fouet du postillon ne saurait l'empêcher de faire *son* devoir. C'est que l'allure désordonnée de la bruyante machine trouble le repos public et compromet la sécurité des citoyens. Marchez au pas, *on* ne vous dira rien.

Ce citoyen à la voix rauque, porteur de vêtements délabrés, a la mine peu rassurante pour la propriété... le chien l'aborde rudement pour lui demander son passeport.

Mais comme la majorité a ses principes, la minorité a aussi les siens, et toutes deux ont leurs chiens à qui elles ont appris à vénérer leurs institutions. Le chien du fraudeur professera donc, en matière d'économie politique, des principes diamétralement opposés à ceux du chien de la douane. Il verra dans l'habit vert

de cette institution l'uniforme de l'ennemi commun, et le mau-
dira dans son cœur. Il sera pour la liberté commerciale comme
l'autre pour le système protecteur. De même le chien du truand
ne jappera qu'aux gens bien mis. Les bêtes sont, comme les hommes, ce que l'éducation les fait.

Les chiens de la tribu arabe, organisés pour la défense de la
commune, considèrent comme dégradant le service d'un seul
homme, et ils ont bien raison.

Cependant le chien n'entre pas dans la discussion de la question de droit; son devoir est d'obéir et de se taire; il obéit sans
murmurer.

Le chien est la plus belle conquête que l'homme ait jamais
faite, n'en déplaise à M. de Buffon. Le chien est le premier élément du progrès de l'humanité.

Sans le chien, l'homme était condamné à végéter éternelle-
ment dans les limbes de la Sauvagerie. C'est le chien qui fait
passer la société humaine de l'état *sauvage* à l'état *patriarcal*,
en lui donnant le troupeau. Sans le chien pas de troupeau;
sans le troupeau pas de subsistance assurée; pas de gigot ni de
rosbif à volonté, pas de laine, pas de burnous, pas de temps
à perdre, pas d'observations astronomiques, pas de science, pas
d'industrie. C'est le chien qui a fait à l'homme ces loisirs.

L'Orient est le berceau de la Civilisation, parce que l'Orient est
la patrie du chien. Otez le chien de l'Asie, et l'Asie n'est plus que
l'Amérique; le Romain, le Grec, l'Égyptien, le Chinois ne sont
plus que des Atzèques (mexicains) et des Péruviens. Ce qui constitue toute la supériorité de l'ancien continent sur le nouveau,
c'est le chien.

A quoi se bornent, en effet, tous les efforts d'intelligence, tous
les travaux du Mohican qui ne peut vivre que de chasse? — A
étudier le grand art de dépister et de suivre le gibier ou l'ennemi.
Or, un jeune basset en sait autant et plus en cette science difficile,
au bout de six mois d'étude, que le sauvage le plus intelligent au
bout de quarante ans.

Les indigènes de l'Orient, qui avaient le chien, ont donc été
dispensés de se livrer aux pénibles travaux qui absorbaient tout

le temps et toutes les facultés des Peaux Rouges. Ils ont eu du
temps de reste et ils ont pu l'employer à créer l'industrie. Voilà
l'origine des arts et des métiers ; voilà toute la différence entre
l'Ancien et le Nouveau Continent. Les historiens ont écrit des
milliers de volumes sur cette grave question sans arriver à la
découverte de cette vérité si simple ; et de braves anatomistes continuent à disséquer des crânes d'Américains pour y chercher la
cause de l'infériorité de cette race, sans se douter qu'ils sont à
cent lieues de la solution du problème.

A côté de cette solution anthropologique si neuve et si lumineuse, vient se loger une autre observation qui m'est également
personnelle, c'est que l'anthropophagie est un mal endémique
aux contrées déshéritées du chien.

Pourquoi ne rencontre-t-on jamais l'anthropophagie chez les
peuples *pasteurs*, chez le Chaldéen, l'Égyptien, l'Arabe, le Mongol, le Tartare? — Parce que le lait et la chair des troupeaux,
dont le chien fit don à ces peuples, les préservèrent toujours des
tentations criminelles de la faim.

Il est évident que l'anthropophagie est née d'une excessive
fringale combinée avec l'habitude du régime de la viande. Il arriva que deux hordes de chasseurs se rencontrèrent à la poursuite
du même animal, un jour que la proie était rare et que la faim
mugissait dans leurs entrailles, et il y eut guerre entre elles. On
se battit, on se tua, et les cadavres des vaincus remplacèrent naturellement au foyer des vainqueurs les cadavres du gibier absent. Puis la fureur de la vengeance sanguinaire s'en mêla,
l'ivresse de la victoire aussi ; le fait, consacré par la tradition,
s'incrusta dans les mœurs, et l'on sait ce qu'il en coûte pour dé-
raciner les mauvaises habitudes. Les sauvages de l'Amérique septentrionale n'ont complétement renoncé à l'usage de faire rôtir
leurs ennemis que depuis qu'ils ont été mis en possession du
chien et du cheval. Et encore la fameuse réponse du chef indien
à M. de Humboldt prouve-t-elle la vivacité des regrets qu'a lais-
sés dans les estomacs des infortunés cannibales le souvenir des
banquets d'autrefois.

Tout le monde a entendu citer cette réponse éloquente. L'il-

lustre voyageur européen demandait à ce chef indien, l'un des
principaux lieutenants du farouche *Tecum Seh*, s'il avait connu,
dans la guerre de 1816, un officier américain qu'il lui nommait :
— Beaucoup, répondit l'Indien, j'*en* ai mangé...

On ne dit pas que les indigènes de Noukahiva aient un goût
bien prononcé pour le soldat français, mais leur sympathie pour
le navigateur anglais est un fait acquis à l'histoire. Le morceau
qu'ils préfèrent dans l'Européen est la main. Les Apicius de Bornéo mettent l'oreille au dessus de la main.

La preuve que c'est l'absence du chien qui a livré les populations de l'Amérique centrale au démon de l'anthropophagie ou
cannibalisme, c'est que l'horrible coutume n'a jamais envahi la
hutte de l'Esquimau qui habite cependant la contrée la plus septentrionale du nouveau continent, c'est-à-dire celle où l'empire
de la faim est le plus rude et devrait fournir à la fureur des entrailles plus d'occasions de se manifester. Je ne vois qu'une raison pour expliquer l'anomalie monstrueuse que présente la comparaison des mœurs de l'Esquimau avec celles du Caraïbe : l'Esquimau a joui de l'assistance du chien de temps immémorial, le
Caraïbe n'eut pas le bonheur de le connaître.

Remarquons maintenant que les mêmes causes ont produit les
mêmes résultats dans les deux continents; que l'anthropophagie
s'est arrêtée sur le seuil glacé du Lapon, de l'Ostiack, du Sa-
moïède, riches du chien, tandis qu'elle a incendié de ses fureurs
sanguinaires les populations des îles fortunées de l'Equateur, Bornéo, Célèbes, Timor, etc., où fleurit la muscade, mais où manque le chien.

Je demanderai, à ce propos, à ne pas joindre mon anathème à
ceux que la fausse morale et la fausse philanthropie ont lancés si
souvent contre l'anthropophagie. L'anthropophagie est une des
maladies de la première enfance de l'humanité, un goût dépravé
que la misère explique, si elle ne le justifie pas. C'est une courte
folie provoquée par la faim ; mais il faut bien que l'humanité
passe par la phase de la disette pour arriver à celle de l'abondance. Plaignez donc le cannibale et ne l'injuriez pas, vous autres
civilisés qui mangez de la viande saignante et qui massacrez des

millions d'hommes pour des motifs moins plausibles que la faim.
Pour moi, de toutes les guerres que les hommes se font, celle
où l'on se mange est la seule rationnelle. J'excuse tous les
coupables qui ont faim, parce que la première loi pour tous
les êtres est de vivre, et qu'il est naturel qu'un homme tue son
semblable, quand il est persuadé que la mort de son semblable
est indispensable à son salut. Tous les jours ces principes sont
mis en pratique chez les nations civilisées, et les Géricault, les
Delacroix, les Eugène Sue ont fait, en les appliquant aux nau-
frages, des chefs-d'œuvre admirables, et l'opinion publique
plaint plus qu'elle ne condamne les malheureux affamés de la
*Méduse* et de la *Salamandre*. Hugolin mangeant ses enfants pour
leur conserver un père, inspire autant et plus de pitié que d'horreur. Le mal n'est pas tant de faire rôtir son ennemi quand il
est mort que de le tuer quand il ne veut pas mourir. Et la preuve
que le crime ne consiste que dans la manière d'envisager la
chose, c'est que les mêmes moralistes qui blâment si fort le sauvage affamé de s'assimiler la substance de son ennemi sous forme
de rosbif, ont fait de la reine Artémise le modèle des épouses
pour avoir avalé son mari en pilules.

Où il y a crime impardonnable, folie furieuse poussée jusqu'à la
septième puissance, c'est dans la guerre à coups de canon que se
font entre eux des peuples civilisés, comme les Français, les Anglais, les Prussiens, les Russes, qui n'ont pas faim les uns des
autres. La guerre est la plus atroce de toutes les folies humaines;
mais la plus risible de ces atrocités est à coup sûr celle où l'on se
tue sans appétit, pour le seul plaisir de se tuer; où les ennemis
se saluent courtoisement avant de s'égorger; où les vainqueurs,
*après* la bataille, s'occupent philanthropiquement à raccommoder
les jambes aux vaincus, comme s'il n'eût pas été plus simple de
ne pas les leur casser *avant*. Hélas! l'oiseau de proie et le tigre,
qui sont forcés de vivre de chair, donnent tous les jours de fières
leçons d'humanité à l'homme. Ils ne se chassent pas entre eux,
et ils ne tuent que pour assouvir leur faim. Castagno, mon chien
braque, était intimement presuadé que je calomniais mon espèce
quand je lui racontais certaines extravagances humaines, comme

des boucheries de guerres civiles et des assassinats de prisonniers.

Le chien ne s'est pas contenté de donner le troupeau à l'homme ; il s'est constitué le gardien et le défenseur du don qu'il nous a fait. Les ennemis du droit de propriété, qui ne voient dans la propriété individuelle que ses abus et qui ne veulent pas convenir que l'ambition de la propriété est aussi un des stimulants les plus actifs du travail humain, ont peine à pardonner au chien ses sympathies ardentes pour la législation romaine. C'est une ingratitude à eux. Le chien, qui défend le mouton et le cheval contre la dent du loup, croit travailler pour toute la société et non pour un seul homme. Le droit de propriété pour le chien comme pour tous les penseurs sérieux est le droit de jouir du fruit de son travail. Ce n'est pas de la faute de la pauvre bête si des législateurs indignes ont faussé les termes de cette proposition et fait du droit de propriété le droit de jouir du travail d'autrui.

La passion de la chasse est la dominante caractérielle de la race canine. C'est dans l'exercice de cette industrie que se développent ses facultés animiques et intellectuelles ; c'est là seulement qu'il faut prendre le chien pour le juger.

Le chien, le loup, le renard, les trois seules espèces de *forceurs* que possède la France, emploient le même système de chasse. Ils s'appellent et se réunissent pour attaquer une bête, quand l'importance ou la vitesse de cette bête exige la réunion de plusieurs. On connaît les refuites de l'animal pour les avoir étudiées ; on se poste aux endroits où l'on a la certitude de le voir passer pour l'appréhender au corps. Pendant que les uns sont en embuscade, les autres mènent à voix pour indiquer à leurs complices la direction de l'animal poursuivi. Quand on ne réussit pas à prendre ainsi la bête chassée par *surprise*, on cherche à la *forcer*. Les loups, qui ont très-peu d'amis en France et qui sont obligés d'apporter dans toutes leurs démarches une excessive prudence, chassent presque toujours *à la muette*. J'ai été plusieurs fois en position d'admirer la profondeur de leurs combinaisons stratégiques ; c'est effrayant de sagacité et de calcul.

Tous les animaux forceurs, le loup surtout, pratiquent de temps immémorial le procédé du *relai*. Le relai est une escouade

de chiens ou de loups frais qui se tiennent sur le passage présumé
de la bête de chasse pour *relayer* les chasseurs fatigués, de manière à ne pas laisser à la malheureuse victime un moment de
repos. Il n'est pas un habitant des forêts de France qui n'ait entendu chasser de nuit le renard. Le ramage du chacal est le
charme des nuits d'Algérie pour les amateurs qui chérissent ce
genre de concerts. On rencontre tous les jours chez nous dans les
forêts et dans les plaines une foule de chiens de toute espèce qui
profitent de la dangereuse liberté que leur laissent leurs propriétaires pour se remettre à la pratique de la méthode naturelle.
Souvent le pacte de chasse se conclut entre individus qui se connaissent à peine, mais qui n'ont besoin que d'un seul mot pour
s'apprécier et se comprendre. J'ajoute que les chiens d'arrêt les
mieux dressés n'ont pas toujours la force de résister aux entraî-
nements de ces *marrons* dangereux.

Le chien sauvage, ou plutôt le chien revenu à la sauvagerie,
celui qui habite les pampas de l'Amérique méridionale ou les
terres du cap de Bonne-Espérance (ainsi nommé de la violence
des tempêtes qui règnent en ces parages), le chien sauvage est le
plus habile et le plus amusant de tous ces carnassiers coureurs.
Les chasseurs de ces diverses contrées tiennent en haute estime
ces transfuges de la civilisation et cherchent à s'emparer des portées des lices. Ainsi pourrait-on faire dès aujourd'hui des portées
de la louve en France pour dresser le louveteau au service de
l'homme, car le loup est éminemment susceptible d'attachement
et d'éducation.

Le premier chien qui chassa en compagnie de l'homme fut un
lévrier fauve, de ceux qu'on voit encore en Syrie, en Algérie, en
Egypte, et qui coiffent le sanglier ; moins évidés que nos belles
races de lévriers d'Espagne et plus voisins du loup et du chacal.
Le type du chien primitif se retrouve quelquefois admirablement
conservé dans le chien de berger européen. C'est un animal
allongé et taillé pour la course, à la poitrine haute, au ventre
avalé, à la démarche oblique, aux oreilles fines et droites, à la
mine éveillée, futée, spirituelle. La nature l'a doté d'une robe
à poil rude, d'une vue perçante, d'un odorat exquis, d'une mâ-

choire de diamant et d'un jarret d'acier; sa queue fourrée balaie
la terre, ses yeux flamboient dans les ténèbres; il tient et au-
delà les promesses de sa mine. Tous les chiens de chasse que
possède l'homme aujourd'hui lui proviennent de cette espèce, à
l'exception peut-être du chien de l'Esquimau ou de l'amphibie de Terre-Neuve. La coiffure de chaque race raconte, du
reste, l'influence de la civilisation : plus l'oreille est fine, ra-
battue et tombante, plus l'animal s'éloigne du titre primitif;
plus elle est droite, plus il se rapproche de ce type. C'est, comme
on sait, tout le contraire pour le cheval, dont l'oreille s'infléchit
sous l'influence de l'état sauvage et se raffine et se redresse à
mesure que l'éducation perfectionne ses formes.

*Tous les chiens sont plus ou moins chiens de chasse. Tous les
chiens de chasse sont des chiens courants.* Cette règle générale ne
souffre pas d'exception.

Le véritable instinct du chien d'arrêt se révèle dans ses rêves.
J'ai possédé longtemps une chienne épagneule parfaitement dressée et parfaitement muette, qui n'avait jamais aboyé qu'une seule
fois dans sa vie (après une maison). A peine s'endormait-elle
cependant que son imagination l'emportait en des courses furibondes à la suite de gibiers fantastiques. Il fallait l'entendre alors
oublier les préceptes de l'homme pour ne plus se souvenir que
de ceux de la nature et bourrer comme un franc choupille et
donner à pleine voix.

Le chien d'arrêt n'est qu'un produit de l'art, comme la prune
de reine-claude, comme la rose double; c'est un chien muet
greffé sur chien courant, et qui retourne au sauvageon comme la
rose double quand la greffe est mal conduite. J'ai connu des chiens
courants qui s'amusaient à *pointer* la caille et qui menaient sagement à voix le râle de genêt, la bécasse, le faisan et la perdrix
rouge. Mais aussi j'ai été très lié avec des chiens d'arrêt de race,
qui donnaient de la voix sur la caille et qui forçaient la perdrix,
mais ne l'arrêtaient pas. Les chiens d'arrêt anglais, le pointer et
l'épagneul, dérivent du lévrier comme leurs *fox hunds* (chiens de
renards) et s'obtiennent au bout de deux ou trois générations au
plus. Je ne les en estime pas davantage.

J'ai vainement fouillé l'antiquité pour y trouver des traces du
chien d'arrêt, je suis encore à *en revoir*. J'ai interrogé sur l'époque
de l'apparition de cette race les souvenirs des plus lucides som-
nambules; tous les renseignements que j'ai pu me procurer sur
cet intéressant sujet aboutissent à cette conclusion : le chien
d'arrêt est une création des temps modernes dont la date n'est
pas bien fixée. Elle est née en Europe à la suite de la fauconnerie, institution qui date pourtant de la plus haute antiquité.
Comme il fallait des chiens pour faire lever le gibier plume et le
gibier poil devant les oiseaux de vol, on en a rencontré qui poin-
taient naturellement la pièce de gibier avant de la faire partir;
on a cultivé cette disposition en prolongeant le *pointage* jusqu'à
*l'arrêt solide*. On a obtenu par ce moyen le chien *couchant*, c'est-
à-dire le chien qui se *couche* contre le gibier qu'il arrête, pour se
laisser couvrir avec celui-ci sous le filet (épervier). Le fusil venu,
qui permettait de tirer au vol, le chien couchant s'est transformé
de lui-même en simple chien d'arrêt. Toutes les statues de chiens
que nous a léguées l'ancien monde représentent des chiens courants. Diane d'Ephèse et Diane de Poitiers n'ont jamais eu que
des lévriers pour cortège.

Le vrai chien de chasse, ai-je dit, est le chien courant, le chien
qui aboie et qui force; mais le chien est une nature éminemment
malléable et docile et qui se prête à tout. Il fallait qu'il en fût ainsi
pour que l'homme pût vivre sous tous les climats et de toutes les
industries. Le chien courant chasse tout, le lièvre, le lion, voire
l'homme. Le chien courant se dresse à tout; il fait au besoin la
partie de dominos pour tenir compagnie à son maître.

Tous les animaux de cette race, le loup, le renard, le chacal,
sont forts sur le calcul du temps; ils disent aussi invariablement
que le meilleur des chronomètres Bréguet telle ou telle heure du
our, l'heure des repas notamment; mais je crois que le chien seul
connaît la division *politique* des jours de la semaine. On sait que
les bouchers de village ont l'habitude de *tuer* le samedi, veille du
jour de bombance... Alors il n'est pas rare de rencontrer le samedi, sur les routes, des chiens isolés qui se rendent des fermes ou
des villages des environs au bourg où a lieu la tuerie hebdoma-

daire. Une grave préoccupation se lit dans leur allure, et c'est vainement qu'un camarade flâneur ou qu'une personne de connaissance essaierait de les arrêter par une conversation frivole. Une affaire importante les attend où ils vont, et ils n'ont pas le temps de batifoler en chemin. Au retour, à la bonne heure. Le plus souvent, hélas ! ces pauvres chiens n'ont ainsi recours à la charité publique que par la raison que leurs maîtres n'ont pas le moyen de les nourrir, et qu'ils seraient obligés de les abandonner sans cela.

A Constantinople et dans une foule d'autres cités de l'Orient, la police des rues est confiée à des chiens qui sont enrégimentés par brigades et par quartiers ; aussi tous les voyageurs s'accordent-ils à reconnaître que la ville de Constantinople est, de toutes les capitales de l'Europe, la moins féconde en assassins et en voleurs de nuit.

Une fois que des envieux du chien avaient songé à lui ravir son titre de compagnon de chasse de l'homme, pour le donner au porc, sous prétexte que la subtilité de l'odorat de celui-ci dépassait encore celle de l'odorat du chien, le chien de chasse, indigné, éprouva le besoin de tirer une vengeance terrible de cette prétention ridicule. Il étudia à fond l'art de deviner la truffe, qui était la spécialité du porc, et parvint à enlever à son triste rival cette branche glorieuse d'industrie. Le chien ne mangeant pas la truffe, ainsi que fait le porc, il n'y avait pas moyen de l'accuser d'avoir été inspiré dans son ambition par le mobile de l'intérêt personnel ; il fallut reconnaître qu'en usant légitimement du droit de représailles à l'égard du porc, le chien n'avait eu d'autre but que de repousser une assimilation injurieuse et de condamner ses envieux au silence.

On a dressé le chien à tourner la broche sans se préoccuper du rôti, à tirer de l'eau du puits, à fabriquer toutes sortes d'ustensiles, à jouer la comédie et le drame. Et cependant il est évident que la société actuelle n'a pas su tirer de l'intelligence du chien de chasse la moitié des profits qu'elle en tirera un jour.

Le chien se prête à tout. Il remplace le cheval de poste dans les steppes neigeuses de la Sibérie, du Kamschatka, du Groënland, du Labrador. Ces régions seraient tout à fait inhabitables

sans le chien. L'homme n'y végète que par la grâce et sous le
bon plaisir du chien.

La mission du chien de poste ne se borne pas à voiturer le
voyageur à travers l'océan des neiges, comme il voiture des enfants ou des pains de quatre livres à travers nos rues encombrées.
Le métier de bête de somme est plus difficile dans les contrées
polaires, où l'institution des ponts-et-chaussées n'existe pas encore et où le froid se charge seul de niveler et de macadamiser
les routes. Il suit de cette absence d'ingénieurs que la pauvre
bête à qui est confiée la conduite d'un traîneau est tenue de faire
à la fois office de postillon, de bidet et de guide, c'est-à-dire de
remplacer deux hommes et un cheval! Et comment faire, mon
Dieu, pour suffire à tant d'exigences, quand on n'a que son nez
pour boussole et pour chronomètre... car aucune trace de végétation n'est debout pour indiquer la voie, pour servir de point de
repère en ces mornes solitudes où la terre dort ensevelie dans un
linceul de frimats éternels, sous un ciel de plomb, bas et mat.
Seulement, à de longs intervalles sont échelonnées de misérables
huttes, parfois inhabitables, stations obligées du touriste en ces
déserts de neige, unique abri pour l'homme contre le froid des
nuits. C'est là que doit arriver le traîneau à l'heure dite; le danger de mort est au bout de la moindre erreur de chemin. On va
s'imaginer peut-être que le chien, qui a la conscience de la responsabilité immense qu'il assume sur sa tête, est tenté de reculer devant le péril. C'est bien peu le connaître que de le juger
capable d'une telle couardise. Son courage est de ceux qui se
haussent à la taille des circonstances. Comme l'œil et le pied de
la mule s'affermissent à l'aspect de l'abîme, ainsi l'intelligence
du chien grandit en proportion du péril et de la responsabilité.

Ce n'est rien, en effet, que d'amener un homme à bon port à
travers l'espace vierge; un homme, c'est docile, ça se laisse faire,
ça n'a pas grande volonté au pôle nord, par 40 degrés sous zéro;
le péril ne vient pas de l'insubordination du voyageur; il est
tout entier dans l'inexpérience et dans l'indiscipline de l'équipage; tout est perdu si la mutinerie s'y met; et cet équipage se
compose de six coursiers à long poil. Or, il faut apprendre au

lecteur qu'une passion ardente, impétueuse, la seule qui puisse lutter contre l'atonie universelle à ces extrêmes confins du règne de la vie, que la passion de la chasse brûle au cœur du rapide attelage, et que la moindre étincelle peut en provoquer l'explosion.

Donc qu'une piste récente d'ours, de renne, d'orignal vienne à couper le sillage du léger véhicule, voilà soudain l'équipage qui s'emporte sur la voie en élans furibonds ; voilà le but du voyage complétement perdu de vue. On avait bien juré au maître, au moment de partir, de se conduire en chiens sages.... mais la passion a parlé par l'odeur de la bête, et la raison s'est tue, comme elle se tait toujours en pareille circonstance, et le traîneau vole, vole avec la rapidité de l'ouragan sur la crête argentée des neiges et soulève leur poussière. « Où courons-nous, bon Dieu, et où dormirons-nous ce soir, se disent en se pressant d'effroi le touriste et son compagnon, emportés sur les ailes de la meute endiablée. Seigneur, prenez pitié de nous, prenez pitié de deux nobles créatures faites à votre image !... »

Allons, ne tremblez plus, faibles humains que vous êtes, et n'appelez pas pour si peu que votre existence l'intervention divine. Ce Dieu que vous invoquez si pieusement dans vos périls extrêmes pourrait être occupé autre part et ne pas vous entendre ; et d'ailleurs sa prévoyance infinie vous a donné le chien, que vous faut-il de plus ?... Vous voyez bien qu'il y a là un chien qui veille sur vos jours ; c'est le chef d'attelage, c'est le plus grand, le plus fort et le plus respecté de la bande. Dès qu'il a répondu de vous, vous devez être tranquilles ; vous reposerez cette nuit sous la hutte du sommeil.

En effet, le chef d'équipage ne s'est pas jeté dès l'origine en travers de la piste maudite ; il n'a pas menacé d'étrangler, comme aurait fait un homme, le premier de ses soldats qui violerait sa consigne, parce qu'il sait parfaitement que menaces et caresses, jurements et prières seraient peines perdues en pareille occurrence, et qu'il faut faire la part du feu de la jeunesse et respecter la légitimité de la passion jusque dans ses écarts les plus désordonnés. Le chien sage comprend qu'il importe de diriger cette

passion vers le bien et non de la comprimer, et il agit en conséquence. Au lieu d'imposer silence à la meute, il hurle plus fort
qu'elle. Elle se traîne sur la piste, elle interroge l'air, lui affirme à haute voix avoir vu l'animal *par corps*. On sait le respect
des chiens pour l'opinion de leurs supérieurs, chacun le croit sur
parole, et la meute s'ébranle comme un seul chien, en un *à vue*
furieux sur la bête fantastique... *On prend la diagonale* pour
couper au plus court. Cinq, dix minutes se passent pendant lesquelles l'équipage tumultueux a dévoré l'espace, croyant voir,
mais ne voyant que par les yeux du chef qui tient la tête. L'escouade demande à souffler quelques secondes avant de gravir
l'éminence au bas de laquelle la chasse l'a conduite. (Règle générale : ces *à vue* là conduisent toujours au bas d'une éminence.)
Très-vive opposition de la part du chef, qui objecte que, pour
peu qu'on perde de temps, l'animal va prendre de l'avance et se
dérober à la poursuite de la troupe. Comment le retrouver ensuite ? — Du courage, mes amis, voyons, un dernier coup de
collier. Et joignant les actes aux paroles, il s'abat de tout son poids
sur ses traits. Stimulés par ce noble exemple, nos compagnons
reprennent l'œuvre; mais on n'a pas atteint le milieu de la
montée que déjà les jarrets les plus vigoureux s'alourdissent.
Tout à l'heure on avait cessé de galoper, mais on trottait encore,
voici maintenant qu'on ne chemine plus qu'au pas. Ce temps
qu'on a perdu est cause que l'ombre du fugitif a complètement
disparu de l'horizon, quand on arrive enfin au point culminant du
plateau. Le chef l'avait bien dit que ça tournerait comme ça...
Plus moyen de retrouver la piste, à moins de revenir sur ses
voies et de doubler la diagonale... Mesure impraticable. Désappointement universel, surtout désolation extrême du directeur de
l'entreprise, qui gourmande sa troupe sur sa mollesse. Mais enfin
puisque le mal est fait, il faut bien en prendre son parti et faire
son deuil de l'animal.—Si nous essayons cependant d'*en revoir*(1),

---

(1) *En revoir*, reconnaître sur le sable, sur la boue, sur la neige, l'empreinte des pas de l'animal chassé.

hasarde une voix du groupe ? — Sans doute, reprend le chef, mais avant d'en venir là, il faudrait commencer par nous débarrasser de ce traîneau si gênant pour la course et par déposer ces deux hommes en lieu sûr. La chose est d'autant plus facile que, par un de ces hasards heureux qu'on serait véritablement tenté d'attribuer au calcul, la fameuse diagonale *suivie pendant la chasse* a si obstinément tendu à se rapprocher de la ligne droite qui sépare les deux huttes, qu'*elle a fini par se confondre avec elle.* Un demi-temps de galop, trente minutes, trois quarts d'heure au plus et la besogne est faite. ».

Ainsi dit le sage mentor, et sa proposition judicieuse est accueillie sans trop de murmures par la majorité. On se remet en route et au plus vite, et chacun de s'escrimer de l'avant et de l'arrière et de doubler ses allures pour être plus tôt libre. L'espace fuit, les trente minutes et même les soixante ; enfin, un maigre panache de fumée noirâtre se détache à travers l'horizon lointain sur la blancheur immaculée du sol. C'est le signe qui trahit l'habitation de l'homme, roi de la terre ; on arrive, on est arrivé.

J'ai vu des hommes civilisés, des guides européens des Pyrénées et des Alpes qui ne m'auraient pas tiré d'un aussi mauvais pas sans mettre à leur service des prix exagérés. Au Kamschatka, le guide à quatre pattes et à poil dont je viens de narrer l'histoire vous demande pour tout salaire un témoignage de satisfaction oral... Néanmoins vous auriez à lui offrir une côtelette de renne ou un bifteck d'ours qu'il ne vous refuserait pas.

Les adieux échangés, l'équipage libéré reprend le chemin du retour. On chasse en revenant, si l'on n'est pas trop las, surtout s'il y a déjà quelques jours que l'on jeûne. Au retour, on gratte doucement à la porte du maître, non pas pour réclamer une place au foyer (ces huttes sont si étroites !), non pas pour réclamer une part du festin (les vivres sont si rares !) ; on gratte tout simplement pour avertir qu'on est là... Ne vous dérangez pas, c'est nous ; les choses se sont très-bien passées. Puis, la troupe dételée, chacun se couche en rond dans le trou qu'il s'est creusé sous la neige, l'estomac vide, mais la conscience calme. Je ne

sache pas¹ que la race des humains foisonne de serviteurs passionnés de cette espèce, qui livrent leur travail gratis, se logent
et se nourrissent à leurs frais. Voilà les bêtes qu'un homme de
génie, Charles Fourier, appelle des *cloaques d'infamie*.

Hélas ! si rude que soit la constitution de ces bêtes, la faim en
vient parfois à bout ; quand l'hiver, par exemple, se prolonge
au delà de ses limites habituelles et prend dix mois sur l'an, au
lieu de neuf. Alors la male mort sévit sur l'espèce malheureuse
et la menace de complète destruction. On a vu bien des fois, en
ces passes douloureuses, de pauvres femmes recueillir les or-
phelins de la race canine et leur faire partager le lait de leurs
mamelles avec leurs nouveaux-nés.

Je tiens de narrateurs dignes de foi que des voyageurs reconnaissants ont offert des sommes fabuleuses à quelques-uns de ces
coursiers du pôle, sans pouvoir les déterminer à quitter leur patrie. Vainement a-t-on essayé de les séduire par la peinture des
délices des autres climats, par la perspective d'une existence de
chanoine sur des bords plus tranquilles ; fidèles à leur mission de
charité, les nobles bêtes ont toujours refusé les présents d'Ar-
taxerce. « Eh ! sans nous que deviendrait ce pauvre monde,
avaient-ils l'air de dire à ceux qui les voulaient corrompre ? »
Dentatus et Cincinnatus, dont les historiens romains ont fort
vanté l'héroïsme, n'étaient pas menacés de mourir de faim à
toute heure comme les chiens des déserts du Nord, quand ils re-
fusaient les présents des Samnites. Ils avaient des raves à gogo !

Mon Dieu, oui, tous les jours des hommes sont témoins de ces
actes de dévouement, de renoncement et de rouerie sublime de
la race canine. Il y a dans les contrées les plus inhospitalières du
globe des êtres dont la vie se passe à sauver celle de l'homme, et
la poésie, qui seule peut écrire l'histoire des bêtes comme celle
des hommes, la poésie n'a pas encore songé à glorifier par ses
chants ces généreux martyrs... Et j'entends chaque matin des
poètes ennuyés me dire qu'il n'est rien de neuf sous le soleil et
que tous les sujets sont usés. Quel malheur pour les pauvres
bêtes, quel malheur pour moi surtout, que je ne m'appelle pas
Alphonse de Lamartine ou Alfred de Musset !

Que n'eût pas obtenu l'homme, hélas ! d'une race si spirituelle, si docile, s'il n'eût jamais songé qu'à tourner vers le bien ses dispositions magnifiques. Mais l'homme a dressé le chien à manger l'homme ! (*homo homini lupus*).

Je ne rappellerai pas le mot de cet Espagnol d'Haïti à un autre brigand : Prête-moi un quartier d'Indien pour le déjeuner de mes dogues, je te le rendrai demain ou après. Si l'Amérique a tué l'Espagne, c'est la preuve qu'il y a une justice dans le ciel.

Les Espagnols de Cuba ne font plus dévorer aujourd'hui leurs esclaves par leurs chiens; ils chargent seulement ceux-ci de ramener les transfuges à leur domicile. Les propriétaires d'esclaves de la libre Amérique ont des troupeaux de chiens dressés à cet office. Un noir s'est échappé, on ignore la route qu'il a prise. Alors on fait venir un de ces chiens dressés à la chasse de l'homme. On lui montre un couteau, une ceinture, une guenille quelconque ayant appartenu au fugitif. Le chien ne demande pas de plus amples renseignements pour repêcher son homme; il tient son signalement au bout de ses naseaux; il le cherche, le trouve, le ramène ou conduit sur sa trace les sbires de la police. Je doute que beaucoup de gendarmes et même de sergents de ville, sachant lire et écrire, fussent capables de s'acquitter d'une mission semblable avec d'aussi faibles renseignements, et surtout au même prix. Ah ! ne blâmons pas le chien d'avoir servi de complice aux tyrannies et aux forfaits de l'homme ! Ses crimes sont de son maître, ses vertus seules sont de lui. Détournons nos regards de ces scènes attristantes, où l'on voit le roi de la terre exploiter la sagacité du chien au bénéfice de son inhumanité, et reportons-les avec amour sur les actes de dévouement sublime des chiens du Saint-Bernard, pauvres chiens de charité, si heureux et si fiers d'avoir été choisis pour arracher le voyageur du sein de l'avalanche qui vient de l'engloutir, ou pour guider ses pas à travers les abîmes et la brume des neiges. C'était un grand artiste et un profond penseur que ce Charlet qui fit dire un jour au pioupiou dans son naïf langage : *ce qu'il y a de mieux dans l'homme, c'est le chien!* Quand l'ignoble civilisation d'aujourd'hui comparaîtra au tribunal de l'histoire, son avocat fera valoir avec succès le chien du Saint-Bernard comme circonstance atténuante. Elle en avait besoin.

J'ai ouï dire en Afrique, en 1842, que le gouvernement d'alors avait eu la pensée d'employer le chien de chasse à la conquête de l'Algérie. L'idée me semble passablement hardie pour ce gouvernement. Il paraît cependant qu'on avait essayé du système à Bougie, où tout le monde a entendu parler des exploits de la compagnie *franche* qui gardait cette place et qui avait confié la défense de ses blockaus à la compagnie *des Chiens*. J'ai connu l'illustre Blanchette, l'Attila du Kabyle, la plus noble expression de la bravoure canine, une grande levrette blanche qui ne marchait plus que sur trois pattes, ayant oublié la quatrième dans une lutte corps à corps avec un chef ennemi. Le Zéphire l'admirait et partageait ses repas avec elle. L'éclat de ses services avait même attiré sur elle et sur les siens les regards reconnaissants de l'administration, et il avait été décidé en un jour de justice que, la compagnie des chiens s'étant noblement comportée devant l'ennemi, il lui serait accordé à l'avenir une ration quotidienne d'une livre de pain par tête. Le malheur voulut, hélas ! que cette décision, pleine de bon sens et de justice n'eût son effet qu'un temps, et que le Zéphire ; qui abuse de tout, même de l'innocence de l'agent comptable, trouvât moyen de faire allonger la susdite ration d'un demi litre de vin , sous prétexte que la race canine n'avait pas moins besoin que l'homme d'un tonique fortifiant contre les ardeurs énervantes du climat. Or, comme il fut prouvé plus tard par une expérience authentique faite en présence de l'intendant militaire, qu'on avait indignement calomnié la race canine en lui prêtant des appétits bachiques, l'autorité, furieuse d'avoir été trompée, dépassa l'équité dans sa vengeance. Elle supprima la ration solide de la compagnie en même temps que la liquide. Le corps des chiens supporta cette disgrace imméritée sans se plaindre ; il ne menaça pas le gouvernement de se retirer chez les Volsques, loin de là ; et comme le Caleb du sire de Ravenswood, son dévouement et sa fidélité s'accrurent de sa ruine. Le cheval traité ainsi eût passé à l'Arabe !

Je ne serais pas éloigné de croire qu'il y eût beaucoup à faire avec l'organisation du chien, mais surtout avec celle de la commune pour la colonisation de l'Algérie. Un colon plein de bon sens me disait : « La graine d'épinards et les bâtons de maréchal de France qui poussent si merveilleusement dans cette contrée coûtent à la France cent millions par an et dix mille soldats. Je prends l'entreprise de la colonisation si l'on veut me laisser faire, à quatre-vingt-dix millions et neuf mille soldats de rabais ! » Il fondait toute son espérance sur le concours de l'association et du chien.

Qui n'a pas vu le chien de chasse courir au devant des soldats, en compagnie des moutards, à l'entrée d'un régiment dans une ville ! C'est que le régiment est le foyer de l'amitié et du dévouement, les deux sentiments qui vibrent le plus fortement dans le cœur du chien : *similis simili gaudet*.

La même raison explique l'affection du chien pour l'enfance, âge de l'égalité, de l'amitié, de la candeur. L'épagneul a bien des misères avec l'enfant, à cause de ses oreilles longues, lustrées et soyeuses, que celui-ci aime à tirer; mais il a bien des agréments aussi sous le rapport des tartines de beurre et de la conformité des goûts.

Le chien aspire aux combats comme le cheval; il s'enivre de l'odeur de la poudre et s'abandonne à des excès de gaîté extravagante à la vue d'un fusil. J'en eus un en Afrique qui attaquait tout aussi volontiers l'Arabe que le lièvre, et qui périt victime de sa passion pour la guerre. C'était un animal charmant qui riait pour le moindre bon mot comme le chien de Stanislas ; un admirable métis de braque et de bouledogue, privé d'oreilles mais pourvu en revanche d'une queue superbe en cor de chasse. Un jour qu'un fort parti d'Hadjoutes nous avait surpris braconnant vers la lisière embaumée des orangeries d'Allouya, tout au pied de l'Atlas, et que la conversation du salpêtre était chaudement engagée, Bichebou, c'était le nom de mon compagnon d'armes, s'amusait à faire la navette de l'ennemi à nous, accourant à chaque coup de feu pour voir ce qu'on avait tué. A ce vice de curiosité excusable, l'animal unissait, hélas ! le défaut de trop tenir au gibier de son maître et d'avoir la dent dure. Il advint donc qu'un

chef arabe superbement monté étant tombé dans la direction de mon
arme, l'intrépide Bichebou crut qu'il y allait de son honneur de
me le rapporter. Peut-être que le succès eût couronné la tentative
avec un ennemi mort, mais celui-ci ne l'était pas ; il n'était que
démonté du bras droit, et saisissant de la main gauche son yata-
gan terrible, il fit dans les flancs de son agresseur une large blessure. Pauvre Bichebou ! Je crois le voir encore étendu sur la
rouge arène, me tendant, en signe d'adieu suprême et sans bouger la tête, sa patte ensanglantée, et m'adressant du regard et de
la queue sa dernière caresse ; puis essayant de se relever encore
au son bien connu de mon arme, et retombant enfin épuisé
sous l'effort... Ils disent par là bas que j'ai vengé sa mort; et
qu'un Kaïd de la Mitidja jure parfois mon nom quand le temps
veut changer.

Le deuxième régiment d'artillerie conserve dans ses glorieuses
archives le souvenir des hauts faits du caniche *Mitraille,* que son
amour étrange pour le bruit du canon avait fait baptiser ainsi; un
vrai cœur de lion sous une peau de brebis. Mitraille, qui aimait
à se vêtir à la façon du roi des animaux, se distingua par sa vaillance à l'attaque et à la prise d'Alger, et fut un des premiers
assaillants qui pénétrèrent dans le corps de la place. Immédiatement après la victoire, il s'offrit généreusement à déguster les
sources du pays conquis, qu'on disait avoir été empoisonnées par
les Arabes, et Il rendit à l'armée française en cet office de gour-
met d'innombrables services. Rentré en France avec sa batterie
et caserné à Metz, il essaya quelque temps de tromper, par les
délassements de la petite guerre, l'ardente soif des combats qui
le brulait au cœur; mais sa passion empirant de jour en jour,
finit par le dégoûter des vains exercices du polygone, et par lui
inspirer le désir de tenter l'impossible. Las de déterrer les bou-
lets morts, il rêva d'arrêter l'obus en sa course rapide, et périt
dans une rencontre avec un de ces projectiles, rencontre qu'il
avait provoquée. Digne et glorieuse fin d'une vie si bien rem-
plie, écrit son biographe.

La postérité, qui commença de trop bonne heure pour Mitraille, n'a trouvé jusqu'ici que deux ou trois faiblesses à repro-

cher à sa mémoire, entre autres un mépris non motivé du civil combiné avec une estime exagérée de l'uniforme et la passion des liqueurs fortes. Mais encore est-il juste d'attribuer ces travers et ces goûts déplorables à la triste influence du milieu où il avait vécu. Un chien ne se dégrade pas spontanément ainsi.

Je sais dans l'histoire du temps présent un éloge de chien plus facile encore à rédiger que celui de Mitraille, comme ne comportant aucune restriction. C'est l'éloge de Larigot, l'une des plus nobles victimes de nos troubles civils; Larigot, dont la poésie illustrera un jour le dévouement sublime et la fidélité à la cause du malheur; Larigot, à qui la persécution n'a jamais arraché une plainte, et qui n'est jamais descendu à la prière que pour solliciter la faveur de partager la captivité de son maître, qu'il a suivi pieusement depuis quatre ans de prison en prison, de la Conciergerie au Cherche-Midi, de la Roquette à Belle-Ile, où il a conquis à force de vertus l'estime de ses adversaires politiques eux-mêmes, et jusqu'aux sympathies de ses geoliers. Beaucoup de citoyens français, je n'excepte pas de ce nombre Jérôme Paturot de Marseille, ont remporté des prix Monthyon de mille écus et plus qui n'avaient pas rempli à coup sûr aussi religieusement que Larigot toutes les conditions du programme. Larigot, si tu peux m'entendre du fond de ta cellule et à travers le bruit étourdissant des flots de la Mer Terrible qui déferle avec rage au pied de ta demeure, reçois ces paroles amies de ton ancien compagnon de chaîne, comme l'expression de l'affection la plus profonde qui fut jamais au cœur d'un humain pour une bête, et puisse ce témoignage public et désintéressé de mon admiration pour ta noble conduite, contribuer à atténuer dans ton esprit les torts de mon espèce !

Pourquoi ne puis-je, hélas ! célébrer les mâles vertus de Larigot, son courage dans l'adversité, sa constance dans ses affections, sans être obligé de flétrir du même trait de plume le monstre d'ingratitude qui eut nom Castagno, ce Judas qui n'eut pas honte de se séparer de son maître sur la question de Rome, et passa lâchement à la réaction triomphante, au lieu de le suivre en prison. Et moi qui croyais avant ce jour, dans ma candeur naïve, que si la fidélité catonique était bannie du reste de la terre, elle serait toujours sûre de trouver un asyle dans le cœur du braque vendéen.

Après cela, comme j'ai dit, les bêtes ne sont que les miroirs des hommes. Or, il se peut que quelques-uns de ces derniers soient fort laids, et qu'il y ait parmi eux des trompeurs et des traîtres capables de renier leur foi et de vendre leur patrie pour quelques pièces d'or, et dans ce cas il semble logique que la nature ait créé des Castagnos pour symboliser les infâmes, comme elle a fait des Larigots pour représenter les fidèles, les dévoués, les purs.

La chasse naquit un jour que l'homme s'ennuyait beaucoup, mais beaucoup. Il y a longtemps de cela... C'était quelques siècles après la période édénique, aux rives de l'Indus ou du Gange, du Tigre ou de l'Euphrate, en plein patriarcat. L'homme avait rentré ses moissons, et n'était plus amoureux et ne savait que faire. Alors, il prit son chien à part, son chien de troupeau, et lui dit : « Il me semble que nous avons été bien bons jusqu'ici de souffrir que les hyènes, les loups et les chacals vinssent nous enlever *nos* moutons et *nos* poules au sein de *nos* demeures. Ne pourrions-nous pas à notre tour pousser une petite reconnaissance chez ces ennemis incorrigibles et les relancer chez eux ? »

Le chien, qui avait posé sa tête sur les genoux de son maître pour lire dans ses yeux et sentir ses paroles, ne fit qu'un bond de sa place à la porte de la tente, une manière éloquente de répondre que cette proposition belliqueuse comblait le plus cher de ses vœux. Et alors il confia à son maître qu'il ne se passait guère de jours que, soit en conduisant ses moutons au pâturage, soit en flânant sur les flancs du troupeau, il ne fît rencontre d'un levraut sans défense, d'un marcassin timide, d'un gibier innocent quelconque, qu'il s'amusait à chasser pour se distraire ou à croquer pour varier un peu sa nourriture. Il n'en avait rien dit jusqu'alors à son maître ; mais il n'en soupirait pas moins ardemment après l'heure où il lui serait permis de se démettre de ses fonctions pastorales pour se livrer au plein essor de sa passion dominante.

Un traité fut aussitôt conclu entre l'homme et la bête, dont les

conditions furent que le chien se chargerait de la partie la plus
difficile et la plus épineuse de la besogne, moyennant qu'on lui
concèderait, pour prix de son concours, les entrailles des victimes. A dater de ce jour, un grand nombre de chiens, et des
plus honorables, refusèrent d'exercer une autre industrie que la
chasse.

Toutes les nations, du reste, je parle des nations de l'ancien
continent, ont revendiqué tour à tour l'honneur d'avoir produit
le premier chien de chasse. La mythologie grecque, à elle seule,
a dix versions sur ce chapitre. Les uns prétendent que la race
provient, dans l'origine, d'un chien d'airain, forgé et animé par
Vulcain, qui en fit don à Jupiter, lequel le céda pour un baiser
à la belle Europe, qui le repassa à Minos roi de Crète, et ainsi
de suite. Ce chien d'airain aurait été surtout le type du molosse,
notre mâtin d'aujourd'hui, chien de grand cœur et de forte mâchoire, et l'un des ancêtres de Cerbère, si connu dans l'histoire,
qui avait plusieurs têtes et qui mangea Pirithoüs, l'infortuné
compagnon de Thésée. Au dire Xénophon et d'Oppien, la découverte de l'art d'élever les chiens reviendrait naturellement
aux deux enfants de Latone, Diane et Apollon, lesquels auraient
transmis leur science au centaure Chiron et à ses camarades,
que l'antiquité considère, en effet, comme ses plus anciens veneurs. D'autres attribuent l'invention du chien de chasse aux deux
jumeaux fils de Léda, à Castor et à Pollux. A Castor l'honneur
d'avoir inventé la méthode du courre, c'est-à-dire l'art de chasser
les bêtes à cheval, à Pollux, inventeur du ceste, l'art de mettre
bas la bête avec l'épieu. Beaucoup d'historiens grecs ne reconnaissent que deux races de chiens courants, l'une créée par Castor, la race des *Castorides* ; l'autre, provenant du croisement du
chien et de la renarde, et appelée *Alopécide*, du nom grec du
renard. J'ai dit du chien et de la renarde pour faire remarquer
que les femelles ne dérogent jamais… par la raison que la femelle,
type supérieur de l'espèce, est bien l'élément de la fusion, mais
uniquement de la fusion ascendante. Le chien, qui est rallié à
l'homme, consent volontiers à contracter union avec la louve sauvage, jamais la chienne avec le loup, pas plus que la mulatresse

avec le noir. Toutefois j'ai peur que les anciens et les modernes n'aient confondu ici la renarde avec la femelle du chacal. On a des exemples multipliés de l'alliance du chien et de la chacale, mais pas un, que je sache, de l'alliance de la renarde et du chien. Le poëte Nonnus veut à toute force attribuer au pasteur Aristée l'invention de la chasse à courre et de tous les engins de chasse. Hippolyte lui dispute néanmoins le brevet d'invention des toiles et des rets; Atalante celui de la flèche ailée; Orion enfin, celui des embûches nocturnes, des chausses-trappes, et généralement de tous les procédés concernant la chasse de nuit. Bien entendu que Sanchoniaton reporte l'honneur de la découverte aux Phéniciens, Diodore de Sicile aux Crétois, sinon aux Siciliens, et les Scandinaves à Odin.

Que chaque contrée réclame pour sa gloire l'honneur de l'invention du chien de chasse, rien de plus légitime.

Quoi qu'il en soit de ces diverses origines, Xénophon, Arrien, Oppien, Claudius, Pollux, Gratius et tous les écrivains cynégétiques de l'antiquité, s'accordent pour reconnaître une multitude innombrable de variétés de chiens de chasse. *Mille canum patriæ*, dit le poëte Gratius, contemporain d'Horace. Autant de pays, autant de gibiers divers, autant de chiens courants; mais je suis heureux d'apprendre par les récits des historiens et des poètes que la gloire des chiens de ma patrie ne date pas d'hier. Le poëte Gratius, déjà nommé, consacra cette célébrité par un hexamètre pompeux :

Magnaque diversos extollit gloria Celtas (1).

Arrien donne de nombreux témoignages d'estime aux chiens courants de la Gaule; il appuie surtout sur le mérite des chiens de la Bretagne et de la Bresse. Les chiens Ségusiens ne sont pas moins estimés par les veneurs de la Grèce et de Rome. Les *agasses* (bassets) d'Angleterre paraissent jouir également d'une réputation méritée. Les autres chiens célèbres de l'antiquité sont ceux de Péonie ou de Pannonie (Hongrie) qu'on dressait à la

---

(1) Une grande gloire est acquise aux diverses races des chiens celtes.

guerre, à l'instar des chiens gaulois. Il y a tout lieu de croire
que le chien de Péonie n'est autre que le molosse. Némésianus
chante aussi les brillantes qualités des chiens de chasse de l'Étru-
rie. Viennent ensuite le chien de Laconie (encore le molosse), le
chien de Crète, enfin ces fameux chiens de combat de l'Inde qui
eurent l'honneur de déployer leurs talents devant Alexandre-le-
Grand à son entrée à Babylone, et dont un couple suffisait pour
porter bas un lion. Je fais observer à ce propos que l'historien
qui rapporte le fait, Élien, a tort de prendre au sérieux l'opinion
du vulgaire de son époque, qui considérait cette race de bouledogues comme le fruit illégitime des amours de la tigresse et du
chien. Aristote, antérieur à Élien, avait eu soin de protester contre ces croyances erronées. La nature a mis antipathie morale et
physique entre le chien et le chat, entre le bouledogue et la
tigresse. Je n'ai pas bien reconnu nos petits hurleurs de l'Est
dans le portrait donné par Arrien des chiens laids et velus de la
Bresse. Notre griffon de Vendée, qui ressemble un peu plus à ce
signalement, notre chien courant de la Normandie et celui de la
Saintonge, sont reproduits par le même, trait pour trait. Je retrouve moins aisément dans cette catégorie des chiens de l'ancienne Gaule le chien bleu et le chien noir (Saint-Hubert) de
Lorraine. Il y a une page touchante dans le récit de cet Arrien ;
c'est celle où l'historien, emporté par un mouvement sublime
d'admiration et de reconnaissance pour le charmant caractère et
la fidélité de sa chienne Horné, prie la postérité de garder mémoire d'elle. Que ne puis-je, moi aussi, charger la postérité
d'acquitter les dettes de ma reconnaissance pour mon premier
Ajax et mademoiselle Coquette, le fléau de la bécassine, et mon
fourbe Castagno, l'Attila du faisan.

L'opinion de Jacques Du Fouilloux sur l'origine des chiens
français mérite qu'on la rapporte. Du Fouilloux est d'avis que les
chiens gaulois ont été amenés en Bretagne par un des petits-fils
d'Énée, un nommé Brutus, lequel ayant eu le malheur de casser
la tête à son père dans un petit mouvement de vivacité, avait
été, pour cette peccadille, banni de sa patrie et obligé de chercher fortune ailleurs... Pourquoi il s'était fixé dans l'Armorique

à laquelle il avait donné son nom actuel (*Bretagne, Brutus*). Ces choses se passaient dans le temps qu'un ami de ce même Brutus, un autre évadé d'Italie, Turnus, donnait son nom à la ville de Tours, célèbre par ses pruneaux.

Avant l'invasion du fox-hund, la France, patrie des illustres héros et des illustres veneurs, était aussi la patrie des nobles races canines, comme elle avait été précédemment celle des nobles chevaux. On y distinguait quatre principales familles de chiens courants. Le chien d'ordre pour courre le cerf, le daim, le loup, le sanglier... un chien de haute taille, au poil rude blanc ou fauve, à la large poitrine, à la gorge sonore, aux oreilles larges et pendantes, ayant l'Ouest pour patrie. C'est le type originel des chiens de Normandie, de Bretagne, de Poitou, de Saintonge, type qu'on retrouve altéré jusque dans la race anglaise. Toutes ces variétés d'un même type national étaient également généreuses, pleines de mépris pour le renard et la bête puante ; elles affectaient les mêmes allures et ne différaient l'une de l'autre que par la couleur de la robe qui pourtant ne prenait jamais la nuance noire ni la nuance orangée. La nuance orangée semble exclusive à la robe des chiens écossais. Le noir qui tend aussi à caractériser le chien de la Grande-Bretagne se retrouve chez le chien des Ardennes et de Lorraine, dit chien de Saint-Hubert ; toutefois ce noir est plus lustré, plus foncé chez le chien anglais que chez le nôtre. Le pelage du chien de Saint-Hubert vire au roux. Le griffon de Vendée, le grand courant au poil rude et frisé, fort recherché pour la chasse du loup et celle du sanglier, n'est qu'une simple variété de la race primitive de l'Ouest. Tous les chiens d'ordre de cette race étaient incomparables pour la finesse de l'odorat, pour la discipline, pour la persévérance et pour la beauté des voix. Rien de plus commun, dans les fastes de la vénerie française, que d'entendre dire : les chiens, n'ayant pu forcer le sanglier ou le dix-cors après huit heures de courre dans la *première* journée, ont pris le parti de passer la nuit près de la bête. Ils l'ont relancée au point du jour et prise vers les onze heures ; la meute a tenu au bois vingt-quatre heures sans manger, sur lesquelles vingt-quatre heures, elle en a couru douze. Il faut aller chercher dans l'histoire des campagnes des armées françaises, pour trouver des faits de fougue enthousiaste analogues. Il n'y a jamais eu que le chien courant de France pour pousser la passion de la chasse jusqu'au mépris de la soupe, comme il n'y a jamais eu que le troupier français pour faire des marches forcées et gagner des batailles sans chaussure ni pain. Or, parce que ces chiens courants qui avaient des raisons pour considérer la chasse comme le plus noble emploi des loisirs de l'homme, s'ingéniaient à prolonger les jouissances des veneurs, des hommes sont venus qui les ont accusés de lenteur, sous ce prétexte éminemment britannique que *le temps était de l'argent!* Et non, traficants misérables, ce n'est pas le temps qui est de l'argent, c'est le plaisir, à preuve que l'on ne cherche à gagner de l'argent que pour gagner du plaisir. Réjouissez-vous, au surplus, voici que vos doctrines mercantiles, après s'être infiltrées dans le sang du peuple français et l'avoir corrompu, ont envahi les chiens. Pauvres bêtes! Quand les veneurs de France endossaient la livrée britannique et ne demandaient plus que de la vitesse à leurs chiens ; quand les tripotages de Bourse devenaient le principal dans l'existence de l'homme riche et que la chasse n'en était plus que l'accessoire, il fallait bien qu'elles se conformassent aussi aux honteuses exigences des mœurs, et qu'elles livrassent leurs longues et soyeuses oreilles au tranchant de l'emporte-pièce (1), et qu'elles évidassent leur poitrine, et qu'elles renonçassent à *hurler* pour se contenter de *glapir ;* car on ne peut pas courir de toute vitesse et hurler en même temps. Le mal est déjà fait, hélas! j'ai bien visité les marchés de chiens de l'Ouest, ceux de Fontenay et de Bourbon-Vendée ; mais là je n'ai trouvé nulle part le type du pur griffon, ni du pur Poitevin, ni du pur Saintongeois; partout le sang mêlé, partout l'écusson national *barré* de noir et d'orangé, barre de bâtardise.

A côté du grand chien de l'Ouest, blanc ou fauve, figuraient avec honneur le chien noir de Saint-Hubert et son premier-né,

---

(1) Les Anglais coupent les oreilles de leurs chiens de chasse avec un emporte-pièce qui les réduit aux proportions d'un écu de six francs.

le chien bleu. Le chien noir aux sourcils de feu, aux pattes de
même couleur, moins haut sur jambes que le chien de Normandie, moins bien gorgé, moins disciplinable, mais plus vite, plus
ardent et plus rude, plus propre pour chasser seul, donnant sur
tout et moins distingué dans ses goûts de chasse—le chien bleu,
né du chien de Saint-Hubert et du mâtin, bas sur jambes et râ-
blé, fleurdelisé partout, moucheté de feu et de noir, poitrail de
dogue, oreilles noires traînantes, lent d'allures, mais riche de
gorge et capable de coiffer un sanglier à lui tout seul. Habitantes
de forêts d'où les cerfs sont partis, où le sanglier et le loup se
chassent en battue, ces deux races ne fournissent plus depuis
longtemps que de méchants harpaillons de lièvre ou de renard,
et leur sang s'est perdu.

Une troisième race charmante et primitive et plus particulière aux contrées de l'Est, à la Bourgogne, à la Franche-
Comté, à la Bresse, est celle des petits hurleurs : robe blanche constellée de larges taches fauves, oreilles moyennement
longues, physionomie mutine et éveillée, chassant le lièvre
avec un entrain merveilleux. Je ne sache pas au monde de
chasse plus adorable que celle du lièvre mené bon train par
douze hurleurs du même pied. N'a rien ouï en fait de musique
de chasse qui n'a pas entendu un *tutti* de hurleurs partant sur
un lancer à vue. Je sais des gens qui, après avoir goûté de
cette musique, n'en ont plus voulu d'autre. Le don de hurler,
c'est-à-dire de pousser à la fois quatre à cinq aboiemens qui
se gênent, n'est pas particulier à la race que je signale. On rencontre des hurleurs dans presque toutes les bonnes races de
chiens courants.

Vient en quatrième ordre la race du basset, reconnaissable
comme les races précédentes à des caractères spéciaux : long corsage, pattes courtes et torses, reins larges, oreilles démesurées,
physionomie grave et magistrale, admirable contralto. Le basset
de bonne souche est plein d'excellentes qualités, je le respecte. Il
chasse généralement tout ce que les grands chiens ne chassent
pas. J'en ai vu de très forts néanmoins qui chassaient dans la perfection le sanglier, le cerf, le chevreuil, voire le loup. Le basset

est le plus lent de tous les chiens. C'est le chien du braconnier, le chien du petit chasseur et de la petite propriété. Rien de plus facile que de lui apprendre à chasser le gibier à plume, la caille, la marouette. Sa perfide lenteur, qui fait que le gibier chassé, le méprise et trottine en s'amusant devant lui au lieu de prendre parti, cause tous les jours la mort d'une multitude infinie de chevreuils et de lièvres. Le basset n'a point de répugnance pour la bête puante, mais le lapin est son gibier de prédilection. Il n'est pas de chasse plus mortelle au faisan que celle du basset, la nuit. C'est peut-être pour cela qu'on ne donne jamais, dans les tableaux de peinture, d'autre escorte au garde qu'un basset; *braconnier comme un garde*, dit le proverbe. J'ai omis de parler du chien terrier, du bigle, du chien de fouine, du barbet, qui sont des espèces métisses, des espèces fabriquées. Les *bauds*, les grands chiens blancs de Barbarie qui tiennent tant de place dans nos annales de vénerie, ne me paraissent pas différer essentiellement du type vendéen. Du reste, l'éducation a introduit de telles modifications dans la conformation de l'espèce, qu'il serait tout à fait impossible à l'anatomiste d'aujourd'hui d'assigner une commune origine à telles ou telles familles de chiens, d'après l'inspection de leurs crânes. Il y a beaucoup moins de distance, par exemple, de la boîte osseuse du tigre du Bengale à celle du bouledogue anglais, que de celle-ci au crâne du bichon, du *Kings Charles*. On ne sait même plus, à l'heure qu'il est, si le chien est carnivore, piscivore ou frugivore, car il s'est fait partout des appétits proportionnels aux facultés de son maître. On retrouvera plus loin, au chapitre de chaque bête de chasse, le portrait de *son* chien, de son chasseur spécial.

On peut affirmer que les dix-neuf vingtièmes des chiens courants de France proviennent des quatre types que je viens de décrire, bien qu'il soit à peu près impossible de suivre les filiations de chacun de ces types, à travers les croisements multipliés et confus de tant de races. Il y a dans l'œil et dans la démarche de certains chiens, comme dans l'œil et dans la démarche de certains hommes, un cachet de distinction particulier qui les fait reconnaître d'emblée pour des types de souche noble. Assurément que la France ne compte pas aujourd'hui dix types de cet ordre dans ses vingt races de chiens.

La rage, qui fait ressembler les bêtes à des hommes atteints de fanatisme religieux, n'est pas du chien, mais du loup. On en parlera à sa place. Résumons par un trait notre opinion sur le chien :

Plus on apprend à connaître l'homme, plus on apprend à estimer le chien.

## LE CHEVAL.

Tout le monde a écrit sur le cheval, depuis le bonhomme Job, qui ne date pas d'hier, jusqu'à M. de Lancosme-Brève ; mais personne ne l'a défini, pas même M. de Buffon, qui écrivait cependant avec des manchettes de dentelle.

Le cheval est l'expression de la société, bien mieux que sa littérature... Dites-moi le cheval d'un peuple, je vous dirai les mœurs et les institutions de ce peuple.

L'histoire du cheval est celle de l'humanité, parce que le cheval est la personnification de l'aristocratie de sang, de la caste guerrière, et que toutes les sociétés, hélas ! ont dû passer par l'oppression de la caste guerrière. J'engage vivement le professeur d'histoire et l'académicien des inscriptions et belles-lettres à ouvrir leurs oreilles.

Il n'y a qu'un seul cheval au monde, un vrai cheval, l'étalon arabe. Je sais que le monde est plein de quadrupèdes ambitieux qui s'arrogent illégalement ce titre ; mais la plupart de ces usurpateurs peuvent être suppléés avec avantage par la vapeur ou le chameau.

Le vrai cheval est l'emblème du véritable gentilhomme.

Il n'y a pas à contester la parenté analogique du cheval et du gentilhomme, tant la ressemblance entre les deux types est parfaite. Ou l'étalon arabe signifie le chevalier, ou il ne voudrait rien dire du tout, ce qui serait absurde.

Admirez, en effet, comme le noble animal semble appeler la guerre de tous les mouvements de son corps, de tous les essors de son âme. Ses naseaux brûlants s'ouvrent et fument ; ses pieds impatients creusent le sol ; son œil ardent darde l'éclair et dévore l'espace ; sa bouche ronge le frein et le blanchit d'écume ; sa crinière élégante et désordonnée s'agite et se redresse au gré de ses colères ; sa queue s'épanouit en panache. Il s'encense et se rengorge sous les regards de la foule, et piaffe sous l'éloge. Écoutez le hennissement aigu qu'accentue sa fureur jalouse, cette voix plus belliqueuse que celle du clairon ; c'est encore une provocation au combat, une

menace de mort. Si vous ne reconnaissez pas à ces traits le preux
de la légende, le héros des croisades, le chevalier aux armes étin-
celantes et aux ondoyants panaches, désireux de briller et de
plaire, avide de tournois, de périls, de pompe et de fanfares...
je renonce à aller plus loin.

Le cheval sauvage, qui vit encore aujourd'hui en maître sur
un grand tiers de la superficie du globe a bien le caractère altier,
les habitudes belliqueuses, les mœurs chevaleresques du coursier
arabe; mais il ne faudrait pas lui demander cette grâce exquise
d'allures, cette courtoisie de manières, cette richesse de tenue,
cette élégance, que l'éducation seule et le contact du grand
monde peuvent donner. La vitesse elle-même est une qualité
qui ne se développe complètement chez le cheval que sous l'influence des soins de l'homme. On sait que tout l'espace qui s'é-
tend des rives du Danube aux portes de la Chine, c'est-à-dire tout
le plateau central de l'Asie et la région des steppes, appartiennent
en toute souveraineté au cheval, — et qu'en Amérique, ses domaines embrassent les incommensurables solitudes des *Prairies*
au nord, et au midi celles des *Pampas*, des rives de l'Amazone
aux champs patagoniens — et que, non satisfait encore de régner
sur une si vaste étendue de territoire, l'ambitieux animal a posé
récemment le pied sur les terres d'Australie. Le soleil ne se couche plus dans l'empire du cheval.

Or, cet empire, plus grand que ceux de Charles-Quint et de
Djingis, plus grand que ceux de l'Anglais et du Romain, est frac-
tionné, morcelé en une myriade de petites républiques aristocratiques, où l'autorité, source de combats sans fin, est dévolue au
plus fort. Autant de cantons, autant de chefs, comme sous le régime féodal du moyen-âge; autant de manoirs, autant d'états. Là
les jeunes étalons qui aspirent au pouvoir cherchent à s'en rendre dignes par des actions d'éclat, et débutent ordinairement dans
la carrière glorieuse par un meurtre de loup. Il n'est pas rare de
voir dans les steppes de Russie un étalon de deux ans s'élancer
tout seul à la rencontre d'une bande de quatre ou cinq loups, en
tuer un, estropier les autres et semer dans toute la contrée la terreur de son nom. Le cheval libre frappe des pieds de devant

comme le cerf et non de ceux de derrière, comme on le croit trop généralement parmi le peuple. Il se dresse de toute sa hauteur contre l'ennemi, le broie sous ses pilons meurtriers; puis le saisit de ses redoutables incisives entre les deux épaules et le jette à ses juments pour qu'elles s'en amusent, elles et leur progéniture. La jument elle-même ne se fait pas prier pour voler au combat, quand le danger menace. La guerre est l'élément de l'espèce.

L'homme de génie, cité plus haut, le grand analogiste à qui je ne connais que deux faiblesses, son estime pour les chats et son mépris pour les chiens, Charles Fourier a écrit que le cheval n'allait au combat que par obéissance, tandis que le chien se délectait au rôle de bourreau. C'est le contraire qui est vrai. Le cheval ne se délecte pas au rôle de bourreau, mais il se délecte à la bataille, comme le gentilhomme, tandis que tous les chiens sont susceptibles d'être métamorphosés en saints Vincents-de-Paule.

On ne saurait nier l'identité de la dominante passionnelle chez le gentilhomme et le coursier, quand on réfléchit que le cheval de sang est de toutes les bêtes la seule qui possède son arbre généalogique; quand on voit le cheval se pavaner dans les cérémonies publiques et s'encenser lui-même, à l'instar d'un chambellan autrichien dans l'exercice de ses fonctions. La fierté du noble animal dégénère même facilement en morgue. Bucéphale, une fois caparaçonné, au dire de Plutarque, n'acceptait plus d'autre conversation que celle d'Alexandre...

Le poète arabe Eldemiri raconte aussi que le calife Méronan avait un cheval qui ne permettait pas à son valet de chambre d'entrer dans ses appartements sans y être appelé. Un jour que le malheureux palefrenier avait oublié la consigne, le cheval, indigné de son irrévérence, le saisit par le dos et le broya contre le marbre de sa mangeoire.

Pausanias rapporte qu'il a connu un cheval qui se rendait parfaitement compte de son triomphe quand il avait gagné le prix de la course aux jeux Olympiques, et qui, toutes les fois que la chose lui arrivait, se dirigeait fièrement vers la tribune des juges pour réclamer sa couronne.

Aucune bête, au surplus, n'a eu et ne devait avoir un plus

grand nombre de panégyristes que le cheval. Peut-être que les
premiers vers arabes ont été faits pour lui. Homère a fait pleurer
Patrocle par les coursiers d'Achille, et dire la bonne aventure par
ceux de Rhésus. Je sais une foule de gens soi-disant sérieux qui
révoquent en doute la véracité du vieil Homère à l'endroit de
la prophétie des chevaux de Rhésus, et qui se feraient couper en
quatre pour soutenir que l'âme de Balaam a parlé. Les poètes
sont au surplus dans leur droit quand ils donnent la parole aux
bêtes; mais Aristote, qui n'est qu'un savant, a tort de vouloir nous persuader qu'on a vu, en Scythie, un cheval se sui-
cider en se précipitant du haut en bas d'un rocher très élevé,
pour se punir d'avoir cédé à l'entraînement des sens et commis
un inceste. Le cheval a bien assez de qualités de mémoire, d'a-
dresse, de courage et d'intelligence, pour pouvoir se passer de
celles qui ne lui appartiennent pas, et la pudeur est de ce nombre. C'est presque calomnier une bête et la traiter comme un
homme riche que de lui prêter les qualités qui lui manquent.
Disons tout bas que le cheval de sang est légèrement *carnivore*.

Mais je n'ai pas besoin d'invoquer le témoignage de Plutarque
et des autres pour démontrer une vérité plus claire que la lumière du jour, et que les poètes, ces privilégiés de l'espèce humaine, qui devinent tout sans rien apprendre, ont signalée, il y
a trois mille ans. Le livre de Job, rédigé sous la tente, en plein
désert arabe, déborde d'allusions magnifiques au naturel batailleur et chevaleresque du coursier.

Le conseil municipal d'Athènes avait à opter entre Minerve,
déesse de la Sagesse, et Neptune, dieu des Ondes, qui se dispu-
taient chaudement l'honneur de patroner la paroisse nouvelle.
La déesse de la Paix, invitée à déployer ses talents, fait sortir de
terre l'olivier, emblème de l'industrie pénible, mais fructueuse,
un arbre pâle au bois noueux et dur, au fruit âcre et difficile à
traiter, mais susceptible de produire, à force de travail, la lumière et la richesse. Le dieu des Mers frappe à son tour le sol de
son trident, et il en fait jaillir un cheval fougueux, qui débute par
ruer et hennir, image trop ressemblante du caractère prompt et
orageux du maître des Tempêtes. Le peuple d'Athènes, peuple

sage et ami de la liberté, eut le bon esprit de préférer le symbole de l'industrie émancipatrice à celui de l'aristocratie oppressive, et il s'en trouva bien. Mais Rome, j'en suis sûr, eût opté pour le don de Neptune.

Qui veut connaître à fond le caractère et les institutions du monde patriarcal n'a pas besoin de consulter la Bible : qu'il interroge le cheval.

Dans le monde patriarcal, dans la tribu arabe, le cheval, compagnon de gloire et de périls du chef, vient en premier dans ses affections ; la femme et l'enfant ne passent qu'après. A lui les soins coquets et les tendres caresses et les poésies d'Atar. Son arbre généalogique est mieux tenu que celui de la famille, comme sa crinière aussi plus artistement entretenue et lissée que celle de l'épouse. J'ai ouï parler pourtant de tribus du désert, où le faucon venait avant le cheval dans les affections du chef.

C'est que dans le monde patriarcal, la caste guerrière est tout, et que le père barbare a droit de vie et de mort sur la femme et l'enfant. Il m'en coûte de l'avouer, mais l'oppression du faible et la misère du travailleur sont en raison directe de la fortune du cheval. Toute révolution qui relève le peuple abaisse le cheval. J'ai bien peur que cette observation profonde n'ait encore échappé à la sagacité de MM. les historiens.

Il n'est personne qui n'ait entendu parler de l'antipathie du cheval pour l'ours, l'éléphant, le chameau. L'ours symbalise l'égalité sauvage et primitive ; c'est la bête noire de l'aristocratie. L'éléphant, pauvre d'habits et à qui le nu ne va pas, représente l'indigence industrielle de l'Edénisme, une période éminemment antipathique au cheval qui ne veut entendre parler que de luxe, de panaches et de caparaçons dorés. Le chameau est l'emblème de l'esclavage féminin en patriarcat ; toute aristocratie, toute puissance tyrannique pivote sur l'oppression du sexe mineur. Je sais un superbe volume à écrire avec les deux mots *antipathie, sympathie*. J'ai lu chez un conteur de fables qu'il suffisait pour mettre en fuite l'ours le plus affamé, de lui jouer un air quelconque sur un tambour fait de la peau d'un cheval.

Suivons la fortune du cheval dans ses diverses phases, et le tableau successif des diverses phases de l'humanité se déroulera sous nos yeux.

Le cheval est la première conquête du chien, c'est un des pivots de la tribu patriarcale.

Un jour la tribu se fait conquérante, et déserte la tente pour les palais de Babylone ; c'est la transition du Patriarcat à la Barbarie. La horde victorieuse a aussitôt besoin de s'organiser pour s'implanter solidement sur le sol du pays conquis. Elle débute par ennoblir le service du cheval, lequel a été pour moitié dans ses victoires. (On sait que les chevaux et les chiens gaulois prenaient parti dans toutes les batailles pour leurs maîtres). L'ennoblissement du cheval est à proprement parler la constitution du régime féodal. Le premier fonctionnaire de l'Etat, après le roi, s'appelle *connétable (comes stabuli*, le chef de l'écurie); vient ensuite le maréchal (médecin du cheval), puis le grand-écuyer (premier valet de pied du cheval) et le reste (1). Je suis fâché d'être obligé de mentionner ici que c'est de nos ancêtres, les Germains et les Scythes, que nous est venue la singulière habitude de rogner la crinière et la queue de nos chevaux. Le cheval germain fut longtemps pour l'Italien un sujet de charge, après quoi les rôles changèrent...

L'apogée de la splendeur du cheval dit les beaux jours de la féodalité nobiliaire et de la chevalerie. Le cheval a son nom, dans les chants des poètes, à côté de celui des plus nobles héros.

Un jour cette fortune décline. Le preux Bayard (je parle du héros et non pas du cheval de ce nom), est frappé d'une balle. La poudre à canon a tué le cheval et la féodalité du même coup. L'esprit d'examen se lève et proteste ; l'aurore des libertés populaires a point à l'horizon.

---

(1) On sait que le titre gothique de *connétable* avait été rétabli par le gouvernement issu des barricades de juillet, en faveur d'une femme, madame Soult. C'était une idée comme une autre..... Mais les poètes satiriques de Saturne, cardinale d'ambition, s'en sont bien réjouis dans le temps.

Or, avec la même facilité que le cheval de guerre nous a dit les temps passés, la barbarie et le patriarcat, Abraham et Sémiramis, Rome et Athènes, il nous dira les temps présents, et peut-être, si on l'en priait bien, les temps de l'avenir. Oyons le temps présent, l'Angleterre et la France.

Quel est le pays d'Europe où le cheval de sang joue encore le plus brillant rôle? C'est l'Angleterre. Pourquoi cela? Parce que l'Angleterre est une contrée où règnent l'oppression et la misère, une contrée qu'exploite odieusement un millier de familles de sang barbare. En Angleterre, la race conquérante est tout, le reste de la nation rien. Le lord anglais estime son cheval en proportion du mépris qu'il porte à l'Irlandais, au Saxon, races inférieures qu'il a vaincues, de compte à demi avec sa bête. Gardez-vous d'offenser un seul crin de la robe d'un noble coursier dans les États britanniques, vous qui tenez à vos écus et à votre liberté ; car le cheval est l'apanage de l'aristocratie des lords, et ces lords ont fait déclarer, de par la loi, leur cheval inviolable et sacré. Par exemple, vous pouvez vous permettre d'assommer un homme d'un coup de poing, de mener votre femme au marché la corde au cou, et de traîner dans la fange des ruisseaux la malheureuse prostituée, la fille du pauvre artisan que la misère a vouée à l'infamie. La loi de la Grande-Bretagne tolère ces peccadilles.

Le peuple anglais qui ne se sert aucunement du cheval, est excessivement fier de la philanthropie de ses lords, qui s'étend jusque sur les animaux domestiques... dit-il. Cette stupide multitude est la même partout.

L'inviolabilité du cheval anglais en apprend plus évidemment sur les institutions aristocratiques de l'Angleterre que tous les volumes de Blackstone et de M. Guizot. Maintenant la simple inspection de l'animal va nous dévoiler les mœurs les plus intimes, et le caractère, et les arts, et la physionomie du peuple britannique.

Nous ne saurions pas d'avance que l'amour désordonné de la verticale et l'horreur de l'ellipse sont les deux traits les plus saillants du caractère anglais, que la conduite de ce peuple à l'égard du cheval arabe suffirait pour le démontrer.

14

Le cheval arabe, tel qu'il était sorti des mains de Dieu, était une bête adorable, un ensemble harmonieux de souplesse, de vigueur et de légèreté, arrivant immédiatement après la femme et la chatte dans l'ordre des créations gracieuses. La courbe de son encolure et celle de sa croupe rivalisaient de pureté et de délicatesse avec les plus suaves des courbes féminines. Cette encolure avait été ainsi ployée en forme d'arc, pour que le cavalier fût le maître absolu des mouvements de sa monture, au moyen de la bride, corde de l'arc, qui permet de refréner toute velléité de rébellion du coursier, en forçant, par la moindre pression, la tête de l'animal à se rapprocher de son poitrail. Dans cette position, le mors porte sur les barres, la partie la plus sensible de la bouche du cheval : un enfant le guiderait avec un fil de soie. Ce système de courbes élastiques qui se succèdent et se correspondent sur toute l'étendue du corps de la bête, depuis le sommet de la tête jusqu'aux extrémités des membres, n'avait été imaginé que pour adoucir au cavalier l'ébranlement de la secousse et convertir le mouvement du galop en un doux balancement. C'était là le secret de la douceur infinie des réactions du cheval arabe, de la grâce de son allure et de la sûreté de son pied.

L'indigène britannique a éprouvé le besoin d'*améliorer* ces formes, et de les rapprocher de ce type idéal de beauté que son ardente imagination caresse (l'angle droit), type sur le patron duquel il avait déjà taillé la démarche et le costume des femmes de son pays. L'Anglais a dépensé une foule de millions et deux siècles d'efforts pour obtenir le merveilleux résultat qu'on appelle le cheval de course. Je donnerais beaucoup de choses pour pouvoir faire comprendre mon opinion à l'aide d'une image représentant un cheval étique, à l'encolure concave, à la tête de bique, à la croupe anguleuse, orné d'une queue de rat et monté par un jockey hideux, lequel serait séparé de sa selle par une distance respectable, et ferait une grimace affreuse pour exprimer l'atrocité des réactions de sa monture.

Cette merveille de perfection britannique qui rappelle à tous ceux qui ont bâillé sur la géométrie certains détails charmants du carré de l'hypoténuse, a donc les réactions atroces, la bouche dure, le pied perfide. Pour cette dernière raison, il est défendu de la faire courir ailleurs que sur un terrain parfaitement uni, peu glissant et soigneusement épierré. Ces bêtes-là travaillent trois ou quatre fois par an, trois à quatre minutes chaque fois. Elles ne sont bonnes, du reste, ni pour la chasse, ni pour la guerre, ni pour la promenade.

Des montures de cette espèce réclamaient une race d'écuyers spéciaux. A l'aide de procédés chimiques supérieurs, l'Anglais est parvenu à créer le jockey, une race intermédiaire entre le lapon et le jocko, et qu'il a nommé ainsi de sa ressemblance avec ce dernier quadrumane.

Ceci est l'exposition la plus pure et la plus complète de l'art et de l'idéal d'outre-Manche. Un dernier trait pour peindre le caractère anglais. Le cheval anglais spécule... C'est une machine à pari, rien de plus.

Comme c'est bien là, n'est-ce pas, cette nation brocanteuse, disgracieuse et amie de la Bible qui, par amour pour l'humanité, lui vend partout de l'opium, des armes de guerre et des révolutions; cette nation dont il a été dit qu'elle avait prohibé les rayons du soleil dans son île, pour favoriser la consommation de la houille indigène. Voyons notre patrie maintenant.

La France, avec ses 52 millions d'hectares, ne peut pas même produire assez de chevaux de guerre pour la misérable dépense de sa cavalerie. C'est assez dire que la noblesse française a passé de vie à trépas. En effet, priviléges, parchemins, droits du seigneur, et autres oripeaux de la vanité humaine ont été brûlés en une nuit, il y a soixante ans; et les castels des derniers fils des croisés, vendus à la criée, sont devenus propriétés des preux de la mélasse et du trois-six. Le joug de la conquête barbare est brisé; mais ne croyez pas que le Gaulois se soit affranchi pour cela.

Car si le territoire français se refuse à produire le cheval de bataille, emblème de la féodalité nobiliaire, il produit en abondance le cheval de *diligence*, emblème de la féodalité mercantile, régime vorace qui débute en tout pays par l'accaparement du monopole des transports.

La France est aux mains des agioteurs, des banquiers, des monopoleurs de la voie publique ; donc le seul cheval qu'on puisse y estimer et y cultiver avec amour est le cheval de transport. L'autre était plus joli, je ne crains pas de le dire, quoique je le regrette peu. Qui nous délivrera maintenant du cheval de diligence ?

Une des plus inconcevables folies gouvernementales de ce siècle a été de prétendre assujétir au même joug constitutionnel deux nations aussi opposées de tendances caractérielles et d'affections chevalines que le peuple français et le peuple grand-breton. On ne fera jamais que le cheval de trait s'accommode du régime qui convient au cheval d'hippodrome. Une idée qui me semble surtout marquée au coin de la déraison suprême, c'est d'avoir essayé de créer une chambre haute, une chambre aristocratique et héréditaire, dans un pays qui ne peut pas même fournir à sa consommation de chevaux de guerre en temps de paix ; un pays où l'aristocratie se gagne et se perd à la Bourse d'un coup de dé ; où l'agent de change *exécute* le Pair !

Pas de cheval de guerre, encore une fois, pas d'aristocratie ; partant, pas de nécessité de chambre haute ! Avis aux octroyeurs de chartes.

Le peuple parisien, vainqueur au 24 février, ayant décrété que la chambre des pairs avait cessé de vivre, celle-ci se le tint pour dit, et ne protesta pas.

Ce n'était pas assez d'avoir emprunté à l'Angleterre ses chapeaux puritains, ses habits étriqués, son régime constitutionnel, ses ignobles tabagies, la France, dans le paroxysme de son anglomanie, a voulu posséder son cheval de pari. A l'heure qu'il est, toutes les villes un peu importantes de la France sont occupées à se construire des hippodromes et à s'imposer extraordinairement pour favoriser les développements de l'industrie du cheval de pari. Tous les fonds destinés par le budget à l'encouragement de l'agriculture sont consacrés à servir des primes de quelques milliers de francs aux plus heureux joueurs, à d'ignobles juifs, de vrais juifs qui achètent les jockeys de leurs concurrents et partagent avec eux les deniers de l'Etat. Ces prodigalités absurdes n'ont rien que de très logique, du reste, dans un pays où le ministère de l'agriculture a été confié pendant dix ans à un fabricant de culottes de casimir noir, qui était complétement incapable de distinguer à première vue une betterave d'un chou-fleur.

La popularité toujours croissante des jeux de l'hippodrome a forcé certains journaux de Paris d'enrichir le personnel de leur rédaction d'un écrivain pour cheval, lequel doit être ferré sur la langue du *sport* (en français *langage d'écurie*).

Je remarque que c'est le comte d'Artois et le duc d'Orléans, père du roi Louis-Philippe, qui ont le plus contribué à l'introduction du cheval de course en France. On sait le bénéfice qui est advenu à chacun du progrès des idées anglaises. Le *règne* du vieux Priam aussi avait péri, il y a bien longtemps, par l'introduction d'un cheval étranger dans les murs d'Ilion. Hélas! à quoi servent les exemples contre la fatalité!

Paris est le miroir et le foyer de la France. La capitale donne le ton à la province. Le cheval qui joue le premier rôle à Paris et dans le reste du royaume, celui qui fait le plus parler de lui, est le cheval de messagerie, poste, diligence, omnibus. La statistique administrative constate que ce quadrupède onéreux estropie, rien qu'à Paris, deux personnes et une fraction par jour, et qu'il coûte à la population parisienne deux victimes par mois. Tout n'est pas de sa faute. Il existe à Paris, séjour de l'opulence et du bonheur, une foule d'individus qui n'ont pas d'autre métier que de se jeter sous les roues d'une voiture pour se faire briser un membre et attraper une indemnité qui leur donne du pain pour le reste de leurs jours. Il y en a qui réussissent, d'autres qui se manquent, d'autres qui se font couper en deux et n'en sont pas fâchés!

Le plus inoffensif de tous ces chevaux, mais non le moins estimable, est le cheval de fiacre, race modeste, d'origine bretonne ou ardennaise, et qui n'appelle pas la guerre de ses naseaux fumants. C'est l'emblème de l'humble travailleur que stimule incessamment l'aiguillon de la misère, qui est forcé de se reposer là où il se trouve, qu'aucun abri protecteur ne défend contre la rigueur des saisons, et dont la tête appesantie par la fatigue s'incline tristement vers la terre. A peine si le bourreau qui le fustige lui donne le temps de s'arrêter pour prendre son repas. Hélas! ce bourreau lui-même est torturé par l'aiguillon d'un maître plus barbare et plus impitoyable encore, la concurrence, l'Euménide civilisée qui détruit toute pitié au cœur du fabricant, qui réveille à coups de fouet, dans les manufactures anglaises, l'enfant qui s'endort sur sa tâche.

Le cheval de cabriolet, celui de coucou, racontent les diverses phases de l'existence chevaline, les chutes imprévues, les splendeurs éclipsées.

J'ignore d'où provient ce dicton mensonger que Paris est l'enfer des chevaux et le paradis des femmes. Si jamais deux destinées furent semblables, c'est à coup sûr celle de la jolie femme et celle du joli cheval de Paris, considérés tous deux comme objets de luxe. Le Boulevart et le Bois, voilà leur paradis à tous deux, tant que dure leur beauté, leur santé, leur jeunesse. Le coucou, la prostitution, le mépris public, voilà leur enfer... et les deux jolies créatures que le ciel avait douées de tant de moyens de plaire, arrivent au terme fatal, Montfaucon et l'hospice, par le même chemin. Quelle souveraine déchue, j'appelle souveraine de la mode et des plaisirs, n'a pas à repousser quelquefois l'obsession d'un souvenir d'humiliation et d'opprobre, un chapitre de l'histoire du cheval de coucou !

Ce foyer des plaisirs, ce gouffre des fortunes qui s'appelle Paris, consomme annuellement près de quinze mille chevaux. C'est à peu près aussi le chiffre des jeunes vierges que les familles pauvres de Paris livrent chaque année en tribut au minotaure de la prostitution.

Oh! oui, le cheval de France est bien bas et la gentilhommerie aussi. La postérité d'Alphane et de Bayard traîne le tombereau pendant que le pair de France assassine sa femme ou trafique de concessions de mines, et que le fils des preux vend le blason de ses pères pour servir d'enseigne aux boutiques de Juda. Où sont passés, demandais-je naguère, ces robustes enfants de la Gaule qui traversaient autrefois d'une seule traite les Alpes, l'Apennin, l'Adriatique et l'Archipel, qui se ruaient à la mort avec la même furie qu'au plaisir et à la chasse? Que sont devenus, pourrais-je demander pour la même cause, ces fiers chevaux gaulois si terribles dans les combats, au dire de Guichardin et des autres, et qui payaient de leur personne dans toutes les mêlées, s'attaquant de monture à monture, se mordant au poitrail et ruant des quatre fers pour élargir le cercle autour de leurs cavaliers. Hélas ! il y a longtemps que le cheval de bataille ne procède plus ainsi, et que le niveau de la discipline a tué chez l'individu tout essor de courage, de dévoûment, d'ambition. Le cheval français a possédé un jour tout ce qu'il fallait pour plaire, tout ce que les Teutons exigeaient d'un cheval accompli : la grâce, la chevelure et la fierté de la femme ; la vue perçante, le sang-froid et l'appétit du loup ; l'oreille droite, la queue épaisse et la souplesse du renard... S'il a péri, lui et ceux qui le montaient, pour n'avoir pas su faire de tant de dons précieux un saint et digne usage, que sa ruine soit du moins un enseignement pour l'avenir à tous ceux de sa race. *Discite justitiam moniti...* Chevaux et gentilshommes, avertis par la voix vengeresse des révolutions, apprenez que les *devoirs* des individus sont en raison directe de leurs *facultés*, que plus *on peut* pour le bonheur de ses frères en Dieu, plus *on doit ;* que l'oisiveté et le parasitisme sont de véritables délits de vol chez tous autres que l'idiot et le paralytique... et tâchez de conformer désormais vos actes à ces principes.

Car le culte de la grâce et de la forme n'est pas anéanti pour jamais, parce que l'épicier règne et gouverne en France. Que le cheval se rassure, l'épicier ne règnera pas toujours ; l'épicier passera comme ont passé le safran et la muscade... et avec l'Harmonie reviendront les concours de beauté, de vigueur et d'adresse, et les cavalcades armoriées aux écussons des séries, et les tournois sans fin, les parades luxueuses, les fêtes éternelles, et l'existence du cheval ne sera plus que joie, enchantement, ivresse. Donc que toute noble monture ayant quelque intelligence dans le cerveau et quelque beauté dans la forme, tourne avec moi ses regards vers les félicités de l'avenir, afin de se consoler des misères du présent !

J'avais posé, il y a quelques années, deux problèmes à l'Institut sur le cheval :

Pourquoi le cheval, qui adore la propreté, trouble-t-il l'eau avant de boire?

Pourquoi ses oreilles, droites en domesticité, se rabaissent-elles dans l'état de liberté, tout au rebours de ce qui a lieu pour le chien?

L'Institut n'a pas encore eu le temps de me répondre, et même tout porte à croire qu'il ne me répondra pas.

## L'ANE.

A un degré plus bas dans les variétés de l'espèce se rencontre l'âne, emblème primitif du paysan, contempteur souverain de la parure et du beau langage, et qui, pour la nourriture et pour le domicile, se contente de tout. Le porteur d'eau, compagnon de peine de l'âne, et natif des monts d'Auvergne, ne brille pas précisément non plus par l'atticisme du langage, l'élégance des manières et le purisme de la gastrosophie. Il y a parenté entre l'âne et l'Auvergnat, comme entre le gentilhomme et le cheval arabe.

Ce n'est pas d'aujourd'hui que l'âne et l'analogie se connaissent. Il y a quelques milliers d'années que l'histoire et la fable les ont mis tous deux en rapport.

L'histoire sainte, entre autres, s'est fort évertuée sur le compte de la pauvre bête qui fut la monture du Sauveur. De ce que l'âne porte sur le dos une croix, emblème de tribulations, on l'a d'abord baptisé chrétien. De ce qu'il paraît aimer les chardons et les épines, on l'a comparé au philosophe qui supporte avec calme toutes les amertumes de l'existence, et au juste qui, pour gagner le ciel, renonce aux pompes et aux œuvres de Satan. De ce qu'on avait remarqué que la prudente bête ne traversait qu'avec répugnance les passages dangereux où elle avait déjà trébuché, on en a fait un sage qui craint de retomber dans le piége où il a été pris et fuit la récidive. Enfin, parce que l'âne a peu de confiance aux eaux nouvelles et se fait un peu prier pour boire aux abreuvoirs inconnus, on l'a fait longtemps passer pour un modèle de prudence et de fidélité à l'église, pour le beau idéal du croyant qui regimbe contre l'hérésie et les idées nouvelles et repousse le droit d'examen.

L'analogie se voit à regret forcée de prendre ici en faute les Saintes-Écritures. L'esprit d'obscurantisme et de répulsion systématique pour les idées nouvelles est, en effet, la Dominante passionnelle du baudet, et il aime à en faire parade ; mais l'esprit d'obscurantisme n'a jamais constitué la sagesse, au contraire.

L'âne, qui est l'emblème du paysan grossier et du conservateur
borné, pèche surtout par la paresse d'intelligence. Ce n'est pas
tant l'amour des anciens us et coutumes qui le retient dans l'ornière de la routine, que l'horreur du nouveau. Ne confondons
pas la paresse d'esprit, la myopie d'intellect avec la fidélité à la
religion des aïeux. Les deux choses ne se ressemblent nullement. J'admire volontiers l'âne et le paysan, son image, en ce
que tous deux ont d'admirable, en leur sobriété, leur constance
au travail, leur résignation dans l'indigence ; mais je ne veux pas
leur faire des vertus de leurs vices. Comme je sais que c'est par
défaut d'élévation dans les idées que l'âne et le paysan suppor-
tent si patiemment le joug de la tyrannie, je ne leur ferai pas un
mérite de leur patience ; quand leur patois odieux m'écorche le
tympan, je ne me répandrai point en éloges sur l'énergie de
leurs mâles accents. Érasme, qui ne sait pas dissimuler ses sympathies pour l'âne, avoue néanmoins que ce quadrupède porte-
croix a peu de dispositions pour la musique ; mais il essaie de faire
valoir, en faveur de son protégé, cette circonstance atténuante :
que si l'âne contribue peu à l'harmonie pendant sa vie, il la sert
généreusement après sa mort, lui fournissant les meilleures
peaux qui existent pour faire les grosses caisses et les meilleurs
tibias pour fabriquer les clarinettes (*tibiæ*). Je demande à me
récuser comme juge de cette dernière question, à raison de ma
répulsion invincible pour la clarinette, ayant habité le voisinage
du Pont-Royal pendant plusieurs années.

Les pauvres travailleurs, hélas ! n'ont pas de pires ennemis
que les honnêtes gens qui ne sont bons qu'après leur mort,
comme les pourceaux et les avares, comme le banquier, le blaireau et le conservateur borné, comme une foule d'autres institutions héréditaires que les lois protectrices de la liberté de tout
dire m'empêchent de nommer. Mon Dieu, mon Dieu, mais ce
sont précisément ces idées d'utilité posthume exclusive qui poussent aux moyens violents et aux exécutions sanguinaires. Puisqu'ils doivent être si utiles et si bienfaisants après leur mort,
disent les logiciens de l'échafaud, voyons, procurons-leur le
moyen d'être utiles.

Pour qui est un peu fort sur le langage des bêtes, pour qui sait
apprécier les nuances de chaque style, il est facile de reconnaître
que les trois quarts des proverbes de Sancho Pansa lui sont souf-
flés par le Grison. Je ne connais pas d'identification de bête et
d'homme plus complète que celle qui existe entre l'écuyer du seigneur don Quikôte et sa monture. Même grossièreté de bon sens
de part et d'autre, même égoïsme, même sécheresse de cœur,
même besoin de se gausser des principes d'équité et des idées généreuses, même mépris du droit, même respect du fait. Je voudrais rédiger en huit jours un traité complet de morale et de politique à l'usage du trembleur, rien qu'avec les aphorismes les plus
populaires du baudet. Qu'on inspecte l'arsenal de la politique de
la peur, qui prend habituellement pour pseudonyme *sagesse*, on
reconnaîtra que la plupart des armes défensives y incluses portent
la marque de fabrique de maître Aliboron. Le *chacun chez soi* de
M. Dupin aîné n'est pas venu d'ailleurs. Pour tous les hommes
pratiques, *Donquichotisme* est le mot propre du dévouement, de
la délicatesse et de la fidélité.

Mais ne nous y trompons pas, l'âne, comme l'Auvergnat, est
plus rusé et plus ignorant que sot, et l'histoire a recueilli de lui
une foule de mots irréprochables, notamment celui-ci : *Notre
ennemi, c'est notre maître*. Ce qui prouve que la maligne bête
s'exprime aussi en très-bon français quand elle veut. La sottise
pivotale que je reproche à l'âne est de ne pas conformer son vote
à cette opinion, et de donner toujours sa voix à celui qui le mal-
mène le plus brutalement.

Cette contradiction bizarre entre ses bons mots et ses votes démontre que l'âne ne fait d'opposition que par tempérament, et
que cette opposition, chez lui, s'en tient volontiers à l'épigramme
et à la *rétivité*. Je ne compte pas plus sur l'âne que je n'avais
compté sur l'opposition dynastique pour le succès de la révolution dernière. L'âne, qui fait une guerre d'extermination au
chardon, emblème de la presse bonne et mauvaise, a trop de
points de contact avec les petits hommes d'état qui inventent les
législations de septembre, pour que j'aie foi en ses reliques. Défions-nous, défions-nous des gens qui sont toujours prêts à se rou-

ler par terre et qui attendent que nous soyons endormis pour nous jeter à bas.

L'âne (paysan) n'a pas non plus assez de désirs pour être charitable, et le monde ne peut être sauvé que par la charité. L'émotion de plaisir que cet animal éprouve à la vue de l'abîme béant, ressemble aussi par trop à la curiosité cruelle qui fait affluer la population des campagnes autour de l'échafaud, un jour d'exécution.

L'ânesse, dont le lait réparateur ranime la vigueur des poitrines délabrées par l'abus des plaisirs des villes, symbolyse la femme forte et laborieuse des champs à qui la petite maîtresse de la capitale est forcée de remettre le soin d'allaiter sa progéniture, incapable qu'elle est elle-même de cette fonction sainte. Or, on sait que le lait transmet au nourrisson le caractère moral et physique de la mère ; d'où s'explique trop facilement, hélas ! le nombre toujours croissant des types asiniques parmi les enrichis.

L'ânesse laitière est affranchie du travail, prend du bon temps et se prélasse en voiture dans les rues de Paris... comme la vigoureuse campagnarde que les riches familles admettent aussi à partager leur table, leur luxe et leur mollesse, aussi longtemps qu'elles ont besoin de ses services.

Pauvre peuple des champs, porte-bât méprisé du régime social actuel, tu entretiens de ton travail l'orgueil et l'oisiveté du riche citadin, du bourgeois et du juif ; tes fils montent la garde à la porte des plaisirs de tes maîtres ; tes filles sont obligées de refuser le lait de leurs mamelles aux fruits de leurs entrailles pour le vendre aux enfants des femmes étrangères ; elles sont les nourrices de cette race d'énervés...

Et, tous les jours, néanmoins, j'entends dire par ces fainéants des cités que c'est le fainéant qui te fait vivre ; et ce mensonge impudent ne te révolte pas !

Porte-bât du régime actuel, paysan aux longues oreilles, qui votes pour Montal...... et les cuistres, je ne sais qui l'emporte dans mon cœur, de ma pitié pour ta souffrance ou de mon mépris pour ta crédulité.

## LE MULET.

Nous avons mesuré la distance qui sépare le cheval de l'âne, le gentilhomme du manant; reste à parler de la race intermédiaire, du métis provenant de l'alliance des deux espèces, du bourgeois enrichi, du mulet.

Le mulet est le triste emblème de la féodalité d'argent.

Le mulet, ou plutôt la mule, adore, comme le cheval, les grelots, les panaches, les caparaçons brodés et les galas pompeux. Ainsi le bourgeois vaniteux recherche les décorations et les titres, et son *épouse* aspire à figurer dans le quadrille des princes, auprès des grandes dames.

La mule aime à s'atteler au char des *papes* et des *reines*, royautés pacifiques. Le bourgeois n'est pas moins plat en ses adulations intéressées que le véritable gentilhomme, l'homme de cour.

La mule marche d'*un pas relevé en faisant sonner ses sonnettes*. Ainsi le bourgeois *huppé* de la petite ville, le *gros bonnet* de la Bourse, aime à parler de ses richesses et à faire sonner ses écus.

Malheureusement pour le mulet, je cherche et ne trouve pas chez lui cette ardeur des combats, ce courage bouillant, qui poétisent, s'ils ne la légitiment pas, la tyrannie de la caste aristocratique. Vainement le bourgeois enrichi essaie-t-il de se donner un air imposant en se couvrant le chef du redoutable bonnet à poil de la milice citoyenne; il vise au majestueux et n'atteint qu'au risible. La coiffure martiale, au lieu de concourir à dissimuler le bout de l'oreille d'âne, l'oreille paternelle, semble réussir au contraire à lui donner des proportions gigantesques.

Une des passions malheureuses du négociant, du calicot, de l'officier de garde nationale, est la passion du cheval. Or, il y a antipathie insurmontable entre les deux espèces. Aussi est-il très rare que les mariages forcés que l'on voit de temps à autre se conclure entre elles, n'aboutissent pas très-vite à une séparation de corps.

L'étalon généreux, à l'instar du vrai gentilhomme, est toujours prêt à voler au secours de la république menacée, — le mulet (lisez *bourgeois*) aime autant se faire remplacer dans cette fonction peu attrayante. — Le mulet (lisez *bourgeois*) veut bien abuser de tous les *priviléges* de la propriété foncière, chasse, pêche, cueillette, droit d'insouciance; mais il désirerait en même temps en éluder les *charges*. Il aime mieux payer pour faire défendre le sol, payer pour faire veiller au maintien de l'ordre que de se charger lui-même de la besogne. Du reste, ce brave et digne accapareur qui a volé deux ou trois millions à la société dans le commerce des farines, ne demande à cette société qu'une chose : qu'elle lui assure la jouissance paisible de *ses droits, fruits de son* TRAVAIL. C'est un ami de l'ordre et de la paix à tout prix, abonné fidèle du journal de Juda et exact en ses paiements.

Le mulet tient beaucoup plus de son père l'âne, quant aux facultés intellectuelles, que de sa mère la jument. Quoique moins aventureux et plus réfléchi que le cheval, il est beaucoup plus têtu et plus opiniâtre que ce dernier dans ses rébellions contre le droit, et il y a peu à espérer qu'il fasse un auto-da-fé de ses titres de rente, comme le cheval en a fait un de ses titres de noblesse dans la nuit du 4 août. En fait de littérature et de spectacles, il affectionne par dessus tout, comme l'âne et le paysan, le mélodrame et la guillotine. La postérité ne lui pardonnera pas d'avoir voté la mort des affamés de Buzançais, et d'avoir redressé l'échafaud politique après les journées de juin 1848.

Le mulet, emblème de la féodalité mercantile, emblème du bourgeois têtu, vaniteux et poltron, n'a pas été destiné par Dieu à faire souche. Que le saint nom de Dieu soit béni !

La mule n'est pas stérile dans l'acception absolue du mot, puisqu'il est connu depuis des milliers d'années qu'elle peut produire par accouplement avec le mulet, avec le cheval et l'âne. C'est la race elle-même qui est frappée d'infécondité, puisqu'elle ne peut se perpétuer indéfiniment par ses femelles, et que sa fécondité s'arrête à la troisième ou quatrième génération. Les savants qui se sont occupés de cette question intéressante des mulets ou des métis, ne me paraissent pas l'avoir comprise jusqu'ici, faute d'avoir limité la puissance de l'homme. L'homme peut modifier et améliorer les espèces créées, mais non en créer de nouvelles. Les mulets, qui sont un produit de l'art ou de la création humaine, doivent apporter en naissant pour principaux caractères naturels la neutralité du sexe et l'aptitude à tous les services. Ainsi les métis de faisan et de poule commune s'engraissent avec autant de facilité que les chapons, et remplissent avec plus de complaisance encore que ceux-ci l'office de *couveuses*, oubliant complètement leur sexe. La chair du mulet est de beaucoup préférable aussi à celle du cheval, et pourrait devenir succulente si l'on y tenait beaucoup; et jamais le mulet n'aurait songé à son sexe, si les savants n'avaient éprouvé le besoin de s'en préoccuper pour lui. Le mulet, qui n'est pas un sot, sait parfaitement que sa race bâtarde est frappée d'infécondité, et il n'essaie pas de se révolter contre la condamnation du sort. Or, quand il renonce si philosophiquement et si spontanément à l'amour et à ses peines, c'est mal à nous de lui monter la tête avec des chimères et de l'abuser par l'espérance d'une postérité fabuleuse.

## RUMINANTS DOMESTIQUES.

C'est la famille de mammifères la plus importante, sinon la plus riche en espèces, et la plus utile à l'homme par les nombreuses qualités de son esprit et de sa chair. Il faut croire que les astres, dont le concours la créée, n'ont guère été troublés dans leurs opérations, car la série est presque complète, et nous retrouvons ses groupes sous toutes les latitudes : la vache et la biche partout ; l'antilope, la girafe, le zèbu sous la zône torride ; le renne jusque dans les régions glacées où la terre ne vit plus. La Providence maternelle, qui veille sur la destinée des globes, a su distribuer les pièces de son plus précieux mobilier, de manière à ce que chaque contrée, même la plus déshéritée, en eût sa part. C'est elle qui a donné au chameau, avec la sobriété et le don de deviner les sources, le large sabot qui le fait glisser comme un navire sur la houle embrasée du désert. C'est elle qui a donné la légèreté de l'oiseau au chamois, au bouquetin, à l'isard, pour voltiger sur la crête des pics, au séjour des neiges éternelles.

Nulle famille n'a fourni à l'homme autant de serviteurs dociles que celle des Ruminants, témoin le troupeau de bœufs, de moutons et de chèvres, le troupeau, premier élément du bien-être de l'homme et la plus intéressante de toutes ses conquêtes animales. Les Ruminants ont fait pour l'homme dans l'ordre des quadrupèdes ce qu'ont fait les gallinacés dans l'ordre des oiseaux ; ils ont donné à toutes les bêtes l'exemple de la soumission à leur roi légitime. L'homme ne sait pas encore tout ce qu'il doit de gratitude à ces deux races modèles dont les unes, celles à lui ralliées, comme le bœuf, le mouton et la dinde, le servent, le nourrissent et l'habillent ; et les autres, les rebelles, le chevreuil, le faisan, la caille, entrent pour une si large part dans ses festins et dans ses plaisirs comme gibier. Avant cinquante années du régime d'harmonie, tous les Ruminants seront à nous, le karibou du Nord comme l'élan du Cap, et le bison des prairies herbeuses de l'Amérique occidentale, comme le buffle soi-disant indomptable des forêts de l'Abyssinie et des îles de la Sonde. La vache domestique a déjà fait de louables tentatives vers les parages de Terre-Neuve, pour rallier le karibou.

Dieu a écrit lui-même la bonté, la placidité, l'innocence dans l'œil des Ruminants ; car Dieu a voulu que toutes les bêtes portassent leur caractère écrit dans leur regard, comme les fleurs leur nom brodé sur le champ de leur corolle. C'est pour cela que le vieux procureur a du renard dans les traits et que la figure de l'usurier juif vous fait songer malgré vous au vautour.

Le peuple grec, qui comprit si admirablement les lois de l'analogie universelle, a chanté dans ses poèmes l'œil bleu du Ruminant. La reine de l'Olympe païen, la fière Junon, se trouvait excessivement flattée de s'entendre appeler la déesse aux yeux de bœuf (*boopis*) par ceux qui lui faisaient la cour. Les Persans, les Arabes, une foule de poètes jaunes et noirs de la ligne équinoxiale, ont épuisé les formules d'adoration les plus hyperboliques pour célébrer le regard velouté de la gazelle. Je ne vois pas de mal à cela certainement; toutefois, si le sort m'avait fait naître Persan, j'avoue que je me ferais scrupule d'attribuer le regard de la femme aimée à la gazelle, quand il est évident que c'est la gazelle qui a emprunté son regard à la femme aimée. Il y a toujours du bénéfice à dire les choses comme elles sont.

Et comme toutes ces espèces innocentes étaient destinées à servir de pâture aux espèces malfaisantes, l'homme en tête; comme toutes symbolysent le travailleur, le juste, opprimé, persécuté par la coalision des parasites, par celle des loups cerviers notamment, Dieu a marqué leur face du cachet de victime. Aux races les plus persécutées, daim, cerf, chevreuil, etc., à ces doux yeux si grands ouverts, si remplis d'innocence, il a donné la faculté des larmes... un don qu'il a refusé obstinément au chien, et sagement a-t-il fait; car le chien eût abusé de ce don pour se rendre maître de l'homme.

Ce fut un grand événement dans la société primitive que la conquête du taureau, et dont on parla bien longtemps. Le chien fut pour beaucoup dans cette victoire importante de l'homme sur la brute; l'histoire ne l'a pas dit assez; l'ingratitude est le vice

15

dominant de l'homme des sociétés limbiques. Du jour où le taureau docile accepta le servage, la Société transita de Sauvagerie
en Patriarcat : pas immense ! Ce fut la première rédemption de
l'humanité après sa chute, et la reconnaissance du monde rédimé
de la faim éleva des autels aux dompteurs du taureau, aux inventeurs de la charrue. L'Egypte bâtit des temples au bœuf Apis,
comme au chien Anubis. La Grèce, sage imitatrice de l'Egypte,
admit Bacchus et Triptolème au rang des dieux, et fit une place
brillante au chien et au taureau parmi les constellations de son
ciel.

Avouons pourtant que nous aurions tous un peu plus profité dans
nos classes, si nos professeurs, au lieu de nous fatiguer de leurs
insipides rabâchagés sur les batailles d'Alexandre, eussent pris la
peine de nous enseigner l'histoire de chaque conquête de l'homme
sur la nature, la conquête du blé, de la vigne ou du bœuf, et l'influence d'icelle sur les progrès de l'humanité. Eh ! sans doute,
mais voilà l'obstacle. Si les savants s'avisaient de rendre les études attrayantes, les enfants, en deux ans, en sauraient un peu
plus que leurs maîtres, et ceux-ci perdraient bientôt l'avantage
de position que leur a conservé jusqu'ici l'ignorance des masses.
C'est toujours, hélas ! l'histoire des répulsions de tous les corps
constitués pour les grandes découvertes, que le découvreur s'appelle Galilée, Fourier ou Colomb ; c'est la vieille guerre de l'obscurantisme contre le progrès, de la papauté contre la philosophie,
du prêtre contre l'homme. Nous-mêmes, nous autres Français,
qui nous disons le peuple spirituel et progressif par excellence,
le peuple ami du nouveau, nous n'avons de sympathie que pour
la routine, de sarcasme et d'esprit que contre les inventeurs ;
nous semblons craindre toujours que le temple ouvert à nos
grands hommes par la patrie reconnaissante ne soit pas assez
grand pour contenir toutes nos gloires.

Le ruminant adore la mélodie... la mélodie et le sel, l'une qu
parfume l'âme, l'autre qui purifie le corps.

Et cette passion de la mélodie est encore un des signes où se
reconnaissent les douces et et nobles natures, les créatures victimes. Le lézard, emblème de l'innocence, raffole de la flûte. Le

bœuf oublie à écouter la plaintive vilanelle et la dureté du sol et la profondeur du sillon. La folle par amour se guérit par des airs tendres. Et quelle douleur, en effet, ne se détendrait pas, quel orage du cœur ne fondrait pas en pluie de larmes sous l'impression suave et mélancolique qui vibre dans les accents de certaines voix de femmes, qui s'échappe par bouffées balsamiques de l'*Invitation à la Valse* ou de la *Dernière Pensée* de Weber ! Je me suis fait bien des ennemies déjà parmi le beau sexe de l'Asie-Mineure, pour avoir proclamé cette grande vérité : on *aime* les femmes *grasses,* on n'*adore* que les *minces*. Eh bien ! je ne crains pas d'attirer sur ma tête une nouvelle disgrace en disant : Pas d'organe harmonieux et velouté, pas de femme ; pas de romance, pas d'amour... d'amour complet, s'entend, amour de collégien ou de prêtre. L'histoire dira comme moi, un jour, que parmi les femmes célèbres de ce temps, les deux qui réalisèrent le mieux l'idéal de leur sexe pour une foule d'esprits distingués, Marie Malibran et une autre, une Marie aussi, étaient de grandes artistes, chez lesquelles la puissance de séduction résidait dans une multitude de charmes, mais sur tout dans la voix.

Le monde a connu de bonne heure la passion musicale des bêtes.

> De là sont nés ces bruits reçus dans l'univers,
> Qu'aux accents dont Orphée emplit les monts de Thrace,
> Les tigres amollis dépouillaient leur audace.

Les premiers législateurs des peuples, les poètes, ayant saisi avant les autres les rapports mystérieux qui unissaient la bête à l'homme par la chaîne d'harmonie, consignèrent le fait dans leurs chants. En Perse, l'élégie amoureuse est intitulée *Gazelle*. Les Français, les Latins, les Grecs, ont appelé *Bucoliques* les poésies pastorales. Aristote, ainsi qu'on le verra plus loin, connaît la sympathie du cerf pour la musique sentimentale.

La fable rapporte que dès les temps les plus anciens l'homme se servit des notes de la gamme pour rallier ses troupeaux. Dans les grands pâturages de Suisse, chaque troupeau de vaches est conduit par une commandante qui ne porte d'autre insigne du généralat qu'une clochette au cou. Mais cette clochette a un son

particulier et distinct de celui des autres clochettes du voisinage ;
et tous les membres de la réunion sont d'une force si remarquable
sur l'intonation, qu'il n'y a pas d'exemple qu'une vache suisse se
soit jamais trompée de compagnie en prenant un *ut* pour un *sol*.
Si les bergers de la Mœsta espagnole, qui conduisent tous les ans
des Pyrénées à l'Estramadure des millions de mérinos, avaient la
sagesse d'adopter la méthode helvétique, il leur suffirait à chacun
du concours d'un seul chien muni d'une clochette en *fa dièze* ou
en *mi* ou en *ré*, pour mener sans encombre un troupeau de dix
mille têtes. Je suis en position de garantir aux bergers de la Mœsta
les bonnes dispositions du Chien. Je connais le Chien, il fera toujours pour l'homme plus que celui-ci ne lui demandera.

J'affirme encore que s'il existait dans la nature un son absolu
qui s'appelât le *sol* et qui fût l'analogue du rayon jaune dans la
gamme des couleurs, ce serait la note que les Ruminants affec-
tionneraient le plus, parce que la note *sol*, ainsi que le rayon
jaune, est celle qui correspond à la passion de familisme, la plus
puissante des passions affectives chez les Ruminants.

La dominante de Maternisme est, en effet, caractéristique de
l'espèce, et ce qui est vrai de la vache ou de la chèvre, l'est également de la biche ou de la chevrette. On se rappelle que j'ai
divisé précédemment la grande famille des Ruminants en deux
branches principales.

Une autre passion non moins noble du ruminant est sa passion
pour le sel. Admirons encore ici la manière dont le civilisé s'est
conduit avec les ruminants et avec lui-même dans cette question
du sel.

Quand une chose est indispensable ou simplement utile à
l'homme, Dieu a grand soin de multiplier cette chose et de faire
en sorte qu'elle se trouve en tous lieux à la portée de sa créature.

Ainsi a-t-il fait pour le sucre et pour le sel, deux substances
qui sont éminemment nécessaires à la nourriture de l'homme, et
qui sont destinées à servir d'assaisonnement à tous ses aliments.
Il a placé le sucre au fond de tous les fruits, de tous les grains, de
toutes les tiges ; il a voulu que les roseaux de la zône torride le

versâssent à longs flots et presque sans travail, afin que l'homme n'eût qu'à se baisser pour en prendre et pour s'en composer des breuvages reconfortants et des mets délicieux. Il a voulu que cette denrée précieuse fût pour les peuples des zônes brûlantes ce que le vin avait été pour ceux des zônes tempérées, un moyen de ralliement et d'échange avec les autres pays du globe. Aussi le sucre serait-il aujourd'hui la denrée alimentaire la plus commune et la moins chère, si le civilisé n'avait trouvé moyen d'en entraver la production par tous les procédés imaginables, et de manière à la rendre inaccessible à la bourse du pauvre. Si j'étais gouvernement français, le demi-kilogramme de sucre coûterait moins que le demi-kilogramme de pain avant deux ans d'ici, et l'impôt du sucre rapporterait trois fois ce qu'il rapporte. Le malheur est que je ne sois pas gouvernement français.

Un des bonheurs suprêmes du civilisé est de détruire l'œuvre du Créateur, afin d'avoir occasion de se donner des peines infinies pour réparer ses sottises et refaire l'œuvre de Dieu. Le voilà très occupé en ce moment à reboiser les montagnes qu'il a dénudées par besoin de destruction. Ces penchants de destruction semblent innés dans la race ; le petit civilisé, au sortir de la mamelle, essaie déjà de briser de ses faibles mains les tiges de fleurs et les vases qui sont à sa portée.

Le sel étant pour l'homme un produit de nécessité indispensable, absolue, Dieu l'avait donc répandu sur la surface du globe avec prodigalité. Il en avait saturé certaines sources, pour que l'homme n'eût d'autre peine à prendre que d'en faire évaporer les eaux et d'en recueillir le résidu. Il l'avait fait jaillir en couches immenses des vagues de la mer, pour que le pêcheur eût toujours sous la main le moyen de conserver le produit de ses pêches et de l'expédier au loin. Au sein des continents, il avait fait effleurir le sel à la surface du sol, et il en avait renfermé dans les entrailles de la terre des masses inépuisables.

Comme la richesse de l'homme devait consister principalement dans le nombre et dans la beauté de ses troupeaux, qui fécondent la terre par leur travail et donnent à cette terre en engrais ce qu'ils lui enlèvent en récoltes, Dieu avait doué la plupart des ani-

maux qui devaient les premiers se rallier à l'homme d'un vif
appétit pour le sel. Le sel est, pour les ruminants, la première
condition de la santé, de la vigueur et de la succulence. Avec le
sel, il n'est point d'épizooties à redouter pour ainsi dire ; avec le
sel, il n'y a pas de mauvais fourrages pour le mouton ni pour le
bœuf. Les herbes sèches des prairies voisines de la mer et satu-
rées de sel sont préférées par le bétail aux herbages les plus gras
et les plus tendres des prairies de l'intérieur. Le mouton par
excellence est le mouton des prés salés.

Le civilisé n'a pas eu de repos qu'il n'eût complétement tari
cette source naturelle de richesses, et qu'il n'eût corrigé l'œuvre
de Dieu. Le produit que Dieu donnait pour rien parce que la
consommation de ce produit était nécessaire à la santé de l'homme
et à celle de ses compagnons de travail, il l'a imposé à des taux
tellement fabuleux, que non seulement le mouton et le bœuf ont
été forcés d'y renoncer, mais que l'homme lui-même a dû réduire
sa consommation de sel à des proportions totalement insuffisantes.
Le peuple français, jusqu'en ces dernières années, a payé 50 et
60 centimes le kilogramme de sel qui ne vaut pas un centime sur
les lieux d'extraction.

Il y a folie et folie, mais je ne connais pas de pire folie gouvernementale et fiscale que celle-ci, qui s'arroge le droit de priver
l'homme d'un aliment que le bon Dieu lui donne pour rien et
dont il a absolument besoin pour vivre. Je conçois la haine du
peuple pour les gabelous et les gabelles ; je conçois qu'on fasse
des révolutions, rien que pour se délivrer de l'impôt sur le sel.
Les professeurs d'histoire astronomique des autres planètes ont
toutes les peines du monde à persuader à leurs auditeurs que les
habitants de la Terre aient pu tolérer paisiblement une semblable
tyrannie.

Mais il me faut mes impôts, dira le gouvernement, et il faut
bien que je prenne de l'argent quelque part pour faire aller ma
machine, et avoir de quoi solder mes garnisons et engraisser mes
banquiers. — Vous avez raison, gouvernement, mais imposez le
contribuable proportionnellement à sa fortune, comme le prescrit
la Constitution, et non pas proportionnellement à sa consomma-

tion de sel, attendu que cette consommation est précisément proportionnelle à la pauvreté du consommateur. Je sais un moyen
de supprimer dès demain l'impôt sur le sel, sans qu'il en coûte
un centime au trésor, au contraire.

Et ce serait merveille de voir comme les choses changeraient
de face quasi-subitement s'il était employé ; car, notez bien ceci :
le sel, c'est la richesse.

Le sel, c'est la richesse, la pureté ; le sel a un caractère tellement sacré, que, dans toutes les religions primitives, les hommes
ne trouvent pas de plus noble offrande à présenter à la divinité.

Jésus Christ a dit à ses disciples : « Vous êtes le sel de la
terre. »

L'hospitalité s'exerce par le sel. L'Arabe se croit obligé de protéger et de défendre l'étranger qu'il a admis à partager le sel avec
lui.

Le sel est l'élément par excellence de la salubrité et de la conservation. Le produit que le peuple éloigné de la mer estime le
plus est le sel. La denrée qui renchérit le plus vite dans la ville
assiégée, est le sel.

Le sel est le principe de toute croissance et de toute vigueur.
La taille et la vigueur de l'homme sont en proportion du sel qu'il
consomme. Le Patagon et le Taïtien, qui sont les plus grands des
mortels, font leur cuisine à l'eau de mer.

J'ai ouï dire à des physiologistes consciencieux et éclairés que
la génération de 92 n'avait déployé tant d'énergie physique et
morale que parce que c'était la génération qui avait le plus consommé de sel. En effet, comme l'impôt de la gabelle, sous les rois
Louis XV et Louis XVI, forçait chaque contribuable à payer une
redevance fixe au trésor, qu'il consommât ou ne consommât pas
la quantité voulue, le contribuable était forcé de consommer... et
de là cette vigueur herculéenne et ces merveilleuses campagnes
que nos aïeux ont exécutées sans effort, et qui nous paraissent,
à nous autres pygmées qui économisons le sel, des travaux de
géants.

Cherchez à travers les rangs de cette génération invincible,
quelles sont les populations qui ont enfanté le plus grand nombre

de héros, les guerriers qui ont le moins fondu au soleil de l'É-
gypte et le moins gelé en Russie, vous trouverez que ces populations sont celles de la Lorraine et de la Franche-Comté, pays
de sel.

Quels sont les marins qui se conservent le plus longtemps sur
mer? Les Bretons des marais salants.

A quelle contrée appartenaient ces fédérés géants dont la taille
superbe excitait si vivement l'admiration des dames parisiennes
aux beaux jours de 90? Au Jura, pays de sel.

Quelles sont aujourd'hui encore les contrées les plus éclairées,
les plus laborieuses et les moins procédurières de la France?
Contrées de sel, Franche-Comté toujours et Lorraine. Le Breton
ne sait pas lire, mais du moins il plaide peu.

Dans quelle industrie s'est introduit d'abord le principe vivi-
fiant de l'association? Dans la fabrication des fromages, une industrie salée...

Je me suis contenté d'arracher quelques preuves à l'histoire de
nos conquêtes, pour démontrer la sottise et l'immoralité de l'impôt sur le sel. Je ne veux pas attaquer à ce sujet la corde révolutionnaire, et mettre en regard les conséquences de l'odieux impôt
sur l'existence du riche et sur celle du pauvre, parce que ce sont
là des comparaisons qui appellent des conclusions terribles. Mais
je veux foudroyer l'impôt par des considérations d'un autre ordre,
par les inductions de l'analogie, science des sciences, c'est-à-dire
par des arguments sans réplique. ,

Le sel qui cristallise en cube est l'emblème de la richesse, de
la salubrité, de la conservation. Sans le sel, l'homme ne peut conserver ses richesses acquises, le poisson, les viandes; comme sans
le sucre, ses fruits.

Le sel, répandu sur la terre stérile, la fertilise, contrairement
au préjugé antique, et y développe une végétation vigoureuse.
Le peuple breton, qui vit dans une atmosphère salée, est le peuple le plus chevelu de l'Europe.

Le sel excite l'appétit de l'homme et le maintient en santé. Il
lustre le poil du bétail et active son engraissement.

Privez l'homme de sel, condamnez-le à manger de la viande

non salée, et aussitôt vous allez voir se développer dans ses intestins, dans toutes les parties de son corps, des myriades de vers,
ténias et dragonneaux, emblèmes de parasitisme. Ses cheveux et
son corps se couvriront de vermine, emblème de misère et de dégradation; je parierais que les enfants ont leurs raisons pour adorer le sel. Les Abyssiniens, qui mangent beaucoup de viande et
qui n'ont pas de sel, sont constamment affectés de dragonneaux
et de vers solitaires. Je ne sais plus où j'ai lu que dans certains
pays du nord, l'interdiction du sel était le supplice réservé à l'aristocratie. Au bout de quelques mois du régime, le condamné pé-
rissait, dévoré par la maladie pédiculaire.

Pénétrez pendant l'hiver dans les étables des pauvres cultivateurs de France, et vous y trouverez tous les animaux dévorés de
vermine, par raison de mauvaise nourriture et de privation de
sel. La plupart des épizooties, la clavelée, la morve, proviennent
de l'appauvrissement du sang, et n'ont pas d'autre cause que la
mauvaise qualité de la nourriture, qui se bonifierait immédiatement d'une minime addition de sel. Les mêmes causes produisent les mêmes effets sur les chevaux, le porc, le chien, qui semblent cependant ne pas rechercher aussi avidement le sel que le
mouton et le bœuf. On découvrira quelque jour que la rage ne se
développe chez les chiens qu'à la suite de l'inflammation de la
glande salivaire sublinguale, produite par une trop longue abstinence de nourriture salée.

Les cerfs de l'Amérique du nord, instruits par la nature, font
tous les ans, à une certaine époque, des voyages de 400 et 600
kilomètres, pour venir paître le sel aux rives des lacs salés. La
tradition leur a appris que c'était là le seul moyen de se débarrasser des myriades de tiquets (poux de bois) qui s'attachent en
grappes à leurs chairs.

Il y a quelques années que tous les chevreuils de la belle terre
de Vaux, appartenant à M. de Praslin *Barbe-Bleue*, périrent de
cette peste.

Autrefois, quand il y avait des forêts royales, où l'on tenait
beaucoup de fauves, on avait soin d'établir de distance en distance de petits monticules de glaise et de sel pétris ensemble

et que venaient lécher les daims, les cerfs et les chevreuils.

Cette loi de l'efficacité du sel, emblème de la pureté et de la richesse, contre la vermine, emblème de la misère et de la corruption, est si universelle que tous les animaux la comprennent. Tout le monde sait la passion du pigeon pour le sel. Tout le monde sait que le meilleur moyen d'affriander le pigeon fuyard et de le retenir au colombier, est d'orner de temps en temps sa demeure d'une queue de morue bien salée, ou mieux encore d'un rôti de renard richement salpêtré. Le pigeon mange les murs comme la brebis et la chèvre par goût pour le salpêtre qui y effleurit quelquefois. Le pigeon fuyard que dévorent une foule de misères, est le trop fidèle emblème des amours civilisés.

Or, ces civilisés avaient à choisir entre le sel et la vermine, entre la pureté et la corruption, entre l'extension de la richesse et celle de la misère, et ils ont opté pour la misère et la corruption. Je flattais le civilisé quand je le comparais à Nabuchodonosor ; car son intelligence, dans cette question des sels, ne s'est pas même élevée à la hauteur de celle d'un ruminant, que dis-je ? d'un ruminant ; à la hauteur de celle d'un simple volatile.

La science officielle aura bien de la peine à se laver dans l'histoire du rôle odieux qu'elle a joué dans cette question du sel ; car c'est un savant des plus illustres, M. Gay-Lussac, ex-pair de France, qui, contrairement à l'avis de tous les ruminants et de tous les cultivateurs de France, a déclaré la question du sel parfaitement étrangère à l'agriculture..... et l'impôt juste de tout point.

Le taureau, réduit à la condition de bœuf, est le plus précieux de tous les serviteurs de l'homme : il le sert pendant sa vie, le nourrit après sa mort, l'enrichit de toutes les parties de sa dépouille. C'est l'emblème du travail utile et pacifique ; la vue du drapeau rouge, signe de guerre et de sang, a la propriété de le mettre en fureur, car la guerre inhumaine porte le deuil et la désolation sous le toit du laboureur, dont il s'est constitué l'appui. Par la même raison, le bœuf s'irrite comme le cerf du bruit éclatant des fanfares, qui plaisent tant à l'oreille du cheval belliqueux.

Le bœuf était la victime d'honneur dans les sacrifices solennels de la Grèce, la victime dont le sang devait apaiser la colère des dieux et purifier le pays de tout germe d'infection. Saint Bernard compare la goutte du sang du Christ, qui suffit à elle seule pour racheter tous les pécheurs, à la goutte du sang de la vache *rouge*, répandue sur l'autel des dieux du paganisme. Toutes les affections du noble et pacifique coadjuteur de l'homme dénotent l'innocence et la pureté de ses mœurs; son goût passionné pour le sel, emblème de propreté et de richesse, révèle ses attractions pour le travail utile, producteur du bien-être. La puissance de ses efforts et sa reconnaissance pour son maître sont en raison des égards qu'on lui témoigne, du soin qu'on a de lui. On a vu, je l'ai dit, des races entières de ces animaux pousser la déférence envers l'homme jusqu'à abdiquer leur armure de tête qui pouvait inquiéter leur maître. La France, terre sainte de charité où les droits du travailleur n'ont jamais été méconnus en principe, mais simplement en fait, a toujours témoigné une aversion profonde pour les combats de taureaux.

Mal en a pris au peuple espagnol de sa passion pour ces jeux sanguinaires institués pour prolonger la barbarie des hommes. C'était déjà ce peuple qui, du plus loin qu'on s'en souvienne, avait dressé le bœuf à la chasse, à une chasse de guet-apens et d'assassinat. La pauvre bête, contrainte d'obéir, s'est prêtée à la perfidie. Elle sert à *masquer* le chasseur qui la pousse devant lui et se glisse jusqu'à portée du gibier sans défiance qu'il s'agit d'assassiner. L'Espagne a payé assez cher sa passion démoralisatrice pour les courses de taureaux, pour le tabac, l'inquisition, les moines fainéants et les chasses sans gloire. Il serait peu généreux à nous de l'accabler de nos colères.

Je passe sous silence les mérites et les vertus de la vache, notre mère nourricière à tous, cette bonne amie d'enfance dont les roses mamelles gonflées de leur blanche liqueur symbolisent si ostensiblement la fécondité de la nature. Je ne dis rien de cet admirable sentiment de tendresse et de prévoyance maternelle qui pousse tous ces animaux, mâles, femelles et neutres, à se réunir par escouades en présence du danger, et qui leur inspire l'idée salutaire de placer les nouveaux-nés au centre de leurs groupes circulaires présentant le front à l'ennemi. J'affirme seulement que, s'il y a une bête du bon Dieu sur la terre, c'est le bœuf, et que je ne passe jamais devant un attelage de ces braves animaux sans les remercier et les saluer tacitement du cœur, tandis que je passerais dix fois devant un ministre des finances en costume sans éprouver le moindre besoin de lui tirer mon chapeau. Il m'est arrivé deux ou trois fois dans ma vie de posséder un atôme de pouvoir. Je crois avoir saintement employé ma puissance en infligeant des châtiments à tous les bourreaux de bêtes qui me sont tombés sous la main.

La question de la vache laitière soulève une série de considérations très graves sur l'hygiène et l'alimentation publique. Nous croirions manquer à nos premiers devoirs de ne pas arrêter un moment le lecteur parisien sur ce chapitre.

On ne se douterait guère, à voir le liquide bleuâtre qui se débite sous le nom de lait dans les rues de Paris, que cette ville nourrit six mille vaches laitières dans l'intérieur de ses murs. Qui consomme le lait de ces six mille vaches? Le limonadier glacier et le riche amateur ennemi du lait baptisé. L'imagination du badaud parisien est tellement pervertie qu'on est parvenu à lui faire prendre pour de la crème le lait presque naturel. Le lait pur s'appelle de la crème à Paris : le badaud parisien vous traiterait d'utopiste, si vous entrepreniez de lui faire entendre que la vraie crème est au lait naturel ce que le lait naturel est à celui de Paris.

C'est une question immense que celle de la vacherie parisienne, je parle sérieusement; une question comme l'Académie de Médecine et le Palais-Bourbon n'en agitent pas souvent.

Toutes les vaches de Paris meurent phthisiques. Les six mille vaches ci-dessus se renouvellent toutes en dix-huit mois.

Or, j'ai déjà dit que le lait communiquait à l'être qui s'en abreuve tous les vices du sang, toutes les maladies de l'être qui le fournit. Cette vérité est si parfaitement démontrée qu'on guérit les enfants de certaines maladies en opérant sur les nourrices, qui transmettent le remède à leurs nourrissons par l'intermédiaire du lait de leurs mamelles.

Et la phthisie pulmonaire enlève aujourd'hui plus du cinquième de la population parisienne, et elle sévit surtout sur les jeunes filles, et le fléau marche, élargissant chaque jour le cercle de ses ravages. Je déclare que le lait de Paris n'est pas étranger aux progrès de la mortalité.

La phthisie de la vache s'appelle la pommelière; elle provient, comme celle des pauvres ouvrières de Paris, de la sédentarité perpétuelle, du défaut de mouvement et d'air.

Aussitôt que les symptômes de la maladie se manifestent, et que la bête refuse de manger, on l'abat et on la sert, sous forme d'aloyaux et de biftecks au badaud parisien, qui vit et meurt dans cette croyance salutaire que la viande de boucherie n'est mangeable qu'à Paris... De sorte que nous mangeons, que nous buvons, que nous aspirons la phthisie sous toutes les espèces.

Juste châtiment des fraudes commerciales ! L'homme des champs, naïf et candide en ses supercheries, s'était contenté de doubler le volume de son lait par une innocente addition d'eau de source, substance inodore et limpide. Est venue la science, qui a perfectionné la méthode pastorale, qui a découvert le procédé de falsification du laitage par la farine et la cervelle de mouton. Le consommateur riche espérait pouvoir se soustraire à l'une et l'autre fraude, en allant chercher le breuvage nourrissant aux sources mêmes; il a trouvé ces sources empoisonnées, et il y a puisé des germes de consomption et de mort. Le lait phthisique est le châtiment de la falsification du laitage. Il ne doit disparaître de la société qu'après qu'il sera devenu inutile de falsifier le lait des pâturages. Ce qui n'empêche pas que si j'avais l'avantage d'être préfet de police, pas une goutte de lait falsifié ne se débiterait à Paris, et que pas une vache n'aurait le droit de s'y établir *intrà muros*.

Peut-être, si l'on cherchait bien, trouverait-on que les empoisonneurs patentés, je veux dire les falsificateurs de denrées alimentaires, tuent plus de monde en dix ans que les guerres les plus meurtrières en un siècle. Les guerres, en effet, ne tuent que l'homme; elles respectent la femme, qui est pour beaucoup dans la reproduction de l'espèce, ainsi qu'il a été prouvé par l'accrois-

sement du chiffre de la population française après les grandes
guerres de l'empire. La phthisie, au contraire, semble choisir de
préférence ses victimes parmi les types les plus adorables et les
plus suaves de la beauté féminine, *frêles, pâles* et *nerveuses...*

Ils disaient avant 89 que *tous les épiciers iraient au paradis,
n'était la terre d'Auvergne*, se fondant sur cette parole de l'É-
vangile : *bienheureux les pauvres d'esprit.* Comme la liste des cas
d'empêchement s'est allongée, hélas ! depuis cette époque d'innocence ! C'est-à-dire qu'aujourd'hui la voie du salut de l'épicier
est tellement parsemée de pierres d'achoppement couleur de terre
d'Auvergne, que je défie le plus honnête d'y faire un pas sans
trébucher. Je frémis de songer qu'on a pu faire un gros livre,
rien qu'à enregistrer par ordre alphabétique les crimes de l'épicerie moderne. Ah ! cette noble corporation des marchands n'a
pas démérité, convenons-en, depuis son origine punique ; c'est
toujours la milice sainte de Baal, et tant que dominera son influence en ce monde, il est à croire que l'enfer ne chômera pas
de recrues. Non, rien n'est changé depuis la Grèce et malgré le
Christ, et c'est toujours Mercure, Mercure le triple Dieu de l'Élo-
quence, du Commerce et des Voleurs qui conduit les âmes à
Satan !

Comme le dégoût du lait falsifié avait forcé de recourir au lait
de la vache phthisique, de même l'usage du lait de la vache phthisique a forcé de recourir à celui de l'ânesse. Le lait de l'ânesse
parisienne est le remède destiné à neutraliser les ravages du lait
de la vache parisienne. C'est une méthode médicale civilisée qui
s'appelle *cercle vicieux.*

## LE CHAT.

Le chat sauvage est le père du chat domestique, comme le sanglier est le père du porc. Les deux races n'en sont vraiment
qu'une. Le type primitif est devenu fort rare en France, où on
ne le rencontre plus que dans les vieilles forêts de l'est, en Franche-Comté, en Lorraine, en Alsace et dans les Ardennes. C'est
un charmant animal, bien nourri, à la robe soyeuse, tigrée et
non mouchetée, à la face carrée et majestueuse. Sa queue, ondée
de larges anneaux noirs comme sa robe, est plus forte et plus
courte que celle du chat domestique. La taille du chat sauvage
adulte approche de celle du renard : j'en ai tué qui pesaient jusqu'à neuf kilogrammes. Les bonnes femmes du pays considéraient
la graisse de cet animal comme un spécifique excellent contre les
rhumatismes; pour mon compte, je ne sais pas de corps gras
préférable pour préserver les armes de la rouille.

Le chat sauvage fait très-peu parler de lui, bien qu'il ait déclaré à tous les menus gibiers de la terre et du ciel une guerre
acharnée. Il ne se fait pas chasser; à peine sent-il un roquet à
ses trousses qu'il grimpe sur un arbre pour voir le chien courir,
et de là le plomb du chasseur le fait bientôt descendre. C'est encore une espèce dont la disparition est imminente; il y a même
longtemps qu'elle serait détruite, si la chatte domestique ne veillait attentivement à sa conservation et n'avait soin de l'entretenir par de fréquents croisements.

Chose remarquable et bizarre que ce soit ici la femelle qui
fasse retour à la sauvagerie ! car cette rétrogradation de la part
de la femelle est contraire à la règle générale du mouvement. On
sait, en effet, que dans toutes les races animales ou hominales,
le progrès s'opère par les femelles. Ainsi il n'y a pas d'exemple
que la chienne ait jamais accepté la mésalliance avec un hôte des
bois, le loup ou le renard, tandis que tous les jours, au contraire,
on voit la louve écouter avec la facilité la plus extrême les propos
amoureux du chien, et même faire des avances à celui-ci dans

le voisinage des bois. La femme noire vient au blanc, jamais la blanche au noir; la fille du juif aspire à la main du gentilhomme, jamais la fille du gentilhomme ne s'abaissera jusqu'au juif; toutes les femmes européennes viennent au Français, rarement la femme française prend-elle mari hors de France, parce qu'elle sent vaguement qu'il lui faudrait descendre pour épouser ailleurs.

L'analogie passionnelle, sphinx de toutes les énigmes, pouvait seule donner la clé de l'apparente contradiction qui précède. Il faut se souvenir d'abord que l'amour est un petit dieu malin qui se fait un jeu d'intervertir toutes les relations sociales, de bouleverser toutes les conventions, toutes les idées reçues, et que la chatte est un emblème d'amour...

Triste amour, s'il est même permis d'honorer de ce nom les débordements de la courtisane, prêtresse tarifée de Vénus. La société civilisée ne peut pas plus se passer de la chatte que de la prostitution, affreux vampire qu'elle nourrit du plus pur de son sang et de sa chair, et dont elle n'ose se débarrasser dans la crainte d'un mal pire.

Les fabulistes et les voltairiens ont voulu voir longtemps dans cet animal fainéant, égoïste et fripon, l'emblème édifiant du chanoine, *un saint homme de chat*, ont-ils dit, *bien fourré, gros et gras*. J'en suis fâché pour les fabulistes, mais leur analogie ne soutient pas l'examen. Une bête si proprette, si lustrée, si soyeuse, si caressante, si électrique, si gracieuse, si souple ; une bête dans l'existence de laquelle les soins de la parure tiennent tant de place ; une bête qui fait de la nuit le jour, et qui scandalise les honnêtes gens du bruit de ses orgies amoureuses, n'a jamais pu avoir qu'une seule analogie au monde, et cette analogie là est du genre féminin.

Tout n'est pas rose dans ces amours honteuses que symbolise la chatte. L'infortunée créature le confesse assez haut par les miaulements de douleur que lui arrachent les brutales caresses de ses amants, et cependant c'est toujours elle qui court au-devant de ses bourreaux. La chatte est la bête noire du moineau franc, emblème des ardentes et fidèles amours. Elle est en relation de sympathie avec l'asperge, emblème parlant des amours tarifées que protège la police. Je demande si le matou, qui ne se marie pas et qui partage sa vie entre l'orgie amoureuse et le vol, n'est pas la personnification la plus frappante du gentilhomme de lansquenet, du viveur parasite *fonctionnant de nuit*, de l'*escroc de la haute*, non moins habile à *manier le carton* et à faire sauter la coupe que chatouilleux sur le point d'honneur.

La femelle tient toute la place dans cette espèce; le monde ne connaît guère le mâle qu'à l'état neutre, *fanciullo o soprano*. Le monde n'a jamais connu non plus d'époux aux Ninon de l'Enclos et aux Marion Delorme. La chatte est essentiellement antipathique au mariage; elle accepte un amant, deux amants, trois amants, des esclaves tant qu'on veut, mais jamais un tyran; et pour peu que la Civilisation lui refuse le droit de libre essor amoureux, elle va le redemander à l'état sauvage et retourne aux forêts. Voilà pourquoi la sauvagerie développe la taille et la beauté du chat. Le chat n'est que campé chez nous. C'est l'homme qui est l'*auxiliaire* du chat bien plus que le chat n'est le nôtre.

La chatte est la plus gracieuse et la plus souple de toutes les créatures. On dit d'une femme éminemment gracieuse qu'elle a des poses de chatte. La chatte est le seul animal que l'embonpoint ne déforme pas. Sa câlinerie appelle la caresse; sa fourrure étincelle, et son dos s'arrondit sous la main qui la flatte. Elle a pour sa maîtresse des inflexions de tête et des clignements d'yeux à elle et un langage confidentiel (ron ron) pour son bonheur intime.

Les bayadères de Madras et les almées du Caire, les zambas liméniennes et les sylphides de l'Opéra parisien possèdent aussi au plus haut degré la grâce et la souplesse du corps et le secret des attitudes provocantes. Le ciel est dans leurs yeux... N'achevons pas le vers.

La chatte dissimule soigneusement ses armes sous leur étui de velours; elle débute en ses querelles par le soufflet et l'injure. La *Gazette des Tribunaux* affirme que c'est parfois aussi le procédé de ces dames.

La chatte s'attache à la demeure, non aux personnes qui l'habitent, preuve d'ingratitude et de sécheresse de cœur. Ce n'est pas

16

ainsi que se conduit le chien, qui ne s'attache qu'aux personnes, et à qui la misère est indifférente, pourvu qu'il la partage avec les objets de ses affections.

Paresseuse et frileuse, et passant tous ses jours à méditer et à dormir, sous prétexte de souris..... incapable du moindre effort pour un travail répugnant, mais infatigable au plaisir, au jeu et à la volupté, amante de la nuit. De qui écrivons-nous l'histoire, de la chatte ou de l'autre ?

L'amour est une passion de luxe, exigeant pour son libre essor insouciance et richesse. Le petit dieu malin, qui professe pour les culottes un si souverain mépris, craint naturellement la froidure, et volontiers il élit domicile sous les riches lambris calfeutrés, où, grâce à la pérennité artificielle des zéphirs, la gaze transparente et l'écharpe brodée d'or suffisent à voiler la pudeur.

La chatte adore aussi les étoffes soyeuses, les tapis chauds et sourds qui protègent les pattes roses contre l'humidité redoutable, et les crépines dorées qui pendent des rideaux comme pour solliciter la jouerie enfantine et les divans moelleux où elle et ses petits endormis font si bien. Où la chatte fait bien encore, c'est dans la corbeille élégante qui décore le marbre blanc des comptoirs de limonadiers, près de la jeune fille qui pose pour attirer les chalands.

Qui prend tant de soins de sa toilette doit chérir les parfums; la chatte raffole d'essences; la valériane la met hors d'elle.

La musique mélancolique ne produit pas moins d'effet sur ces organisations nerveuses, passionnées, électriques. J'ai vu des chattes mélomanes se tordre de plaisir, s'évanouir de bonheur, au son d'une symphonie trop tendre. La chatte est également sensible au charme de la voix; j'entends de la voix féminine.

Pour toutes ces gentillesses et ces goûts raffinés, la chatte a eu de tout temps les gens d'esprit pour elle. C'est un des peuples les plus forts de l'antiquité qui lui a bâti des temples et qui l'a empaillée. Fourier a aimé la chatte jusqu'à détester le chien; Hoffmann a donné un des premiers rôles au chat Murr dans ses drames fantastiques. Rarement l'esprit, le goût et le génie, hélas ! sont-ils pour la vertu : c'est triste pour la vertu.

La courtisane aussi a été de tout temps l'idole des gens d'esprit et des peuples lettrés; elle a régné en Ionie, en Italie, en Grèce. Le mausolée de Pythionice compta un jour parmi les merveilles d'Athènes; Flora eut ses autels à Rome; l'amour libre a son culte en Chine, la plus vieille terre de la civilisation. La courtisane a été chantée par les plus brillants génies de l'antiquité et du monde moderne : Anacréon, Sapho, Térence, Aristophane, Tibulle, Horace, La Fontaine. La Grèce, qui avait refusé de fléchir le genou devant la toute-puissance du grand roi, la même Grèce, un peu plus tard, se prosterna tout entière aux pieds de la courtisane Laïs. La France a voué les noms d'Agnès Sorel et de Ninon de l'Enclos à l'admiration des âges, comme Athènes celui d'Aspasie.

Certes, l'espèce féline a été richement douée par le créateur et puissamment titrée en favoritisme. Manon Lescaut appartient à cette race, et aussi Cléopâtre, l'ardente égyptienne aux cheveux d'or, l'enchanteresse irrésistible qui n'eut pas de rivale dans l'art d'enivrer les mortels, la Cléopâtre fatale à qui disait l'esclave : *une heure de bonheur et la mort*, et qui acceptait le marché, et qui trouvait sa suprême jouissance dans le spectacle de l'agonie de ses amants, jouant avec ses victimes comme la chatte avec la souris.

Or, parce que je reconnais la puissance de fascination dévolue à ces êtres, je conçois et j'excuse la sympathie des gens de goût pour la bête au menton rose, aux caresses perfides, au langage insinuant; je conçois et j'excuse les amours furibonds des Antoines pour les Cléopâtres; mais je ne saurais céder à l'entraînement général, car, il m'en coûte de le dire, la passion des chats est un vice, un vice de gens d'esprit, c'est vrai, mais de gens d'esprit dégoûtés.

Jamais un homme de goût et d'odorat subtil n'a été, ne sera en relations sympathiques avec une bête passionnée pour l'asperge. Je m'étais demandé bien souvent la raison de mes faibles attractions pour la race féline avant que l'asperge m'eût tout dit !

La domestication du chat est toute moderne, et n'a été opérée en France qu'à l'époque de l'invasion du rat normand (rat brun). Jusqu'à ce jour, qui confine au temps de la première croisade, le

soin de nous débarrasser de la souris avait été confié au furet, qui
s'en acquittait fort mal. Le furet nous était venu de la Mauritanie,
en compagnie du lapin et du cavalier arabe, par la voie de la Pé--
ninsule Ibérique. L'établissement du rat normand en France fit
éprouver à la nation française le besoin de confier la garde de
ses lares à un auxiliaire plus respectable que le furet. De là, l'introduction du chat dans nos demeures. La domestication du chat
avait été essayée, du reste, avec succès, chez la plupart des populations du midi de l'Europe. J'expliquerai plus loin, dans un
lumineux développement de la question du rat, comme quoi le
rat moscovite (surmulot) a depuis absorbé le rat normand.

L'invasion du rat russe nous place aujourd'hui dans une situation parfaitement analogue à celle où se trouvaient nos aïeux vis-
à-vis du rat normand. Le chat domestique ayant lâchement baissé
pavillon devant le rat d'égout, il nous faut d'abord destituer de ses
honorables fonctions cet insuffisant guetteur, puis le remplacer
par un gardien plus brave. Le griffon d'écurie et le petit bouledogue ne demandant pas mieux que d'accepter les fonctions de
l'indigène, j'opine à ce qu'ils en soient investis le plus tôt possible.
J'ai toute confiance dans la parole du chien, et j'ai, pour garant
de sa fidélité, l'expérience. Ce n'est pas un chat qui tuerait douze
rats à la minute, comme je l'ai vu faire à Montfaucon, par des
bouledogues dressés à la besogne par des professeurs anglais ; ce
n'est pas un chat qui braverait les assauts d'une myriade de rats
pour conquérir un simple suffrage d'estime et faire gagner quelques pièces d'or à son propriétaire. Au lieu d'aspirer à cette gloire,
seul but des nobles cœurs, le chat a conclu sous main son pacte
de Judas avec le rat d'égout qu'il avait juré d'occir. Que ceux
qui croient le chat incapable d'une aussi basse félonie se rendent,
passé minuit, sur le carré des Halles : là, à la lueur furtive des
pâles réverbères, ils seront témoins d'un spectacle qui navrera
leur âme d'étonnement et de tristesse ; car ils apercevront sur
chaque tas d'immondices un groupe de chats et de rats devisant
de bonne amitié ensemble, et fraternisant aux dépens de l'homme,
en se partageant sans vergogne les entrailles des pigeonneaux et
des lapins de choux.

Je ne rencontre jamais un chat en maraude, au bois ou dans la plaine, sans lui faire l'honneur de mon coup de feu, et j'engage vivement tous mes frères en saint Hubert à faire comme moi. Presque toujours, lorsque les pies *agassent* et font tapage dans les parcs ou dans les petits bois voisins des habitations, c'est pour indiquer la présence d'un chat sur un arbre. Je me suis rendu vingt fois dans ma vie à des appels de cette nature ; autant de fois j'ai eu l'agrément de débarrasser le pays d'un mauvais larron. Les pies sont, comme les geais, des langues de vipère, à l'affût de tous les scandales, et qui ne peuvent pas voir voler..... quoi que ce soit, sans l'aller crier partout.

## LE FURET.

Le furet ne joue pas un grand rôle et ne tient pas une grande place dans l'économie domestique de l'homme, mais il est plus utile qu'il n'en a l'air. Il protège l'homme contre le lapin, et quand un historien digne de foi, comme Pline, vous rapporte que le lapin a renversé des cités, et que les habitants d'une des îles Baléares ont été forcés de demander le secours d'une légion romaine contre l'invasion des lapins, vous sentez tout doucement la question du furet s'agrandir, et vous comprenez l'importance des services par lui rendus à l'humanité.

Le furet, sans qu'il y paraisse, est un des plus anciens amis de l'homme ; presque nulle part, en effet, on ne le rencontre à l'état sauvage. Il est originaire d'Afrique, d'où il est passé en Espagne, avec les Arabes. Il nous est venu de l'Espagne, comme chacun sait, en compagnie de ces envahisseurs. Le furet ne vit qu'à l'état domestique en France ; il semble profondément mépriser tous ses congénères.

Je ne crois pas qu'il soit très habile de dire beaucoup de mal d'une bête qui s'est ralliée à nous. C'est pourquoi j'ai mieux aimé renvoyer à l'article *fouine*, que garder pour l'article *furet* les observations générales que j'avais à faire sur les mœurs peu édifiantes de la famille des buveurs de sang. Il est d'une sage politique de voiler les turpitudes de ses amis, sauf à s'indemniser de sa réserve sur le compte de ses ennemis.

Le furet, malgré sa couleur blanche, est la bête noire du lapin, et réciproquement. Il a été créé dans l'intérêt de l'espèce humaine, pour opposer une barrière aux envahissements du lapin, que sa fécondité excessive eût bientôt fait maître du globe. Le laboureur n'a pas de plus grand ennemi que le lapin.

L'éducation du furet ne coûte pas des peines infinies. Il suffit, pour bien faire, de l'abandonner à ses impulsions naturelles, qui le conduisent tout droit au terrier du lapin. Il entre, fouille les galeries, y met le désarroi, en expulse tous les habitants. Son idée fixe est d'en acculer un dans une impasse ; et s'il parvient à ce résultat, si l'on n'a eu soin de le museler, de bien le faire manger avant la chasse, il égorge incontinent sa victime, et lui suce le sang jusqu'à ce qu'il en soit ivre ; et comme il s'endort aussitôt qu'il est repu, force est bien d'attendre son réveil pour recommencer le fouillage. Une éventualité non moins désastreuse de la chasse au furet est la rencontre imprévue d'un blaireau ou d'un renard dans un terrier de lapins. Le furet, en ce cas, court grand danger de s'endormir du sommeil éternel.

Qui dit furet dit chasse au lapin. Il sera ajouté quelques détails sur la chasse au furet à l'article lapin.

Je ne puis pas aimer une bête qui appartient à la tribu des buveurs de sang, une bête insatiable, cauteleuse et fétide. Cependant je ne saurais m'empêcher d'avoir un peu de reconnaissance pour le furet, et de lui savoir gré de son obéissance à l'homme ; car la déférence du furet pour l'homme est d'autant plus méritoire que rien ne le forçait à solliciter notre alliance, qu'il pouvait s'en passer mieux qu'aucune autre bête, et qu'il a, en définitive, plus perdu que gagné à la domestication. En effet, le furet a toujours soif de sang, sang de lapin, sang de pigeon, sang de poulet. Or il vit parmi ces espèces ; il les entend roucouler, chanter, trottiner à ses côtés, tout le long du jour, sans pouvoir franchir l'obstacle qui le sépare d'elles. Sa vie n'est qu'un long supplice de Tantale, et son maître, comme pour activer l'ardeur des ses regrets et de ses désirs, le nourrit presque exclusivement de laitage.

Le sort de la martre et de la fouine dans les bois et dans les granges est incontestablement plus doux.

La domestication du furet est, à mon sens, une des plus glorieuses démonstrations de la légitimité des prétentions de l'homme au titre de souverain absolu du globe, car c'est l'hommage que vient déposer à ses pieds une des tribus les plus farouches du globe, et des plus réfractaires à toute autorité.

Mais quand la série des félins (lions, tigres), et celle des serpents elle-même, étaient contraintes par la volonté d'en haut de se rallier à l'homme, au moyen de leurs derniers anneaux (chat privé, couleuvre domestique), il était de toute impossibilité que la série des égorgeurs demeurât en dehors de la loi générale. La série des égorgeurs s'est donc humanisée comme les autres, et elle a détaché le furet auprès de l'homme pour le servir en qualité de *fouille-lapin*. On m'a assuré plusieurs fois que la fouine et le putois, entraînés par l'exemple du furet, avaient cherché à se rapprocher de l'homme. Je n'en serais pas surpris.

Nous sommes trop disposés, tous tant que nous sommes, à oublier les services des bêtes, depuis que nous avons perfectionné les armes à feu, qui nous permettent de nous passer un peu de leur concours. Il est donc convenable que ceux qui ont conservé le souvenir des misères et des difficultés des époques primitives rappellent aux oublieux les devoirs de la gratitude. Le furet fut utile aux jours du débordement du lapin ; respectons cette page de ses mémoires. Aujourd'hui, que l'oisiveté l'a fait ivrogne, gourmand, dormeur, joueur et voleur, il n'est plus que l'emblème du valet de grande maison : ivrogne, fainéant, corrompu, débaucheur de jeunesses ; mais la domesticité personnelle elle-même, si honteuse qu'elle soit devenue, pivotait sur le dévouement et l'honneur, aux premiers jours de la féodalité.

Ce furet, qui boit le sang du lapin et s'enivre, quand on oublie de le museler... c'est le Frontin du grand seigneur, qui boit tout le chambertin de son maître quand celui-ci a oublié de fermer la porte de la cave !

## DES ANIMAUX DOMESTIQUES PROPREMENT DITS.

### Porc. — Bouc. — Bélier. — Lapin. — Cochon d'Inde.

#### LE PORC.

Si le porc avait voulu continuer de prêter à l'homme le concours de son groin pour découvrir et fouiller la truffe, j'aurais pu
me décider à le colloquer dans la catégorie des auxiliaires ; mais
il est évident que dès le moment qu'il s'est laissé sottement enlever par le chien sa fonction spéciale, il a perdu tout droit de
figurer dans cette classe honorable.

On me dira qu'on s'en est servi dans le temps pour la chasse
à Saint-Domingue et ailleurs, en lui faisant jouer le rôle d'appelant comme au canard, son homologue passionnel. Je ne nie pas
le fait, mais le fait d'appeler son semblable ne constitue pas
l'auxiliarité. Il y a d'ailleurs une autre raison, une raison d'ordre
supérieur, une raison d'analogie, qui me contraint de refuser au
porc le titre d'auxiliaire. Le porc est l'emblême de l'avare, et l'a-
vare n'est bon qu'après sa mort. Par conséquent, il n'était pas
dans les dons du porc d'être utile à l'homme pendant sa vie.

Pour ces causes, je me suis borné à placer le nom du porc en
tête de ce chapitre des animaux simplement domestiques et privés. Et attendu que l'histoire du porc privé est la même que celle
du porc sauvage (sanglier), et que j'ai donné à celle-ci d'immenses développements dans la suite de ce volume, au chapitre de la
chasse à courre, j'y renvoie dès à présent les curieux des gestes et
propos de l'animal immonde.

## LE BOUC. — LA CHÈVRE.

Le bouc, type effacé du bouquetin des Pyrénées et des Alpes, n'a jamais joui d'une grande réputation de sainteté dans la légende biblique, pas plus que dans la mythologie grecque, et je ne prends pas sur moi d'affirmer qu'il vaille beaucoup mieux que sa réputation. Il est très certain que le bouc prête le flanc à la médisance par ses mœurs dissolues, et que l'odeur qu'il exhale ne symbolise pas un modèle de pureté.

C'est l'emblême du sensualisme brutal ; les religions grecque, juive et chrétienne sont d'accord sur ce point avec l'analogie. Les Grecs ne se contentèrent pas d'immoler le bouc à Bacchus comme un des ennemis de la vigne, un des fléaux du travail attrayant ; ils affublèrent leurs satyres, adversaires acharnés du droit de libre amour, du masque et du caractère de l'animal lubrique, pour flétrir l'amour matériel et grossier d'une réprobation éclatante; pour dire que la passion exclusivement sensuelle dégrade l'homme et le fait descendre au niveau de la brute.

On sait que les Juifs chargeaient chaque année de leurs iniquités un bouc qu'ils immolaient ensuite au Seigneur, moyennant quoi tout pêcheur sortait du temple, blanc comme neige et libre de travailler de nouveau à sa perdition. J'admire ce procédé d'expiation commode.

Les chrétiens avaient peu de chose à faire pour métamorphoser le satyre antique en satan. Le moule était parfaitement trouvé, mais je ne vois pas bien pourquoi ils ont décoré d'une paire d'ailes l'image du démon de la chair, qui n'a rien d'éthéré. Une chose essentielle à constater ici, c'est que l'opinion de tous les temps et de tous les peuples a été fidèle à flétrir la luxure, et à ne reconnaître le caractère de passion divine qu'à l'amour composé (double essor des sens et de l'âme). Il m'en coûte d'accabler de ma sentence une pauvre bête déjà chargée des iniquités d'Israël, mais je ne saurais trouver dans mon cœur une parole d'indulgence pour un emblême de luxure et de fétidité morale, pour un ennemi des vendanges et de l'agriculture. L'avenir du bouc m'épouvante, je ne le cache pas; car je ne lui vois guère d'emploi en harmonie, où la culotte de peau aura subi une réduction immense de prix, vu la suppression des gendarmes. Ce que le bouc peut espérer de plus favorable pour ce temps, c'est qu'on le renvoie dans sa patrie originelle, aux fins de repeupler les demeures des glaciers et les rocs de l'abîme en compagnie de la vigogne, du mouflon, du chamois.

Le bouc, qui est plus solide sur ses jambes que sur les principes de fidélité et de morale, a contracté une alliance morganatique avec la brebis, il y a très-longtemps. Le bélier en a fait autant avec la chèvre. Il est résulté de ces croisements une espèce métise commune en Amérique, espèce très-précieuse pour la beauté de sa toison; ce qui prouve que le bouc peut encore rendre de très-grands services à l'homme, mais uniquement comme agent de transition. La race du bouc est faite pour peupler les déserts et non pour vivre dans la société des humains. Le civilisé et le barbare qui ne sont pas difficiles, peuvent bien s'accommoder des senteurs qu'elle exhale, mais non l'harmonien.

Lascive, capricieuse et facile, adonnée à la vie errante et à la sorcellerie, friande de salpêtre, bonne fille au fond et bonne mère, la chèvre représente la gitana pur sang, la gente Esméralda, la compagne du satyre, la parure et la joie de la cour des Miracles, la poursuivante désordonnée du droit de libre amour. Pauvre race de victimes condamnées par la défaite et par la misère au vagabondage éternel, race qui doit disparaître de la surface des terres fortunées, à mesure que les sociétés graviteront vers leurs phases supérieures. Plaignez Esméralda, Djali et le Satyre, mais gardez-vous de conjurer le sort qui les attend. A quoi bon conserver sous ses yeux l'emblème de la dégradation féminine, quand le type à symboliser ne sera plus; quand la jeune fille, affranchie de la misère morale et matérielle, aura résurgi glorieuse dans son type normal. Où serait la raison d'être de la chèvre domestique, dans la sphère d'Harmonie où trône la beauté?

Une chose restera de la chèvre , pour immortaliser son souvenir, le café , emblême d'amour charnel, qui ne pouvait être découvert que par l'intermédiaire d'une créature tant soit peu folle de
son corps. Que la chèvre aussi se dépêche de se faire une position honorable pour l'avenir, comme moule de transition.

La chèvre et sa famille peuvent trouver dès aujourd'hui leur
place dans la colonisation des îles désertes et des rocs inhabitables. La chèvre et le lapin sont à coup sûr les meilleurs moyens
que Dieu ait donnés à l'homme, de tirer parti du roc chauve, sous
toutes les latitudes.

## BÉLIER. — BREBIS.

La prudence m'interdit la franchise sur la question de la brebis, du mouton et de l'agneau. Disons que le bélier nous est venu
du mouflon, et qu'il a peu gagné à la perte de sa liberté.

La fable du loup et de l'agneau, les *moutons* de Béranger, toutes les littératures du monde, ont raconté le sort du mouton et de la brebis. Le Rédempteur du monde, le bon pasteur qui
donna sa vie pour ses brebis, a choisi pour lui-même le symbole de l'agneau ; ce qui ne l'empêcha pas de dire qu'il était
venu pour la guerre. J'estime peu les peuples moutons qui se laissent tondre. Innocence, candeur et résignation dans la souffrance,
sont vertus d'Irlandais dont je ne veux pas pour la France. Et je
dis qu'il est grand temps que l'agneau cesse de servir de victime,
et que le prolétaire sorte de son purgatoire après six mille ans de
misère et d'attente. Ainsi gare à vous, les bouchers et les mauvais
pasteurs !

## LE COCHON D'INDE.

Le cochon d'Inde, ainsi nommé de ce qu'il est originaire d'A-
mérique, ne me paraît pas valoir l'honneur d'une dissertation
approfondie. C'est encore un emblême du pauvre monde... pro-
lifique, affamé, abruti, sans ressort contre l'oppression étrangère, Irlandais. Le cochon d'Inde est le compagnon de captivité
du lapin blanc et l'un de nos premiers amis d'enfance.

Pauvres races opprimées ! beau lapin blanc aux yeux rouges,
pauvre petit cochon d'Inde à la robe panachée, agréez ici l'expression des chaudes sympathies de l'humble prolétaire qui ne
vous éleva jamais pour vous faire cuire, et qui conservera éter-
nellement dans son cœur le souvenir des douces distractions que
vous apportiez à sa douleur au collége, quand il pleurait la pelouse natale, captif sous la garde du pion.

## LE LAPIN.

Par la même raison qui m'a porté à confondre l'histoire du chat sauvage avec celle du chat domestique, l'histoire du sanglier avec celle du porc, j'ai dû loger sous une unique enseigne l'article du lapin de garenne et celui du lapin de choux, lesquels ne sont, au fond, qu'une seule et même espèce.

Je n'estime pas le lapin de choux pour sa chair, ni pour ses mœurs tant soit peu cannibalesques; mais je lui sais gré de sa fécondité, de sa croissance rapide, d'une foule d'autres mérites, de son bas prix surtout, qui lui permet de nouer des rapports avec l'estomac des pauvres gens, privés de viande de boucherie par l'impôt excessif frappé sur le bétail. Le lapin de choux ne se contente pas d'apporter aux pauvres artisans le tribut de sa chair, il leur fournit de sa dépouille un manchon fourré pour les doigts, un châle pour les épaules, une coiffure pour la tête. On sait que la chapellerie française consomme chaque année pour quelques centaines de mille francs de soie de lapin. C'est avec cette soie feutrée que se confectionnent les chapeaux communs, les *faux* castors. Le *vrai* castor se fabrique avec le poil de *lièvre*, le poil du dos.

Pauvre bête, bête des pauvres! Dieu, qui l'avait destinée à servir de proie et de victime à tous les dévorants, l'a douée heureusement d'une résignation à l'épreuve!

Le lapin est l'emblème de la pauvre industrie qui vit de l'exploitation des carrières et des mines, race qui trouve quelquefois le repos au fond de ses demeures souterraines, mais sur laquelle mille ennemis se précipitent, dès qu'elle met le nez à l'air; race qui n'a pas reçu, comme le hamster et l'écureuil, le don de la prévoyance; parce que les salaires de l'industrie qu'elle symbolise sont trop faibles, pour que le travailleur puisse en consacrer une part à l'avenir.

Le lapin tue quelquefois ses petits. Tous les jours la misère et la débauche conduisent à l'infanticide la pauvre ouvrière qui lutte contre la faim. L'infanticide, crime commun dans la tribu des lapins, arrive plus rarement dans la tribu des lièvres. C'est que la misère est plus affreuse dans les pays d'industrie que dans les pays de culture. Le lapin a fait des émeutes et bouleversé des villes, comme le rapporte Pline... Les prolétaires des cités aussi se donnent quelquefois cette jouissance, mais non pas ceux des champs, parce qu'*ils ne sont pas semés assez dru pour pouvoir se compter*. Et le voisinage du lapin est funeste à la santé du lièvre, comme celui du prolétaire de l'industrie aux populations des campagnes.

La chasse du lapin peut avoir son utilité; par exemple, pour récréer les enfants et pour tenir lieu d'une autre chasse et aussi comme école de tir; car le tir du lapin sous bois est un des exercices qui exigent le plus de prestesse, de coup-d'œil et d'habitude de la part du tireur. Néanmoins, je ne ferai pas à l'inoffensif quadrupède l'honneur de lui consacrer une place bien étendue en ce livre, n'ayant jamais pu m'habituer, malgré tous mes efforts et ma bonne volonté, à considérer le lapin comme bête de chasse. Je sais gré au lapin de choux, comme je viens de le dire, de m'avoir distrait autrefois des préceptes de M. Lhomond et de la culture des racines grecques; mais cette gratitude ne saurait m'aveugler au point de me faire attribuer à l'infortuné quadrupède des mérites qu'il n'a pas. On tire le lapin, on ne le chasse pas. On le tire devant le basset qui le mène, ou devant le furet qui le fait sortir de son terrier; on le prend vivant, si mieux l'on aime, avec des bourses, petits filets qu'on tend à la gueule des terriers, soit en dedans, soit en dehors, suivant qu'on emploie pour le pousser le chien ou le furet. Quand le chasseur se borne à tirer le lapin au sortir du terrier d'où l'expulse le furet, on dit qu'il chasse au furet *à blanc*. La chasse au lapin, je le répète, est une amusette très licite et qui peut avoir des jouissances infinies pour le tireur habile; mais ce n'est pas une chasse.

J'ai connu en Champagne un garde qui *pipait* le lapin au moyen d'un appeau comme le rouge-gorge, et qui le faisait sortir du terrier plus vite que le furet. L'art de *piper* le lapin a été très anciennement pratiqué en Espagne, où le verbe *chillar* a été inventé pour spécifier ce procédé. Il n'était pas non plus inconnu en Provence.

Le lecteur n'est pas sans avoir entendu parler d'une assez comique aventure arrivée à un professeur de mathématiques, porteur de lunettes vertes, mais dévoré nonobstant d'une passion désordonnée pour la chasse au lapin. C'était dans une battue au mois d'octobre, à l'époque où la feuillée est encore épaisse et le tiré difficile. On traquait une garenne où le furet avait passé d'abord ; la fusillade ne discontinuait pas, le plomb pleuvait comme grêle sur les pauvres lapins. A la troisième ou quatrième enceinte, notre homme aux lunettes vertes est posté au *crochet* (angle de l'enceinte où l'on a vue sur deux routes). Une bête grise lui passe à portée ; il la tire. La battue terminée, le maître de la chasse s'approche du Leibnitz. — Eh bien ! c'est vous qui venez de tirer, combien de morts ? — Dam ! je ne pourrais pas vous dire, car je ne sais pas même sur quelle bête j'ai tiré. — Ça passait donc bien vite ? — Dix mètres à la seconde. — C'est égal, *faut* toujours aller voir. Et le chasseur pénètre dans le fourré, à la hauteur de la bête tirée.

Il n'a pas fait quatre pas dans l'enceinte, qu'il rencontre un lapin. — Victoire ! Le trop heureux mathématicien se précipite pour jouir de la vue de *son* gibier, et recevoir les félicitations de l'assistance. — Il me semblait bien aussi, fait-il en se donnant un certain air subtil, que j'avais mis au bout. — Tiens, tiens, mais ce n'est pas possible, en voilà deux, maintenant ! Deux lapins d'un seul coup, mais c'est un coup superbe ! — Ah ça dites donc, L'Hypothénuse (1), c'est affaire à vous de dépeupler les garennes ; savez-vous que si vous continuiez longtemps de ce train-là, il vous faudrait une bourrique pour vous seul. Après ça, quand on a *quat'z yeux* (2)... — Il me semblait bien aussi, objecte finement l'interpellé, que c'était plus gros qu'un lapin ordinaire ; mais ça passait si vite, que je n'ai pu distinguer. — A propos de

_____

(1) Plaisanterie de campagne.
(2) *Id.*

bourrique, hasarde timidement une voix de l'assemblée, il paraît
que la nôtre est restée en arrière...

> Un effroyable cri sorti du *fond du clos*,
> Des airs, en ce moment, a troublé le repos...

La plaisanterie s'arrête ; personne ne fuit pourtant, tout le monde
au contraire pousse au monstre, au milieu des éclats d'une hilarité invincible, car la vérité commence à se faire jour. Deux lapins d'un seul coup !... dites donc dix lapins, vingt lapins, trente
lapins !... les rochers en sont teints, les ronces dégoûtantes.... la
route en est semée, comme de mies de pain celle du Petit-Poucet.
Quel est donc ce mystère ? On arrive au fourré d'où le gémisse-
ment lamentable est parti.

Le mystère, vous l'avez deviné. La bête grise, c'était l'infortunée bourrique, la bourrique de bât qui suivait tranquillement
la battue pour ramasser les morts, et qui, ayant commis l'imprudence de prendre quelques minutes d'avance, s'était offerte inopinément aux traits du chasseur à lunettes qui avait fait feu dessus. A la douleur cuisante que lui avait causée le coup tiré à bout
portant, elle avait fui à travers bois, en ruant des quatre jambes,
et elle avait semé tous ses trésors sur son passage, à force de sauts
de mouton et d'écarts désespérés.

Le savant fut plus longtemps malade de sa maladresse que
l'âne ; mais ni l'un ni l'autre, depuis ce jour, n'a voulu entendre
reparler de la chasse au lapin.

# CHAPITRE V.

Bêtes qui ne se chassent pas.

Le Hérisson. — La Taupe. — La Musaraigne. — Le Desman.
— Le Rat. — Le Hamster. — La Marmotte. — Les Chéiroptères.

## LE HÉRISSON.

Encore une ignoble bête, une saleté, une vilenie, un emblême
de conservateur-borne, d'obscurant et de parasite. Le hérisson
symbolise le goujat mercantille, le goujat littéraire, le pique-as-
siette de bas lieu qui fait ventre de tout. Il a pour analogue, dans
le règne végétal, l'artichaut au suc immonde couleur d'encre, aux
feuilles hérissées de piquants, l'artichaut corrompu et vénal, symbole de prostitution, qui donne à quiconque en réclame, un morceau de son cœur. Règle générale, tous les ennemis du progrès sont ennemis de la lumière, habitent des repaires obscurs
comme la musaraigne, la taupe et le renard, et se reconnaissent
à deux caractères de physionomie que j'ai déjà indiqués plusieurs
fois, la petitesse des yeux et le développement extraordinaire de
l'appareil olfactif (nez). Comme l'infime industriel dont il est
l'emblême, et qui ne peut tenir que dans un milieu anarchique
et ténébreux, le hérisson affectionne les fourrés épais et ténébreux, jonchés de végétations parasites. Son antipathie pour le
progrès se trahit par la lenteur de sa marche; il rampe plus qu'il
ne court. C'est l'image parfaite du parasite fainéant qui se *pelo-
tonne* dans son égoïsme de repu, qui se hérisse au seul mot de
réforme; un être dangereux et absurde qui se fera écraser mille

17

fois plutôt que d'avancer d'un pas. Mauvais coucheur, du reste, rembourré d'épigrammes et toujours prêt à piquer. Bête vorace et d'aspect repoussant, s'accommodant de tout, de fruits et de légumes, comme de limaces et de menu gibier. Vorace et d'aspect repoussant, c'est aussi le portrait du valet de plume infime, trafiquant de toute question, vendant des brevets de maître de poste et des concessions de théâtre, et jusqu'à des promesses de sourires ministériels, et tirant sans remords de sa conscience d'artichaut et de chrétien faux serments et apologies à prix fixe pour toutes les turpitudes et tous les scélérats, encensant Metternich et bafouant O'Connell.

La nature a doté le hérisson d'un groin comme le porc pour faire allusion à sa cupidité et à la bassesse de ses appétits ; mais là s'arrête la comparaison  Ainsi qu'on le verra plus tard à l'article *sanglier*, le porc est l'emblème de l'avarice utile ; tous les morceaux en sont bons quand il est mort. Le hérisson, au contraire, n'a pas plus de valeur après que pendant sa vie. Que reste-t-il après sa mort du goujat littéraire ou industriel, sinon le fugitif souvenir des affronts qu'il a subis, des mépris qu'il a inspirés. Je sais qu'une opinion contraire a trouvé crédit dans le sein des campagnes où la chair du hérisson a passé longtemps pour mangeable. Je ne puis que déplorer sincèrement cette erreur gastrosophique que je comprends et que j'excuse, par la misère des civilisés et la détérioration universelle du goût. L'erreur, du reste, n'a pas fait fortune, et le chien, dès le premier jour, a protesté contre la gibelotte de hérisson en termes chaleureux.

Il y a antipathie naturelle entre le chien et le hérisson ; le premier, emblème de dévouement et de courage, ennemi du mercantilisme : l'autre, emblème de cupidité et de lâcheté.

Le hérisson préfère la chair du chien à toute autre venaison. Le chien entre en fureur à la vue de l'immonde animal et se rue sur lui avec rage ; mais comme il a peur de se piquer le nez, il renonce bientôt à l'attaque et passe outre, se bornant à lui adresser en manière d'adieu l'expression de ses mépris.

Ainsi, le législateur bien intentionné, mais qui a peur de se piquer les doigts à la réforme des abus et de l'agiotage, se con-

tente de flétrir de sa réprobation l'infamie du goujat pris en flagrant délit de vol et de faux serment...; si bien que la misérable
industrie finit par se faire du dégoût universel une sorte de cuirasse impénétrable et de brevet d'impudence, et que, n'ayant plus
à redouter la loi qui la dédaigne, elle profite de la faculté de
RÉPERCUSSION DÉFENSIVE dont elle est armée, pour intimider
ses adversaires et poursuivre le cours de ses déprédations. Cette
faculté de *répercussion défensive*, propre à plusieurs espèces et
notamment aux accapareurs, est un des plus saisissants problèmes de l'analogie passionelle. On a beaucoup écrit et discouru sur
les causes de la grandeur et de la décadence de Napoléon Bonaparte; mais bien peu se doutent certainement que l'Empire a
péri par un effet de *répercussion défensive*, par une *manœuvre de
hérisson*, par une coalition d'accapareurs et de fournisseurs de
grains qui, ayant à se plaindre des procédés du grand chef à leur
égard, suscitèrent en 1812 une famine factice qui retarda l'expédition de la Russie de six semaines. Aussi, pourquoi l'empereur
qui avait deviné le défaut de la cuirasse du commerce et qui
voulait délivrer le monde de cette industrie parasite en lui ravis-
sant les deux monopoles de la Banque et des Transports, pourquoi
l'empereur ne mit-il pas à exécution ce dessein grandiose?
Pourquoi, pourquoi? Eh! mon Dieu, précisément parce que le
commerce est armé de la puissance de répercussion défensive et
qu'on ne sait par quel bout le prendre.

On dit que le hérisson est le seul des quadrupèdes de France
sur lequel le venin de la vipère n'ait pas prise. J'aurais deviné
l'exception par l'analogie seule. Ce qui m'étonne, c'est qu'un
homme de sens ait pu faire à la bête ignoble un mérite de son
invulnérabilité, Et comment voulez-vous, s'il vous plaît, que la
calomnie (vipère) morde sur le goujat littéraire et sur le bas industriel qui sont au-dessous d'elle et qui *en vivent;* les huissiers
de Molière ne meurent pas non plus sous les coups de bâton dont
on les gratifie, au contraire.

Les industriels de cette catégorie n'ont jamais de jeunesse; ils
attendent généralement l'âge des rhumatismes pour prendre
femme, et épousent leurs blanchisseuses ou leurs gardes-malades

pour être dispensés de les payer. Par allusion à ces mœurs, la
femelle du hérisson attend, pour mettre bas, la saison des
brouillards et la chute des feuilles.

Hélas! cent fois hélas! quand les gouvernements qui ont sous
les yeux l'exemple de Napoléon culbuté par une coalition d'accapareurs ; quand les législateurs qui ont sous les yeux, dans leur
tribunal, l'image du Christ crucifié par les pharisiens ; quand les
gouvernements et les législateurs mieux avisés, en arriveront-ils
à comprendre que toutes les souffrances et toutes les misères des
populations, ne viennent à celles-ci que de la voracité insatiable
du vautour commercial qui ronge incessamment le foie du travailleur ! Et que toutes les émeutes et toutes les révolutions qui
s'adressent aux trônes ont leur unique cause dans l'exploitation
du producteur par l'intermédiaire parasite !

Hélas! cent fois hélas! au lieu d'exécuter les plans de campagne de Napoléon contre le commerce et la banque, les gouvernements français, héritiers de l'Empire, accordent des subven-
tions de cent mille écus et plus aux organes officiels de la banque,
pour qu'ils défendent les opérations des accapareurs et qu'ils
répondent par des railleries agréables aux prières désespérées
du travailleur demandant à vivre de son travail. Et les penseurs les plus haut placés dans l'estime publique semblent frappés du même vertige que les gouvernants. Et j'ai vu les adeptes
de toutes les écoles socialistes prendre contre moi la défense du
juif brocanteur et parasite qui, nulle part, ne laboure la terre et
n'a fait de sa vie œuvre utile de ses mains, du juif qui prélève
aujourd'hui sur le travail de toutes les nations du monde une
dîme colossale... Et M. Louis Blanc, l'ami du peuple, l'historien
populaire de la grande révolution française, M. Louis Blanc place
le juif à côté du nègre, dans la catégorie des *races exploitées!*

Le hérisson aussi a ses souteneurs parmi les forestiers de
France et d'Allemagne. Beaucoup le supposent innocent, parce
qu'il ne détruit les faisans et les perdreaux que dans l'œuf, et
parce qu'il ne fait la guerre qu'aux levrauts nouveau-nés. Pour
moi, en quelque forêt que je chasse, je mets sa tête à prix ; en quelque lieu que je le rencontre, je l'écrase comme infâme.

## LA TAUPE.

Virgile a défini la taupe sans le vouloir.

Monstrum horrendum, informe, ingens, **CUI LUMEN ADEMPTUM** !

Un monstre hideux, informe, *colossal*, qui ne voit pas clair du tout.

La taupe est, en effet, le plus monstrueux de tous les êtres créés. C'est le plus puissant de tous les quadrupèdes pour la force musculaire ; c'est le plus sanguinaire de tous les carnivores. C'est le plus complet de tous les mammifères, sans en excepter l'homme; c'est le champion le mieux armé pour la guerre, le travail et l'amour.

J'ai beaucoup entendu parler de la force de l'éléphant, qui porte sur son dos des tours chargées de combattants. Je me suis laissé dire bien des choses sur la puissance de locomotion de la baleine, qui ne met pas plus de quinze jours à faire le tour du globe. Enfin, on m'a cité le tigre du Bengale comme un buveur de sang difficile à rafraîchir. Or, les prouesses de l'éléphant et celles de la baleine ne sont que jeux d'enfants en regard des tours de force de la taupe, et le créateur a dépensé plus de génie mécanique dans la construction de la seule main de la taupe, que dans la bâtisse de toutes les charpentes des géants de la terre et des eaux. Le tigre du Bengale est un lézard pour la sobriété et un agneau pour la douceur comparativement à la taupe ; car le tigre du Bengale n'a jamais tourné ses canines contre son propre sang. Envoyez deux tigres à un ami dans une boîte; ils parviendront à leur adresse sans encombre; placez deux taupes dans la même position, elles se seront avalées l'une l'autre avant d'être arrivées à la première étape.

La belle difficulté de se mouvoir comme l'éléphant à la surface du sol, ou comme la baleine, dans un milieu fluide qui vous fait monter ou descendre, au gré de la compression ou de la dilatation de vos poumons ! Mais, placez voir un peu un éléphant ou une baleine à cinquante pieds sous terre, dans les mêmes circonstances que l'infortuné Dufavel, et voyez à quoi aboutiront les efforts les plus désespérés du cétacé ou du proboscidien. Hélas ! tous les deux périront à la peine, au bout de quelques minutes, faute de pics pour percer la terre et de muscles assez vigoureux pour les faire mouvoir. Donnez à la taupe la taille de la baleine, ou seulement celle de l'éléphant, elle bouleversera le monde !

Il tombe d'ailleurs sous le sens que l'animal destiné à vivre dans un milieu comme le tuf, soit armé de moyens de locomotion plus puissants que celui qui doit vivre dans le milieu atmosphérique ou aquatique, dont les molécules se déplacent sans la moindre opposition. La supériorité musculaire de la taupe sur l'éléphant est une de ces vérités qui s'énoncent et ne se discutent pas.

La mâchoire de la taupe est armée de QUARANTE-QUATRE dents redoutables. Son groin, indice d'une sensualité orageuse, a pris des proportions si démesurées, qu'il a presque complètement obstrué le sens de la vue (sens de charité).

La taupe remue la tête, et le sol pulvérisé jaillit soudain dans l'air, comme l'onde amère des évents du cachalot.

Son estomac est une fournaise toujours ardente où les aliments les plus indigestes se tordent instantanément, se fondent et disparaissent.

Sa faim est de la rage, son amour de l'épilepsie...

L'existence de la taupe est une orgie de sang continue. Ses accès de rage d'estomac la prennent trois à quatre fois par jour. Elle meurt d'inanition pour dix heures d'abstinence.

La taupe s'élance sur sa proie d'un bond prodigieux, la saisit sous le ventre, lui plonge son long museau dans les entrailles, élargit la plaie avec ses mains, pour se noyer tout entière dans le sang de sa victime, pour jouir par tous ses pores. Chacun de ses meurtres est pour elle l'occasion d'une extase voluptueuse. Une taupe affamée sauta un jour à la gorge d'une jeune fille et lui perça le sein, avant qu'on eût eu le temps d'accourir à son aide.

Or, M. de Buffon a fait une peinture édifiante des mœurs *pastorales* et des vertus de la taupe !

Si les Anciens avaient connu la taupe, il est plus que probable qu'ils l'auraient consacrée à Priape... *dieu des jardins*. La taupe n'infirme pas le dicton si connu, que l'amour est aveugle.

A propos d'amour aveugle, il y a ici une chose très pénible à dire à l'homme, et surtout excessivement délicate à écrire en français. Je reconnais aujourd'hui pour la première fois que j'ai eu tort de maudire la tendresse de mes auteurs qui condamnèrent mon enfance aux travaux forcés du latin, au lieu de la laisser se développer librement au grand air du vagabondage et des meules de foin parfumées, si favorables aux exercices de la gymnastique. Oui, je regrette sincèrement de ne plus posséder comme autrefois mon *Cornelius Nepos*, pour me tirer de mon explication, à la manière de M. Dupin le spirituel. Je veux dire que s'il est vrai, comme l'admet la science, que l'attribution spéciale d'une fonction unique à un organe soit le caractère qui constitue le degré de supériorité relative des êtres dans l'échelle animale, l'homme est forcé de se loger, sur cette échelle, à un degré inférieur à celui qu'occupe la taupe ; vu que chez l'homme il y a encore des organes qui servent à deux fonctions... chez la taupe jamais. Je demande à ne pas m'expliquer plus clairement sur ce chapitre, et aussi à passer sous silence l'examen déchirant des causes de la résistance désespérée qu'oppose la vertu de la jeune taupe aux brutales sollicitations de ses amants.

M. Flourens l'immortel, le même à qui ses études intéressantes sur la colorisation des os du canard ont ouvert les portes de l'Académie française, a fait sur l'histoire de la taupe des observations curieuses. Il résulte des expériences de l'immortel que la taupe professe pour le régime végétal un si souverain mépris qu'elle aime mieux se laisser mourir de faim que de toucher de la dent aux légumes les plus savoureux. Je m'inscris hardiment en faux contre ce résultat, et, au nom de l'analogie toute puissante, je demande que l'Académicien renouvelle l'expérience, en prenant soin de substituer la TRUFFE à la carotte, et je parie tout ce qu'on voudra que la taupe se laissera aller à la séduction de la truffe ; car sans cela l'analogie du groin serait fautive, et alors à quel principe se fier désormais !

On comprend, du reste, qu'une bête comme la taupe ne puisse être l'emblême d'un type humain individuel. La taupe n'est pas, en effet, l'emblême d'un seul caractère, elle est l'emblême de toute une période sociale, la période d'enfantement de l'industrie, la période cyclopéenne, la plus douloureuse et la plus ténébreuse de toutes celles de la phase limbique. La taupe ne symbolise pas un seul vice, elle les symbolise tous; elle est l'expression allégorique la plus complète de la prédominance absolue de la force brutale sur la force intellectuelle. Elle porte sa dominante caractérielle écrite en son groin. Et voyez ici jusqu'où va l'influence irrésistible et fatale du développement exagéré de l'appareil olfactif chez les bêtes. L'éléphant que j'ai fait marcher naturellement en tête de la catégorie des proboscidiens, est exclusivement herbivore, et il symboliserait volontiers, par sa frugalité et sa réserve, les mœurs innocentes et pudiques de la période paradisiaque. Cependant, parce qu'il porte une trompe, parce qu'il est, à ce titre, parent du tapir et de la taupe, l'éléphant est sujet à des écarts de tempérament qui rendent quelquefois sa société si insupportable, qu'on est obligé d'employer le canon pour se séparer de lui. Il est connu également pour se livrer à la boisson sans trouble ni remords, et l'on sait à quelle dégradation morale la passion de l'ivrognerie entraîne les malheureux dont elle s'est emparée.

La taupe est le vase d'impureté dont il est fait mention dans l'Écriture-Sainte. Prenez parties égales de Barbe-Bleue et de Louis XV, de Messaline et de marquis de Sade, broyez le tout dans un mortier, chauffez et distillez, vous obtiendrez la taupe.

Le Titan qui entasse Pélion sur Ossa, l'Encelade dont les convulsions donnent à l'Etna des nausées si terribles et qui lui font vomir des torrents de lave enflammée, c'est la taupe qui entasse aussi montagne sur montagne, qui remue les entrailles du sol, et multiplie les éruptions terreuses sur la surface des prairies!

La taupe, c'est le cyclope borgne, qui laboure les entrailles de la terre, qui fouille les galeries souterraines, qui se nourrit de chair humaine, qui assomme à coups de quartiers de roche les amants de Galathée; qui trouve fade toute orgie où le sang ne ruisselle pas. Où trouver autre part que chez le hideux cyclope, le portrait de la taupe... du mâle de la taupe qui n'obtient la possession de sa femelle qu'après avoir mis à mort tous ses rivaux... qui, après les avoir tués, les dévore, et tout souillé de sang, tout fumant de carnage, réclame de la beauté le prix de ses exploits!

Car ces longues galeries souterraines que vous avez parfois suivies de l'œil dans la prairie ne sont pas toujours les galeries que creuse la taupe pour chercher les larves et les lombrics dont elle fait sa pâture. C'est bien souvent l'issue qu'a pratiquée la femelle pour se soustraire aux obsessions redoutables de ses persécuteurs. L'amour parle haut à la sensualité de cette espèce, et chaque femelle est le but des prétentions d'une foule de soupirants. La malheureuse n'a un peu de répit que dans les duels acharnés que se livrent ses bourreaux; elle cherche à profiter du conflit pour tenter une évasion. C'est très bien pour un jour, et tant que dure la tuerie. Mais la lutte est terminée à peine, que le vainqueur, après sa vengeance assouvie, se met en devoir de rattraper la fugitive. Alors c'est un siège dans toutes les règles, où se déploient toutes les combinaisons de la stratégie du mineur : mines et contre-mines, boyaux circulaires à deux fins, tranchées diagonales, stratagèmes Cormontaigne et autres. Il faut bien, néanmoins, que la résistance ait son terme, lorsque le mâle a réussi à acculer sa victime dans une impasse. Il ne reste plus, en effet, d'autre moyen à celle-ci, pour retarder sa défaite, que de gagner au plus vite la surface du sol; mais l'éclat du jour l'éblouit, ses forces épuisées trahissent sa pudeur, le sacrifice douloureux s'accomplit. La mère dépensera désormais, pour assurer l'avenir de sa famille, tout le talent que la vierge dépensa autrefois pour défendre sa vertu.

On a vu de ces galeries d'amour qui avaient un kilomètre de longueur. La dimension des galeries de chasse n'est pas moindre. La galerie de chasse est le chemin par lequel la taupe se rend de son domicile à son cantonnement de pâture. L'art du taupier, inventé en ce siècle par le célèbre Henry Lecourt, cultivateur de Seine-et-Oise, est basé tout entier sur la connaissance de ce passage. Comme la taupe est obligée, par les exigences de sa voracité, de faire plusieurs fois par jour ce voyage, et notamment le matin et le soir, il est bien facile de lui tendre un piége quand on connaît sa route. L'art du taupier a fait de grands progrès depuis quelques années ; mais l'extermination de la taupe, comme celle des hannetons et des chenilles, ne peut se faire qu'au moyen de mesures unitaires, basées sur le principe de l'association et de la solidarité, et pratiquées sur une échelle immense. Un jour l'agriculture reconnaissante élèvera des statues à Henry Lecourt, qui l'aura délivrée du fléau de la taupe.

N'oublions pas, toutefois, de mentionner avant l'événement une particularité intéressante de l'histoire de la taupe. Toutes les créatures ont leurs raisons d'être ici-bas, la taupe comme le cyclope. Le cyclope a forgé des socs pour la charrue; en même temps que des épées pour la tuerie. La taupe a servi l'agriculture en qualité d'instrument de drainage, avant la découverte de ce procédé merveilleux. Elle assainissait le sous-sol des prairies par des saignées salutaires, si elle en déshonorait la superficie par les dépôts de remblais qu'elle y accumulait sans cesse. Mais n'en disons pas davantage sur ce sujet. Il est sage d'attendre que les mauvaises bêtes ne soient plus, pour les admettre au bénéfice des circonstances atténuantes.

C'est Henry Lecourt qui a mesuré la rapidité avec laquelle la taupe se meut dans ses galeries souterraines. Il planta dans toute la longueur d'une galerie habitée une certaine quantité de fétus de paille, ornés de banderolles flottantes, et boucha hermétiquement l'orifice du passage, à l'aide du pavillon d'un cornet à piston. Puis quand il vit à l'agitation de la taupinière que l'ennemi était proche, il tira de l'instrument une note épouvantable qui produisit une telle impression de terreur sur l'animal, qu'on aperçut soudain tous les petits drapeaux se renverser sur toute la ligne, comme un bataillon de dominos mal assis. Il fut constaté par cette expérience curieuse, répétée plusieurs fois, que la vitesse *maxima* de la taupe dans sa galerie égalait celle du cheval au grand trot.

Que ceux qui désirent en savoir plus long sur la taupe interrogent les écrits de M. Geoffroy Saint-Hilaire, le plus grand génie scientifique et zoologique de ce siècle, *le seul savant qui ait su la série, y compris l'analogie matérielle.*

Beaucoup d'analogistes estimables et à l'opinion desquels je serais heureux de pouvoir faire une légère concession, ne partagent pas complétement ma manière de voir sur la taupe. Ils ne sont pas bien convaincus que Virgile ait voulu faire allusion à cet animal, en écrivant le vers ci-dessus relaté. Ils disent que l'odieux quadrupède cossu, ventru, goulu, est un emblème du fermier-général. Ils trouvent qu'il y a ressemblance assez marquée entre les taupes qui bouleversent le sol et percent des voies de communications souterraines, pour poursuivre et atteindre en tout lieu les insectes dont elles se nourrissent — et les monopoleurs de chemins de fer et de messageries qui se mangent les uns les autres ; qui bouleversent toutes les relations commerciales d'un pays et accaparent toutes les voies de transport pour rançonner à merci les voyageurs, leurs victimes ; qui utilisent leurs railsways en manière de télégraphes électriques, et qui ruinent par leurs manœuvres d'agiotage, le vrai travailleur et l'État. Ces analogistes ajoutent que l'extrême sensibilité nerveuse de la taupe qui redoute la lumière et meurt pour la moindre écorchure, caractérise admirablement l'obscurantisme obstiné de ces monopoleurs de banque et de transports qui redoutent aussi la lumière, parce qu'ils savent parfaitement que la première réforme industrielle les tuera, en tuant le régime anarchique où se débat l'industrie. Je n'ai jamais nié qu'il y eût du vrai dans ces rapprochements, et un peu de la taupe chez le concessionnaire de chemins de fer, qui fait un petit bien pour un grand mal, mais je crois l'analogie du cyclope préférable.

Le renard est le seul carnassier de nos climats à qui ne répugne pas la taupe ; ce qui fournit au conservateur des forêts un moyen excellent de détruire le renard, sans compromettre la sécurité du chien.

### DESMAN ET MUSARAIGNE.

J'ai donné trop de développements à la question de la taupe
pour avoir le temps de m'arrêter sur le desman des Pyrénées et
sur la famille des musaraignes. La tribu des musaraignes, qui
renferme cinq ou six espèces, dont une aquatique, est ambiguë
entre le rat et la taupe, et les mœurs des musaraignes participent
naturellement de celles de ces deux races voisines. Elles se dévorent entre elles, et il y a de plus guerre à mort entre le mulot et
la musaraigne. La morsure de la musaraigne est venimeuse.
Beaucoup de chiens refusent de l'attaquer, qui déchirent la taupe
avec rage. La musaraigne symbolise le passage de la première
période industrielle à la période barbare. Il y en a une qui vit à
l'embouchure de la Meuse, et qui se sert pour passer l'eau de
l'aviron et de la voile avec un talent remarquable.

Le desman est une espèce de taupe amphibie dont le groin
se rapproche de la trompe et qui ne se rencontre que dans les
ruisseaux des Pyrénées. La découverte de l'espèce ne remonte
pas plus loin que 1807, où elle fut observée près de Tarbes par
le professeur Desrouais. Le desman habite des terriers qu'il pratique dans la berge, au-dessous du niveau des eaux. Il vit d'insectes aquatiques et de menus poissons comme la musaraigne
d'eau. Le desman symbolise le braconnier de rivière infime, le
crocheteur de *boutiques*.

## LE RAT.

J'écrirais vingt volumes sur le rat, si on me laissait faire ; car il n'est pas de sujet plus riche à traiter que le rat, celui de Paris surtout. Je parle du rat qui hante les égouts, non du rat de coulisse, une autre catégorie de rongeurs dont l'histoire a bien aussi son intérêt et ses charmes.

Le rat dit les invasions des Barbares, comme le cheval de bataille dit la grandeur et la décadence de l'aristocratie de sang.

Telle horde, tel rat : à chaque occupation de la superficie correspond une occupation du sous-sol. Il y a eu le rat des Goths, le rat des Vandales, le rat des Huns ! il y a le rat normand (anglais) et le rat tartare (moscovite). On pourrait compter les couches de Barbares qui se sont superposées l'une à l'autre sur notre sol par le nombre des variétés de rats que ce sol a successivement nourries. Voilà certes une donnée historique importante et nouvelle (1). Je parierais cependant beaucoup de choses que c'est pour la première fois que l'Académie des inscriptions et belles-lettres est appelée à méditer sur ce rapprochement lumineux. Il y a longtemps que j'ai dit que l'histoire universelle était à refaire, à commencer par celle de Brutus, un aristocrate fieffé, dont M. de Voltaire et tant d'autres ont eu la naïveté de me faire un jacobin, un républicain formaliste qui prêtait son argent à 10 pour cent par mois.

Je ne fouillerai pas dans les décombres du passé pour y chercher les traces du passage et de l'établissement des rats de la Grande invasion dans les Gaules. J'aurai assez du témoignage des races contemporaines pour appuyer un système étayé sur de si solides monuments.

Deux mots préalables seulement sur l'histoire du rat en général.

---

(1) J'ai dit dans le début de ce livre que cette même thèse avait été développée depuis par M. le docteur Lallemand dans la *Revue indépendante* (avril 1847). Mon travail est antérieur de trois ans à celui de l'illustre académicien.

Et d'abord, le rat n'est pas le mari de la souris, ainsi qu'un préjugé populaire trop répandu l'avait fait généralement supposer jusqu'à ce jour. Le rat n'est pas plus le mari de la souris que le crapaud celui de la grenouille.

Tous les rats sont *ratophages*, c'est à dire qu'ils se mangent entre eux. Non seulement les races voisines s'entre-dévorent, mais encore les individus de la même race. Les pères mangent leurs enfants au berceau pour les affranchir des douleurs de l'initiation à l'existence ; les enfants reconnaissants s'empressent à leur tour de débarrasser leurs parents un peu vieux du fardeau de la vie, comme faisaient les Massagètes, ces dignes ancêtres des Cosaques. C'est pour cela sans doute que j'ai lu dans le traité de la Morale en action qu'on m'a donné pour prix, une foule d'exemples touchants de piété filiale, empruntés à l'histoire du rat et de la souris.

Tous les ans, à l'arrière-saison, à l'époque où les trésors de l'automne commencent à s'épuiser, de sanglantes guerres civiles dont le bruit n'arrive pas jusqu'à nous, éclatent dans les tribus obscures des campagnols, des lemmings, des hamsters, des musaraignes. Le hamster pénètre dans le silo du hamster voisin, le tue et le dévore, puis s'empare de ses provisions d'hiver. La fureur de destruction devient universelle. Le lapin n'essaie pas assez de se soustraire à cette accusation générale de cannibalisme qui pèse sur les espèces souterraines. Toutes imitent le procédé de la taupe, qui plonge avec bonheur son long museau pointu dans les entrailles de la taupe voisine qu'elle vient d'égorger, et boit avec délices le sang de sa victime. Il paraît certain que M. de Buffon et les autres nous en avaient conté sur les vertus filiales des rats ainsi que sur les mœurs patriarcales de la taupe.

Toutes les familles de rats, douées d'une fécondité prodigieuse, sont les emblèmes de ces populations misérables et prolifiques qui couvrent aujourd'hui le globe, et que la faim et la haine du travail poussent à se faire la guerre et à s'entre-dévorer. Elles disparaîtront un beau jour, en même temps que la guerre, la peste et la famine.

Le rat, comme le barbare, est un fléau que Dieu envoie

aux nations civilisées pour les avertir et les punir de leurs égarements. Le rat a été chargé plus d'une fois de l'exécution des sentences divines ; aussi occupe-t-il à ce titre une place importante dans les fastes de l'humanité. C'est le mulot d'Egypte qui détruisit l'armée de Sennachérib ou d'un autre, en dévorant pendant la nuit toutes les cordes des arcs et toutes les courroies des boucliers assyriens. Pline a consacré un chapitre entier de son huitième livre à raconter les cités détruites par les ravages des bêtes. Le rat a joué, avant et depuis Pline, un rôle immense dans l'histoire de ces bouleversements. On sait le sort de cet archevêque de Mayence qui fut arraché de sa tour, traîné jusqu'au milieu du Rhin et noyé par une bande de rats suscités par Dieu même, et qui ne se retirèrent satisfaits, dit l'histoire calviniste, qu'après avoir fait disparaître, à coup de dents, des tapisseries saintes, le nom et l'image de l'impie.

Ce vice de nature, qui porte le rat à tourner ses incisives contre son propre sang, est le correctif de cette perpétuelle fringale dont il est possédé. Le rat aurait déjà dévoré tous les habitants du globe sans la ratophagie. Et si les Barbares n'avaient tourné aussi leurs armes contre eux-mêmes, où en serait la civilisation aujourd'hui ? Et si le lord anglais et le boyard moscovite, je veux dire le rat normand et le rat tartare, au lieu de se jalouser, s'unissaient demain, par exemple, pour partager l'Orient !

Il y a des rats, comme les campagnols et les lemmings, qui quittent chaque année leur territoire pour aller butiner dans les contrées avoisinantes, et puis reviennent chez eux, l'expédition terminée. Ainsi faisaient les Gaulois, nos barbares ancêtres ; ainsi opèrent encore de nos jours les pirates, les Arabes et toutes les populations nomades de l'Afrique et de l'Asie. Ces rats voyageurs sont suivis dans leurs émigrations par leurs ennemis habituels, quadrupèdes et volatiles, les renards, les belettes, les hiboux. Ainsi, les bancs de harengs et de maquereaux entraînent à leur suite la baleine et les squales. Ainsi le Visigoth et l'Ostrogoth précèdent le Franc, celui-ci l'Anglais et le Russe.

Il y en a d'autres qui, comme le rat brun et le surmulot, abandonnent leur patrie sans esprit de retour, et s'établissent à demeure sur le sol des pays conquis, comme le Normand dans la Grande-Bretagne, le Mongol dans la Chine. J'entendais dire dernièrement, par un diplomate à l'affût de toutes les nouvelles et très bien informé, que l'avis officiel du retour du surmulot vers sa contrée natale venait de parvenir à l'ambassade de Russie.

J'arrive à l'histoire de la raterie française.

La souris de France est autochtone ; on la retrouve du moins dans les habitations gauloises dès les âges les moins historiques. Cependant l'usage du chat qui remplace le furet, lequel date lui-même de l'invasion du lapin et de l'Arabe, l'usage du chat ne commence à être adopté en France que vers le commencement du XIe siècle.

Les autorités abondent pour prouver la simultanéité de l'invasion du Normand et de celle du rat brun, le rat proprement dit. Le surmulot, le rat actuel de Paris, date d'hier en Europe, comme le Moscovite, d'où il nous est venu.

Le Normand, honorable souche de l'aristocratie anglaise d'aujourd'hui, est la horde qui a laissé dans le monde la plus effroyable réputation de barbarie. Le pirate normand a fait croire à l'existence de l'ogre. Longtemps après que les rois de France eurent acheté la paix de Rollon au prix de la riche Neustrie, le peuple, dans ses prières publiques, suppliait encore le bon Dieu de le délivrer du mal et du Normand. C'est encore aujourd'hui le refrain des prières publiques de l'Irlande et de toutes les contrées malheureuses où domine le Normand, je veux dire le Lord Anglais (ne pas confondre avec le prolétaire anglais que je porte dans mon cœur). L'Irlandais et le Saxon ne sont pas pour moi des Anglais.

C'est la terreur de la férocité normande qui força le peuple des campagnes en France à se réfugier sous la protection des comtes, et à bâtir pour ceux-ci ces châteaux-forts où la tyrannie féodale s'installa et se casemata aussitôt pour un millier d'années. Ainsi, en ce temps-là, les pirates normands semaient déjà partout sur leur passage l'oppression, la misère et les ruines. J'entends le Portugal, l'Espagne et la Chine qui me crient que le sang de Rollon n'a pas dégénéré.

Les historiens de l'époque s'accordent à constater que la venue
des Normands fut accompagnée et suivie d'une foule de calamités
atmosphériques et zoologiques de tout genre. On peut consulter
avec avantage, à ce sujet, Aldrovande qui résume les travaux des
écrivains antérieurs. Au milieu de ce déluge affreux d'insectes
dévorants, de reptiles venimeux et de loups enragés qui fondent
de tous côtés sur la France, apparaît pour la première fois le rat
brun. Le rat brun, originaire de la presqu'île scandinave, a passé
la Baltique sur les esquifs des pirates normands, et il s'est établi
aux bouches de l'Elbe, du Weser et des fleuves du Nord. De là, il
marche à la conquête du continent, faisant d'abord une guerre
d'extermination aux mulots des champs et aux souris des villes
et s'avance peu à peu vers les contrées méridionales. On signale
son apparition en France sous le règne de Louis VII, l'infortuné
mari d'Eléonore d'Aquitaine, l'introductrice de l'Anglais.

A cette époque, disent certains chroniqueurs, une nouvelle
espèce marronne envahit tout le territoire et détruisit complètement la race rouge ou *ombrée* qui, depuis les Normands, était
en possession du sol, et vivait en bonne intelligence avec une
dynastie moins nombreuse, mais plus fortement constituée, la
race amphibie, vulgairement appelée de nos jours *Rat d'Eau* ou
*Rat de la Salpétrière,* parce que l'emplacement sur lequel est bâti
l'hospice de ce nom fut le berceau de la lignée du premier émi-
grant.

Il est plus que probable qu'il y a ici confusion dans l'histoire,
et que cette espèce marronne est la même que la brune, à laquelle on l'accuse de s'être substituée.

Lors de l'affranchissement des communes, l'abbé Suger cons-
tata, dans les caveaux de Saint-Denis, la présence d'une troisième
espèce de rats nommés Epagneuls, à cause des longs poils qui
couvraient leur robe, et non *Espagnols,* ainsi qu'on les appela
depuis par corruption.

Sous la Ligue et sous la Fronde, les guerres religieuses et les
discordes civiles qui désolaient la France, appelèrent sur son sol
une troisième invasion de rats, toujours venant du Nord.

Cette troisième race, beaucoup plus nombreuse et plus forte

18

que les précédentes, fut nommée la *Grise*, ou *Vulcain*. Après avoir détruit la race Epagneule, elle prit possession de ses états, et continua ses relations de bonne amitié avec la race amphibie dont la parenté de couleur avec les nouveaux conquérants, assura la durée de la bonne intelligence entre les deux espèces. Cette race grise a bien l'air de n'être que l'avant-garde de celle connue, de nos jours, sous le nom de rat de Montfaucon.

En tout cas, c'est le rat brun qui détermine l'épicier français à accepter les services du chat. Le rat brun réussit à s'implanter si profondément dans le sol, que c'est lui qui finit par recevoir le nom générique de l'espèce. Ce que le rat brun a détruit de richesses péniblement amassées par les travailleurs de France pendant les six ou sept siècles que nous avons eu à le nourrir, ne se calcule pas. C'était aussi le temps où le travail du serf nourrissait la paresse et le faste du noble. Envahisseur, carnivore et pillard... tel fut le rat normand. La crainte de troubler l'entente cordiale qui existe entre le gouvernement anglais et le nôtre, m'empêchera de pousser l'analogie jusqu'au bout.

Le rat normand a trouvé son maître au siècle dernier, dans le rat moscovite ou tartare, autrement dit le surmulot, le rat de Montfaucon.

Un jour, en 1760 (il n'y a pas cent ans), la ville de Jaïk, en Sibérie, fut attaquée et prise d'assaut par une armée innombrable de rats. L'attaque avait eu lieu à quatre heures du soir ; les vaincus accordèrent en toute souveraineté aux vainqueurs un quartier de la ville.

Ces nouveaux rats, inconnus à l'Europe, descendaient des hauteurs de ce même plateau central d'Asie, d'où s'échappèrent dans les temps ces cavaliers huns et mongols qui, se répandant à droite et à gauche du soleil, prirent une fois l'Occident et Rome, une autre fois l'Orient, de Jérusalem à Pékin.

Le débouché ouvert par la conquête d'une ville, le flot de l'invasion ne cessa plus de couler. Bientôt il se transforma en torrent; le surmulot déborda sur l'Europe. Il a pénétré, en cinquante ans, au cœur de toutes les capitales ; nul ne sait où s'arrêtera le cours de ses progrès souterrains. Paris tremble de fournir un nouveau

chapitre à l'histoire des villes renversées de Pline. Le surmulot
vient de signaler son apparition dans la Nouvelle-Zélande par la
destruction du perroquet nocturne. Il a détruit le Diablotin aux
Antilles. Le perroquet nocturne de la Nouvelle-Zélande et le diablotin de la Guadeloupe habitaient des terriers comme le Tadorne.

L'établissement du rat moscovite ou tartare en France, eut
pour préalable l'extermination complète du rat normand, parce
qu'il y a antipathie mortelle entre le sang normand et le sang
moscovite. Le rat brun orgueilleux, qui couvrait naguère encore
le territoire français de ses colonies innombrables, n'existe plus
aujourd'hui dans Paris qu'au cabinet d'histoire naturelle et dans
la langue du pays!... A peine si quelques rares débris de la race
ont réussi à se soustraire à la dent du vainqueur, en gagnant à la
nage quelques misérables îlots de la côte inhospitalière de Bretagne, au pays *des Venètes* (Vannes). La *Venise* de l'Adriatique
fut fondée aussi par des débris de populations cisalpines échappés
au glaive d'Attila, et qui trouvèrent asile en ses lagunes !

L'extermination du rat normand par le rat moscovite en France
est contemporaine de l'anéantissement des priviléges de l'aristocratie française et de l'avénement du régime du sabre.

La puissance de destruction dont le rat tartare est armé, sa voracité effrayante, son courage indomptable, rappellent complétement la manière des farouches cavaliers d'Attila et de Timour-
Lenk, ces impitoyables exterminateurs qui s'amusaient à bâtir
des pyramides vivantes où l'homme servait de pierre, et qui ne
voulaient pas que l'herbe repoussât à la place où leurs chevaux
avaient passé.

Le surmulot dévore le chien, le chat; il attaque l'enfant endormi, il est friand du cadavre de l'homme ; il commence par lui
manger les yeux comme au cheval. Sa dent est des plus veni-
meuses. Je sais dix cas d'amputation de jambe nécessités par la
morsure du rat d'égout.

Les abattoirs et les égouts de Paris nourrissent un nombre de
surmulots inimaginable. On en a tué des vingt mille et des trente
mille pendant plusieurs jours de suite à la voirie de Montfaucon,
sans que le nombre en parût sensiblement diminué. On calcule

qu'il leur est servi un tribut annuel de six millions de kilogrammes de viande, tant en chair de cheval qu'en autres matières animales putréfiées.

La question du rat de Montfaucon s'est élevée, dans ces derniers temps, à la hauteur d'une question sociale. On sait la célèbre délibération de ce conseil municipal de la banlieue qui, consulté un jour sur cette question terrible, décida que le meilleur moyen de venir à bout du rat était de le tuer; solution ingénieuse, mais qui avança peu les choses, attendu que l'assemblée oublia de s'entendre sur le moyen de destruction. Cependant la solution de la question ne saurait être ajournée plus longtemps, car il s'agit tout bonnement, dans cette affaire, pour les quartiers de l'Est de la capitale, *d'être ou de n'être pas; c'est là toute la question.*

Considérez un peu ce rapprochement bizarre !

Les deux variétés de rats les plus féroces et les plus sanguinaires, celles qui ont pesé le plus lourdement sur le monde européen, nous sont venues précisément des mêmes lieux et en même temps que les deux nations qui sont demeurées les dernières barbares, la nation russe et la nation anglaise, vouées encore aujourd'hui au principe de guerre et de spoliation.

Or, la France est le tombeau de toutes les barbaries : elle verra s'éteindre avant peu la dynastie du rat moscovite, comme elle a vu s'éteindre la dynastie du rat normand. Le principe de l'autocratie ou du despotisme d'un seul n'est pas plus fait pour s'acclimater chez nous que celui de l'oligarchie. Il faut que le barbare s'incline devant le Dieu d'égalité et de paix, comme le Sicambre, ou qu'il périsse écrasé sous le marteau, comme le Hun et l'Arabe !

Mais le rat, emblème de misère, de meurtre et de rapine ; le rat, emblème de la horde normande ou moscovite, ne peut disparaître du sol qu'après que la misère et le meurtre en auront été bannis d'abord, et que les gouvernements sages auront mis en pratique la théorie pacifique placée par moi dans la bouche du grand vainqueur de l'Isly, et formulée jadis en un hardi toast, dans une assemblée solennelle :

« A l'abolition de la guerre ! à la transformation des armées destructives en armées productives ! » (1)

Paroles sublimes dans la bouche d'un guerrier.

## LE HAMSTER.

Le hamster, habitant de la vallée du Rhin et du versant oriental des Vosges, originaire du Nord, vit dans un terrier comme le lapin, mais il possède de plus que celui-ci l'instinct de la prévoyance. Le terrier du hamster est un riche magasin de comestibles. C'est le hamster qui a inventé le procédé du silo pour la conservation des grains. La nature, pour favoriser les tendances conservatrices du hamster, l'a doué de deux poches énormes ou abajoues, situées de chaque côté des mâchoires, appareil précieux dont l'animal se sert pour voiturer dans son fort les provisions qu'il récolte, c'est-à-dire la dîme qu'il prélève sur les moissons du laboureur.

Le ménage du hamster est l'image parfaite du ménage morcelé et de l'entente cordiale des époux civilisés. Le mâle et la femelle s'entendent d'abord admirablement pour piller le public en commun ; le désaccord n'arrive qu'au moment du partage des dépouilles, comme en civilisation. Le mâle, qui a été très heureux d'utiliser le travail de la femelle pour emplir son magasin, comme le mari d'encaisser la dot de la femme pour étendre son commerce parasite, le mâle, dès les premiers jours de la saison d'hiver, commence par réduire la femelle à la portion congrue ; puis, sous un prétexte injurieux quelconque, il l'expulse du domicile conjugal. Mais la femelle, qui connaît ses droits et la cachette où est enfermé le trésor, n'abandonne pas aussi aisément la partie. Obligée de fuir devant la force, elle creuse une voie détournée pour rentrer dans la place, et parvient à faire au magot une saignée abondante. Elle fait mieux, elle réclame l'assistance

---

(1) Prononcé par M. le maréchal Bugeaud dans le banquet phalanstérien du 7 avril 1840.

d'un Égysthe, et tous deux, profitant du sommeil de l'Agamem-
non repu qui dort sur ses richesses, l'étranglent et le *mangent*.
Car c'est le sort du hamster d'être dévoré par sa femelle ou par
son associé, lorsqu'il n'a pas le bon esprit de prendre l'initiative.

J'ai dit que pendant toute la durée de l'hiver, les basses régions du sol étaient le théâtre d'épouvantables drames. Ces drames ne sont que la répétition de ceux qui se passent dans la région supérieure, au sein des ménages civilisés. Le hamster, qui
tue son associé ou sa femelle, ne fait que mettre en pratique le
fameux commandement de la religion des économistes :

> Tout concurrent écraseras
> Afin que tu vives longuement.

Quelquefois le soc de la charrue ou la bêche du laboureur bou
leverse le terrier du hamster, et met à nu le trésor du larron.
Alors le propriétaire légitime de la chose volée reprend son bien
et punit de mort le ravisseur. Ainsi, l'organisation du travail, qui
restituera à chacun le prix de son labeur, détruira de fond en
comble toutes les industries parasites! Ainsi soit-il!

## MARMOTTE.

Habitante des hautes montagnes des Alpes, gagne-petit du
Savoyard. A l'instar des *Dormeurs*, la marmotte s'endort à l'automne pour se réveiller au printemps. Elle perd son poil par le
travail, par allusion à la misère du pauvre Savoyard dont l'industrie pénible a pour premier effet de râper les vêtements.
C'est elle qui a appris au ramoneur à grimper entre deux parois
de rocher ou de cheminée, et elle exhale une odeur désagréable
qui n'est pas sans analogie avec celle de la suie.

C'est l'emblême du pauvre montagnard qui s'engourdit dans
sa misère et se résigne patiemment au travail le plus ingrat pour
la récréation des oisifs.

**LES LOIRS.**

La France possède trois variétés de loirs ; le loir proprement dit, le lérot, le muscardin.

Gentils petits animaux à la mine éveillée, à la queue bien fournie et semblable à celle de l'écureuil, les loirs, trop connus des jardiniers de Montreuil-aux-Pêches, sont les dévastateurs des vergers et des espaliers. Les loirs dorment l'hiver comme l'ours et la marmotte, ce qui devrait les dispenser, mais ne les dispense pas de faire des provisions pour passer agréablement la saison de la disette. Afin de justifier cette pratique d'enfouissage qui leur est commune avec l'écureuil et le hamster, ils se réveillent au milieu de l'hiver pour piller leurs magasins, puis après avoir converti leurs denrées en graisse, ils se rendorment de plus belle. C'est pour eux qu'a été inventé le problème : *Qui dort dîne.*

Les loirs sont encore des emblêmes des industriels parasites qui passent les trois quarts de leur temps à ne rien faire, et qui se rattrapent de leur oisiveté sur le travail d'autrui.

Le loir se rattache à l'écureuil par ses allures de saltimbanque et par sa queue fourrée ; ses mœurs de cannibale le rapprochent du rat. Il se repait avec délices de la chair de ses pareils.

Le loir niche comme l'écureuil sur les arbres et acquiert au temps des fruits un embonpoint et une certaine délicatesse de chair qui justifient la haute estime que les Romains faisaient de *ce gibier*, qu'ils mangeaient assaisonné avec des confitures, comme les Anglais et les Allemands mangent aujourd'hui le lièvre. Je proteste de toutes les forces de mon palais contre cette alliance monstrueuse.

Les loirs se marient très tard, comme les hérissons et les ambitieux qui attendent d'avoir fait fortune pour s'établir d'une façon convenable.

## CHEIROPTÈRES (Chauves-souris.)

J'ai déjà dit qu'il n'était pas de série animale qui eût eu moins de chances pour ses dénominations que celle des mammifères volants ; — que le peuple l'avait baptisée d'abord du nom générique de chauve-souris, nom absurde, vu que l'animal fabuleux qu'il s'agissait de désigner, n'est ni *souris* ni *chauve* ; — que la science n'avait pas mieux réussi avec sa dernière étiquette de cheiroptères (*mains ailées*), attendu que les organes de locomotion de la bête en question ne sont ni des *mains* ni des *ailes*. *Vespertilions, Antropomorphes*, n'en disent ni plus ni moins.

J'ai dit que puisque la science officielle désirait à toute force honorer cette infamie d'un nom grec, elle devait lui fabriquer un substantif composé qui répondît à l'indication naturelle, quelque chose comme *oiseau-mamelle*, *oiseau à poil* ou *quadrupède volant*.

Enfin j'ai accepté le cheiroptère par lâcheté pour prouver que je ne recherchais pas aussi avidement qu'on m'en accuse l'occasion d'humilier la science. Et encore, parce que de toutes les saletés de la création dernière, la..... chauve-souris..... était sans contredit la plus difficile à nommer ; et que j'aurais eu peur d'effrayer mes jeunes lectrices en lui restituant son vrai nom.

Car la chauve-souris est un emblême de mort... et de quelle mort !

Et un seul nom lui convenait, celui d'*Épouvantail* ou de *Satanite* que certains zoologistes *passionnels* ont donné à l'alcyon des tempêtes.

Les personnes peu habiles dans l'art de deviner les rébus de la nature et qui savent quelle peine on a souvent à faire parler les muets, me croiront sur parole, quand je leur aurai affirmé qu'il m'a fallu dix années de relations suivies avec la chauve-souris, et des efforts inouïs de persévérance et d'importunité, pour l'amener à desserrer les dents, et à me faire l'aveu de toutes ses turpitudes. Il est vrai qu'elle m'en a dit long. Et je ne sais véritablement pas, vu la nature de ces confidences, si je ne ferais pas mieux de les garder pour moi que d'en faire part au public. Je sens la chair de poule me venir à la seule idée des conséquences fâcheuses que pourrait avoir mon indiscrétion avec des personnes faibles.

La question de la chauve-souris est une question de l'autre monde, une question qui sent le fagot...

Tout est mystère, imposture et ténèbres dans cette série de *transition*, dans tous ces moules d'*ambigus*, marqués au coin de l'anormal, du hideux et du fantastique.

Est-ce le noir esprit de l'abîme, le porte-drapeau de Satan, le fantôme décharné et livide que la peur de l'enfer fait apparaître au chevet du moribond, le spectre au rire affreux qui se lève des tombeaux avec le crépuscule et y rentre avec l'aube, le squelette à la faulx, planant dans les régions de l'Erèbe d'un vol silencieux? C'est tout cela à la fois et quelque chose *avec*.

C'est l'image de la mort dans les sociétés limbiques, l'image de la transition douloureuse, le cauchemar des imaginations terrifiées.

La chauve-souris habite les sombres caveaux comme les spectres, les sombres caveaux et les troncs d'arbres morts, les noires cavernes et les crevasses des vieux murs, qu'elle quitte aussi à l'heure douteuse qui précède la nuit. Suspendue pendant le jour à la voûte des grottes sépulcrales, elle imite la complète immobilité du trépassé dans son cercueil. Les membranes velues qui la soutiennent dans l'air ont servi de patron à toutes les tentures mortuaires qui décorent les salles des tombeaux.

Mi-oiseau, mi-quadrupède, c'est bien la transition d'une vie *inférieure* à une vie *supérieure*. Mais à quelle espèce de vie supérieure? *That is question*. Ecoutez patiemment, et l'on vous dira tout.

La chauve-souris est une des rares espèces qui jouissent du singulier privilége d'inspirer à première vue des antipathies mortelles, et de faire tomber en pâmoison les personnes nerveuses. Elle partage cette triste faculté avec le crapaud, emblème du mendiant; l'araignée, emblême du boutiquier; la vipère, emblême de perfidie. Or, remarquez bien cette circonstance : La chauve-souris est une bête *innocente ! ! !* Là est le mot de l'énigme.

La chauve-souris est une bête innocente, plus qu'innocente, utile, et qui continue le service de l'hirondelle, interrompu par la nuit. La chauve-souris fait la guerre à tous les insectes et à toutes les vermines nocturnes qui affligent l'humanité et ses arbres à fruit.

— Ah ça ! mais puisque cette créature hideuse, qui jouit de la suprême laideur et de la suprême faculté de répulsion, n'est qu'un animal innocent, utile même, cette peur qu'on nous faisait de la mort, de cette transition si inquiétante, n'était donc qu'une atroce plaisanterie ?

— Une atroce plaisanterie, c'est vous qui venez de le dire; une mystification indigne et infiniment trop prolongée —à l'aide de laquelle de misérables imposteurs ont odieusement exploité l'humanité crédule, profitant de son ignorance pour l'effrayer, pour frapper son esprit de l'idée du Dieu méchant, pour enseigner le dogme des peines éternelles, pour pratiquer le *vol au Purgatoire.* Heureusement que tout se découvre avec le jour (analogie). La chauve-souris, que les fourbes obscurants avaient associée à leurs complots ténébreux, ne les aurait pas trahis, qu'un autre de leurs complices aurait vendu la mèche.

La chauve-souris est une chimère, un être monstrueux, *impossible,* ne symbolisant que des chimères, un farfadet nocturne représentant exclusivement les fantômes des imaginations malades, les enfantements des cerveaux calcinés par l'ascétisme, le jeûne et les méditations solitaires. La chauve-souris est l'imposture faite bête, comme M. de Talleyrand, évêque d'Autun, était le mensonge fait homme.

Le caractère d'universelle anomalie, de monstruosité qui s'observe dans la conformation de la chauve-souris, ces interversions bizarres de sens qui permettent à la vilaine bête d'entendre avec le nez, de voir avec les oreilles, s'expliquent par la subversion d'idées, par les dérèglements intellectuels que ce moule fantasti-

que est chargé de symboliser. Une preuve que la chauve-souris,
du reste, n'a jamais représenté qu'une fausse mort, c'est que la
vraie mort est camarde, tandis que la chauve-souris a des nez
exagérés qui lui descendent quelquefois jusque sur la poitrine,
en manière de trompe d'éléphant.

La chauve-souris avoue ingénuement, du reste, sa complicité
dans l'œuvre de l'obscurantisme ; elle a été durant soixante siècles l'auxiliaire la plus dévouée de la superstition, par la raison
toute simple que ses sympathies naturelles sont pour les amis des
ténèbres, et que la lumière l'offusque, et qu'elle ne peut pas voir
une bougie allumée sans éprouver le besoin de souffler dessus.
J'avouerai à mon tour qu'il me serait impossible de faire à la pauvre bête un crime de ces sympathies. Qui se ressemble s'assem-
ble. La chauve-souris ne fait que se traîner durant le jour ; elle
ne vole ni ne marche ; des soldats de cette espèce ne peuvent pas
servir dans le régiment du progrès.

Et puis, c'est qu'il y a véritablement pour l'obscurantisme systématique de la chauve-souris, comme pour celui de l'ours, qui
ne se pose pas non plus comme un ami trop fougueux des lumières, il y a une circonstance atténuante d'une gravité extrême.

Il faut que j'apprenne à tous ceux qui l'ignorent, que l'enfance
des globes est le bon temps pour les chauves-souris, comme l'enfance des hommes est le bon temps pour les loups-garoux et les
croquemitaines. La chauve-souris occupe dans l'échelle de l'animalité d'un monde un degré d'autant plus élevé que ce monde
est plus voisin de son éclosion à la vie animale.

Or, elle régnait dans le monde qui précéda celui-ci ; l'histoire
antédiluvienne rapporte même que c'était un des moules les plus
achevés de l'animalité d'alors. Du haut rang qu'elle occupait en
ces temps éloignés, la chauve-souris a encore conservé une habitude, celle de porter la mamelle à la même place que le
sphynx.

Il paraît donc prouvé qu'aux beaux jours de cette création n° 2
(l'avant dernière), le domaine de l'air appartenait en toute souveraineté à deux ou trois chauves souris gigantesques, espèces de
navires aériens dont les voiles membraneuses mesuraient dix et

douze mètres d'envergure. Et ces chauves-souris fort-modèle, que les savants d'aujourd'hui appellent *ptérodactyles*, pour ne pas répéter le mot *cheiroptère*, qui veut dire absolument la même chose, se partageaient avec l'ours les bénéfices d'une tyrannie sans contrôle. Je me suis laissé dire qu'il y avait de ces oiseaux à poil, de ces hideux vampires, qui ne se gênaient pas pour tirer à un pauvre mégathérium ou à un pauvre dinothérium endormi une palette de sang d'un demi-hectolitre. Si l'on en croit les récits de nos navigateurs, ces habitudes de sucer le sang aux gens pendant leur sommeil, se seraient soigneusement transmises des ptérodactyles de jadis aux cheiroptères d'aujourd'hui.

Je ne suis pas l'apologiste des tyrans ni des vampires; mais je suis indulgent pour les pouvoirs déchus; je n'exige pas de ceux qui ont tout perdu dans une révolution qu'ils soient affectionnés de cœur au nouvel ordre de choses. Dans tous les temps et sur tous les globes, les prétendants, c'est-à-dire les déchus (l'Ours et la Chauve-Souris) ont donné la main aux obscurants, tranchons le mot, aux jésuites; de tout temps, les prétendants et les prêtres se sont coalisés pour entraver le progrès. L'intérêt des déchus dans la coalition est bien clair; avant d'imprimer au char une marche rétrograde, il faut commencer par lui faire faire halte.

Je sais bien que c'est la chauve-souris qui a le plus contribué à incruster dans l'imaginaton des crédules mortels les mythes plus ou moins fabuleux de l'hippogriffe, du griffon, du dragon, de la chimère; que c'est elle en un mot qui a servi de modèle à tous les oiseaux à quatre pattes et à mâchoires, à qui le monde ancien avait l'habitude de confier la garde de ses trésors. Le Rock de la légende arabe n'est pas un aigle, mais une vraie chauve-souris. Un oiseau qui n'est que ça, un oiseau si grand fût-il, qui n'aurait que deux pattes et des plumes, ne réussirait jamais à inspirer la même terreur que la plus innocente chauve-souris. Le physique de l'emploi d'épouvantail exige impérieusement la réunion des griffes, des ailes et des mâchoires. Le diable de la légende catholique, apostolique et romaine, le diable chrétien, celui qui a tant tripoté avec les âmes et qui a fait donner par tes-

tament tant de bonnes terres aux prêtres, le diable chrétien n'est
lui-même qu'une contrefaçon très heureuse de la chauve-souris,
sur le front de laquelle on a vissé les deux cornes du satyre antique, pour dissimuler le plagiat. Le diable qui traverse la toile
de l'Opéra, dans le troisième acte de *Robert*, a des ailes membraneuses et des orteils ornés de griffes comme une vraie chauve-
souris. Toutes les évocations de sorciers dans les drames infer-
naux ont pour premier résultat de faire apparaître sur la scène
d'affreux ptérodactyles qui ouvrent leurs ailes en musique. Toutes
les figures des principaux personnages de la grande épopée de
Callot, la *Tentation de saint Antoine*, sont copiées des originaux
qu'on peut admirer au cabinet d'histoire naturelle, dans la galerie
des tableaux de famille de la chauve-souris. Prenez au peintre
ses coiffures de démons les plus aventureuses, ses oreilles les
plus excentriques et ses nez les plus épanouis, et j'affirme que le
*rhinolophe*, l'*oreillard* et le *rat volant* trouveront encore moyen
de faire crier à la timidité du copiste. La tradition du vampire
qui sort de son tombeau la nuit pour sucer le sang des jeunes
filles est une tradition de chauve-souris. Le tricorne du jésuite, la
cagoule du moine sont des pièces de l'uniforme de la chauve-souris.

Je sais tous les crimes de la chauve-souris, et je les lui pardonne ; faute avouée est à moitié pardonnée.

Je les lui pardonne, par ce motif religieux que la crainte de la
mort est une des conditions fatales de l'existence dans les sociétés
limbiques, et que Dieu a dû proportionner cette terreur de la
mort aux misères de la vie. La superstition qui va finir a eu sa
nécessité comme le mal. Si nous n'avions pas peur de mourir,
nous voudrions tous nous en aller de cette terre quand nous n'ai-
merions plus.

Mais de même que les premiers rayons du soleil, foyer de lumière et d'amour, chassent de l'atmosphère revivifiée les esprits
des ténèbres, le hibou et la chauve-souris... ainsi la fausse morale et la superstition, l'idée du Dieu méchant, la crainte et l'imposture, s'enfuiront du cerveau de l'homme avec les premières
lueurs de l'aurore d'harmonie, et le cauchemar affreux de l'enfer
cessera de peser sur nos rêves !

Insensés qui vous plaignez que Dieu ait refusé à notre âge la révélation des choses de l'autre vie... on voit bien que vous ne savez pas ce qu'il en coûte à ceux qui ont connaissance des délices de la vie aromale de rester ici bas !

La chauve-souris, qui a tant perdu à la création dernière, est destinée à disparaître complètement au début de la prochaine. (Création nº 4.)

# CHAPITRE VI

Des bêtes qui se tirent et ne se chassent pas.

**Les Ruminants des glaciers. — Bouquetin. — Chamoi. —
Isard. — Le Mouflon. — Le Lynx. — La bête puante : Fouine.
— Martre. — Putois. — Blaireau. — La Loutre. — Le Castor. —
L'Écureuil. — L'Ours.**

J'ai défini le mot *chasser* : *poursuivre* et *prendre* avec des chiens, *forcer*. Aucune des bêtes dont le nom précède ne se *force*, mais presque toutes se *chassent*, d'après l'acception vulgaire du mot *chasser*. Cette acception est éminemment vicieuse. On peut, à la rigueur, appliquer le nom de chasse à la poursuite du lapin, du blaireau, de la fouine, qui réclame quelquefois la collaboration du chien, mais l'expression n'est véritablement pas admissible pour l'affût et les autres genres de tuerie qui exigent, pour premières conditions de succès, l'*immobilité* du chasseur et l'absence du chien. Entre le chasseur qui force et l'assassin qui guette, il y a juste la même différence qu'entre le chien et le chat.

L'ours méritait certainement beaucoup plus que le renard d'être admis dans l'honorable catégorie des bêtes de *courre*. Cependant je ne l'y ai pas logé, par la raison qu'il n'y a plus d'équipage d'ours en France, et que nulle part, en France, à l'Est ni au Nord, on ne force l'ours avec des chiens. Pour une cause analogue et contrairement à mes principes, j'ai dû accorder au renard la place d'honneur que je refusais à l'ours. Permis à l'historien de protester contre l'injustice du fait, mais son premier devoir est de l'enregistrer.

## LES RUMINANTS DES GLACIERS.

### Bouquetin. — Chamois. — Isard. — Mouflon.

#### BOUQUETIN.

Le Créateur n'a déshérité aucune terre de parure et de vie. Au-dessus des régions où l'air respirable manque à l'homme, planent encore l'aigle et le gypaète, et bondissent les chamois. Bien loin, sous le ciel crépusculaire des pôles, par delà les confins des régions de lumière et les glaces éternelles, gisent perdues d'immenses terres, au sein des mers solides. Là, parmi les steppes neigeuses du Spitzberg et de la Nouvelle-Zemble, errent de nombreux troupeaux de rennes qui paissent le lichen sous les ossuaires d'ivoire, riches débris du règne animal gigantesque qui peuplait ces parages avant le dernier cataclysme. Sur l'aire du glaçon voyageur que l'explosion du froid a détaché du flanc de la montagne, navigue l'ours blanc et dorment en paix les morses, amphibies monstrueux à la figure humaine, aux défenses d'éléphant. Et le pinçon des neiges qui voudrait accompagner le soleil jusqu'au bout de sa course et doubler le pôle avec lui, fait redire son air de bravoure aux sourds échos de la morne solitude, et marie ses chants d'allégresse aux sinistres houloulements de l'harfang et aux bramements des rennes, seules voix de ces plages désolées. Entre-temps, le manchot géant, debout sur l'arête des banquises de la mer antarctique, semble la sentinelle qui veille sur les remparts d'une citadelle de glace, ou l'orateur qui pérore au milieu d'une docte assemblée.

C'est ici que brille dans tout son éclat la providentielle sagesse, si souvent et tout à l'heure encore invoquée dans ce livre. Pour que nulle part la dépopulation absolue ne se fît, Dieu a proportionné chez ses créatures l'amour du sol natal aux rigueurs du climat. Ainsi, tandis que le renne, le Lapon, le chien de Sibérie, ne peuvent vivre hors de la région des frimats, les habitants des zônes fortunées quittent leur patrie sans regret. Ainsi, parmi ces légions d'ilotes, que les bourreaux des sociétés barbares recrutent chaque année pour forger leurs armées permanentes, garantie de leur tyrannie, celles où le mal du pays fait le plus de victimes, sont les légions tirées des contrées les plus pauvres, des montagnes surtout.

L'amour du sol natal chez l'habitant des terres désolées, homme ou bête, confirme la théorie consolante que j'esquissais naguère à propos de la chauve-souris, à savoir que le suprême ordonnateur des choses a proportionné l'effroi de la mort et l'amour de l'existence chez l'homme aux misères de sa vie. J'ai dit avec raison qu'il fallait absolument que le vivant des sociétés limbiques fût cloué à ses maux par une puissance invincible, pour que le désir ne lui vînt pas de briser l'écrou qui le rivait à la souffrance temporaire. En effet, que Dieu eût commis l'imprudence de révéler à l'homme des sociétés maudites (civilisation, barbarie) la connaissance de ses destinées ultérieures et les jouissances sans fin de la vie aromale, vie *normale* de l'espèce, l'homme n'eût plus aspiré désormais qu'à cette vie supérieure, et le sentiment de ses devoirs eût été impuissant à lutter dans son cœur contre les tentations incessantes du suicide, et il y a longtemps que ce monde ne serait plus habité. Mais vienne l'ère d'harmonie où l'universalisation de la félicité convertira cette terre en une vallée de délices, où nul motif ne poussera plus le malheureux mortel à s'affranchir des tourments de la vie, où la révélation enfin n'aura plus de périls, Dieu ne l'ajournera plus.

Sur les crêtes les plus inaccessibles des Pyrénées et des Alpes françaises, subsistent encore, à cette heure, quelques rares débris de deux ou trois familles de ruminants sauteurs, le bouquetin, le chamois, l'isard. Le mouflon est exclusif aux plus hautes montagnes de l'intérieur de la Corse. Une élasticité de muscles sans pareille distingue ces inoffensifs quadrupèdes qui franchissent les abîmes avec la légèreté de l'oiseau. On ne les chasse pas comme le lièvre, le cerf et le chevreuil. On les affûte, c'est-à-dire qu'on se poste sur leur passage présumé pour les tuer; l'af-

fût est un assassinat. Là où ne travaillent pas le chien ni l'oiseau
de concert avec l'homme, il n'y a pas de chasse, je le répète,
puisque chasser veut dire poursuivre. Or, le chien de l'abîme
manque comme le chien de pêche à la série des canins, et
l'homme n'a pas su encore dresser l'oiseau de proie pour la
chasse au chamois comme il a fait pour la gazelle. Je n'ai point
de récit à faire de ces tueries sans gloire où l'adresse du tireur
est tout.

Toutes ces races symbolisent les populations indomptées qui,
préférant la misère à la servitude, sont venues de tout temps demander aux crêtes inaccessibles des monts perdus dans la région
des tempêtes un abri pour leurs libertés. Le chamois et le bouquetin des glaciers nous représentent l'Helvétien du Rutli, le
Klephte, le Monténégrin, l'Albanais de Scanderberg, l'Arauca-
nien des Andes Chiliennes, le Druse du Liban, le Kabyle du Jur-
jura, le Tcherchesse du Caucase. Le chamois a pour tout bien,
comme le Klephte, l'air du ciel, l'eau des glaces, un bon jarret
d'acier trempé par les frimats, et puis... sa liberté sur la montagne. Il semble que le bélier sauvage, le muffolo ne puisse avoir
d'autre patrie que la Corse, l'île insoumise qui ne peut engendrer
des esclaves.

Rares et dispersés par le globe, vivent ces nobles débris des
fortes races humaines, comme ceux des ruminants de l'abîme ;
car il y a coalition entre tous les despotes pour anéantir jusqu'aux derniers vestiges de l'indépendance des vaincus, pour
effacer jusqu'aux noms des peuples libres, cauchemars de la tyrannie. La Suisse indépendante et se gouvernant à sa guise,
scandalise l'Autriche absolutiste, qui craint pour ses royaumes
volés la contagion de l'exemple ; et souvent tous les mauvais vou-
loirs des gouvernements de l'Europe se coalisent pour prêter assistance à l'absolutisme autrichien. Il n'est pas jusqu'aux apostats
de nos révolutions à nous, qui n'aient sollicité à diverses époques
le honteux honneur d'être admis parmi les conjurés de la Sainte-
alliance des bourreaux.

Ainsi se conduisent les chasseurs et les riches désœuvrés de
tout le continent, à l'égard du chamois, du bouquetin, de l'isard.

L'Anglais de l'Australie et l'Espagnol d'Haïti, n'appliquent pas
la politique d'extermination à une race indigène avec plus de fureur que le chasseur des Pyrénées et des Alpes aux ruminants des
glaciers.

Le bouquetin qu'a chanté Phœbus, Gaston Phœbus, comte de
Foix, contemporain de Duguesclin et le plus grand veneur du
XIVe siècle, a déjà disparu des Alpes depuis cent ans et plus,
parce que la pittoresque Helvétie est mieux sur le chemin des
riches désœuvrés de l'Europe que la chaîne qui sépare l'Espagne
de la France. Le bouquetin était déjà sur le point de passer à
l'état de mythe dans les cantons boisés de Glaris et des Grisons,
vers le commencement du XVIIe siècle. Il existe un édit de ce
temps, de 1613, je crois, qui interdit chez les Grisons la chasse
au bouquetin, sous peine de cinquante écus d'amende. L'interdiction trop tardive, hélas! n'a pu reculer le dernier jour de l'espèce. Le bouquetin de l'Helvétie n'est plus, et l'époque n'est pas
loin où celui des Pyrénées aura disparu de nos glaciers du Midi,
comme l'autre a disparu de nos glaciers de l'Est. Voici, en effet,
que l'Anglais exterminateur a déjà fondé sur le revers des Pyrénées françaises ses désastreuses colonies d'émigrants, et rien ne
subsiste longtemps, et rien ne repousse plus, chamois, perdreaux ni truites, où l'Anglais a passé.

Peut-être retrouverons-nous quelque jour le bouquetin sur un
roc escarpé de la Crète ou de la Mingrélie, oublié de l'Anglais.
L'expérience a démontré, du reste, que la chèvre domestique,
abandonnée à elle-même dans une île déserte, ne tarde pas à
reprendre l'allure du bouquetin, souche primitive de la race.

Le bouquetin diffère essentiellement du chamois par la taille et
par la coiffure. Il égale le daim en grosseur. Ses cornes immenses,
courbées et rabattues sur l'arrière comme les cornes du bouc domestique, sont historiées de bossages ou de nœuds réguliers dont
le nombre indique l'âge de l'animal. Le front de la femelle en
est également armé. Le chamois et l'isard, qui ne sont qu'une
seule et même espèce, à quelque différence de taille près, portent
au contraire la corne courte et droite comme l'antilope; seulement, cette corne verticale se recourbe à son extrémité en un

gracieux crochet, ce qui la rend éminemment propre à l'office de tire-bottes. Je ne sais pas bien à quelle espèce de chèvres de rocher (rupicapra), Oppien attribue la singulière habitude de respirer par les cornes, contrairement à l'opinion de Pline, qui soutient *mordicus* que la respiration de ces bêtes se fait par les oreilles... Je crois que le bouquetin et le chamois respirent par les narines, comme une foule d'autres animaux.

Gaston Phœbus, qui vivait au pied des Pyrénées, parle des périls de la chasse au bouquetin, lequel se retourne quelquefois sur le chasseur et n'hésite pas à pousser celui-ci dans l'abîme, quand il n'y a pas de place pour deux sur la rampe escarpée du roc. Les chasseurs d'à présent révoquent en doute ces traits de fierté et d'audace du bouquetin d'autrefois, insinuant traîtreusement par là que Phœbus a hâblé. Ils oublient que Phœbus écrivait à une époque où le fusil à percussion n'était pas inventé encore, et que les bêtes sauvages étaient loin de porter en ce temps-là à l'homme le respect qu'elles lui témoignent depuis cette dernière invention.

Le bouquetin, le chamois, l'isard, paissent en troupes plus ou moins nombreuses les prairies parfumées qu'arrosent les eaux bleues des glaciers. Pour éviter toute surprise, ils ont soin de poster des sentinelles tout autour de leur campement temporaire; au moindre coup de sifflet d'alarme, toute la bande se précipite avec la rapidité de l'avalanche vers l'issue indiquée, et regagne à bonds prodigieux l'asile du précipice. Tel, sur les bords fleuris du Kara-Koïssou, aux champs de Circassie, un essaim de jeunes vierges aux cheveux d'or enchante la vallée de ses joyeux ébats, quand tonne tout à coup le canon d'alarme de la haute citadelle, qui annonce l'arrivée du Russe et force les brebis fugitives à rentrer au bercail. Que n'ai-je ici ta plume, ô cygne de Cambrai !

La femelle du bouquetin, du chamois, de l'isard, porte cinq à six mois comme la chèvre et met bas au printemps un ou deux petits, les plus gracieuses et les plus charmantes des créatures enfantines, plus innocentes que des agneaux, plus joueuses que de jeunes chats, tendres nourrissons, hélas! que l'amour de leur

pauvre mère ne réussit pas toujours à sauver de la serre formidable de l'aigle et du vautour. On lira dans un autre volume, à
l'article *aigle* ou *gypaète* (vautour des agneaux), que Pline n'a-
vait pas tout à fait tort d'accuser certains aigles de crever les yeux
aux cerfs pour en avoir raison.

Le mouflon de Corse, moins léger que le chamois, a de plus
que l'habitant des glaciers, le dôme et l'abri des forêts. J'ai entendu parler au Jardin-des-Plantes de l'humeur indisciplinable
et farouche du mouflon, qu'ils comparaient au zèbre pour l'in-
flexibilité du caractère. Dans son pays natal, au contraire, on
vante sa douceur; et ses compatriotes affirment que le mouflon
pris jeune s'apprivoise aussi facilement et suit son maître avec la
même docilité que le caniche. Le mouflon produit en captivité,
signe certain de sa tendance à se rallier de nouveau à l'homme
avec lequel il a déjà conclu un traité d'union dans les temps.

On me demande encore, à ce propos, pourquoi ces traités, si
communs dans les époques antérieures, sont si rares aujourd'hui.
Je ne puis faire à cette question que mon éternelle réponse, et
répéter à l'occasion du mouflon ce que j'ai dit à l'endroit du zèbre. Il n'est pas d'animal, ai-je dit, qui n'aime l'homme en secret
et qui, bien confessé, ne finisse par avouer que sa plus ardente
ambition est de servir son souverain légitime et d'avoir un emploi de lui. Malheureusement l'attitude hostile qu'a prise l'homme
vis-à-vis de toutes les bêtes, ne permet plus guère à celles-ci les
tendres épanchements. Dans le principe des choses, aux jours
heureux de l'ère paradisiaque, et alors qu'aucun être n'éprouvait
le désir immodéré de se nourrir du sang ou de la chair d'autrui, la confiance de la bête en l'homme était d'ordre naturel.
L'animal n'avait pas de raisons encore pour dissimuler ses penchants, et le pinceau des peintres, comme la lyre des poètes, a
dû se plaire à retracer les images naïves de la concorde édifiante
qui fut entre l'homme et la bête en ces temps éloignés de nous.
Mais le maître a brisé bien des fois depuis les liens de l'entente
cordiale; il a donné force coups de couteau dans le contrat; il a
provoqué de sanguinaires représailles; tant et si bien que la défiance et le ressentiment ont fini par entrer dans l'esprit des vic-

times et par y destiluer l'affection et la sympathie. Beaucoup
d'écrivains sont d'avis même que la paix est désormais impossible
entre les deux parties, depuis que de part et d'autre tant de sang
a coulé. Je partagerais cette opinion, n'était que la bête, la bête
la plus amie de la vengeance et du carnage, a toujours su distinguer entre l'homme la femme, et n'a que rarement enveloppé
celle-ci dans ses haines homicides. A tort ou à raison, la bête a
encore foi dans la charité de la femme, et peut-être que cette
confiance ne sera pas trompée, et que la femme ici encore sera
l'arche d'alliance entre les deux règnes. Je l'espère pour nous
tous ; je ne vois même plus de difficultés à la chose, après l'ap-
privoisement des ramiers des Tuileries, cette démonstration si
puissante du charme de séduction de la beauté parisienne. On
parle du caractère récalcitrant du zèbre, du mouflon, du buffle
d'Asie... mais on ne réfléchit pas, je me tue à le répéter, que ces
espèces vivent au milieu d'atroces populations humaines, hideuses de figure et de mœurs, et dont le plus grand bonheur est de
se faire la guerre et de s'entredévorer. Sont-ce là, de bonne foi,
des spectacles bien faits pour édifier les bêtes sur la supériorité de
l'intelligence humaine, et l'anthropophagie est-elle le sacré caractère dont Dieu a marqué l'homme, pour que toute créature le
reconnaisse pour son maître à ce signe ? L'histoire a-t-elle un
seul exemple à citer que jamais zèbre ou buffle dénaturé ait
échangé son père ou sa mère, ou son fils, contre une gourde
d'eau-de-vie... pour que l'homme, coupable de ces crimes, soit
en droit d'accuser ces quadrupèdes de désobéissance criminelle
aux lois de Dieu ! Commençons par agir en rois, avant d'exiger
qu'on nous respecte à ce titre, et, quand nous dépassons la brute
en nos fureurs, ne trouvons pas étrange que la brute, plus sensée que nous, nous méprise et répudie notre joug. Le mouflon a,
comme le zèbre, le droit de s'insurger contre la tyrannie du civilisé ; mais de ses répulsions légitimes contre les humains des sociétés limbiques, je me garde bien de préjuger de ses dispositions
futures pour les humains de l'ère d'harmonie. Le zèbre, l'hémione, le quagga et le daw, porteurs nés de la cavalerie enfantine, ne peuvent être requis de droit pour le service de l'homme,

qu'après l'émancipation préalable de l'enfant et de la femme. Attendons, pour juger de la douceur ou de l'indomptabilité de leur caractère, que cette émancipation préalable ait eu lieu. Tout le monde sait parfaitement aujourd'hui que si la femme n'eût pas régné en maîtresse absolue sous les ombrages du jardin d'amour de Paris, jamais le farouche ramier des bois n'eût songé à déserter le refuge des forêts solitaires, pour fixer ses pénates aux dômes parfumés des tilleuls et des marronniers des Tuileries.

Ce qui est vrai du mouflon l'est également du bouquetin, du chamois, de la perdrix et du canard sauvage. Toutes ces espèces-là sont demeurées dans l'amour de l'homme, tant que l'homme n'a pas abusé de leur noble confiance. Elles se sont retirées de lui à mesure des progrès de sa méchanceté sanguinaire. Elles lui reviendront avec l'adoucissement de ses mœurs et le règne de la femme. En bonne administration aujourd'hui et dans la prévision de ce futur retour, le meurtre du bouquetin, du chamois, du mouflon, devrait être interdit sous les peines les plus sévères; car la triple espèce va périr, si la génération actuelle ne s'arrête dans ses voies d'extermination. Or, le bouquetin, le mouflon, le chamois, sont les troupeaux de la région des nuages, la parure et la vie des glaciers et de l'abîme que ne peut féconder la main de l'homme, et les générations actuelles n'ont pas le droit d'anéantir, au détriment des générations futures, le fonds d'une propriété dont Dieu ne leur avait accordé que l'usufruit!

## LE LYNX.

Le lynx français est décidément passé à l'état de mythe. M. de Buffon l'avait déjà rayé, vers le milieu du siècle dernier, de la liste des bêtes nationales ; mais l'histoire prouve qu'il en a été vu et tiré depuis cette radiation, notamment en 1788, dans le Cantal, où un chasseur de Saint-Flour en tua un dans une plaine voisine de cette cité. Les rares survivants de cette espèce proscrite ont été demander, suivant l'usage, un refuge aux gorges boisées des Pyrénées et des Alpes ; ils s'y sont maintenus quelque temps,

puis ils ont disparu, comme le carlin, un beau jour, sans prévenir personne. Quelqu'un m'affirmerait qu'il existe encore aujour-
d'hui cinq ou six lynx au moins sur toute la superficie de la France
continentale, que je ne dirais pas non, pour lui faire plaisir, mais
dans mon for intérieur je n'en persisterais pas moins à déclarer
la race supprimée. Au surplus, la chasse du lynx ou loup-cervier
n'avait rien d'intéressant, je ne la regrette pas.

Le lynx est un félin qui se distingue de tous ses congénères par
deux caractères particuliers. Ses oreilles, droites comme celles du
chat, sont garnies d'un pinceau de poils comme celles de l'écureuil; il a, de plus, la queue courte, et son allure semble le rapprocher de l'hyène autant que de la panthère. Nous l'avons retrouvé en Algérie, en compagnie du caracal, son plus proche parent. C'est une bête maussade qui ne se fait pas chasser, qui se
recèle partout, sous les rochers, dans les fourrés impénétrables,
sur les arbres. L'espèce était vouée à la destruction par le fusil,
comme celle du chat sauvage, puisqu'elle ne savait pas se défendre des chiens. Si nous regrettons peu le lynx, le cerf, le daim et
le chevreuil le regrettent encore moins que nous, car, ainsi que
son nom l'indique (loup-cervier), ce carnivore était mortel au
fauve. Il se postait sur le passage de ces bêtes, quand elles se
rendaient à l'abreuvoir ou au gagnage, s'embusquait sur les
branches comme l'ours, le glouton, le kinkajou, et de là se laissait tomber sur sa proie, qu'il saisissait par la partie supérieure
du col, et qu'il dévorait vive, lui déchirant les chairs par lambeaux et lui suçant le sang.

Le lynx d'Europe, à la robe rutilante et légèrement mouchetée
de taches brunes, aux oreilles droites et garnies du caractéristique
pinceau de poils, ne se retrouve plus guère que dans la province
d'Algarve, en Portugal. Un être qui vit de carnage et qui s'embusque sur les grandes routes pour arrêter les gens, pourrait
bien symboliser le détrousseur de passants, l'assassin de la voie
publique, race ignoble et peu regrettable de qui les chemins de
fer ont ruiné l'industrie.

## LA BÊTE PUANTE.

Le sanglier n'est pas un animal inodore, ni le daim non plus, ni le cerf dans la saison des amours. Cependant nul n'a songé à désigner ces animaux sous le nom de *bêtes puantes*. Cette dénomination caractéristique a été réservée pour les races infimes vivant de rapines et d'assassinats sans péril, se recélant communément dans quelque souterrain manoir et empoisonnant l'atmosphère d'odieuses senteurs. Qui dit bête puante, dit fouine ou renard, bien que ces deux bêtes appartiennent à deux familles différentes. L'homme, qui les confond dans sa haine, éprouve le besoin de les confondre dans la même appellation de mépris. Le blaireau n'a pas moins de droits que le renard à figurer sur cette liste d'ignobles larrons et d'ignobles assassins, et je l'ai rangé dans la catégorie. Mais la chasse du renard a pris une si grande importance depuis l'invasion des idées anglaises, que je me suis vu forcé, bien malgré moi, de lui faire place parmi les bêtes de courre.

La fouine, le type le plus connu de ce groupe que j'ai nommé à bon droit des *égorgeurs* ou des *buveurs de sang*, la fouine, le putois et tous les *mustéliens* ont été dotés par le créateur d'une poche membraneuse, située dans le voisinage de la queue et qui secrète une liqueur odorante. Chez les bêtes puantes de nos climats, cette odeur, qui offre une analogie remarquable avec celle des pastilles du sérail de la rue Vivienne, n'est que repoussante. Elle est plus que fétide, elle asphyxie et empoisonne chez les espèces de l'Amérique centrale connues sous le nom significatif de *mouffettes*, le chinche, la zorille, etc. On a dans ce pays-là des exemples de personnes asphyxiées et suffoquées dans leur lit par l'odeur d'une mouffette, et il suffit du passage de l'une de ces bêtes par un grenier, un fruitier, une cave, pour en gâter toutes les provisions, pour rendre tous les comestibles *touchés* par l'odeur immangeables, toutes les boissons impotables. Les âmes charitables qui me lisent apprendront avec bonheur que la science du génie militaire, la science de la destruction légale vient de faire emprunt à la mouffette de son système d'empoisonnement à distance. On ne s'attend pas généralement aux surprises que nous ménage la prochaine reprise des hostilités entre l'absolutisme et la démocratie. Par exemple, on ne dira plus comme autrefois le grand vainqueur de la Tafna dans ses bulletins pompeux : «Après trente jours de courses sans repos, sous un soleil de 45 degrés et une soif non moins ardente qui nous a coûté pas mal de monde, nos soldats, toujours invincibles, ont capturé tant de milliers de chameaux, » mais bien,.. «Au bout de deux heures de canonnade à 1,500 mètres de distance, l'armée ennemie fuyait dans toutes les directions, nous abandonnant honteusement ses canons et ses armes... et se pinçant le nez. Jamais victoire ne fut plus complète et ne coûta moins de sang... Les ennemis tombaient comme des mouches, en exécutant les contorsions les plus grotesques et les plus risibles. Des témoins *nasicaires* m'ont assuré que l'infection de nos obus était telle, que l'air en était empoisonné à plusieurs myriamètres de distance. Le succès de la journée a été dû en grande partie à la précaution ingénieuse que j'avais prise, de munir chacun de mes soldats d'une paire de lunettes... »

On dit bien que la mouffette d'Amérique ne cherche à tirer parti de sa propriété asphyxiante que lorsqu'elle y est contrainte par la force ; mais je ne crois pas à cette excuse de légitime défense. Les bêtes de cette catégorie-là doivent faire le mal pour l'unique plaisir de le faire.

Quoi qu'il en soit, c'est dans cette famille des buveurs de sang que se rencontrent les animaux porteurs des fourrures les plus fines et les plus recherchées, ce qui a donné ailleurs, en Amérique et en Sibérie, par exemple, un immense intérêt à la chasse des bêtes puantes. La martre zibeline appartient à cette race ; elle habite la Sibérie où l'impôt se paie en fourrures ; une peau de zibeline russe se vend encore aujourd'hui cent francs. La zibeline du Canada ne vaut pas le cinquième de cette somme ; la martre de nos forêts encore moins. Une peau de martre ou de fouine se trouve très bien payée en France, au prix de quatre à cinq francs.

L'analogie donne la raison de la soif de sang dont cette espèce est perpétuellement altérée, comme de l'odeur insupportable qu'elle exhale, comme de la soyeuseté et de la solidité de ses vêtements.

Les buveurs de sang (mustéliens de l'Institut) sont les animaux les plus sanguinaires de la création, parce qu'ils symbolisent les petits voleurs, les petits assassins, les *empoisonneurs de comestibles* (mouffettes), les *falsificateurs de boissons*, et parce que les manigances de tous ces infimes industriels, qui pullulent dans les limbes de la civilisation, font périr infiniment plus de monde que le canon et la baïonnette. Le comptable des vivres de la marine ou de la guerre, qui rogne à son profit la ration du soldat, et le directeur de l'hôpital algérien qui falsifie le sulfate de quinine, nous ont tué cent fois plus de soldats que les Arabes depuis 1830.

La fouine et le putois doivent à l'élasticité de leurs cartilages intercostaux une souplesse d'échine qui leur permet de s'insinuer par les fissures les plus étroites dans le colombier et le poulailler, où les méchantes bêtes se noient dans le sang, s'enivrent de meurtre, tuent pour le plaisir de tuer. Cette souplesse d'échine et cette soif inextinguible de sang nous représentent l'avidité insatiable, la rouerie et l'astuce de l'usurier, de l'homme de loi, du plaideur et du légiste, qui glissent à travers les plus étroites fissures du Code, et frisent quelquefois les galères, pour pénétrer dans les ménages des industrieux, entortiller les pauvres travailleurs et les saigner à blanc.

La fouine est sans pitié; elle égorge tout dans le poulailler, si elle peut. Ainsi le juif qui a soutiré la dernière goutte d'or des veines de sa victime, la jettera sur la paille, l'enfermera à Clichy, fera vendre ses meubles, sans pitié pour une malheureuse famille que la détention de son chef va laisser en proie à la misère et aux terribles suggestions de la faim.

C'est principalement sur les espèces innocentes, le pigeon, la poule, le faisan, le lapin, que la fouine et le putois assouvissent leur rage sanguinaire. C'est toujours aussi sur le faible, sur le pauvre industrieux des cités, sur l'humble travailleur des champs, que se rejettent avec amour le filou, le parasite, l'usurier. La martre habite les forêts et la fouine les maisons des champs, pour dire que l'industrie agricole est celle qui a le plus à souffrir des fourberies de la chicane et de l'usure.

L'adhérence remarquable du poil à la peau, qui fait la valeur des fourrures, symbolise l'avarice de tous les industriels, hommes de loi, trafiquants de paroles mensongères, hommes de négoce, débitants de denrées falsifiées. Rien d'égal à la ténacité du lien qui attache ces misérables à leur or mal gagné.

L'odeur infecte qui s'exhale du corps de ces bêtes puantes, c'est la concussion, l'agiotage, le viol, l'assassinat, qui transsudent d'un corps social gangrené et pourri, d'un corps social en puissance de juif, comme la France d'aujourd'hui.

Voulons-nous guérir le corps social de ses infamies et purger les campagnes de la bête puante? Le moyen est le même : il a, de plus, l'avantage d'être extrêmement facile.

Le moyen de fermer les plaies de la société et de détruire la fouine consiste à substituer la fraternité à l'égoïsme, la solidarité à la divergence, l'association au morcellement...

Supprimons la propriété morcelée, qui est la poule aux œufs d'or de la chicane, de l'hypothèque et de l'usure, voici le plaideur subtil, l'interprète juré du Code, le débitant de papier timbré qui ferment soudain boutique.

Changeons les cinq cents misérables masures qui font l'orgueil des villages civilisés, en un splendide palais communal ; remplaçons les cinq cents granges couvertes en chaume, et trouées et effondrées de toutes parts, en un vaste et unique grenier à fourrage communal, à l'inviolabilité duquel veillent de nombreux agents... Aussitôt toutes les bêtes immondes qui s'engraissent de la ruine du laboureur, fouines, putois, rats, charançons, etc., disparaissent pour jamais...

Il est évident que la question de la fouine et celle de tous les vampires du parasitisme sont la même ; que ces divers fléaux ont envahi en même temps le corps social ; qu'ils sont issus d'une même origine, l'antagonisme, et que cette cause cessant, son effet cessera avec elle. J'attends la mort du dernier des putois pour prononcer l'oraison funèbre du dernier des larrons.

C'est à dire que j'attends que l'association des propriétaires ait renversé ces vieilles murailles et ces haies épaisses qui séparent les *héritages* et qui servent de repaires aux mauvaises bêtes, aux gens de loi, aux vampires insatiables de l'honnête homme et du pigeon, aux parasites du blé.

Je me suis donné bien des fois, dans les longs loisirs de ma vie de cultivateur les agréments d'un laisser-courre à la fouine, à travers les échelles, les solives, les gouttières. Les personnes qui n'ont pas assisté à ce spectacle, dont il existe une relation charmante dans un admirable écrit de Georges Sand (*Mauprat*), ne sauraient se faire une idée complète du degré de dextérité et d'intelligence auquel un chien bien poussé peut atteindre. J'ai vu des chiens d'arrêt, qui s'ennuyaient l'hiver, utiliser leurs chômages à traquer la fouine par les granges et s'en tirer assez bien au bout d'une dizaine d'épreuves. Mais le chien d'arrêt n'a ni la taille, ni la charpente, ni les mœurs requises pour garder brillamment la corde dans cette course au clocher, où, pour mieux dire, dans cet assaut d'acrobates. Le chien fouinier par excellence est un petit roquet brun ou noir, à la mine éveillée, à l'oreille droite, né de parens inconnus, issu par conséquent de noble race. Le chat maigre n'arpente pas les gouttières d'une patte plus assurée et plus calme que le chien de fouine les solives, les échelles et les avant-toits qui surplombent. On l'a vu casser avec le front le carreau d'une lucarne dont la traversée devait lui donner un peu d'avance, grimper dans les cheminées comme un jeune Savoyard, s'élancer d'une poutre à l'autre à travers le vide avec la prestesse et la précision de calcul de l'écureuil. Un philosophe de l'autre côté du Rhin à qui j'avais procuré le délassement d'un laisser-courre à la fouine, me disait, après la chasse faite : « le chien n'a pas dit son dernier mot à l'homme. »

Entre toutes ces bêtes de rapine, la martre est la plus grande par la taille, comme la plus précieuse pour sa fourrure ; elle vit presque constamment sur les arbres, où on la rencontre dans les cavités des vieux chênes et dans les nids d'écureuil. J'en ai vu dans le temps un couple ou une couple dans le jardin des Tuileries, où elles ont dû faire une consommation effroyables de jeunes

corbeaux et de jeunes ramiers. J'*en revis* une fois par la neige
en janvier 1845. J'ai connu dans le même quartier et vers la
même époque, un renard évadé de la montre d'un foureur de la
rue Saint-Honoré, qui avait trouvé un asile dans ces tumulus de
blocs de marbres et de pierres de taille qui encombraient alors la
cour du Louvre, derrière le manège, et d'où l'on eut toutes les
peines du monde à le faire déguerpir pour le tuer.

On distingue la martre de la fouine à la couleur de sa cravate;
la martre affectionne pour cet ornement la couleur jaune ver-
dâtre; la fouine préfère le blanc. Le putois est plus petit que les
deux espèces qui précèdent. Comme je ne suis pas bien sûr que
le vison et la fouine soient deux bêtes différentes, je me tairai sur
le vison, dont le nom est devenu, en certains pays, comme celui
du bouc et du rat mort, un terme de comparaison vulgaire pour
la puanteur. La belette, l'hermine, l'herminette, sont des dimi-
nutifs de la fouine, de petits moules mignons d'où a disparu en
partie l'odeur fétide, mais où l'humeur sanguinaire est restée. On
rencontre tous les jours dans les champs et dans les garennes, des
cadavres de lapins et de lièvres, dont l'autopsie fait découvrir
qu'ils ont été saignés à la jugulaire par d'habiles praticiens. Ces
praticiens sont des belettes un peu plus grosses que des souris,
moins fortes que des rats.

Comment le lièvre et le lapin, qui sont doués d'une mâchoire
presque aussi puissante que celle du castor, et dont les incisives
formidables trancheraient une belette en deux d'un seul coup,
comment le lièvre et le lapin se résignent-ils à tendre la gorge à
un ennemi aussi méprisable? Je répondrai à cette question quand
on m'aura répondu à cette autre :

Comment se fait-il que les travailleurs, qui sont les seuls êtres
utiles, qui sont les plus nombreux et les plus dévoués, qui ont
pour eux le droit et la force musculaire, comment ces travailleurs
ont-ils pu se résigner à se laisser exploiter et assassiner, depuis
que le monde est monde, par une imperceptible minorité de paresseux et de vampires?

Ah! voilà; c'est que ceux-ci règnent par la terreur sur les
âmes timides et ignorantes, comme la belette sur le lapin; c'est

que les oisifs ont toujours soin d'avoir pour eux la tradition *religieuse*, la loi et le tirailleur de Vincennes.

A côté de la stupidité de ces lapins et de ces lièvres, qui se croiraient damnés de se révolter une bonne fois contre la tyrannie sanguinaire des belettes et des putois, admirez chez les mêmes cette disposition à tourner contre leur propre sang, contre leurs frères en souffrance, les incisives formidables dont ils n'osent faire usage pour reconquérir leurs droits ! Image frappante de la folie et du chauvinisme risible de ce brave peuple français et de ce brave peuple anglais, qui, au lieu de s'entendre et de se prêter la main pour se débarrasser de l'aristocratie d'argent qui les gruge et les saigne, s'amusent à s'insulter et à s'entr'égorger pour le plus grand bénéfice d'icelle !

L'hermine et l'herminette, qui ne s'*attaquent qu'à l'enfance* et qui portent *la robe blanche*, symbolisent les hypocrites professeurs de fausse morale qui s'appellent M. Rodin, M. Tartufe, don Basile, et qui revêtent la robe de chasteté et d'innocence pour s'introduire dans les familles et pervertir la jeunesse. La noirceur des projets de l'hermine se trahit par la couleur du pinceau de poils qu'elle porte à l'extrémité de la queue. On remarque, en outre, que les professeurs de droit et les docteurs de la plupart des sciences civilisées, qui ne sont bonnes qu'à corrompre la jeunesse, se montrent très-friands de la parure d'hermine.

L'hermine blanche est très-rare en France. Je ne me rappelle pas en avoir vu plus d'une dizaine et en avoir tué plus de cinq ou six dans une carrière de trente années de chasse, où j'ai dû arpenter beaucoup de mètres carrés. L'hermine porte une robe rousse pendant la belle saison ; elle n'endosse sa pelisse blanche qu'à l'époque des grands froids. L'hermine, qui se tire du nord comme la zibeline, était, au temps jadis, une fourrure précieuse et réservée à l'aristocratie. On en faisait des manteaux à l'usage des pairs de France, des femmes de qualité et des grands dignitaires de l'état. Mais depuis que la haute noblesse a vendu ses blasons aux juifs pour en faire des enseignes de boutique, depuis que les grands dignitaires se font condamner pour crime de vol ou de concussion, depuis que les ducs et pairs assassinent leurs femmes comme de simples bourgeois, l'hermine est tombée à rien. A un franc cinquante centimes la pièce, qui en veut en aura.

De toutes ces bêtes-là, je le répète, la meilleure ne vaut rien ; seulement faut il faire exception à l'anathème universel en faveur du furet qui s'est rallié à l'homme et lui a apporté l'utile concours de son antipathie pour le lapin.

La Bible, que je n'aime pas, parce que c'est le livre où tous les peuples de proie, le Juif, l'Anglais, le Hollandais et les autres ont appris à lire, la Bible qui contient tant de calomnies contre le Créateur, la Bible a eu par hasard une idée ingénieuse à propos de la fouine : elle a prohibé la chair de cet animal, qui se prohibait bien toute seule, sous prétexte que cet animal avait la mauvaise habitude de faire ses petits par la bouche. Le législateur hébreux avait vu dans ce fait de parturition anormale une allusion aux habitudes de ces enfanteurs de ragots, qui amplifient tout ce qu'on leur conte, et qui ont l'habitude d'en mettre gros *comme un bœuf*, là où il y en avait tout au plus *comme un œuf*. Ils n'ont jamais été excessivement forts en Judée sur l'analogie passionelle.

## LE BLAIREAU.

Il existe mille raisons pour faire ranger le blaireau dans la catégorie des bêtes puantes. Il est pourvu de la poche membraneuse ; c'est une mauvaise bête, amie des demeures sombres, plus vorace et presque aussi rusée que le renard, plus carnivore que l'ours, mais douée, comme celui-ci, d'un goût très prononcé pour les fruits et le miel. C'est un pillard acharné du maïs et du raisin, qui se lève fort tard et se couche de grand matin, et qui engloutit en quelques heures, en raison de son omnivoracité et de l'ampleur prodigieuse de ses intestins, une masse incroyable d'aliments. Tout fait ventre au blaireau, poulets, grenouilles, mulots, fruits, céréales. Les poches du voleur à la tire, pris en flagrant délit, un premier jour d'exposition, et le carnet de l'agent de change qui rentre de la Bourse, après avoir acheté des actions de toutes couleurs, peuvent seuls donner une idée de la panse du blaireau, au retour d'une expédition nocturne.

Ce méchant quadrupède à pattes courtes et à large abdomen qui prélève des dépouilles opimes sur la noble industrie du vigneron et du laboureur, cet omnivore quasi-insatiable, qui s'endort quand il est repu, et dont l'oisiveté s'étaie sur la rapine, est l'image parfaite de ces parasites commerciaux qui s'arrondissent, eux et leur bourse, aux dépens de tous les travailleurs. La dépouille du blaireau s'utilise pour les harnais de l'attelage, pour les ustensiles de la toilette et pour le pinceau des artistes. Sa graisse s'emploie comme remède contre les douleurs rhumatismales. Cela veut dire que l'industrie agricole, les beaux-arts et le bien-être général, ont énormément à gagner à la destruction du parasitisme commercial. Le banquier continue à n'être pas heureux dans ses analogies. Il y a dans les insectes, comme on sait, l'araignée et le ténia qui lui font bien du tort.

Le blaireau, rentrant de bonne heure au terrier et ne s'oubliant jamais au dehors comme le renard, ignorerait complètement les désagréments de la chasse, si l'homme ne parvenait quelquefois à lui fermer l'entrée de son repaire. L'opération est facile quand le terrier n'a que quelques bouches, ce qui est rare. Il suffit, pour la pratiquer avec succès, de se rendre à minuit sur la marnière, la carrière ou la roche où la bête a creusé ses galeries souterraines, de fermer hermétiquement chaque gueule avec une bonne bourrée d'épines qu'on enfonce solidement et qu'on recouvre de terre. Les instruments dont il faut se munir pour ce travail sont la serpe et la pioche. L'opération doit se faire avec le plus de silence et de rapidité possibles, afin que l'animal qui rôde dans les environs ne se doute pas de la mystification qu'on lui prépare, et ne songe pas à aller chercher un refuge à quelques lieues de là. Quand l'affaire a été bien conduite, le blaireau, qui veut rentrer à son domicile un peu avant le jour et qui trouve porte close, n'essaie pas de forcer la consigne ; mais comme il est trop tard pour se dépayser, il remet son voyage à la nuit suivante, choisit dans le voisinage le fourré le plus épais, et s'y blottit pour passer le jour. Malheureusement pour lui, sa retraite est bientôt

20

découverte, car sa piste est presque aussi forte que celle du renard, et le chasseur qui en veut à sa peau ne manquera pas de
l'attaquer à la première pointe du jour. Le blaireau, qui n'est pas
taillé pour la course, ne peut prendre d'avance sur les chiens, ce
qui fait que cette chasse ressemble à un hallali perpétuel. Cependant si la bête ne sait pas courir, elle sait mordre, et j'ai vu des
chiens vigoureux et de la plus haute taille tenus en respect par le
blaireau, et quitter la partie plutôt que de s'exposer aux atteintes
de ses crochets terribles. J'en ai vu d'autres, plus courageux,
payer leur audace généreuse de la perte d'une patte ; mais le fusil
a bientôt raison de la mauvaise bête. Des boule-dogues, dressés
à la chasse du blaireau, n'en auraient pas pour un quart d'heure
à le porter bas. Ce n'est pas une chasse.

On peut encore attaquer le blaireau chez lui, si mieux on
n'aime le prendre au piége. L'attaque du terrier du blaireau est
un siége dans toutes les formes, dans lequel il faut creuser des pa-
rallèles, des tranchées et quelquefois faire jouer la mine. On envoie contre l'animal des chiens terriers qui l'attaquent courageusement et dont les aboiements indiquent aux sapeurs la direction
à suivre. La bête oppose à ses assaillants une résistance désespérée et fait souvent payer cher la victoire aux vainqueurs. Le blaireau a l'instinct de faire le mort, comme le renard, pour saisir *sa
belle* de se venger.

En Belgique, où cette espèce abonde et porte le nom de *Tais-
son,* le blaireau pris vivant est destiné aux jeux du cirque, suivant un usage qu'on dit remonter aux jours de la domination
romaine. Le peuple belge se montre avide de ces combats comme
le peuple de Madrid de ses courses de taureaux. Le jour des combats est annoncé par la voie des affiches et de la presse. On cite
le nom des chiens célèbres qui figureront dans la lutte. Ces batailles sont parfois meurtrières pour les assaillants. On a vu des
blaireaux faire des défenses sublimes, et, renversés sur le dos, la
gueule ardente, les griffes ouvertes, tenir en respect quatre ou
cinq chiens à la fois.

Il est certain que cette féodalité financière nous donnera du fil
à retordre avant de réclamer merci !

## LA LOUTRE.

Le quadrupède carnivore a le sol pour demeure, pour élément normal ; mais une série n'est complète qu'autant qu'elle se rattache aux séries voisines par ses extrémités ou moules ambigus. La série des chasseurs carnivores, conformément à cette loi d'harmonie, a donc jeté, comme nous avons dit, un de ses ailerons dans le domaine des eaux par la loutre.

La loutre est un carnassier piscivore, c'est à dire un quadrupède qui préfère la chair du brochet et de la carpe à celle du mouton et du lièvre. Les savants officiels, qui se croiraient damnés de laisser échapper l'occasion d'une balourdise, ont cru devoir appliquer le titre d'*amphibie* à l'animal qui vit sur la terre et dans l'eau. Cependant, ce mot d'amphibie, qui signifie littéralement une double existence, *amphi*, deux, *bios*, vie, n'est pas plus caractéristique de la vie sous-marine que de la vie atmosphérique. Condillac engageait les savants à refaire leur entendement dans leur intérêt personnel, je les conjure de refaire leur langage scientifique dans l'intérêt de la science. Mais va pour amphibie, puisque ce mot d'amphibie, dans le langage du peuple, veut dire un animal qui vit presque constamment dans l'eau.

Je suis disposé à user de grande indulgence envers les civilisés ; d'abord parce qu'ils sont victimes de leur propre ignorance ; ensuite parce que Dieu leur a infligé le banquier et la misère en punition de leur aveuglement ; mais une sottise que j'ai peine à comprendre, c'est leur indifférence stupide à l'égard de la loutre. Ils se plaignent de l'absence du chien de pêche... on leur donne la loutre pour les consoler de ce malheur ; et au lieu de se faire de ce charmant animal un auxiliaire pour la chasse aux poissons, ils s'en font un ennemi redoutable, ils mettent sa tête à prix. C'est à désespérer du salut de l'humanité, quand on considère de sang-froid cette inintelligence profonde des volontés du Créateur.

Encore si la loutre avait refusé une seule fois de prêter son concours à l'homme, quand on l'en a requise; mais c'est qu'au contraire, elle est heureuse de mettre toutes ses brillantes facultés pour la pêche au service de l'homme. Prenez une jeune loutre, une loutre à la mamelle, soyez aimable et caressant pour elle, comme vous l'êtes pour vos chiens, et, au bout de deux ou trois mois, elle vous chérira de la même affection que l'épagneul; elle vous accompagnera partout, elle gémira de votre absence, elle saluera votre retour de trépignements d'allégresse, et quand vous l'aurez tenue quelque temps au régime exclusif de la viande de boucherie, quand vous lui aurez fait comprendre la supériorité de cet aliment sur le poisson, elle n'en voudra plus d'autre. Vous la prierez d'aller vous chercher dans le vivier ou dans la rivière voisine un poisson respectable; elle s'y précipitera tête baissée et vous rapportera au bout de quelques minutes la pièce demandée. Vous aurez soin seulement de tenir en réserve pour chacune de ces occasions et pour stimuler son ardeur, une légère tranche de gigot dont vous lui ferez cadeau, au moment où elle déposera son butin à vos pieds. Ce n'est pas plus difficile. J'ai vu autrefois à Verdun-sur-Meuse, une loutre ainsi dressée, qui faisait le bonheur de son maître et l'admiration de tous les amateurs.

Tout le monde connaît l'histoire intéressante de la loutre du roi de Pologne Casimir, dont l'adresse merveilleuse excita long-temps l'envie de tous les barbets de la cour, et qu'un soldat de malheur assassina un jour pour faire de sa peau un manchon à sa payse. Son maître la pleura.

Les Chinois, que nous traitons de magots et qui nous renvoient avec raison l'épithète de barbares, les Chinois, qui sont des gens bien autrement avancés que nous dans l'art de tirer parti des bêtes, ont complètement domestiqué la loutre depuis des siècles. Dans ce pays-là, chaque pêcheur a son équipage de loutres et de cormorans pour la pêche. Ces loutres sont dressées à chasser de compagnie, à attaquer, à poursuivre, à happer le poisson. C'est un peu plus poétique que la pêche à la ligne avec des asticots. Et, à ce propos, je me permettrai de demander aux civilisés d'Europe sur quoi se fonde cette prétention de supériorité d'intelligence qu'ils affichent vis-à-vis des civilisés de la Chine; car il me semble, à

moi, que l'art d'instruire les bêtes est infiniment supérieur à celui
de massacrer les hommes... et que jusqu'à ce jour, il n'y a eu de
bien constaté par l'histoire des démêlés des Européens avec les
Chinois, que la supériorité des premiers dans l'art de bombarder
les villes et d'empoisonner les peuples. Or, je ne vois pas qu'il y
ait là de quoi tant s'enorgueillir. Je ne sais pas bien, je l'avoue,
lequel des deux est le barbare, de ce brave commandant d'une
frégate française qui, pour donner à un haut personnage du Cé-
leste-Empire une idée de la puissance de sa patrie, ordonne un
branle-bas de combat et fait tonner toutes les gueules de ses canons à la fois..., ou du Chinois qui demeure complètement insensible aux charmes de l'effroyable tintamarre, qui examine
attentivement la boussole pendant que l'airain gronde, et dont la
physionomie impassible et railleuse a l'air de demander si on
n'aurait pas quelque chose de moins bruyant et de plus spirituel
à lui communiquer. Mais, brisons là, pour ne pas nous exposer
au dangereux courroux des apologistes de la tuerie guerrière et
de l'héroïsme forcé à vingt-cinq centimes par jour.

Les remarquables exemples que la loutre a donnés de son intelligence et de sa docilité, toutes les fois qu'on a essayé de mettre ses qualités à l'épreuve, n'ont donc pas réussi encore à ouvrir
les yeux à ces pauvres pêcheurs de France, d'Angleterre et d'Allemagne; et ils ont déclaré à la loutre une guerre à outrance, au
lieu de chercher à utiliser ses aptitudes supérieures. Alors la loutre, exaspérée et forcée d'user de représailles, a juré de son côté
haine à l'homme, et son bonheur le plus vif est de dépeupler les
étangs et les rivières. On en a vu qui, dans le seul désir de faire
monter jusqu'au rouge blanc la fureur jalouse du pêcheur à la
ligne, s'amusaient à joncher, chaque nuit, les emplacements que
celui-ci affectionnait, de débris de barbillons et de carpes gigantesques.

Une des plus vives jouissances du braconnier est de braconner
à la barbe du gendarme et de l'ordre public, lorsqu'il est protégé
contre eux par une barrière quelconque, une rivière, par exemple. La loutre, à qui il est souvent arrivé d'être témoin de ce manége, est heureuse de l'imiter. Comme elle sait, à quelques milli-

mètres près, la portée d'un fusil de chasse, elle s'amuse à poser sur le rivage, à une distance respectable du tireur ; elle déjeune familièrement devant lui, se roule sur le sable, batifole. Il y en a qui font semblant de s'endormir au bruit de la mousqueterie.

On a dû reconnaître, dans les lignes qui précèdent, l'emblême du Martial des *Mystères de Paris*. La loutre symbolyse le farouche amant de la Louve, une nature généreuse mais sauvage et ennemie du travail répugnant des cités ; un homme primitif qui ne peut se résoudre à faire à la société civilisée le sacrifice de ses droits naturels de chasse et de pêche, et que la société civilisée condamne à se faire braconnier, ravageur de forêts et de rivières, au lieu de laisser libre essor à ses attractions invincibles, en lui confiant un emploi de garde-chasse ou de piqueur. Un brillant avenir attend la loutre dans la période d'harmonie, plus voisine de nous qu'on ne pense.

La véritable chasse de la loutre est l'affût ; on a vu cependant des chiens qui la chassaient. On la prend aussi sans beaucoup de peine au piége, à raison de cette fatale habitude qu'elle a prise de déposer sa carte de visite qu'on appelle ses épreintes, sur chacune des pierres blanches du canton qu'elle habite. Elle met bas cinq ou six petits au printemps. Ces petits se rendent à l'eau comme les jeunes canards, aussitôt qu'ils ont la force de marcher. Elle a pour domicile un terrier qu'elle creuse sous les berges ombragées, sous les rochers des rives, sous les racines des vieux arbres. La loutre plonge dans la neige comme dans l'eau, lorsque les chiens la poursuivent et que la rivière, son refuge naturel, est gelée par quelque rude hiver. Cette succession rapide d'apparitions et de disparitions subites est assurément le plus curieux de tous les manéges de chasse qu'il m'ait été donné d'observer dans ma vie.

Des voyageurs qui ont pêché en Chine rapportent avoir vu vendre couramment, au prix de deux mille francs, de bonnes loutres bien dressées. Je me demande comment l'idée ne nous est pas encore venue à nous autres, braconniers et pêcheurs, de monter une institution primaire pour l'éducation des loutres, comme on en a monté une dans les Pyrénées pour les ours.

La prime nous paraît pourtant assez avantageuse pour tenter les curieux.

On trouve dans tous les traités de vénerie écrits en français, en allemand, en espagnol, des détails circonstanciés sur la chasse de la loutre aux chiens courants. Je n'ai jamais bien compris qu'on pût chasser avec des chiens, qui ne quittent pas la terre, une bête qui ne quitte pas les eaux. Tout au plus une chasse de cette espèce pourrait-elle s'exécuter à travers de maigres ruisseaux où la loutre ne trouverait pas moyen de se soustraire à l'œil du chasseur en plongeant. La loutre ne se chasse pas, je le répète, on l'affûte, on la prend au piége. Les statistiques de la louveterie française affirment qu'il se tue ou qu'il se prend quatre mille loutres en France, bon an, mal an. Toute cette destruction s'opère par les procédés que je viens de dire, et le chien joue à peine le rôle d'auxiliaire en cette destruction.

La loutre était faite pour chasser au poisson, de compte à demi avec l'homme, et non pour être chassée. Jusqu'à quand l'homme aveugle cessera-t-il de traiter ses alliés naturels en ennemis?

## LE CASTOR.

Le castor se chasse encore moins que la loutre, et presque autant que la loutre méritait l'affection et les respects de l'homme. J'ai dit avec quelle barbarie imprévoyante le chasseur européen avait traité la pauvre bête, et comme quoi la misère et la persécution avaient fini par abrutir cette intelligence suranimale. Dieu avait pourvu le castor d'une magnifique truelle (queue écaillée), d'une double scie (paire de dents incisives); il l'avait doué de mains comme l'homme (pattes de devant), le tout pour en faire un ingénieur des ponts et chaussées de première classe. L'homme, jaloux de tant d'avantages, et avide de la fourrure de la bête, s'est jeté à la traverse des projets de Dieu : il a ruiné de fond en comble l'édifice de la grandeur du castor.

Le castor de France habite les rives du Rhône, celles du Gardon et de quelques autres affluents du grand fleuve. Il emploie à

masquer sa retraite et à se défendre de la méchanceté de l'homme
le peu de génie que le chagrin lui a laissé. Son terrier, qu'il
construit sous la berge de la rivière, représente assez exactement
une maison à trois étages, avec cave et grenier. La porte princi-
pale de l'établissement se trouve placée sous l'eau ; le propriétaire l'a disposée ainsi, pour que ses voisins dont il se défie ne le
puissent voir rentrer. L'issue supérieure par laquelle l'habitation
prend l'air est bâtie en forme de cheminée ; elle est interdite à la
circulation et s'ouvre sous quelque roche, quelquefois dans le
tronc d'un vieux saule. Les trois étages communiquent entre eux
par un escalier creusé dans le sol et tapissé de feuillages ; l'ap-
partement du milieu, celui qui sert de salon et de chambre à coucher, est mieux meublé que les autres ; il est parqueté de menus
branchages ; le lit est confortable. La chambre la plus basse sert
de salle à manger ; la plus élevée se change en salon quand l'inondation force le maître du logis à déserter les étages inférieurs.

Quelquefois hélas ! l'habitation tout entière est noyée ou boule-
versée par le fléau. Alors, l'infortuné castor, forcé de déguerpir,
va demander un asile aux piles de bois marchand que le fleuve
furibond n'a pas encore dérobées à ses rives. Dépaysé, démoralisé,
flottant parfois à l'aventure sur un mince radeau, il ne tarde pas
à oublier les principes de la prudence. De nombreux ennemis
sont à sa poursuite ; il est surpris et mis à mort.

Quel mal faisait donc le castor pendant sa vie pour inspirer
tant de haines ardentes ? — Il ne faisait de mal à personne, il
vivait de l'écorce et des bourgeons des osiers et des saules de la
rive. Pourquoi le tuer alors ? — Pour *pouvoir se vanter* d'avoir
tué un castor... Noble gloire vraiment.

Je n'avais commis aucune imprudence en avançant *à priori*
dans la première édition de ce livre que l'isolement et la misère
étaient les seules causes de l'engourdissement intellectuel du castor de France, et qu'il suffirait peut-être d'une circonstance heureuse pour réveiller ses facultés endormies. Un fait que j'ignorais
et qui s'est passé au Jardin des plantes de Paris, dans un de ces
derniers hivers, confirme mes prévisions.

Cet établissement possédait un pauvre castor du Rhône, indo-

lent et pacifique comme tous les représentants des nobles races
déchues. On le nourrissait de carottes et on lui servait pour
entremets des ramilles de saule. Chaque soir, quand était venu
l'hiver, on avait l'habitude de palissader d'une cloison de sapin
le devant de sa loge, pour le préserver de l'humidité et du froid
de la nuit. Or, un soir que la douceur de la température promet
tait une nuit sereine, et que le gardien avait négligé de dresser
la cloison, le temps changea tout à coup, et un ouragan survint
qui remplit l'intérieur de la loge d'une épaisse couche de neige.
Le gardien, réveillé aux premières lueurs du jour, n'a rien de
plus pressé que de courir à la loge du malheureux amphibie.
Mais le spectacle dont il est témoin dissipe bientôt ses craintes.
La bête industrieuse a réparé la négligence de l'homme. Elle a
rassemblé les ramilles, les a *débitées* en longueur, pour en augmenter le nombre, puis les faisant passer à travers les grilles de
sa loge, elle en a construit une claie. Enfin, elle a bouché les
principaux interstices avec les pompons des carottes et elle a ci-
menté le tout avec de la neige qu'elle a battue et pétrie de sa
queue, de manière à opposer à la furie de l'ouragan un obstacle
invincible. Et il y a des gens qui prétendent que les bêtes ne
raisonnent pas!

Le castor du Rhône a été très commun dans toute l'Europe
autrefois. Il a baptisé la rivière de Bièvre, près Paris, et se retrouve aujourd'hui dans tous les grands fleuves du Nord. C'est
une bête qui pèse quarante livres, qui s'attache à ses amis comme
un chien, et n'apporte pas moins d'agréments que celui-ci dans
la société.

Le Rhône, depuis vingt ans, a bien des fois dévasté ses rivages, rompu ses digues et fait couler des pleurs. Or, on ne m'ô-
tera pas de l'idée que la vengeance du castor n'ait été pour
quelque chose dans ces gémissements; et, dans chacune de ces
digues rompues par la violence des eaux, j'ai cru voir la justice
de Dieu, armée des incisives et de la main du castor.

## L'ÉCUREUIL.

Saltimbanque politique de l'École libérale, tournant perpétuellement dans un cercle vicieux. — Joli, vif, sémillant, souple,
adroit, habile aux tours de passe-passe parlementaires; inquiet,
ambitieux, actif, capable des efforts les plus énergiques et des
palinodies les plus honteuses pour s'élever aux plus hautes.....
dignités de l'État; — soigneux de ses intérêts personnels et de
ceux de sa famille, bon fils, bon époux et bon père, dotant généreusement les siens de préfectures et de recettes générales.

L'écureuil possède sur les arbres les plus élevés du canton qu'il
habite une foule de résidences bien étoffées, bien chaudes et
tournées chacune vers un point différent de l'horizon, de manière
à pouvoir offrir au propriétaire un abri assuré contre la tempête
politique, de quelque côté que le vent souffle, du roi ou de la
ligue.

L'écureuil affectionne particulièrement la faine et la noisette,
deux fruits qui donnent l'huile, emblème de lumière et de richesse; deux fruits qui proviennent du coudrier et du hêtre, arbres symboliques de l'industrie utile. (1) Ce qui signifie que les
ambitieux de cette catégorie doivent leur élévation à leurs talents
et à leur industrie, et qu'ils sont fils de leurs œuvres.

Il n'est pas rare de voir cette classe d'ambitieux, quand l'âge
de la retraite a sonné, abandonner tout-à-fait les affaires et se
retirer dans quelque villa délicieuse, pour jouir de la fortune
qu'ils ont su amasser, et méditer à loisir sur Horace, Jomini ou
Tacite. Par allusion à cette habitude, l'écureuil renonce à la
gymnastique quand arrive la saison d'hiver, et se retire dans le
creux d'un vieux chêne pour jouir dans une douce quiétude de la

---

(1) C'est avec du bois de hêtre qu'on fait les bêches, les rateaux, la bois-
sellerie, les auges d'étable. La coudre, bois du noisetier, fournit des cercles
pour les barils et les futailles, et remplace avec avantage l'osier, comme matière première de l'industrie du vannier.

fortune (monceau de noisettes et de faînes) qu'il a su amasser.

La France ne possède qu'une seule espèce d'écureuil. L'écureuil volant (polatouche) appartient au Nouveau-Monde et à l'Australie. J'ai possédé à Paris un couple de polatouches de la Virginie. C'étaient deux charmants quadrupèdes, très friands de cette espèce de plat de dessert qu'on appelle *des quatre-mendiants,* et qui n'oubliaient jamais de prélever sur le service de chaque jour une certaine quantité d'amandes et d'avelines qu'ils allaient déposer aussitôt derrière une vieille tapisserie à ramage, au fond de laquelle ils avaient pratiqué une ouverture et élu domicile pour l'hiver.

La chasse à l'écureuil n'est pas une chasse sérieuse, c'est une chasse d'enfants, un divertissement plein de charmes. Elle se pratique l'hiver, quand les feuilles des arbres sont tombées et ne protègent plus la demeure du gentil animal contre les recherches de ses ennemis. Il suffit de cogner un peu fort au tronc de l'arbre sur lequel est bâti l'édifice aérien, pour en faire déloger le locataire, qui s'élance aussitôt vers les branches les plus élevées du voisinage, où sa robe rouge devient un excellent point de mire. Il m'est arrivé quelquefois de faire partir des martres en cherchant des écureuils. On chasse encore l'écureuil avec des roquets, qui indiquent par leurs jappements et leurs tentatives d'escalade, l'arbre où la bête s'est logée. Les anciennes forêts royales de Fontainebleau, de Villers-Cotterets, de Compiègne, étaient éminemment fécondes en écureuils.

L'écureuil est un rongeur presque innocent et qui ne détruit que rarement les nids d'oiseaux. Sa chair n'est pas à dédaigner.

La chasse de l'écureuil noir *à balle franche* est un des divertissements favoris des chasseurs de l'Amérique du Nord.

## L'OURS.

Encore une pauvre bête indignement calomniée, et sur le compte de laquelle la haine et l'ignorance en ont imaginé de belles. Je ne sais pas de quelle infamie les romanciers et les faiseurs d'almanachs liégeois, ces intarissables pourvoyeurs de menteries, ont oublié de salir la monographie de l'infortuné quadrupède. J'ai lu dans un affreux livre, publié il y a un siècle avec autorisation et privilége du roi, l'histoire des faits et gestes d'un ours brun du Jura, qui aurait été très longtemps la terreur du pays, à raison de son appétit immodéré pour la chair des jeunes filles... histoire scandaleuse et qui prouverait du reste, s'il était permis d'y ajouter foi, la supériorité du lion sur l'ours, en matière de galanterie. Toutes les personnes qui s'occupent d'histoire naturelle ont lu le récit de Conrad Gessner, qui raconte comme quoi un ours de la Savoie enleva un beau jour une jeune fille de seize ans et l'emporta dans sa tanière où il eut pour elle tous les soins d'un père tendre, mais horriblement jaloux et qui ne sait pas dissimuler ses défiances injurieuses... lui rapportant tous les jours des fruits, des légumes et du miel, mais ne sortant jamais de son domicile, sans en boucher l'issue avec une pierre énorme Il est dit dans ce conte que les parents de la pauvre recluse la redemandèrent trois mois entiers aux échos de la montagne, avant de la retrouver. Marolles, qui écrivait à la fin du règne de Louis XVI, confirme presque, par sa crédulité, les faux bruits que l'imagination déréglée des conteurs a fait courir de tout temps sur les prétendus appétits désordonnés de certaines bêtes pour la chair des jeunes filles.

Ce n'était pas assez pour la malice humaine d'avoir calomnié dans ses mœurs l'ours qui ne le méritait pas, elle a éprouvé le besoin de ridiculiser le pauvre animal et d'en faire le plastron d'une foule de mystifications plus ou moins incroyables. C'est à qui, parmi les écrivains de jadis et ceux d'aujourd'hui, le criblera des traits les plus perfides. Elien le Grec, un conteur de fables non moins naïf que Conrad Gessner et le grand saint Basile, non moins hardi en ses affirmations historiques que l'illustre ami de Jacques Balmat, Élien le Grec va jusqu'à faire de l'ours un meurtrier de bas étage, un ignoble assassin, tuant pour le plaisir de tuer, ce qui est une calomnie atroce.

« Il était une fois, dit-il, un lion et une lionne du mont Pangée
» qui avaient beaucoup d'enfants et qui n'en furent pas plus heu-
» reux (1); car un jour qu'ils étaient sortis tous les deux de leur
» domicile, un ours y pénétra qui occit traîtreusement leurs petits,
» preuve qu'il est toujours imprudent de laisser des enfants seuls.
» La besogne meurtrière était à peine achevée qu'un rugissement
» formidable annonce la rentrée des maîtres du logis. Notre ours,
» quasi-surpris en flagrant délit d'infanticide, n'a que le temps
» de sauter sur un arbre du voisinage. Il faut renoncer à dépein-
» dre la fureur de la mère, à l'aspect de sa progéniture égorgée.
» On ne sait d'abord quel sentiment l'emporte dans son cœur,
» de la douleur ou de la rage. Elle éclate à la fois en impré-
» cations furibondes et en gémissements douloureux, et dans
» la soif de vengeance qui l'embrase, elle décrit dans l'air des
» paraboles insensées, enfonce ses canines altérées dans les
» flancs de l'arbre sur lequel le meurtrier a trouvé un refuge,
» en laboure l'écorce de ses griffes tranchantes. Vaines démons-
» trations d'une fureur impuissante! l'assassin sans cœur en rit
» du haut de son quatrième étage; mais rira bien qui rira le
» dernier.

» Voici, en effet, le père lion qui s'éloigne, et qui ne tardera
» pas à revenir, car il vient d'être saisi d'une idée lumineuse dont
» il a fait part à son épouse; il s'est décidé à requérir pour sa
» vengeance l'assistance de l'homme.

» Il sait où travaille d'habitude un pauvre bûcheron très mai-
» gre qu'il se réservait in petto depuis longtemps, pour un en
» cas de pénitence. Il va le trouver et l'aborde d'un air qu'il cher-
» che à rendre aussi agréable que possible. L'homme, à qui ses

_____

(1) Traduction libre.

» idées rétrécies ne permettent guère d'attribuer à la visite du
» roi des animaux d'autre motif qu'un violent appétit de chair
» humaine, se sent d'abord légèrement troublé à la vue du
» sire chevelu, il en laisse tomber sa cognée. — Au contraire,
» semble lui dire le lion, qui ramasse poliment l'instrument
» et le relève à la hauteur de la main du bûcheron pour que
» celui-ci le reprenne ; puis il le tiraille doucement par les bas-
» ques de son paletot et lui fait voir qu'il serait bien aise de
» l'emmener quelque part avec lui. L'homme, qui finit par com-
» prendre d'après ces manières insolites que la bête a besoin de
» ses services, se laisse faire et la suit. Ils marchent, ils marchent,
» ils marchent ; à force de marcher, ils font beaucoup de chemin ;
» à la fin ils arrivent sur le lieu qui fut le théâtre du crime et qui
» ne tardera pas à devenir celui du châtiment. La lionne continue
» à fendre l'air de ses bonds désordonnés et de ses rugissements.
» Le lion explique tout du geste à son compagnon de voyage ; il
» lui montre les lionceaux égorgés, l'assassin réfugié sur les hau-
» tes branches d'un sapin colossal, la mère inconsolable attendant
» sa vengeance. Le bûcheron compâtissant et rassuré se met en
» devoir d'abattre l'arbre... Explosion de bravos unanimes de la
» part du couple léonin ; l'épouse fait trève à l'expression de son
» désespoir pour féliciter son époux de l'heureuse idée qu'il a eue
» de s'adresser à un tiers. Oh ! comme chaque coup de coignée
» qui frappe l'arbre impressionne différemment l'esprit des prin-
» cipaux acteurs du drame ! et comme on sent qu'à chaque nou-
» velle entaille de l'acier, le remords pénètre plus avant dans la
» conscience bourrelée du coupable ! C'est lui qui voudrait bien
» s'en aller, et qui se mord cruellement les ongles d'avoir cédé
» tantôt à une pensée mauvaise. Que diable allait-il faire en cette
» maudite galère ! et si la chose était à recommencer, comme il
» ne la ferait pas !...

» Sans doute, mais il est trop tard, le crime a été commis, le
» sang appelle le sang. Le dénouement se précipite, l'arbre tombe
» entraînant dans sa chute l'assassin, qui n'a pas même le temps
» de se remettre du trouble inséparable d'une pareille commotion.
» A peine il a mesuré le sol, que la lionne est sur lui. Elle le

» saisit à la gorge, où ses crocs se rejoignent; elle l'enveloppe et
» l'étouffe dans ses embrassements, pour recueillir, avec la der-
» nière goutte du sang de son ennemi, la dernière palpitation de
» son cœur. La vengeance assouvie, le lion et la lionne font deux
» parts de la proie et offrent la meilleure à l'homme, lui jurant
» en même temps foi de roi et de reine, qu'ils n'oublieront de
» leur vie le service qu'il leur a rendu. L'histoire n'ajoute pas
» que depuis ce moment-là ils aient toujours vécu en bonne intel-
» ligence; elle le laisse seulement supposer. »

J'ai lu dans les voyages du capitaine Pamphile et dans ceux
de beaucoup d'autres navigateurs dignes de foi, une multitude
d'histoires de bêtes aussi drôles que celle-ci, mais non plus vrai-
semblables.

J'entendais raconter naguère l'anecdote suivante à un jeune
chasseur parisien tout frais débarqué d'Amérique ; je n'en garan-
tirais pas l'authenticité non plus :

« Pour lors, c'est le jeune parisien qui parle, nous traversions
donc, mon compagnon et moi, les vastes forêts de pins de la Californie, si remarquables par le silence absolu qui régne sous leur
voûte. Un jour que nous touchions à la rive d'une de ces immenses clairières dont ces sombres forêts sont percées et où les arbres
résineux font place à d'autres essences, nous entendîmes à une
très faible distance de nous un grognement qui semblait partir
d'au dessus de nos têtes, et que mon compagnon, un chasseur
yankee de la vieille roche, reconnut à la première note pour appartenir à un ours. Et nous, tout aussitôt, de nous faire petits,
de nous glisser à travers les broussailles pour tâcher de découvrir le poste où l'animal est juché. Un second grognement de
colère, plus accentué que le premier, et qui nous paraît suivi d'un
autre grognement de satisfaction intérieure, appelle nos regards
vers un alisier gigantesque, situé à une vingtaine de pas de nous,
et dont la ramure et l'ombrage sont le théâtre d'une scène passablement bouffonne. Les deux interlocuteurs de qui nous avons
saisi déjà quelques lambeaux de conversation au passage, sont un
ours et un sanglier. Le premier, personnage de la plus haute
taille, est perché sur une maîtresse branche de l'alisier, où il s'oc-

cupe passionnément de la vendange des alises (1). Mais comme ces fruits sont excessivement mûrs et n'adhèrent plus que très faiblement à leur support, il arrive que les plus vermeils et les plus délicieux tombent drus comme grêle sur le sol, à la moindre secousse que l'ours imprime à la ramure, ce qui désole le lourd animal et lui arrache des jurements d'impatience ; ce qui ravit d'aise, par la même raison, le sanglier gastronome posté au pied de l'arbre, et qui, à chaque averse d'alises, témoigne son contentement par un *très bien* narquois. Au moment où nous entrions en scène, l'irritation de l'ours était déjà montée au rouge cerise, et il était facile de voir qu'elle ne tarderait pas à passer au rouge blanc. — Oh ! une idée excessivement plaisante, m'insuffle dans l'oreille le spirituel enfant du Tennessée... si nous profitions des dispositions détestables où sont ces deux bêtes l'une pour l'autre, pour les brouiller à mort. — Comment ça ? voyons voir. — Le moyen est fort simple ; un des deux coups de votre arme est chargé à petit plomb, videz-le-moi dans la partie la moins osseuse du corps de ce gaillard ; et il m'indiquait du doigt, à travers le feuillage, la place du corps de l'ours où le coup devait porter. Je connais l'ours, ajouta-t-il, et quand il a une idée dans la tête, il ne l'a pas ailleurs ; comme il veut beaucoup de mal pour le quart d'heure au sanglier ci-dessous, on ne lui ôtera pas de la cervelle que c'est le sanglier qui vient de lui envoyer un coup de fusil quelque part ; alors vous l'allez voir se précipiter à corps perdu sur son prétendu agresseur et tirer vengeance de cette sanglante plaisanterie. Je vous réponds que nous allons rire. Sitôt dit, sitôt fait ; j'ajuste la bête velue à la place demandée ; le coup part. L'ours s'est à peine senti piquer au vif qu'il ne consulte plus que sa fureur et tombe comme une bombe sur l'infortuné sanglier, non moins innocent de la niche que surpris de l'agression. Le duel ne dure pas longtemps ; l'ours vainqueur a terrassé son rival

(1) Petit fruit rose de la grosseur et de la forme de l'olive et de la cornouille, commun dans les forêts de l'Est, où il fait le bonheur des grives. On confectionne d'assez bonnes confitures avec l'alise dans le pays Messin.

et s'acharne à déchirer son cadavre; mais il fait semblant de ne pas s'apercevoir que son ennemi, avant de mourir, lui a ouvert les flancs d'un coup de boutoir terrible. Ses forces le trahissent bientôt lui-même, et il chancelle et s'affaisse sur le corps du sanglier écharpé... Et c'est ainsi, conclut modestement le narrateur, que j'ai acquis le droit de me vanter d'avoir tué un ours noir et un sanglier d'un seul coup de fusil, et avec du plomb numéro 7 ! »

A beau se vanter qui vient de loin. Heureusement que si le narrateur a le droit de tout dire, l'auditeur a, de son côté, le droit de n'accepter du récit que ce qui lui convient. Tout ne me convient pas dans l'histoire qui précède. Elle peut être vraie, mais n'est guère vraisemblable.

Les fabulistes et les moralistes ont tristement contribué, suivant leur habitude, à propager ces appréciations désastreuses du caractère de l'ours, et je suis bien forcé de redresser leurs erreurs dans mon amour de la science et de la vérité. Par exemple, le reproche qu'on adresse le plus fréquemment à l'ours, est d'avoir jeté un pavé homicide à la tête d'un sien ami, jardinier de son état, sous prétexte de le débarrasser d'une mouche importune. Je l'entends formuler à tout moment cet éternel reproche. Un journal semi-officiel n'écrit pas un article en faveur du gouvernement de son choix, que la maladresse proverbiale de cet ours de la fable ne saute à la pensée. Je vous demande néanmoins où sont les preuves que la chose s'est passée comme les fabulistes la rapportent ; je demande où est le procès-verbal officiel qui a constaté le décès et sa cause, le nom des deux personnages, le lieu de l'évènement ; car enfin on ne peut pas condamner ainsi les honnêtes gens sans des preuves ; et ces preuves, ces pièces officielles, il faut bien le dire, n'existent dans aucune des archives du monde civilisé, où je les ai cherchées vainement. Donc je me crois suffisamment autorisé à déclarer apocryphe l'histoire du pavé, d'autant que je sais par expérience que l'ours est non-seulement incapable d'une pareille gaucherie, mais doit être, au contraire, considéré comme une des bêtes les plus adroites de la création actuelle.

C'est ici le cas de signaler un nouvel exemple du danger des livres bien écrits. Si la calomnie qui précède n'avait pas été stéréotypée par le bon Lafontaine en d'admirables vers, elle eût glissé comme tant d'autres sur la malice des hommes, sans y laisser de traces; mais ce prince des poètes l'a touchée de sa baguette magique, et elle est devenue immortelle. Je n'envie pas au génie ce triste privilège d'éterniser l'erreur; car l'erreur finit toujours par retourner contre celui qui la porte et par le blesser au visage; et le malheur, croyez-moi bien, ne tardera pas d'arriver au bonhomme que j'admire par-dessus tous ses rivaux comme styliste et comme mouleur de phrases, mais que je suis loin d'honorer de la même estime comme penseur, et surtout comme historien des bêtes. Lafontaine a pour moi l'impardonnable tort d'appartenir de trop près à cette triste école du bon sens qui procède de Sancho Pança, et dont le grison est l'oracle. Je sais vingt de ses fables où le beau rôle est à l'égoïsme, la risée aux choses du cœur, et dont la morale prouve que l'auteur aime mieux se tromper avec le proverbe, c'est-à-dire avec tout le monde, que d'avoir raison à lui seul. Ainsi peuvent agir les vulgaires esprits qui visent aux bravos de la vile multitude, mais non les esprits délicats. Et vainement vous me diriez, à moi, que tous les bourgeois de Paris sont d'accord pour proclamer la fable de la Cigale et de la Fourmi un chef-d'œuvre... l'exemple de tous vos bourgeois de Paris ne me changerait pas et ne m'empêcherait pas de déclarer tout haut à qui voudrait l'entendre, qu'un chef-d'œuvre qui contient l'apologie de l'avarice est un crime, et que le génie n'a pas été donné aux poètes pour mentir ainsi doublement à la charité et à la zoologie. Car, remarquez-le bien la fourmi n'amasse pas, et par conséquent le fabuliste inimitable ignore l'histoire de la bête, et la calomnie gratuitement. La lectrice me pardonnera l'accès d'indignation légitime auquel je viens de me laisser emporter, en considérant que, dans la fable de Lafontaine, tout l'odieux du principe de liarderie bourgeoise a disparu sous la grâce du style, et que le serpent de la fausse morale est si bien caché sous les fleurs, que les malheureux parents n'aperçoivent pas même le péril de l'indigne apologue, et ne songent à préserver l'imagination de leurs enfants de son influence pernicieuse. Qui pourrait chiffrer, cependant, le nombre des âmes innocentes que l'épouvantable morale de la fable de la fourmi a perdues ! Si quelque chose pouvait me consoler de n'être pas le bon Lafontaine, ce serait de n'avoir pas illustré de mes vers l'avarice de la fourmi et la gaucherie de l'ours.

L'histoire sainte n'est pas non plus à l'abri de tout reproche d'injustice à l'égard de l'ours, quand elle compare à cet animal la seconde monarchie des Perses, sous prétexte d'identité parfaite de titre caractériel entre les deux races : perfidie et voracité. La comparaison injurieuse est du prophète Daniel, le même qui se fit une si haute réputation de prophète aimé de Dieu, pour avoir magnétisé plusieurs lions dans une séance publique et solennelle à laquelle assistaient une multitude de tyrans, notamment celui de Babylone, qui, depuis, fut changé en bête. Je ne relève pas l'injure, qui tombe d'elle-même. Hérodote nous avait déjà fait un portrait peu flatté de ces mêmes Perses qui, dit-il, n'entrent jamais en délibération avant d'avoir noyé leur raison dans les pots. Mais alors ce n'est pas à l'ours, ami frugal de la cressane et des fraises et ennemi des liqueurs fortes, que le prophète Daniel aurait dû comparer ce peuple asiatique corrompu.

Gaucherie et férocité sont, quant à l'ours, deux accusations qui se valent. Je suis fâché de le dire, mais l'opinion publique, faussée par les histoires d'invalides et de boutons de guêtres, est à quatre cents kilomètres (cent lieues) de la vérité sur l'ours; et la faute de l'ignorance générale retombe sur l'ignorance des directeurs de la pensée publique à l'endroit des bêtes, c'est-à-dire sur le dos des professeurs d'histoire naturelle, qui ne regardent jamais au delà de leur nez, et qui ont négligé de demander à l'ours un exposé de ses principes politiques avant de le juger. De là ces préjugés absurdes et la méprise dans laquelle tout le monde donne sur le caractère et la physionomie de l'animal, à la queue des savants. On a pris jusqu'ici l'ours pour l'emblème du misanthrope, taciturne, morose, insociable ; ce n'est pas ça du tout.

L'ours est l'emblème de la Sauvagerie, comme l'éléphant est

l'emblème de l'Édénisme. Sa dominante est l'amour de l'indépendance et des bois. Toute l'histoire de la bête est contenue en
cette ligne.

On sait que le sauvage est l'ennemi le plus intime du travail
répugnant, ce en quoi je l'approuve. Le sauvage ne voudrait pas
de tous les raffinements du luxe civilisé, au prix d'une heure de
ravail au métier ou à la charrue. Il en est de même de l'ours,
que les charmes du bal masqué n'ont jamais pu séduire, et qui
professe comme moi, pour la plupart des fêtes civilisées, le plus
souverain mépris.

Le sauvage ne comprend le bonheur que dans la jouissance
pleine et continue des sept droits naturels, chasse, pêche, cueillette, pâture, insouciance, etc. Il en est de même pour l'ours, qui
ne voit le suprême bonheur que dans l'exercice des deux droits naturels de *cueillette et d'insouciance*. Non pas que l'ours soit un être
complétement insensible aux plaisirs de la chasse et de la pêche
(l'ours blanc, par exemple, serait fort empêché, si on venait à le
priver de l'exercice de ce dernier droit), je veux dire seulement
que le régime végétal convient mieux que tout autre au tempérament de l'ours, amoureux par-dessus tout des fraises et du *far
niente*. L'ours ne se dissimule pas qu'il est plutôt taillé pour esca-
lader l'arbre à fruit que pour forcer une biche à la course, et il a
adopté une ligne de conduite conforme aux aptitudes de sa nature.
Son appétit frugivore étant facile à satisfaire, il profite de cette
facilité qu'il a de bien vivre, pour amasser pendant l'automne de
larges provisions de cette graisse philocome avec laquelle les phar-
maciens de la rue Vivienne confectionnent le précieux cosmétique
si connu dans le beau monde parisien sous le titre de *pommade
du lion*. Pommade du lion ! prodige de la chimie ! pour faire
croire à l'homme chauve, naturellement candide, que le roi des
animaux ne doit son épaisse chevelure qu'à l'usage quotidien du
susdit cosmétique.

On sait que l'animal, une fois nanti de sa provision d'embonpoint, se recèle dans une tanière où il passe à dormir les deux
plus mauvais mois de l'année, frimaire et nivôse. Les femelles
choisissent également, pour mettre bas, cette singulière époque.

On a dit en Russie à M. Louis Viardot que les ourses de ce pays avaient l'habitude de s'enfermer avec un jeune ours que les Russes désignent sous le nom de *précepteur* ou d'*amant*, et qui n'est pas le père de la future famille. Le fait ne m'étonnerait aucunement, les femelles sont généralement ennemies de la solitude. Mais les fabulistes et les historiens ont beau dire, ce n'est pas là le caractère d'une bête ennemie de l'homme. Et cette bête qui sommeille pendant la saison de la misère et du crime et qui préfère le miel, les sorbes et les alises à un quartier de chevreau, ne passera jamais pour un ogre altéré de sang. L'ours est un animal sauvage, j'en conviens, mais c'est assurément l'un des plus inoffensifs carnivores qui se puissent rencontrer. Je parle de l'ours civilisé, de l'ours français ou russe, de l'ours des Pyrénées et des Alpes. Je passe avec préméditation sous silence l'ours gris des prairies de l'Amérique septentrionale et l'ours blanc des pôles, qui mangent ce qu'ils rencontrent lorsque la faim les presse. J'ai entendu avec bonheur M. Isidore Geoffroy Saint-Hilaire rendre à l'ours la justice qui lui était due.

A ce titre d'emblême du sauvage, l'ours est, de tous les grands carnassiers, celui qui doit souffrir le plus de la perte de sa liberté. Cela est vrai ; l'ours est en effet le plus difficile à garder de tous les captifs ; il s'apprivoise, mais sans abdiquer jamais sa personnalité ni ses droits. On l'a bien vu exercer le métier de jongleur pour vivre, mais le maître ne sait pas les tribulations et les remords que la conscience de sa dégradation coûte à son esclave, et ce qu'il lui faut de philosophie pour ronger en silence le frein de sa servitude. On a vu plus d'un ours, après avoir brisé sa chaîne, préluder à l'exercice de sa liberté reconquise par l'égorgement de son conducteur et celui de toute sa famille. J'ai lu aussi dans l'histoire des vengeances populaires des faits qui n'étaient pas sans analogie avec ces révoltes d'ours.

Quand l'ours n'est pas occupé à manger ou à dormir, il médite une évasion ; tous les ressorts de son imagination sont tendus vers ce but ; son agitation perpétuelle dit les tourments qui dévorent son être. Cette tête, dont le mouvement monotone et régulier de va-et-vient vous fatigue, est le pendule d'une idée fixe incessamment sollicité vers le dehors par l'aimant de la liberté. Si l'ours des Pyrénées ou de Russie ne succombe pas toujours sous les morsures du chagrin, s'il ne meurt pas de honte foudroyante sur la place publique, c'est que l'amour de la liberté est indestructible en son cœur et y nourrit l'espoir. Mais l'ours des glaces, qui ne peut pas humer comme ses congénères de la terre ferme, les brises de la contrée natale, périt chez nous de nostalgie et d'eau tiède au bout de quelques mois.

*Vaincu, persécuté, sans abri, sans état... errant de roc en roc...* l'ours, à l'instar de Mithridate, a dû s'habituer de bonne heure à manger toutes sortes de choses, et à se faire un estomac à l'épreuve de tous les poisons. L'arsenic, qui est un des plus violents poisons pour l'homme, ne mord pas sur l'ours. Pris à la dose d'un demi-kilogramme, il n'a pas d'effet apparent ; à celle d'un kilogramme, il opère sur la muqueuse intestinale de la bête comme un léger purgatif.

L'explication qui précède était nécessaire pour faire apprécier à sa juste valeur un fait regrettable qui a eu trop de retentissement à Paris et ailleurs, et qui a malheureusement contribué à induire le vulgaire en erreur sur les véritables appétits de l'ours, qui adore, je le répète, les fruits et les légumes et méprise la chair. Je veux parler de l'histoire de l'invalide.

Une nuit, par un beau clair de lune, c'était vers les derniers jours de l'Empire, un vétéran veillait, seul et silencieux, près de la demeure de l'ours Martin, premier du nom et l'un des personnages les plus populaires de ce temps. Illuminé par la lueur trompeuse de Phœbé, le vieux guerrier croit voir briller au fond de la fosse un écu de six livres ; ce n'était qu'un bouton..... un vil et méprisable bouton... Aussi ôt le démon de l'or, qui ne lâche pas volontiers la proie qu'il a mordue, pousse le malheureux à violer sa consigne : il va quérir une échelle et descend dans la fosse. Hélas ! il avait compté sans son hôte. Réveillé en sursaut, et à cette heure indue, par un individu qu'il ne connaît nullement, et dont les intentions ont droit de lui paraître suspectes, Martin, qui a rêvé bataille, saute à la gorge de l'intrus et l'étrangle, après quoi il le *scalpe*, suivant la coutume des Sauvages, c'est-à-dire qu'il le

dépouille de sa chevelure, non sans détériorer quelque peu le cuir
chevelu. Or, ce fut ce dernier trait de vengeance incompris, ce
trait si caractéristique, qui perdit l'ours dans l'esprit du peuple,
et qui fit dire de lui qu'il aimait par-dessus tout le pain d'épice
et le vétéran. Le vulgaire ignorant attribua à l'humeur sanguinaire de l'espèce un acte isolé qu'avait seule inspiré la force de
l'habitude. La nation belliqueuse qui aimait à se parer le chef de
la chevelure de l'ours, ne pardonna pas au pauvre animal d'avoir
appliqué la peine du talion à l'un de ses guerriers. Mais peut-
être aujourd'hui que l'émoi populaire est calmé, et que les eaux
du Léthé ont largement lavé la place de l'homicide, peut-être que
le public voudra bien revenir de ses préventions contre l'ours, et
apprécier plus sainement les choses. En effet, que le juge impar-
tial considère de sang-froid toutes les circonstances du meurtre,
l'attaque de nuit, l'escalade, la valeur exagérée qu'avait la peau
d'ours à cette époque où le colbac et le bonnet à poil occupaient
dans l'ordre social une place si élevée... et il admettra certainement comme moi, dans l'espèce, le cas de légitime défense pour
l'ours, et comme moi il le renverra innocent.

Mieux que cela : s'il était prouvé que le vieux militaire en
question fût coiffé du bonnet à poil, comme quelqu'un l'a pensé,
oh ! alors, l'innocence de l'ours ne pourrait même plus faire
question. Je n'ai pas fini sur ce texte.

Quand l'ours est poussé par la faim à déclarer la guerre aux
animaux et à l'homme, il s'embusque volontiers dans les branches
inférieures de quelque arbre touffu, ou derrière quelque quartier
de roche commandant un défilé, d'où il se précipite brutalement
sur la victime qu'il guette, la saisit au col et l'étouffe. La force
musculaire de l'ours est prodigieuse, et dépasse celle de nos plus
vigoureux athlètes. On a vu des ours arrêter roide et abattre d'un
seul coup de leur griffe puissante un cheval, un taureau. Si
l'ours a rarement le dessus dans ses duels avec l'homme, ainsi
qu'il appert de la multitude de bonnets à poil dont la garde nationale est ornée, cela provient de la supériorité des armes de
l'homme, et aussi de l'ignorance complète de l'animal en matière
d'escrime. L'ours ayant l'habitude de se dresser sur ses pattes de

derrière pour attaquer le chasseur, prête naturellement le flanc
à son ennemi, qui n'a besoin que d'un peu de sang-froid et d'a-
dresse pour lui ouvrir le ventre d'un coup de couteau, ou pour
lui percer le cœur de son poignard ou de sa balle. La méthode
du poignard est la meilleure pour ne pas détériorer les peaux.
J'ai connu dans les Pyrénées, aux Eaux-Bonnes, un chasseur
d'ours qui en avait perforé de la sorte une soixantaine en sa vie.
Il va sans dire qu'il en manqua un soixante-et-unième qui ne le
manqua pas.

Les voyageurs de l'Amérique septentrionale, qui savent toute
l'importance que l'ours attache aux procédés de politesse et aux
moindres témoignages de considération de la part de l'homme,
n'oublient jamais, dit-on, de le saluer quand ils le rencontrent
sur leur route : *Buenos dias*, *hombre*, lui font-ils, *bonjour,
l'homme*. Des personnes dignes de foi m'ont affirmé qu'il avait
suffi souvent de cette simple formule adulatrice pour faire oublier à l'ours le plus mal disposé ses intentions homicides et sa
faim.

L'ours n'est pas seulement poli, il est obséquieux de témoignages de déférence envers les autorités constituées. Tout le
monde a entendu parler de la civilité de cet ours qui avait pris
ses degrés à l'école d'enseignement mutuel de la commune d'O...
arrondissement de Saint-Girons, et qui, reconnaissant un jour,
au milieu de son public de la place de la Bastille, le maire de
cette localité, interrompit soudain ses exercices pour offrir à l'honorable magistrat ses salutations empressées et l'hommage com-
promettant de son respect.

L'ours n'est donc pas l'ennemi de l'homme; il en mange
quelquefois, mais presque toujours à regret et à son corps
défendant. Quand l'agression vient de lui, c'est que la faim le
presse et que l'hiver, cette année-là, s'est prolongé d'une façon
déraisonnable. Or, c'est ici la rigueur de l'hiver civilisé qui est
responsable des crimes de la faim, et non l'estomac de la pauvre
bête. Il faut bien que nous tenions compte à l'ours de la circonstance atténuante de la faim, si nous voulons qu'on nous excuse,
nous autres créatures raisonnables, qui nous complaisons dans

l'homicide de fantaisie, qui empoisonnons tous les jours nos pères et nos mères pour jouir un peu plus tôt des fruits que nous a amassés leur tendresse, nous qui vendons tous les jours par-devant notaire la chair de nos filles à des vieux.

L'ours est si peu l'ennemi de l'homme qu'il n'a jamais porté la main sur lui, hors les cas exceptionnels de faim ou de défense légitime. On a bien vu parfois des ourses écarter violemment des voyageurs du voisinage de leurs petits; mais qui oserait faire un crime à la pauvre mère de s'exagérer les périls qui menacent ses oursons et de trembler pour leur peau, quand elle songe à la consommation désastreuse que fait de cette denrée la seule institution de la garde nationale; car il est bon de répéter que la garde nationale est la bête noire de l'ours, à raison du bonnet à poil dont le chef de ses compagnies d'élite est orné. L'ours n'attend pas avec moins d'impatience que tous les gens de goût la suppression de cette coiffure ridicule et trop longtemps honorée.

La tendresse exagérée de l'ourse pour ses oursons est un texte où chacun a fait sa glose depuis qu'on a écrit sur les bêtes. L'ourse a l'habitude de prendre un de ses petits sous chaque bras, quand il s'agit de franchir quelque passage dangereux, une ravine escarpée, un torrent impétueux; et ce n'est que dans ces embarras-là qu'elle fait preuve d'un caractère féroce et peu sociable. Des chasseurs d'ours m'ont également affirmé avoir vu plus d'une fois de ces bêtes qui se retiraient paisiblement chez elles, emportant sans la moindre gêne leur mouton sous chaque bras, comme un augure *romain* son bréviaire. Je n'ai cru de ce dernier récit que ce qu'il m'a plus d'en croire.

Le véritable ennemi de l'ours, emblème de la sauvagerie et de l'égalité, c'est le cheval, emblème de la gentilhommerie et de la morgue aristocratique. On ne connaît pas deux bêtes qui se détestent plus cordialement que le cheval et l'ours; la haine de celui-ci pour les grenadiers de la garde nationale tient à des dissentiments moins profonds et qui datent de moins loin. L'ours gris de la Californie, le plus dangereux et le plus fort de tous les ours du monde, a juré, à ce qu'on dit, guerre à mort au cheval, et l'attaque partout, libre ou non. On raconte cependant qu'il y a peu d'exemples dans ce pays qu'un cavalier, ayant fait préalablement le sacrifice de sa monture, ait eu à se plaindre de l'ingratitude ou des mauvais procédés d'un ours gris.

Les zoologistes et les chasseurs s'étaient demandé bien longtemps, sans pouvoir mettre le doigt sur la réponse, les causes de cette haine implacable que l'ours avait vouée au cheval, et *vice versâ*. A l'analogie seule revient encore l'honneur de deviner ce rébus et d'expliquer la fameuse histoire de cette bande d'ours endiablés contre laquelle la mitraille et les chaudrons ne faisaient rien, et qui fut mise en fuite par une paire de *ra* et de *fla* provenant d'un tambour fait de peau de cheval.

L'analogie a répondu avec cette supériorité de bon sens et cette simplicité qui la caractérisent :

L'animal qui symbolise l'amour de l'indépendance et de l'égalité est l'ennemi né de l'animal qui personnifie le gentilhomme ; le gentilhomme, c'est à dire la caste oppressive et privilégiée qui exploite les vaincus et les oblige à travailler pour elle !

Ainsi la véritable science déchire et fait tomber les uns après les autres tous les prétendus voiles d'airain que l'obscurantisme interpose entre le regard de l'homme et les œuvres de Dieu !

Ainsi donc, le lecteur prudent fera bien de n'ajouter qu'une foi médiocre aux bruits que la malveillance a fait courir sur la férocité sanguinaire de l'ours, et tout au plus devra-t-il croire à la moitié des accusations formulées contre la pauvre bête. L'ours, qui recule sans cesse devant les pas de l'homme, et qui choisit pour demeure les lieux les plus inhabités, témoigne suffisamment par sa conduite, de ses intentions pacifiques et de son désir de renoncer à une lutte où il est plus que sûr de n'avoir pas le dessus. Mais l'homme, qui veut avoir un prétexte pour continuer son débit de bonnets à poil et de pommade du lion, ne peut pas avoir l'air de croire à la sincérité de ces bons désirs ; il les nie audacieusement dans l'intérêt de son négoce, et pousse à la continuation des hostilités, qui finiront bientôt, hélas ! faute de combattants. Une grande preuve de la modération des appétits de l'ours ressort de l'histoire des jeux du Cirque, à Rome. Les Romains, qui aimaient les drames épicés de sang humain, n'exposaient

presque jamais les chrétiens à la dent de l'ours, qui fut officielle-
ment suspecté de tiédeur pour le culte payen. Un des amusements
favoris d'Héliogabale consistait, comme on sait, à enivrer ses con-
vives des deux sexes et à les faire se réveiller aux bras velus d'un
ours ; mais l'histoire ne dit pas que ces plaisanteries aient jamais
eu de suites aussi fâcheuses que celles de l'empereur Néron, qui
étouffait ses meilleurs amis sous des monceaux de roses. C'étaient
pourtant de grands artistes que ces Césars de Rome, à part le côté
immoral et subversif de leurs imaginations !

Une autre preuve, qui attesterait au besoin la mansuétude du
caractère de l'ours et l'aménité de ses mœurs, c'est sa passion
pour la musique. On peut lire dans les récits d'Olaüs Magnus, le
Buffon de l'Europe nord, que lorsque les bergers de sa patrie, où
l'ours est très commun, se trouvent cernés par une bande de ces
quadrupèdes, ils font semblant de ne pas s'apercevoir de la visite
désagréable qui leur arrive, et continuent à faire résonner la solitude du doux son de leurs clarinettes (*pastorali tibiâ*) ; puis,
choisissant le moment où les visiteurs sont complètement sous le
charme de la mélodie, ils décochent soudain contre le tympan de
ceux-ci un *couac* si imprévu, si aigre et si strident, que les infortunés mélomanes s'enfuient au grand galop pour ne plus revenir. Alexandre Dumas, l'illustre auteur du bifteck d'ours, confirme sur ce point les récits d'Olaüs. Il a connu un ours amateur
de peinture et de musique, qui prenait un plaisir infini à figurer
dans les quadrilles de l'Odéon, et qui imitait, à s'y méprendre,
assure-t-il, les manières de M. Odry dans la pièce archi-bouf-
fonne de l'*Ours et le Pacha*.

L'ours n'aime pas l'effusion du sang, et qui l'accuse de maladresse ne l'a jamais vu travailler ; il n'est pas davantage ennemi de
la gaîté ; j'en ai connu qui étaient désagréables à force d'amabilité.
L'ours est peut-être même, après le chat et le singe, le plus lous-
tic et le plus farceur de tous les quadrupèdes ; il a, comme tous
les gens d'esprit, l'amour de la paresse et de la danse ; c'est un
flâneur pétri d'humour et plein de dextérité. Ce sont ces diverses
qualités qui lui ont valu sa popularité parmi les gamins de Paris,
une race essentiellement goguenarde et ennemie du travail.

Soyez bien avec un ours, vous le trouverez rempli pour vous de
prévenances et d'attentions délicates. Ses exercices favoris sont la
lutte et la boxe ; mais si vous acceptez une partie avec lui, il ne
vous serrera jamais que juste ce qu'il en faut pour simuler une
bataille sérieuse; s'il vous renverse en folâtrant, il aura grand
soin de s'arranger de manière à tomber avant vous sur le sol pour
vous servir de matelas et vous adoucir la chute. Loin de vous
écraser la tête avec un pavé pour vous débarrasser d'une mouche,
il vous enlèvera votre chemise de dessus le corps sans même vous
effleurer l'épiderme. La nuit, si vous êtes de garde sur le pont
d'un vaisseau, il vous offrira volontiers la couverture et l'oreiller
de sa chaude fourrure, pour vous protéger contre l'humidité des
nuits et le rhume de cerveau. Il s'interdira le plus léger mouvement pour ne pas troubler votre sommeil ; il vous servira de
porte-respect contre les importuns. Le lieutenant de vaisseau De
Flotte, qui avait fait quelque chose comme trente mille lieues
marines, à l'âge de vingt-cinq ans, et qui a étudié à fond les bêtes de toutes les latitudes et de tous les hémisphères, déclare avoir
eu énormément à se louer de la société et de l'amitié de l'ours
en ses pérégrinations hyperboréennes. Seulement il a remarqué
que, pour se maintenir en bons termes avec l'ours, pour conserver
avec lui des relations de cordialité affectueuse, il était nécessaire
de le traiter sur le pied de la plus parfaite égalité. L'ours ne pardonne pas, à ce qu'il paraît, ces airs de supériorité qu'on prend
avec les subalternes, encore moins un geste inconvenant, un
coup de canne. L'ours est la plus chatouilleuse de toutes les bêtes
sur le point d'honneur, et sa susceptibilité, je le répète, est légitime. L'ours avait un peu régné sur la terre avant la venue de
l'homme ; il ne veut pas qu'on lui fasse sentir ses malheurs et
n'accepte pas la pitié.

De tous les griefs sérieux imputés à l'ours, celui dont il lui sera
le plus difficile de se laver les mains, est sa passion pour le miel.
On m'a demandé quelquefois la raison de cet acharnement que
met l'ours à piller les trésors produits par le travail attrayant?

Mon Dieu, cette raison est bien simple, l'ours est l'emblème
de la sauvagerie, et le sauvage est un oisif, un improductif,

un ennemi du travail, et le droit de *vol extérieur* est un des sept articles de sa charte ; il pille les trésors de l'abeille industrieuse pour montrer que, dans toute société limbique (sauvagerie, patriarchat, barbarie, civilisation), le fruit du travail des industrieux est destiné à devenir le butin des fainéants et des improductifs. On ne vous donne pas l'ours pour un modèle à suivre quand on en fait l'emblême du sauvage qui met le feu à un champ de cannes à sucre par passe-temps.

Quelques auteurs ont écrit que ce n'était pas la seule passion du miel qui poussait l'ours à rechercher la société des abeilles, à preuve qu'on avait vu quelquefois de ces bêtes attaquer un essaim non encore pourvu de son domicile. Quelle cause excitait alors l'ours à chercher querelle à cette république vagabonde ? Voici l'explication que les plus savants ont trouvée.

L'ours est sujet à des pesanteurs de cerveau et à des affections comateuses contre lesquelles le dard de l'abeille est un spécifique infaillible. Il souffre, et il va chercher son soulagement près de l'opérateur que lui a conseillé la nature... Au lieu d'avoir la tête lourde, l'ours se sent-il l'estomac trop chargé, il a recours à la fourmi qu'il avale, et qui produit sur son estomac l'effet d'un émétique violent. Ainsi, l'ours aurait connu en partie, dès les temps les plus reculés, les effets bienfaisants de l'acide formique, base du chloroforme.

L'ours habite naturellement les mêmes contrées que le chamois et l'isard, celles où la liberté humaine a trouvé ses derniers refuges, ainsi que nous l'avons déjà dit: en Europe, les Pyrénées, les Alpes d'Helvétie et de Norwége, l'Apennin, les monts Krapachs, l'Hémus et les sombres forêts de la Pologne, de la Finlande et de la Tartarie. C'est au cœur de la chaine la plus élevée des Alpes helvétiques et de la contrée la mieux défendue contre l'oppression que l'ours a fondé la ville qui porte encore son nom (Berne), et qui a presque toujours eu le bon esprit de ne pas renier son origine. Il est possible que les principes du gouvernement de la riche cité aient dévié quelquefois depuis sa fondation, du principe de la démocratie pure, qui est le beau idéal du gouvernement pour les ours; mais enfin, tel qu'il est, le gouver-

ment de Berne est fait pour inspirer l'envie et les tentations révolutionnaires à la plupart des peuples voisins qui gémissent sous
la tyrannie.

L'ours de Berne a connu autrefois de beaux jours ; il avait son
trésor à lui avant la révolution française, qui renversa tant de
fortunes. Ce trésor s'élevait même à la somme de 60,000 francs,
si j'ai bonne mémoire, à l'époque mémorable où une armée
française victorieuse entra dans cette ville et mit la main dessus.
De cette triste journée date la décadence de l'ours de Berne, qui
ne vit plus aujourd'hui que d'une misérable pension alimentaire
qu'on a déjà tenté de lui supprimer dix fois. L'ours Martin, premier du nom, celui du vétéran, était une des gloires de cette ville.
Quand nos armées victorieuses frappaient sur l'ennemi consterné
des contributions de chefs-d'œuvre, et envoyaient au musée du
Louvre les dépouilles opimes de Venise et de Rome, il était naturel que l'ours Martin suivît la fortune de sa patrie, et servît
d'ornement au triomphe des vainqueurs de l'Helvétie. Ainsi le
conquérant de l'Asie, Alexandre le-Grand, faisait contribuer la
victoire au profit de la science, expédiant soigneusement à son
maître Aristote tous les moules d'animaux habitant les contrées
domptées par ses armes. Quand j'ai parlé des circonstances atténuantes qui militaient en faveur de l'ours qui mangea l'invalide,
j'ai omis avec préméditation la plus grave de toutes, celle du ressentiment naturel qui dut surgir au cœur de la bête, à la vue de
l'uniforme qui lui rappelait si cruellement les malheurs de sa ville
natale, la spoliation de ses capitaux, les misères de sa déportation.
Si doux que lui fût, en effet, l'exil au sein de la capitale de la
France, il n'y respirait pas l'air pur de ses montagnes : Paris ne
s'appelait pas Berne, et la naissance de ses fils n'y était pas le
sujet de l'universelle allégresse comme en sa mère-patrie !

L'ours se rencontre dans toutes les parties du globe et sous
toutes les latitudes : à Bornéo, sous la ligne, comme à Thornéa,
près du pôle ; en Asie, depuis l'extrémité la plus méridionale des
Gattes jusqu'à l'embouchure de la Léna et à la Nouvelle-Zemble ;
en Europe, depuis le cap Matapan jusqu'au cap Nord ; en Amérique, depuis la terre des géants de la Patagonie jusqu'à celle des

mirmidons du Labrador (Esquimaux). L'Afrique voudrait bien faire exception à la règle générale, mais je crois à l'existence de l'ours africain annoncé par Virgile, et que l'on retrouvera un de ces quatre matins sur quelque cime neigeuse d'une haute montagne de l'intérieur de ce continent immense, comme on a déjà retrouvé en Algérie le cerf africain, prophétisé depuis dix-huit cents ans par le même cygne de Mantoue, et si longtemps nié par la science officielle.....; comme on reconnaîtra un jour encore, avec Virgile, que l'usage de la poudre à canon et du canon lui-même était déjà fort répandu dans le monde, à l'époque de la guerre des Titans!! Combien de professeurs qui commentent Virgile tous les jours et qui ne se doutent même pas qu'une affirmation de cette importance se trouve consignée en toutes lettres dans les pages les plus illustres de leur auteur favori!

Les rois d'Espagne, qui ont toujours honoré et cultivé la chasse, sont les seuls veneurs qui aient tenu des équipages pour l'ours et qui aient chassé cette bête à cor et à cri, comme le sanglier et le cerf. Le roi de Castille, Alphonse, onzième du nom, qui a écrit sur la vénerie un traité célèbre, déclare qu'il préfère la chasse de l'ours à toutes les autres. Il est question dans ce traité, continué par Argote de Molina, d'ours pris après cinq jours et cinq nuits de chasse non interrompue. Le courre se pratiquait comme celui du dix-cors, au moyen des relais. Les chiens de la meute royale étaient issus d'une race de chiens gris de montagne, exclusifs à la péninsule, les ancêtres probablement des fameux chiens *pasteurs* des Pyrénées d'aujourd'hui. L'hallali de l'ours est toujours un drame aux péripéties émouvantes et largement arrosé de sang. Comme l'ours ne tue pas les morts, l'homme aux abois a la ressource d'abuser de cette générosité de l'animal en se jetant à terre et en contrefaisant le trépassé; il s'agit seulement, dans ce cas, de retenir parfaitement son haleine et de bien jouer son rôle de cadavre jusqu'au bout; car l'ours est une fine bête et à qui il ne suffit pas de dire que l'on est mort pour qu'elle ajoute foi à vos assertions; l'ours veut flairer de près son monde, afin de s'assurer de la réalité du décès par son nez, par ses yeux, par ses mains. Mal en a pris à quelques uns, qui s'étaient avisés du stratagème, de n'avoir pas fait preuve d'assez de malléabilité sous la griffe de l'examinateur, de ne pas s'être laissé retourner et fouiller d'assez bonne grâce. Tel autre a péri, au contraire, pour s'être montré de trop bonne composition dans l'affaire ; l'ours, ayant à sa disposition un corps d'homme qui roulait si bien, s'est amusé à le pousser tout doucement jusqu'au bord d'un précipice et à lui faire faire un plongeon de trois cents mètres. Argote de Molina rapporte que, dans l'une de ces chasses solennelles, à laquelle assistaient l'empereur d'Allemagne et le roi Philippe II, on vit un ours emporter un chasseur imprudent sur la pointe la plus élevée d'un rocher et l'en précipiter aux yeux de toute l'assistance. C'est dans le même auteur qu'on trouve le récit de cette belle défense d'un ours qui, se voyant assailli par une multitude innombrable de chiens et une grêle de flèches, s'accule contre un roc, ramasse tous les traits qu'on lui adresse et les rejette avec un sang-froid remarquable contre ceux qui les lui ont décochés. Il y a quelque chose de semblable à cela dans le récit authentique de la fameuse chasse à l'ours qui eut lieu en 1781, sur le territoire de la commune d'Arètes, près Oloron, en Béarn, où l'on vit un ours, blessé de plusieurs coups de feu, mettre à mort une demi-douzaine de tireurs, et *arracher le fusil des mains* de celui qui l'ajustait, sans lui faire d'autre mal. Est-il vrai que l'ours furieux poursuive jusque sur les arbres le chasseur qui l'a outragé ? C'est plus que probable ; je ne comprends même pas que la question ait pu jamais faire doute pour qui que ce soit.

On ne peut pas se dissimuler que la chasse de l'ours n'ait énormément perdu de ses périls et de son intérêt dramatique, depuis l'invention de l'arme à feu. C'est aujourd'hui une chasse tout aussi prosaïque que celle du sanglier, et beaucoup moins amusante, attendu que c'est à peine si l'on y emploie les chiens. Des pâtres de la montagne ont-ils aperçu un ours, ils le font savoir à des chasseurs du voisinage, qui dépistent l'animal, le cernent, le traquent et le tirent à bout touchant. Il arrive quelquefois que l'animal blessé se retourne contre le tireur, et que, si celui-ci perd la tête ou n'est pas secouru à temps, la bête se venge ; mais les exemples de ces luttes désespérées *in articulo mortis* sur la rampe des abîmes, deviennent malheureusement plus rares de jour en jour. Je ne crains pas de prédire la fin de l'ours des Pyrénées et des Alpes pour le siècle où nous sommes. Il n'existe déjà plus ni dans les Vosges, ni dans le Jura, ni dans les Apennins, où il fut fréquent jadis, où on le rencontrait encore il n'y a pas cent ans. Pour que la destruction s'arrêtât, pour qu'il y eût répit dans la persécution, il faudrait qu'il y eût préalablement un temps d'arrêt dans l'envahissement de la puissance bourgeoise, laquelle se formule par l'institution du bonnet à poil; et rien ne nous présage, hélas! que cette coiffure monstrueuse, si lourde au grenadier de la garde nationale et si fatale à l'ours, soit de si tôt prête à déserter nos fronts. Adieu alors nos dernières illusions de périls à courir dans une chasse nationale! Encore une étoile qui file du ciel de la vénerie française!

Une tradition intéressante, une sainte légende atteste que le domaine de l'ours ne se borna pas toujours en France aux sommets neigeux des montagnes, et l'intérêt de la gloire cynégétique de ma patrie ne me permet pas de passer sous silence un fait qui prouve catégoriquement que l'ours florissait encore sur les rives de l'Oise du temps des Mérovingiens.

C'est la légende d'Ourscamps. Ourscamps, comme qui dirait les champs aimés de l'ours!

La forêt d'Ourscamps est située à l'extrémité septentrionale du delta giboyeux que forment, avant de se réunir, les deux rivières de l'Oise et de l'Aisne. Elle a vu de beaux jours avant l'invasion des Romains et depuis. C'est la limite nord du faisan de France. La forêt d'Ourscamps fait partie de cet épais massif de forêts qui couvre la rive gauche de l'Oise dans une étendue de plus de trente mille hectares, et au centre duquel s'épanouit, comme un diamant enchâssé dans l'émeraude, la villa royale de Compiègne. C'est le seul canton de la France qui me traduise encore les Commentaires de César, et me donne une idée de la Gaule des Druides. Ce n'est plus que là, et à Fontainebleau encore, que se rencontrent quelques chênes archiséculaires mourant de leur belle mort, arbres géants dont l'âge a dégarni la tête, et dont les longs bras décharnés, perchoirs favoris des palombes, s'élèvent au dessus de

22

la feuillée d'alentour comme les hautes vergues d'un navire englouti dans un océan de verdure. Je me suis laissé dire que parmi ces têtes *couronnées*, dont la naissance remonte à l'avènement de la dynastie capétienne, plusieurs étaient qui pouvaient se vanter d'avoir assisté dans leur enfance aux ébats du bison, de l'ours et de l'aurochs, les trois seules choses du moyen-âge que nous puissions raisonnablement regretter.

Et la légende, d'accord sur ce point avec l'analogie, rapporte que l'ours, qui peuplait les solitudes des Gaules avant l'invasion du Christianisme, ne vit pas avec plaisir l'établissement de l'homme dans son voisinage, et qu'il travailla de tout son pouvoir à lui susciter des obstacles. Si bien qu'un beau matin, sur les rives de l'Oise, une de ces bêtes sournoises eut l'inhumanité de dépareiller un attelage de bœufs qui s'apprêtait à creuser un premier sillon dans le sol vierge d'une forêt dénudée. Le bœuf mort, le meurtrier l'emporta dans son antre. Mais un ours et un bœuf ne s'en vont pas comme cela, l'un portant l'autre, sans laisser quelques traces de leur passage à travers la feuillée; le ravisseur, d'ailleurs, qui comptait sur l'impunité, n'avait pas cru devoir dissimuler sa piste ; son imprudence le perdit.

Il se trouva, en effet, que le hasard avait amené le jour même, sur les lieux, un pieux personnage aimé de Dieu, se nommant saint Médard, évêque de Soissons ou de Noyon, le même qui fait tant pleuvoir. Or, la nouvelle de l'attentat était arrivée jusqu'à lui, avant que le corps du délit ne fût entièrement consommé. Le digne évêque saisit avec empressement cette occasion admirable de faire un de ces miracles qui sont d'une si grande efficacité en matière de prosélytisme au début des religions neuves. Il se rend sur le théâtre de l'accident, suit la bête à la trace, pénètre dans son fort, l'avise, l'interpelle, et après lui avoir adressé une réprimande sévère sur sa gloutonnerie, lui annonce que le Seigneur, en punition de son forfait, la condamne à remplacer à la charrue le bœuf innocent qu'elle a traîtreusement occis. Puis, prenant par l'oreille l'ours intimidé et docile, il le conduit au champ du travail, au milieu des applaudissements de la foule enthousiaste, qui n'en demandait pas tant pour se convertir au Christianisme. L'histoire ajoute que la bête, ainsi subjuguée par la parole du saint homme, édifia longtemps le pays par sa conduite exemplaire et son zèle, et qu'elle vécut toujours en bonne intelligence avec son compagnon de travail. Heureux temps où la foi produisait de tels miracles ! Essayez donc d'imposer de pareilles pénitences aux bêtes féroces d'aujourd'hui !

C'était le moins que la piété des fidèles consacrât par un monument quelconque la mémoire d'un évènement aussi remarquable. Une église fut donc bâtie sur le lieu même où saint Médard avait opéré son miracle, sur le champ labouré par l'ours ; de là le nom d'Ourscamps.

La forêt d'Ourscamps était le parc de l'illustre abbaye de ce nom avant 89. Là vivaient saintement de bons religieux de l'ordre de Cîteaux, à qui la sévérité de leur règle interdisait le faisan et le chevreuil, mais non la sarcelle et la loutre, exception salutaire et propice aux pieuses fraudes, et qui laissait à l'intelligence culinaire le droit de métamorphoser en quadrupèdes amphibies ou en palmipèdes à chair noire, tout le gibier poil et tout le gibier plume des forêts. Le marteau révolutionnaire, hélas ! a frappé le saint lieu ; l'industrie civilisée s'est assise à l'ancien foyer de la prière ; le bruit monotone de la navette a remplacé les chants sacrés ; une population hâve et chétive, abrutie par un travail répugnant, énervée par un régime trop soutenu de pain bis et d'eau claire, a succédé à la race épanouie et joufflue qui peuplait cet asile. Un château de banquier s'élève aujourd'hui sur les ruines de l'antique abbaye, et fait d'incroyables efforts pour marier le style plat de son architecture de caserne au style ogival et grandiose du monument de la foi. Prétention ridicule ! Les quelques arceaux restés debout de la gothique chapelle, écrasent de leur légèreté les lourds murs adjacents qu'a bâtis le bourgeois ; et le soir, les rares vitraux coloriés qu'a épargnés la tourmente politique et que le vent d'ouest a oubliés aux dentelures des trèfles, essaient encore de tamiser les rayons du soleil, comme pour dorer de poésie la solitude et la purifier des souillures de l'infecte vapeur. Il n'est pas jusqu'à l'ours traditionnel qu'ils ont juché, je ne sais trop pourquoi, au fronton de l'édifice moderne, qui ne semble protester par la triste expression de ses traits contre sa position actuelle, redoutant par dessus tout que l'imagination du vulgaire ne prenne son effigie pour une vile enseigne de fourreur.

On vient de voir avec quelle docilité les ours de la légende catholique endossent le harnais de la charrue, quand ils en sont requis par de saints personnages. La chronique hérétique, la moscovite, l'asiatique, l'indienne, l'arménienne et l'américaine, fournissent, comme la catholique et la grecque, une foule de témoignages respectables attestant tous, sinon la haute intelligence de l'ours, du moins la placidité de son caractère, sa bonhomie et sa crédulité. La mythologie païenne savait bien ce qu'elle faisait quand elle métamorphosait en *ourses* le jeune chasseur Arcas et sa mère, et qu'elle leur donnait dans les cieux une place d'honneur, les chargeant de servir de guides aux voyageurs qui circulent la nuit sur la terre et sur l'onde.

Ourscamps! C'était au sein de cette superbe forêt domaniale que ma laborieuse paresse avait rêvé le doux asile des vieux jours; là que les destins adoucis m'avaient permis naguère de déployer ma tente! là que l'affinité des humeurs et des goûts m'avait créé de nobles et nombreuses amitiés! là que Castagno régnait sur un monde de faisans qu'il connaissait par leurs noms propres, et que son bonheur était de compter tous les jours! là que ma pauvreté charitable organisait les moyens de faire participer tous mes pauvres frères en saint Hubert aux jouissances des heureux du jour!

Est venue la spéculation odieuse avec le boutiquier parjure, et tout cet avenir d'enchantements s'est enfui comme un songe. La barbe en a blanchi au maître, et les sourcils au chien!

Adieu donc à vous tous, mes bons amis de chasse, mes fidèles compagnons de tous les jours, si infatigables à la marche, si humbles dans le succès, si gais dans les revers! Adieu, mes pauvres faisans, mes dix-cors et mes biches, par moi si magnanimement ménagés pour les plaisirs d'autrui, et puissiez-vous trouver parmi l'épicerie et l'horlogerie, qui vous aime et qui vous respecte comme moi!

# CHAPITRE VII.

Mammiférie pélagienne.

## SOUFFLEURS, PHOQUES.

La mer est généralement peu profonde sur les côtes de France qui se prolongent sous les eaux comme une plaine unie. La Méditerranée recule journellement devant les envahissements de la terre ferme et perd tous les deux ou trois siècles un port comme Aigues-Mortes ou Fréjus. La Manche et l'Océan couvrent si peu leurs plages, que le moindre retrait du flot suffit pour mettre à nu d'immenses grèves, et pour vider jusqu'à la lie tous les bassins des ports où les navires mouillent à sec sur leur quille envasée. Ainsi du moins se passent les choses vers les parages de la Flandre, de la Picardie, de la Saintonge et de la Gascogne. Seule la côte de Bretagne dresse de temps en temps contre les flots de l'Atlantique sa muraille de falaises. Cette attitude est cause que les ports et les hâvres sont plus nombreux, plus profonds et plus sûrs sur cette côte qu'ailleurs, malgré la hauteur des marées et la violence des vents d'ouest qui tiennent en perpétuel émoi les vagues armoricaines, malgré les dires menteurs de la légende locale qui s'est complue à baptiser de noms sinistres les principales passes de la presqu'île : Mer Terrible, Baie des Trépassés, etc., etc.

Ce manque de profondeur des eaux qui explique trop bien la rareté de nos ports océaniques et les désastres de nos flottes en temps de guerre, rend compte également de la perte d'une foule de gros poissons qui ne se défient pas assez de leur premier mouvement de gourmandise, lorsqu'ils rasent nos côtes en poursui-

vant le maquereau, le hareng ou la sardine, et qui s'en viennent
donner du nez au beau milieu de nos grèves où les cloue le reflux
perfide, pour que l'homme ait le temps de les démolir à coups de
hache. C'est parce que ce malheur arrive fréquemment aux dauphins et quelquefois aux baleines, que j'ai cru devoir ouvrir un
chapitre spécial à ces bêtes dans l'histoire des mammifères qui
foulent le sol français. Et comme l'occasion était belle de compléter ce supplément par une monographie du phoque qui n'est
pas totalement étranger non plus au sol de ma patrie, je l'ai saisie avec empressement. Pourquoi n'avouerais-je pas encore, à ma
louange, que le désir de venir en aide à la nomenclature officielle
qui s'est épouvantablement fourvoyée en cette grosse question de
la baleine, a été pour beaucoup dans ma détermination. Puisque
l'analogie passionnelle prescrit la charité comme le plus saint des
devoirs, pourquoi me défendrais-je d'avoir obéi à sa voix?

J'ai donc divisé ce supplément en deux chapitres. Dans le premier je traite des poissons à mamelle; dans le second, des phoques.

### DES POISSONS A MAMELLE, VULGAIREMENT CÉTACÉS.

La Baleine est la plus magnifique expression de la puissance
créatrice de la Terre. Elle mesure cent pieds de long et pèse
70,000 kilogrammes, le poids d'un obélisque ou de quinze éléphants. Elle vivrait plusieurs siècles si l'homme la laissait vivre...
Quand je vois une toute petite planète comme la Terre, un chétif
embryon de Cardinale, se manifester par des verbes de ce poids
et de ce volume, mon imagination épouvantée refuse d'aborder
le calcul des dimensions proportionnelles des moules analogues
en des mondes quatorze cent fois aussi gros que le nôtre. Et
même la difficulté que j'éprouve à me représenter d'ici, d'une
manière satisfaisante, la baleine franche de Jupiter, est une des
raisons qui me font le plus vivement soupirer après la découverte
d'un procédé de télégraphie interplanétaire qui nous mette en
rapport avec ces êtres-là... Mais encore conviendrait-il, hélas!

d'être un peu mieux renseignés que nous ne le sommes sur l'histoire des baleines d'ici-bas, avant d'attaquer l'étude des baleines de là-haut; car il faut bien le confesser avec douleur, cette gloire de nos Océans qui ferait trébucher un obélisque, et dont les mâchoires inférieures serviraient volontiers d'arcs-boutants à des piliers de cathédrales, ce moule géant de la dernière création, la baleine est de toutes les bêtes de ce globe la plus inconnue du savant.

Oui, voilà des milliers d'années que l'homme fait à cette bête une guerre acharnée, que l'art et l'industrie exploitent fructueusement ses fanons et sa chair. Les armateurs d'Europe et des États-Unis expédient chaque année cent navires au pôle nord, autant au pôle sud ou ailleurs, vers les mers du milieu, pour la pêche de la baleine. Il y a parmi nous de simples harponneurs qui se piquent d'avoir assassiné trois et quatre cents baleines dans le cours de leur vie. Le gouvernement français dépense annuellement des sommes folles à encourager, on ne sait pas trop pourquoi, l'extermination d'une espèce qui ne lui a jamais fait aucun mal. Le gouvernement français loge, nourrit et entretient fastueusement à ses frais une série spéciale de savants qui n'ont absolument rien à faire qu'à étudier les mœurs des animaux et à nous édifier sur icelles. Et depuis tant de siècles, et à travers tant de sang répandu, tant de millions déboursés, la science n'a pu réunir encore les éléments d'une monographie acceptable de la série des souffleurs! En conscience, ce n'est pas assez.

Je demande la liberté de gémir sur ce résultat négatif, en compagnie de tous ceux qui s'intéressent à l'honneur de la science contemporaine.

Il y a quelques années que le Jardin-des-Plantes, cédant à la tentation déplorable de faire parler de lui, imagina d'expédier un de ses plus gros savants au roi de Prusse pour lui emprunter des ablettes. Le but de l'expédition était frivole, par la raison qu'un pays sage a toujours assez des ablettes que lui a départies la nature et se garde bien d'envier celles de son voisin. Elle échoua, comme on sait, par le fait de l'impéritie du savant qui la diri-

geait et qui oublia naturellement de renouveler l'eau de ses poissons pendant la traversée. Or, je tiens que le Jardin-des-Plantes
eût pu facilement trouver un emploi plus judicieux et plus utile
de la somme de six mille francs que lui coûta cette folle équipée,
comme par exemple d'en faire un prix pour l'auteur du meilleur
mémoire sur la Baleine, sauf à faire venir plus tard des ablettes
de Berlin par le chemin de fer.

Le besoin d'une histoire complète de la Baleine se fait d'autant
plus vivement sentir en ce moment, que les armements redou-
blent de tous côtés, et que la malheureuse race menace de disparaître du globe avant d'avoir trouvé un historien parmi les hommes, au milieu de tant de bourreaux. Ainsi, hélas! a naguère
fait le Dronte, qui était cependant un oiseau de fort tonnage, et
très commun encore dans l'île de France du temps de Louis XIV.
Ils l'ont anéanti depuis, mais si totalement, mais si vite, qu'il ne
reste plus aujourd'hui dans le monde entier qu'une seule patte
de ce volatile, et que l'oiseau, dont la cendre est refroidie à
peine, est déjà passé dans la science à l'état de problème insoluble et fournit chaque année matière à une foule de notices et
de dissertations non moins volumineuses qu'obscures, sur la question de savoir si le défunt était de son vivant Vautour, Pigeon
ou Dinde. Et, terrifié par cet exemple, et poursuivi par ce songe,
je lève mes mains suppliantes vers les Académies, afin qu'il n'en
soit pas dans deux cents ans d'hui pour la Baleine comme il en
est de nos jours pour le Dronte. J'adjure tous les corps savants
des deux mondes de s'émouvoir de mes alarmes et finalement
de s'entendre pour sauver l'honneur de la science contemporaine, pour qu'il ne soit pas dit, à notre honte, qu'une bête de
cent pieds de long, du calibre de quarante, ait pu glisser inaper-
çue à travers les lunettes de tant d'observateurs.

Un des moyens d'éviter ce malheur, et le plus sûr peut être en
même temps que le plus simple, serait de faire tirer au daguerréotype le portrait des diverses espèces de cétacés qui arpentent
la plaine liquide. C'est le procédé qu'on emploie généralement
aujourd'hui pour obtenir l'effigie des monuments célèbres, et
l'histoire nous apprend que ce procédé réunit une masse d'avan-

tages, tels que rapidité, fidélité, bon marché. Or, comme un extérieur ou un intérieur de baleine n'est pas plus difficile à fixer sur une plaque métallique qu'un portail de cathédrale ou un visage humain, on ne voit pas *a priori* quel obstacle s'opposerait à ce qu'on appliquât aux baleines la méthode usitée pour les édifices, et comme dix dessins réussis suffiraient amplement pour donner la figure exacte de chaque espèce, il est plus que probable que la science se trouverait nantie, dès la première campagne, de la plupart des pièces qui lui font faute à cette heure pour ordonner sa série des mammifères pélagiens. La grande affaire se réduirait donc, dès aujourd'hui, à faire monter une demi-douzaine de jeunes daguerréotypeurs, frais et dispos, à bord d'un pareil nombre de navires baleiniers, avec mission de portraiturer chaque prise avant dépècement d'icelle. J'estime même qu'il suffirait d'en souffler un mot à l'oreille des armateurs et de leur offrir une très légère prime pour les engager à se charger de la besogne; car les seuls renseignements un peu exacts qu'on ait obtenus jusqu'ici sur l'histoire de la baleine, proviennent de cette source. Je regrette que l'administration qui préside aux destinées du Muséum d'histoire naturelle, n'ait pas songé encore à appliquer le daguerréotype ou la photographie à la solution du problème qui m'intrigue, pour une infinité de raisons, et d'abord parce qu'il est puéril de se plaindre des accidents que l'on peut éviter, et ensuite parce qu'il me peine étrangement d'entendre à tout bout de champ des esprits éminents comme les frères Cuvier, les Blainville, les Boitard, se plaindre de l'excessive difficulté de se procurer des sujets d'étude à propos d'une espèce dont il se tue, bon an mal an, quelques milliers d'individus. Dites, si vous voulez, mes maîtres, pour l'excuse de votre compagnie, que les cerveaux les mieux organisés ne peuvent songer à tout, et que c'est pour cela qu'elle n'a pas songé au daguerréotype; je vous écouterai tant que vous parlerez ainsi; mais, de grâce, cessez d'affirmer que si la baleine et le cachalot ne sont pas mieux connus, la faute en est à eux seuls..... Et quand les pauvres bêtes poussent quelquefois le respect de vos loisirs jusqu'à s'échouer sous vos fenêtres, à portée de vos besicles, ne les accusez plus de mettre du mauvais

vouloir à se laisser étudier, et ne leur reprochez plus de demeurer
trop loin et dans des mers trop froides, ou encore d'être trop grosses pour tenir dans vos cabinets. Elles vivent où elles peuvent, les
malheureuses créatures... si elles cherchent un refuge au sein des
mers solides, c'est que les murailles de glaces sont les seules qui
puissent les protéger encore contre la barbarie des hommes et
leur permettre de respirer en paix. Ensuite, vous savez bien
qu'on ne se fait pas soi-même et que personne, par conséquent,
n'est fautif de sa taille.

La vérité est que tout le mal de la situation est du fait des savants bien posés, qui ont préféré l'humiliation de ne pas savoir à
l'ennui de se déranger pour apprendre, et qui ont mieux aimé
raisonner de travers pendant cent cinquante ans sur la mauvaise
figure de baleine de Martens, que de remuer les doigts et de faire
un signe pour en avoir de meilleures. Il faut véritablement appartenir à un corps constitué pour comprendre les délices et la
force de ces paresses-là.

Tous les âges, du reste, semblent s'être donné le mot pour embrouiller cette question de la baleine, et aucun n'a fait effort pour
la tirer au clair. Il n'est pas jusqu'au nom de l'animal qui n'ait
fourni son petit contingent de controverses. Les savants le font
venir du phénicien *baal nun*, qui voudrait dire *roi des poissons*.
Je me défie volontiers des étymologies provenant des langues ju-
daïque et punique, idiômes du Philistin et du Juif, pour avoir
reconnu que les chroniques de la contrée aride qu'habitaient ces
deux peuples avaient très rarement servi la vérité.

C'est ainsi que le prophète Jonas, qui eut l'incroyable chance
de passer trois jours et trois nuits dans le ventre d'une baleine et
d'en sortir sain et sauf, eut pu mieux que personne, s'il eut voulu,
nous révéler de curieux détails intimes sur les mœurs de l'espèce
et sur sa structure; mais il ne le voulut pas, et alors il a fallu faire
rentrer son aventure dans la catégorie des miracles vulgaires, qui
sont généralement plus disposés à confondre l'orgueil de la raison
humaine qu'à donner une explication satisfaisante des choses. Et
comme il n'est pas de miracle de la légende biblique qui n'ait
servi de prétexte à des tas de pieux volumes, il est arrivé qu'on a

devisé aussi copieusement sur le poisson qui n'avait pas digéré l'homme de Dieu, que sur celui dont le fiel avait rendu si mer- veilleusement la vue au bonhomme Tobie. (Deux poissons comme on n'en voit guère) ! Si bien qu'il existe aujourd'hui dans la science trois opinions parfaitement tranchées et non moins fon- dées l'une que l'autre sur l'espèce aquatique à laquelle devait ap- partenir le monstre qui fut assez délicat pour garder un prophète soixante-douze heures dans ses entrailles sans le détériorer, et en- suite pour le rendre au jour.

La première version fait honneur de cette conduite à la baleine franche, par la raison que cette espèce, étant dépourvue de dents, était la seule qui pût avaler un prophète sans le mâcher. La se- conde, considérant que l'ouverture de l'œsophage était trop étroite chez la baleine pour livrer passage à un homme, a mis hardiment le fait sur le dos du requin, comme si le plus ou le moins de dila- tabilité de l'œsophage pouvait être un cas d'empêchement dans une question de miracle. La troisième enfin, est celle qui appar- tient exclusivement aux commentateurs modernes, et qui essaie de concilier les deux opinions précédentes, en faisant jouer le principal personnage du drame au cachalot macrocéphale. J'en pourrais faire valoir une quatrième, mais qui serait trop savante, en faveur du crocodile, en m'appuyant pour cela de la tradition hébraïque, qui se sert bien plus volontiers dans ses récits habi- tuels du dragon qu'elle connaît, que de la baleine qu'elle ignore; et en prouvant que le signalement qu'elle donne du dragon s'a- dapte beaucoup mieux au crocodile qu'à tout autre croqueur d'hom- mes habitant le sein de l'onde, et que la présence de ce reptile, amphibie dans les eaux de l'Euphrate ou du Tigre que fréquen- tait Jonas, s'explique pour le moins aussi bien que celle de la ba- leine, du requin ou du cachalot; mais j'en fais grâce à mes lec- teurs, conjecturant qu'il a déjà été versé assez de flots d'encre dans cette question, pour lui donner une teinte d'obscurité satis- aisante. Davantage ne ferai-je pas état de l'opinion des impies qui tranchent le débat entre la baleine et le requin, par une question préalable insolente, et débutent par révoquer en doute l'authenticité du fait même de la déglutition et de l'évacuation miraculeuses.

Si la Bible, puits de vérité, a répandu si peu de jour sur la question qui nous occupe, il va sans dire que ce n'est pas de la Mythologie grecque, boite à malice et à mensonges, que s'échappera la lumière. J'ai essayé de classer la bête qui fut cause du malheur d'Hippolyte, en me guidant sur le récit de Théramène, mais j'ai dû renoncer à la tâche à raison de sa difficulté, et j'avoue ingénûment que je ne voudrais pas me charger de loger à leur véritable place tous ces autres monstres marins qui auraient croqué Andromède, Angélique et Olympe, si tant de preux et vaillants chevaliers ne s'étaient mis si heureusement en travers de leur appétit. J'ai bien lu que Pline et l'Arioste étaient d'accord pour attribuer le monstre d'Andromède et celui d'Olympe au sous-groupe des *Orques*, lequel fait aujourd'hui partie de la famille des baleines; mais cet accord fortuit de deux esprits éminents sur un nom plutôt que sur un genre, n'implique aucunement que dans leur opinion la baleine fût un poisson avide de la chair des jeunes vierges. Il est à remarquer ensuite que les savants qui ne sont jamais jeunes, sont généralement portés, par ce vice de l'âge, à se méprendre sur le caractère de ces expositions qui représentent des vierges de seize ans clouées à des rochers par des mains inhumaines, et attendant la mort dans des attitudes de désolation adorables, parées pour tout vêtement de leurs cheveux et de leur innocence. Les savants s'obstinent à voir dans ces spectacles une idée fixe d'indisposer le public contre le monstre marin; mais ils sont dans l'erreur, car ces spectacles n'ont d'autre but que d'attendrir tous les cœurs et d'attacher tous les regards à la contemplation des formes féminines, et je sais par les artistes mêmes qui se plaisent le plus à reproduire cette scène, et qui la réussissent le mieux, que, pour eux, la question d'art tient bien plus de place dans cette affaire que celle de la zoologie. Le monstre n'est là que pour repoussoir, et puis quand on calcule combien peu, en définitive, ces Orques et ces Chimères ont mangé jusqu'ici des belles filles que les poètes et les peintres se plaisent à leur servir, on est presque aussi tenté de les plaindre que de les maudire. Aristote, du reste, qui était plus près que nous de la mort d'Hippolyte et du sauvetage d'Andromède, ne fait pas même mention de ces évènements dans son Traité des bêtes. Cependant Aristote a connu la baleine, qu'il nomme Mystikitos, et qu'il caractérise parfaitement en disant qu'elle a l'intérieur de la bouche comme garnie de soies de porc. Mais il n'en sait pas davantage, par malheur, et la science et les universités de Paris, d'Édimbourg et de Pise s'arrêtent au même cran, jusqu'à la fin du siècle de Louis XIV.

Pline se borne, suivant son habitude, à répéter ce qu'a dit Aristote. Élien affirme que de son temps (3e siècle) la pêche de la baleine se faisait vers les parages de Cythère ; mais qui pourrait distinguer le phoque et le dauphin de la baleine à travers les définitions d'Élien ?

L'obscurité persiste donc pendant toute la durée de l'âge moderne sur la question cétacéenne, bien que la pêche à la baleine soit pratiquée en Europe, depuis un temps immémorial, par les Basques et les Norwégiens ; bien que les baleines soient encore fort répandues, vers l'an 1000, sur les côtes d'Angleterre, de France et de Portugal, et se passent fréquemment le caprice de s'y échouer vers l'embouchure des fleuves. La version du navigateur renchérit, en fait de merveilleux, sur celle du poète. Si l'Arioste fait entrer le preux Roland avec sa barque dans la gueule de l'orque de Protée, et lui suggère un procédé ingénieux pour empêcher les deux mâchoires du monstre de se rejoindre, il faut que pareille aventure arrive à un marin. Le héros de l'histoire authentique est le navigateur Sibbald qui, regagnant une fois la terre sur le tard, entre sans s'en douter, avec son canot et ses hommes, dans le gosier d'une baleine qui s'était imprudemment endormie sur la grève, la bouche grande ouverte.

La découverte du Nouveau-Monde, qui imprima à la navigation maritime une impulsion vigoureuse, ne profita que faiblement à l'histoire des cétacés. On apprit seulement, vers ce temps là, que dans une contrée riveraine du golfe du Mexique, qui s'appelait la Floride et dans laquelle coulait la fontaine de Jouvence, les naturels pratiquaient un curieux procédé de pêche à la baleine. Ce procédé consistait de la part du pêcheur à surprendre la bête endormie sur les flots, à nager doucement jusqu'à elle, à lui grimper sur le nez tout doucement pour ne pas la réveiller, et puis à lui enfoncer inopinément, à coups de maillet, une forte cheville dans chaque narine, ce qui l'empêchait de respirer et la faisait bientôt mourir dans les convulsions d'une agonie atroce. Il fallait être deux pour la chose. Si les pêcheurs européens qui chassaient la baleine dans les mers glaciales, n'ont pas adopté le procédé de la cheville préférablement à celui du harpon, leur mauvais vouloir s'explique par l'horreur du bain froid.

La conquête de l'Océan Pacifique n'a servi qu'à faire ajouter à la collection déjà passablement nombreuse des légendes de la mer la légende du *Cachalot blanc*, un monstre d'une dimension extra-cétacéenne, qui s'amuse à se couvrir d'algues et de fucus pour jouer le rôle d'île flottante, laisse les chaloupes des baleiniers s'a-marrer à ses flancs, l'équipage allumer du feu et faire la cuisine sur son dos ; puis, au moment où tout le monde se livre à la joie du festin, pique au fond de l'abime une tête infernale, entraî-nant après lui canots et canotiers, et faisant de ceux-ci d'effroya-bles repas. Le lieutenant de vaisseau de Flotte, déjà nommé, sa-vait de la même bête mille traits encore plus noirs, et considérait le stratagème qui précède comme la plus innocente de ses espié-gleries.

L'histoire en était là sur le chapitre de la baleine, quand un chirurgien de Hambourg, Fréderic Martens, eut, en 1671, l'ex-cellente idée de dessiner d'après nature une baleine franche des mers du nord. Cette copie peu exacte, mais qui donnait cepen-dant une idée quelconque de l'animal, est à peu près la seule figure qu'on ait connue dans les musées d'Europe jusqu'au com-mencement de ce siècle, époque vers laquelle l'Anglais Scoresby, célèbre pêcheur de baleines, plein de zèle pour la science, donna sur l'histoire générale des baleines du nord des détails circons-tanciés et authentiques, qui ont servi à redresser la plupart des erreurs courantes, et permis à Georges Cuvier d'apporter un peu d'ordre et de lumière dans ce chaos.

Georges Cuvier est, en effet, le premier qui ait compris la dis-tribution des cétacés et trouvé la clé de la série. Seulement, il a commis ici, comme dans son histoire des oiseaux, une faute énorme. Il a fait de cette famille des cétacés la huitième et dernière de ses mammifères, tandis que la mammiférie pélagienne forme, au contraire, le premier terme naturel de la mammiférie, qui a pris naissance au sein des eaux comme tous les ordres imaginables. Or, cette erreur fondamentale vicie totalement la conception de l'illustre maître, et empêche sa nomenclature de se tenir sur ses pieds. Le travail de Cuvier, irréprochable dans tout ce qui est détail, aurait besoin pour devenir une œuvre monumentale à conserver, qu'une main amie et courageuse y changeât presque tous les noms et commençât par renverser l'édifice de fond en comble en transportant au faite ce qui est à la base, et réciproquement. Hors de là point de salut, hors de là impossibilité d'accord avec les lois de la nature; car la nature procède du simple au composé, et la mammiférie ne débute pas par l'homme pour finir par le cétacé, pas plus que le règne des oiseaux ne débute par le faucon pour aboutir au manchot palmipède. C'est le contraire qui est vrai, et j'admire qu'une vérité aussi simple ne crève pas tous les yeux.

J'ai passé sous silence les recherches des Linnœus, des Buffon et des Lacépède, antérieures à celles de Cuvier, à raison de leur peu d'importance spéciale. Linnœus a eu le tort immense de se croire obligé de donner le nom de cétacé aux divers membres de la famille des poissons à mamelle, par respect pour la mémoire d'Aristote, qui avait appelé la baleine mystikitos. J'admirerais sans réserve cette déférence des modernes pour les anciens comme partant d'un bon principe, si ce substantif générique eût été mieux choisi. Je la blâme, parce que ce mot de cétacé joint à son insignifiance absolue et à son défaut de ressemblance avec son radical *kiti* (κηθη), l'extrême désavantage de fournir en notre langue un prétexte fécond aux plus détestables calembourgs. Quand Jocrisse entreprend le récit de ses aventures maritimes, il ne manque pas de débuter par la rencontre d'un énorme *ça suffit*, pour dire *c'est assez*.

Le travail de Buffon sur la baleine n'a pas été sérieux. L'éloquent écrivain a eu dans cette question deux grands torts; le premier, de n'avoir pas considéré le caractère de la mamelle

comme suffisant pour séparer catégoriquement deux ordres, et
d'avoir par conséquent confondu les cétacés avec les poissons, à
l'instar d'Aristote; le second, d'avoir essayé de faire entrer de
force la baleine dans l'ordre des quadrupèdes, entreprise téméraire
à laquelle il a fini par renoncer, mais trop tard, convenant de
bonne grace que la prétention d'admettre la baleine, qui n'a que
deux nageoires, au rang des bêtes à quatre pattes, était exorbi-
tante. L'illustre continuateur de Buffon a creusé plus avant la
question que son devancier, c'est justice à lui rendre; mais il faut
croire que ses tentatives courageuses n'ont pas eu plein succès,
puisque Georges Cuvier, qui arriva après lui, écrit en propres
termes :

« On voit à quel point les notions que nous possédons sur les
diverses baleines sont encore incomplètes et confuses. Aussi je suis
bien loin de prétendre que leurs espèces se réduisent à celles
dont je viens de donner les caractères. On a observé ces animaux
avec trop de légèreté, pour croire qu'ils aient tous été décrits.
Nous ne savons pas si les baleines que les Russes et les Américains pêchent dans le nord de la mer Pacifique sont les mêmes
que celles de l'Atlantique. M. le comte de Lacépède a rédigé, d'a·
près des dessins faits au Japon, les descriptions de plusieurs baleines, qui, si les dessins sont fidèles, forment probablement des
espèces distinctes des nôtres, surtout par les taches de leur peau,
Tout ce que je voudrais obtenir par cette exposition de mes doutes
serait donc qu'au lieu de donner comme certaines des définitions
qui ne le sont point, et d'enregistrer comme connues dans le
*Systema naturæ* des espèces peut-être imaginaires, ce qui laisse
croire aux navigateurs qu'il ne leur reste rien à faire pour la
science; on les prévient, au contraire, que la science a besoin
encore de toute leur attention, et que même ce que l'on possède
sur ce sujet ne pourra mériter le nom de science que par les observations qu'on attend de leur part. » ·

Et plus loin, après avoir reconnu, par l'observation des sque-
lettes l'existence de trois espèces distinctes dans nos mers :

« Voilà tout ce que je crois qu'un naturaliste puisse affirmer
aujourd'hui, à moins de vouloir employer encore cette méthode

si féconde en erreurs, de s'en rapporter à des témoignages sans précisions et rendus en l'absence de toute comparaison.

» Ce n'est que lorsqu'on aura des figures faites géométriquement et avec le détail nécessaire des têtes de ces animaux que l'on possède dans les divers musées, ou que l'on pourra se procurer dans la suite, et lorsqu'on aura pu comparer ces figures, qu'il sera permis de prononcer sur le nombre des espèces existantes et sur leurs caractères. »

Les tristes lignes qu'on vient de lire sont extraites des *Annales des sciences naturelles*, volume II, page 27; elles portent la date de 1824.

Ainsi, à cette époque si rapprochée de nous, personne n'avait encore, au dire de Cuvier, le droit de prononcer sur le nombre des espèces de baleines et sur leur caractère!

La solution du problème a-t-elle fait un pas depuis 1824? Les instructions de Cuvier ont-elles été suivies? Je l'ignore; mais je sais que Fréderic Cuvier, qui survécut de six années à son frère, et mourut en 1838, directeur en chef de la ménagerie au Jardin-des-Plantes, essaya vainement de construire une histoire de la baleine à l'aide des matériaux dont il pouvait disposer. Et voici ce qu'on lit à l'article *Baleine*, dans le plus récent de tous les dictionnaires d'histoire naturelle, dont la publication n'a été achevée qu'en 1850.

« Fréderic Cuvier lui-même, dans son histoire naturelle des cétacés, *des suites à Buffon*, n'a pas jeté un grand jour sur ce sujet, et sa critique ne nous paraît pas toujours bien fondée. Cependant, nous nous emparerons du peu de lumières qu'il a répandues sur cette branche difficile de l'histoire naturelle. » Cet article est signé d'un des noms les plus éminents de la science.

Je présume que l'exposé qui précède a dit suffisamment l'état de la question, et que le moment est venu pour moi de tenir la promesse que j'ai faite à la nomenclature de la tirer de peine. J'y procède sans plus tarder, laissant comme de juste aux savants de cabinet le soin de spécifier et de définir les diverses espèces de cétacés qui peuplent les mers du globe, et me bornant à l'œuvre capitale de la classification, c'est-à-dire à l'indication des termes généraux de la série.

Il est reçu dans la science que le domaine des eaux a été le premier milieu habitable, bien qu'aucune objection sérieuse ne puisse être opposée à la tradition qui admet l'existence des Salamandres, êtres doués de la propriété de vivre dans la flamme, et qui peupleraient les planètes à l'état d'ignition. Partant donc de cette donnée première, que l'animalité a pris naissance au sein de l'onde comme Vénus, et considérant que la mammiférie est une des formes supérieures de l'animalité, le nomenclateur est tenu d'aller chercher au fond de l'eau les matériaux qui devront servir d'assises à son œuvre. Or, il ne cherchera pas là bien longtemps sans trouver, car c'est l'habitude des créations de débuter en une série quelconque par des moules gigantesques facilement perceptibles. Donc si la nature n'a pas fait d'exception à la loi générale pour la mammiférie, les premiers nés de cet ordre se distingueront d'abord de tous leurs congénères par le volume prodigieux de leur taille, et puisque l'homme qui a deux pieds et deux mains, est le type le plus achevé de cet ordre, les types les plus primitifs, ou types de premier jet, seront ceux qui s'éloigneront le plus de ce dernier modèle.

Les faits sont, sur ce point, conformes aux principes. Les poissons à mamelle sont, en effet, les moules géants de la création actuelle et les mammifères dont la conformation physique s'éloigne le plus de celle de l'homme. Je prends ici le mot poisson comme synonyme d'habitant de l'onde, faisant toutes mes réserves sur l'impropriété du terme. On ne sait pas ce qu'apporterait de facilités à la nomenclature le simple remplacement du générique *Cétacé* par un autre substantif qui voudrait dire poisson à mamelle ou à poil. J'en sais bien de ces noms, mais je ne veux pas les proposer, de peur de nuire à leur avancement, en révélant leur parenté avec l'analogie, et j'attends, pour les faire entrer dans la langue zoologique, de les avoir déclinés à un brave homme de savant qui consente à croire que c'est lui qui les a inventés, et qui, après me les avoir dérobés sans s'en apercevoir, les présente dans le monde comme siens.

Nous avons vu au chapitre des considérations préliminaires
sur la classification des quadrupèdes, que la manifestation de
la vie végétale précédait sur la terre celle de la vie animale, c'est-
à-dire que les quadrupèdes destinés à vivre d'herbes ont dû attendre pour apparaître à la surface du globe que les herbes qui
devaient les nourrir, fussent déjà poussées ; de même que les
herbivores ont dû venir avant les carnassiers qui devaient s'en
repaître. D'après cette loi, et puisque la nature est une, la logique
porterait à conclure que l'animalité maritime a suivi les mêmes
phases de développement que la continentale, et que la naissance des mammifères vivant d'herbes y a précédé également
celle des mammifères vivant de chair...

Cette conclusion serait juste, s'il était certain que la formation
des continents eût été contemporaine de la formation des mers ;
mais elle est inadmissible, si l'on regarde comme prouvé que ce
globe a été d'abord tout entier couvert d'eau, et que cette eau a
été habitée dès l'origine, c'est-à-dire avant l'émersion des terres
et la pousse des feuilles. Dans ce cas, en effet, le droit de primogéniture serait acquis sans conteste, d'abord aux poissons sur les
quadrupèdes, et ensuite parmi les poissons aux piscivores sur les
herbivores. A ce compte la baleine aurait précédé le lamantin dans
la vie. Et l'opinion de l'analogie, il faut le dire, est conforme à
cette dernière donnée, attendu que la Baleine est à la fois le plus
informe et le plus volumineux de tous les mammifères, et que le
manchot du pôle Antarctique, qui est le premier né des oiseaux,
est un piscivore également.

Alors nous tenons la clé de la classification mammifèrique, car
notre point de départ est désormais fixé.

L'ordre des mammifères débute au sein des eaux par la série
des poissons à mamelle, laquelle série se divise immédiatement
en deux groupes principaux : Piscivores, Herbivores, et les individus qui font partie du premier de ces groupes sont les plus gros
et les moins achevés de tous les moules de l'ordre et les plus voisins des poissons.

Mais il convient d'exposer les caractères généraux d'une Série
avant d'analyser les caractères spéciaux de ses Groupes. Voyons

donc d'abord en quoi les cétacés se distinguent des poissons proprement dits.

Les cétacés se distinguent des poissons au physique, en ce
qu'ils sont mammifères, et par conséquent vivipares; en ce qu'ils
allaitent leurs petits et se chargent de leur éducation; en ce qu'ils
respirent, comme nous, par de véritables poumons, et non par
des branchies comme les poissons, ce qui est cause qu'ils sont
obligés de remonter de temps en temps à la surface de l'eau pour
respirer, à l'instar de l'hippopotame. Ils ont le corps couvert d'un
cuir sous-tendu d'une épaisse couche de lard, les paupières garnies de cil et les lèvres ornées de poils. Les organes de locomotion des cétacés sont limités aux deux membres antérieurs qui
leur servent de bras pour porter leurs petits en même temps que
de nageoires. Les membres postérieurs figurant les pieds font
totalement défaut. La queue est horizontale, comme chez les oiseaux, au lieu d'être verticale, comme chez les poissons. Enfin,
le poisson est muet et le cétacé a une voix, puisqu'il a des poumons. Il souffle quand il ne gémit pas.

Ces différences organiques me paraissent si tranchées, que je
me crois volontiers dispensé d'en signaler d'autres. La distinction au moral est encore plus frappante. Il suffit en effet d'écrire
que les cétacés allaitent leurs petits pour creuser d'un seul trait
de plume un abîme entre les deux ordres, attendu qu'il n'y a
réellement pas de comparaison à établir entre la baleine qui
chérit son nourrisson de toutes les puissances de son être, le porte
sous son aisselle pour le préserver de la fatigue, l'entoure d'affection et de soins, le défend avec rage, — et la carpe stupide
qui pond n'importe où, sans savoir, ou le brochet sans entrailles
qui pousse l'indifférence pour sa progéniture jusqu'à la dévorer.
La tendresse maternelle est un sentiment sublime qui confère immédiatement aux espèces un titre supérieur, comme l'or le reflet
et l'éclat aux métaux ternes et impurs auxquels on l'a uni. J'ai le
droit de m'étonner qu'un génie poétique et lumineux comme
celui de M. de Buffon n'ait pas été frappé par la puissance de
cette considération.

Le genre de nourriture que j'ai pris pour premier caractère

séparatif entre les deux principaux groupes de cétacés, afin de ne
pas sortir d'un système précédemment esquissé, n'était pas le
seul à choisir comme type générique. Il en est un autre si sail-
lant et si spécial à la tribu des piscivores, qu'il est totalement
impossible de n'en pas tenir compte dans une nomenclature rationnelle, et que sa singularité même force d'adopter pour caractère divisionnaire normal de la série. Je veux parler de la propriété étrange dont jouissent les cétacés piscivores, de faire
jaillir de leurs narines une colonne liquide qui leur donne de
loin l'apparence de jets d'eau ambulants. Les narines de ces cétacés s'appellent les évents. Ces évents peuvent être comparés à
un double tuyau de pompe aspirante et foulante; ils sont percés
dans l'épaisseur des os de la tête et partent de la voûte palatine
pour aboutir au sommet du crâne, de manière à pouvoir rester en
communication avec l'atmosphère pendant que le reste du corps
de l'animal est dans l'eau. Ces évents sont donc premièrement les
organes de la respiration chez les cétacés piscivores, et ils servent de plus à rejeter au dehors les torrents d'eau salée qui s'en-
gouffrent dans leur vaste bouche quand ils l'ouvrent pour happer
leur proie. Ils sont aussi les exutoires des mucosités qui embar-
rassent les voies digestives; et l'organe de l'odorat qui existe chez
quelques espèces est situé dans leur intérieur. Chacun de ces
tuyaux de pompe est garni d'une soupape fermant de haut en
bas pour empêcher l'eau de s'introduire par cette issue dans la
gorge lorsque l'animal plonge. Le jeu de ces évents correspond à
la déglutition, et l'on a remarqué, pour la baleine franche, qu'il
était plus fréquent par les gros temps que par les temps calmes.
Or, cette observation nous donne la solution d'un problème gastrosophique du plus haut intérêt et relatif au homard. Toutes
les personnes qui s'occupent de gastrosophie savent que ce dernier
crustacé, ainsi que les langoustes et les crevettes, ses plus proches parentes, marquent par leur embonpoint ou leur maigreur les
différentes phases de la lune, se trouvant dans leur plein avec
elle, déclinant avec son déclin. Voici l'explication de cette con-
cordance mystérieuse :

Puisque la projection de la colonne liquide, qui est l'accompagnément obligé de la déglutition chez la baleine, est suractivée par l'agitation des flots, c'est la preuve que cette agitation fait venir à la surface un plus grand nombre des méduses et des mollusques dont la baleine fait sa pâture. Et comme l'agitation de la mer n'est jamais plus forte que vers l'époque de la pleine lune, cette phase, qui coïncide avec les plus hautes marées, doit coïncider également avec les jours de bombance du homard et de ses congénères, comme la phase du déclin avec le temps de jeûne.

L'orifice des évents, situé, comme il a été dit, à la cime du crâne, est double ou simple, suivant les espèces; la projection de la colonne liquide est accompagnée d'un bruit de soufflet de forge retentissant, qui a fait donner à tous les membres de la famille, depuis la baleine jusqu'au marsouin, le nom générique de *Souffleurs*. C'est un des noms les plus expressifs et des plus heureux de la langue zoologique vulgaire. On va voir que ce nom si bien trouvé contenait en lui seul tous les éléments d'une excellente classification de la série pour laquelle, au surplus, la nature a été si prodigue de types séparatifs qu'on a véritablement peine à comprendre le désordre et la confusion où la plupart des savants l'ont laissée. Georges Cuvier lui-même, qui a vu beaucoup plus clair que tous ses collaborateurs dans le chaos, ne s'est pas assez inspiré des indications de la qualification populaire.

Cuvier a bien divisé les poissons à mamelle en deux groupes principaux, celui des *herbivores* et celui des *cétacés* proprement dits, qu'il a répartis en six genres; mais il n'a fait qu'entrer dans la bonne voie, il ne l'a pas suivie jusqu'au bout. Herbivore et cétacé n'ont jamais été et ne seront jamais des termes d'une même série, s'expliquant et se faisant valoir l'un l'autre par leur opposition. Cétacé, encore une fois, ne rime à rien, et comme les noms sont tout dans une nomenclature, il a suffi de cétacé pour empêcher celle-ci d'aboutir. Comme il était pourtant facile de faire mieux !

D'abord, vous deviez dire cétacés *herbivores*, cétacés *piscivores* ou *omnivores*, et non pas simplement *herbivores* et *cétacés*; mais comme le bien ne suffit pas là où l'on peut le mieux, il ne fallait pas vous contenter de diviser la série en ces deux groupes primordiaux, mettant à gauche ceux qui paissent l'herbe, à droite ceux qui paissent le hareng. L'observation vous faisait encore le devoir de distinguer les cétacés muets qui vivent recueillis parmi les forêts sous-marines, des tapageurs qui remplissent l'espace de bruit et de fumée, et veulent absolument qu'on les regarde quand ils passent. Enfin, puisque vous aviez remarqué que ceux-ci avaient reçu le don des narines jaillissantes qui manquaient à ceux-là, vous étiez tenu de signaler d'une façon pittoresque cette différence caractéristique des deux groupes, en fabriquant pour la circonstance un de ces jolis noms grecs ou latins, comme vous les saviez faire, et qui eut voulu dire en somme : *Éventeurs* et *non-Éventeurs*.

Cette division primordiale opérée, la seconde coulait de source. Laissant d'abord les non-éventeurs de côté pour les reprendre plus tard, vous procédiez à la distribution du groupe des Éventeurs, lequel se partage de lui-même en deux sous-groupes admirablement indiqués par la nature qui leur a écrit leur nom sur le bout du nez en caractères gros et lisibles : Éventeurs *à double jet*, Éventeurs *à jet simple*. A coup sûr, la nomenclature qui ne se contenterait pas d'une séparation aussi nette et aussi facile à suivre, ne serait pas raisonnable.

Dans le premier de ces deux sous-groupes se rangeait la puissante tribu des Baleines, facilement reconnaissable au double évent d'abord, et ensuite aux fanons que les individus de cette famille portent au lieu et place des dents dont leurs mâchoires sont complétement dépourvues Ce sous-groupe des *Édentés* ou des *porte-fanons* se fût composé de deux ou trois genres tout au plus : baleines à deux ou à trois nageoires ou à gorge sillonnée.

Le sous-groupe des éventeurs à jet simple appelait à lui tout le reste de l'ordre des souffleurs, dont les genres nombreux s'étagent et se classifient d'eux-mêmes dans un ordre naturel admirable, d'après le nombre et la disposition des dents dont tous les genres, sans exception, sont armés, depuis le Narwal qui n'a qu'une dent, jusqu'au Dauphin des poètes qui en a cent quatre-vingt-huit.

1° Eventeurs à jet simple, mono... pompes ou monotrêmes, n'ayant de dents qu'à la mâchoire supérieure : Narwal et Anarnak, pour commencer par les espèces qui n'en ont qu'une ou deux ;

2° *Idem*, n'ayant de dents qu'à la mâchoire inférieure, une foule de cachalots ;

3° *Idem*, les deux mâchoires admirablement garnies de dents, où l'on retrouve avec plaisir les Orques des poètes, les Dauphins, les Marsouins.

Rien n'empêchait de créer un quatrième genre, un genre ambigu pour les Hyperoodons, qui ne sont pas plus difficiles à loger que les autres, pour avoir le palais ferré de molaires ou d'incisives.

Et la chose était faite.

C'est à dire que cette série des cétacés, qui a donné tant de tablature à tous les savants, y compris Georges Cuvier, Buffon et Linnœus, est la plus accommodante et la plus classifiable de toutes les séries... Si accommodante en effet, que l'analogie ne juge pas même nécessaire de pousser plus loin ce travail d'élagage et d'élucidation ; et que, satisfaite d'avoir indiqué tout ce qui restait à faire, elle se retire du concours, laissant généreusement aux professeurs de zoologie patentés l'honneur d'achever l'œuvre et de mettre les points sur les i. La seule grâce que je leur demande pour prix de ce service est de me forger des noms euphoniques qui puissent entrer dans un vers sans blesser leurs voisins.

Il est certain que rien ne me forçait d'écrire un seul mot de la page qui précède, ni de tracer aussi complaisamment les voies et moyens de la classification des cétacés, et que j'aurais pu très facilement, d'après mon propre programme, ne m'occuper que des seules espèces de cette série qui fréquentent les côtes de France ; mais à Dieu ne plaise que jamais je me repente d'avoir tendu la main à qui avait besoin de moi.

. . . . . . . . . . . . . . . . . .

Ces espèces, qui échouent quelquefois sur nos côtes, sont très peu nombreuses et rentrent toutes dans la catégorie des souf—

fleurs. Dans le nombre sont deux ou trois baleines et cinq ou six dauphins.

Le groupe des cétacés herbivores ou non-souffleurs est totalement étranger aux mers européennes. Il ne comprend, du reste, que trois genres : Lamantin, Dugong et Steller. Le premier habite de préférence l'embouchure des grands fleuves de l'Amérique méridionale, qu'il remonte rarement plus haut que l'eau salée. Le Dugong paraît exclusif aux côtes de l'Afrique et de l'Inde, et le Steller à celles du Japon et du Kamschatka. Je puis, sans entreprendre la monographie de ce groupe qui ne me regarde pas, dire que la taille du lamantin et de ses congénères atteint facilement quatre à cinq mètres, et leur poids mille kilogrammes ; que leur chair est bonne à manger puisqu'ils sont herbivores ; que leur naturel pacifique les dispose à entrer en relations amicales avec l'homme ; que le dévouement des mâles pour les femelles et celui des mères pour leurs petits qu'elles portent sous l'aisselle, vont jusqu'à l'héroïsme ; enfin, que ces nobles espèces remplissent ici-bas une mission providentielle d'édilité publique, en travaillant à détruire ces masses d'herbes marines dont la putréfaction vénéneuse engendre les fièvres jaunes et rend inhabitables les plus belles contrées de la terre ; ce qui est cause que l'homme, s'il était raisonnable, se garderait bien de les tuer.

Les cachalots sont à peu près exclusifs aux mers équatoriales, sans être totalement étrangers néanmoins à l'Océan d'Europe. Les plus gros et les plus redoutables habitent le Pacifique. Les cachalots rivalisent de volume et de poids avec la baleine franche. La tête d'un bon cachalot mâle fournit facilement cent barils d'huile et vingt-quatre de blanc de baleine (1). Le cachalot est le seul cétacé qui fournisse ce dernier article au commerce, aussi bien que l'ambre gris, qui paraît être une sécrétion morbide de l'animal. On rencontrait autrefois ces monstres en grand nombre vers la côte occidentale de l'Amérique méridionale, du Chili

_____

(1) Baril, quintal métrique ou dixième partie du tonneau, qui est de mille kilogrammes.

à la Californie, et surtout aux environs des îles Gallapagos, qu'on
s'accorde à leur assigner comme rendez-vous d'amour. Les côtes
de la Nouvelle-Zélande sont aujourd'hui les cantons favoris des
pêcheurs. Les cachalots sont porteurs d'une tête énorme qui fait
la moitié de leur corps; ils n'ont pas de fanons, mais leur mâchoire inférieure est garnie en revanche d'une double rangée
d'énormes dents coniques de la dimension et de la forme d'une
toupie, et d'une physionomie peu rassurante. Ils ont le naturel
féroce et querelleur et avalent avec aisance des requins de douze
pieds de long. On dit que la pêche de ce cétacé présente plus
de périls que celle de la baleine, parce que le cachalot ne se
borne pas toujours comme celle-ci à jongler avec le canot qu'il
a lancé en l'air, mais s'avise quelquefois aussi de harponner un
harponneur et de le digérer. Le cachalot à grosse tête ou macrocéphale est le vrai tyran des mers, et la frayeur qu'il inspire
à tous les poissons, pendant sa vie, est si grande, qu'ils n'osent
pas même s'approcher de lui après sa mort. Je ne résiste pas au
désir de citer quelques passages d'un article sur le cachalot, que
j'ai lu dans le *Dictionnaire des sciences naturelles*, où il m'a fait
venir la chair de poule :

« Cet ennemi audacieux de tout ce qui respire au sein de l'élément fluide, ne repousse pas seulement une attaque, mais encore
il brise avec une sorte de fureur tout ce qui semble lui résister ;
il combat avec intrépidité, ensanglante les parages de toutes les
mers et poursuit avec un acharnement opiniâtre les victimes qu'il
a désignées pour le sacrifice qu'il destine à sa rage !!! C'est au
milieu de leurs combats que la douleur de leurs blessures, la contrainte, le danger ou la fureur arrachent à plusieurs d'entre eux
des cris particuliers, des mugissements profonds ou des siffle-
ments quelquefois si aigus qu'ils attirent de toutes parts autour
d'eux une foule de leurs congénères, qui, en continuant le combat avec l'ardeur d'une nouvelle audace, font couler le sang à
grands flots et *teignent en rouge les eaux de la mer souvent à la
distance de plusieurs lieues !!!* » Signé, S. Gérardin.

Après ce tableau éloquent, je ne vois plus que le Kraken de la
légende scandinave et le Leviathan de l'Écriture-Sainte qui soient

de férocité et de taille à lutter contre les cachalots du *Dictionnaire des sciences naturelles*. Le monstre d'Hippolyte avait bien des écailles jaunissantes et des cornes menaçantes ; il empestait les airs et faisait peur aux flots, mais personne n'a dit de lui qu'il eût pu teindre en rouge plusieurs lieues d'eau salée.

Le Narwal, au dire de plusieurs, serait un autre échantillon de cétacé farouche et batailleur qui ferait à la baleine franche une guerre acharnée, on ne sait pas trop pourquoi, puisqu'il n'en mange pas. C'est une espèce rare et qui ne s'aventure guère en-deçà du 80e degré de latitude nord, mais chez laquelle le froid des contrées qu'elle habite n'a pas éteint le feu des passions, si j'en crois encore le témoignage de l'écrivain coloriste que je viens de citer. Le narwal, qu'on appelle aussi la licorne marine, est une bête moins forte que la baleine franche, et qui pèse rarement au-delà de 20 mille kilogrammes. Elle pourrait porter deux dents à la mâchoire supérieure, mais le plus habituellement elle se contente d'une seule qui peut compter, il est vrai, pour plusieurs, et qu'elle s'installe triomphalement au bout du museau en manière d'espadon ou de colichemarde. Cette colichemarde d'ivoire n'a pas moins de douze à quinze pieds de long chez l'adulte ; elle est cannelée dans toute sa longueur et décrit une spirale élégante en forme de pas de vis. L'ivoire de la défense de la licorne passe pour être plus dur et beaucoup moins altérable que celui de la dent de l'éléphant ; on en fait de très jolies cannes. M. S. Gérardin affirme que cette arme offensive et défensive « doit faire des blessures cruelles et profondes, *surtout* lorsqu'elle est mise en mouvement par un narwal en furie. » Je n'ai aucun motif de refuser de m'unir à cette opinion sage, honnête et modérée, surtout après avoir lu qu'un Narwal qui avait envie d'expérimenter la puissance de son instrument, perça un jour de part en part le bordage d'un baleinier anglais doublé et chevillé en cuivre.

Parmi les cétacés à double évent qui se rencontrent parfois dans les mers de France sont la Baleine franche et le Rorqual.

La baleine franche semble être le moule le plus primitif de la série. C'est le plus puissant de tous les animaux du globe, bien que sa longueur soit moindre que celle du rorqual et de certains cachalots. Scoresby, qui en a pris plusieurs centaines dans sa vie, affirme n'en avoir jamais rencontré dont la taille dépassât soixante-quatre pieds de long. Seulement une baleine de cette dimension pèse 70,000 kilogrammes.

La baleine franche n'a que deux nageoires pectorales; l'envergure de sa queue ou de sa nageoire caudale, qui est horizontale comme celle de tous les cétacés, mesure près de trois mètres. Elle n'a pas de cou et se meut tout d'une pièce.

La baleine franche porte un an et plus; la taille du baleineau naissant est de douze à quatorze pieds. La mère chérit son nourrisson de l'affection la plus tendre; elle le porte sous son aisselle dans son bas-âge, et le défend avec courage et discernement contre tous les périls qui le menacent. Le baleinier inhumain, qui sait toute la puissance de cet amour maternel, l'exploite indignement. Il commence par attaquer le baleineau et force ainsi la pauvre mère à s'offrir à ses coups pour sauver sa progéniture. Il a été écrit que l'affection des mères pour leurs enfants révélait presque toujours celle du père pour la mère. L'histoire des amours des baleines appuie vigoureusement cette touchante théorie.

La baleine franche a les mâchoires complètement dépourvues de dents. La nature a remplacé cet organe par un réseau de sept cents lames transverses d'une substance analogue à celle de la corne, et qui tombent de la mâchoire supérieure pour s'emboîter dans l'inférieure, laissant entre elles des vides comme les volettes d'une jalousie. Ces lames transversales, à forme de tranchet, s'effilent à leur extrémité et se garnissent d'une houppe de soies frisées et rudes. Ce sont, à proprement parler, les mailles d'un filet destiné à retenir à l'intérieur le menu fretin de poissons et de mollusques dont l'animal fait sa pâture, tout en laissant fuir l'eau.

La bouche de la baleine franche empaillée a beaucoup de rapport avec une tente. L'entrée en est assez vaste pour donner une certaine couleur de vraisemblance aux contes de Roland et de Sibbald, attendu qu'un canot pourrait, à la rigueur, se loger sous cette cale, et que les hommes de l'équipage s'y pourraient tenir debout sans offenser la voûte du palais. Les os de la mâchoire inférieure de cette espèce atteignent des proportions colossales, comme on peut en juger par les échantillons qui décorent l'entrée du Muséum d'anatomie comparée au Jardin-des-Plantes. Le vulgaire confond à tort ces os avec les côtes, à raison de leur courbure et de l'absence complète des alvéoles dentaires. Les Esquimaux du Groënland et des autres terres polaires les emploient comme pièces pivotales de charpente dans la construction de leurs huttes.

Cette bouche énorme occupe presque le tiers de la longueur du corps ; mais il s'en faut que la largeur de l'œsophage réponde à ces dimensions effrayantes. L'ouverture de ce canal est même si étroite, qu'elle ne peut livrer passage qu'aux poissons et aux mollusques du plus petit calibre. Cette circonstance singulière de l'étranglement de l'œsophage fixe naturellement la patrie de la baleine franche aux lieux où abondent ces dernières espèces. Cette patrie est l'Océan boréal, et particulièrement cet espace compris entre l'Islande, le Spitzberg et la Nouvelle-Zemble, où se rencontrent les mers *vertes*. Les baleiniers donnent ce nom à de certaines zones liquides de ces parages dont les eaux sont teintes en vert et presque converties en purée par l'agglomération d'une quantité incroyable de méduses minuscules qui y forment de véritables bancs et servent de fonds de nourriture à une masse non moins innombrable de clios, crustacés lilliputiens dont raffole la baleine, et qu'elle absorbe par couches épaisses où s'entassent pêle mêle mollusques, petits poissons, crustacés et le reste.

L'existence immémoriale de ces bancs de méduses dans les eaux de l'Océan glacial réfute complétement l'opinion vulgaire d'après laquelle, la baleine franche aurait jadis habité de préférence les mers méridionales de l'Europe, et n'aurait reculé postérieurement vers les mers hyperboréennes que comme forcée et contrainte. Une version plus digne de foi est celle qui fait émigrer en ce temps-là la baleine franche dans nos mers, à la poursuite des harengs, des maquereaux, des sardines qui désertent chaque année à une époque fixe, l'Océan polaire, pour se répandre dans l'Atlantique et les mers circonvoisines. Cette époque de migration du hareng, qui n'a pas varié depuis des siècles, coïncide, en effet, avec celle que tous les historiens du temps passé assignent à l'apparition normale de la baleine franche sur les côtes de Gascogne, et qui était le semestre compris entre l'équinoxe de mars et celui de septembre. Il est probable que lorsque la baleine eut reconnu par expérience le péril de ces expéditions lointaines, elle y renonça peu à peu, se fit plus casanière et se cantonna de jour en jour plus obstinément dans ses glaces, où le baleinier de la Biscaye finit par venir à elle quand elle eut cessé de venir à lui. Seulement, comme la passion des voyages est une de celles qui s'éteignent le plus difficilement au cœur des habitants de l'onde, il arrive quelquefois encore qu'une baleine, inexperte et jeune, en veut faire à sa tête et entreprend son tour de France, où elle manque rarement de périr victime de sa curiosité. On peut se convaincre, par vingt observations modernes, que toutes les baleines franches qui échouent sur nos côtes appartiennent au jeune âge.

L'histoire fait foi, du reste, que les parages du cap Nord ont été de tout temps le théâtre de la pêche à la baleine, qu'exploitaient concurremment les Basques et les Norwégiens dès les premiers siècles de l'ère chrétienne. Le navigateur Other, qui entreprit au neuvième siècle le périple de la Scandinavie, affirme que, de son temps, les plus belles captures se faisaient déjà dans la mer d'Islande, et rapporte à l'appui de son opinion un exemple de pêche miraculeuse opérée par lui-même, la prise de soixante baleines en deux jours. Vers cette époque, les Norwégiens se vantaient de connaître vingt-trois espèces de cétacés.

Des mêmes témoignages historiques, il ressort que les baleines expulsées de la baie de Gascogne par la guerre à outrance que leur avaient déclarée les riverains de ces plages inhospitalières, cherchèrent d'abord un asile vers les côtes du Portugal, avant de prendre leur grand parti pour les mers de l'Islande. Si l'on rapproche de ces diverses données de l'histoire et de la circonstance des mers *vertes*, ces deux autres considérations importantes que la température du sang de la baleine dépasse de huit à dix degrés celle du sang de l'homme, et que toutes les parties de son corps se trouvent isolées du contact avec l'eau par une épaisse couche de lard, on sera amené à conclure que la nature n'a pu armer

ainsi l'énorme cétacé contre le froid, que parce qu'elle le destinait de toute éternité à vivre au sein des glaces.

Les auteurs ne sont pas d'accord sur la rapidité de locomotion
de la baleine; les uns lui accordent la faculté de parcourir en
quinze jours le périmètre du globe terrestre, qui est de trente-
six mille kilomètres, ce qui donnerait une moyenne de cent kilomètres ou vingt-cinq lieues à l'heure, vitesse ordinaire d'un ramier. Scoresby réduit ce parcours à seize kilomètres, bien qu'il
constate que la baleine, piquée du harpon, plonge avec une telle
vélocité, qu'il arrive souvent qu'elle se brise les os du crâne contre les rochers du fond. Or, il me semble difficile de concilier ces
brisements de crânes épais comme des murailles, avec la lenteur
du train de poste, et la vue seule de cette nageoire caudale de huit
pieds d'envergure, me pousse à taxer de tiédeur les chiffres du
baleinier anglais.

La baleine, ainsi qu'il appert des accidents fréquents qui lui
arrivent à la tête, a été mal partagée du côté de la vue. Son œil
n'est guère plus grand que celui du bœuf, et il a été placé, en
outre, d'une façon ridicule. L'inexpérience de la nature créatrice
se reconnaît à ces signes. Il aurait fallu pour bien faire que la
baleine, qui est forcée de se laisser voir et entendre de si loin, fût
au moins pourvue de la faculté de pressentir, par l'ouïe et par la
vue, l'approche de son ennemi. On lui a bien accordé l'odorat
comme fiche de consolation; mais il est évident que cette indemnité ne suffit pas, puisque la baleine franche en est presque à ses
fins au moment où j'écris.

La pêche de la baleine franche est le principal objet des expéditions maritimes du pôle nord. C'est la plus lucrative, à ce qu'il
paraît, et la moins périlleuse de toutes les spéculations du même
genre. La baleine franche est une bête inoffensive et stupide qui,
d'habitude, ne vend pas sa vie cher. Scoresby, dans le cours de ses
expéditions fructueuses, ne cite qu'un seul exemple d'un canot
lancé en l'air avec son équipage par une baleine blessée, et encore la plupart des matelots en furent-ils quittes pour un bain
d'eau glacée.

Il faut soixante baleines pour le chargement complet d'un

navire baleinier, et les blessées qui meurent ne comptent pas.

L'huile n'est pas le seul produit qu'on retire de la baleine; tout
le monde sait les appropriations nombreuses que ses fanons ont
trouvées dans les arts, à raison de leur souplesse et de leur flexibilité. La baleine occupe une place éminente dans l'histoire des artifices de la coquetterie féminine, où elle a tenu longtemps et
tient encore avec honneur l'emploi des grandes utilités. Elle a
fait des panaches pour le casque des preux avant de servir de matière première à l'industrie des armuriers modernes et des fabri-
cants de parapluies. Jean-Jacques a dit sa gloire dans une page
immortelle ; elle est pour moitié dans la grâce, la tournure et les
charmes d'une foule de beautés.

J'ai lu ou entendu dire quelque part que les rats d'eau du
Nord avaient trouvé moyen de s'introduire dans la cuirasse de lard
de la baleine, d'y percer des galeries, d'y élever en paix leurs familles, d'y mener enfin joyeuse vie; mais j'ai, comme tous les
sceptiques, l'habitude de ne jamais croire qu'à la moitié des contes qu'on me fait.

La baleine franche rencontre des ennemis plus dangereux
que les rongeurs dans le sein de sa propre famille, et notamment
dans la personne de l'Épaulard, espèce de dauphin féroce et gigantesque, qui l'attaque avec rage, la force d'ouvrir la bouche,
et profite de cette imprudence pour se précipiter sur sa langue et
la dévorer à belles dents. On dit qu'en ces moments d'angoisse,
l'infortunée victime pousse des mugissements à faire trembler le
rivage, lesquels mugissements s'échappent par ses évents et non
pas par sa bouche. Il paraît même que tous les cétacés à narines
jaillissantes se servent exclusivement de cet organe pour exprimer
les passions qui les animent. Au dire des baleiniers du Pacifique,
le sifflet du cachalot macrocéphale imiterait à s'y méprendre celui de la locomotive. Les Esquimaux, qui sont des hommes de
création primitive, partagent l'opinion de l'Épaulard, quant à la
délicatesse de la langue de la baleine franche, qu'ils mangent au
naturel, toute crue et sans assaisonnement; mais cette préférence
raisonnée ne les empêche pas de faire leurs délices de toutes les
autres parties du corps de l'animal. Les mêmes boivent avec

amour l'huile de baleine, que leurs poètes appellent le nectar, et
ne comprennent pas le singulier goût des Européens pour le
bordeaux et le champagne.

Les savants et les baleiniers ont cru longtemps à l'existence
d'une baleine qu'ils disaient exclusive au cap Nord, et que, pour
cette raison, ils appelaient *Nord-Caper*. Ils disaient que cette
baleine était plus svelte de corsage, plus rapide et plus aventureuse que la première, qu'elle avait pour poste d'observation la
pointe septentrionale du continent d'Europe, d'où elle épiait le
passage des harengs; qu'elle suivait ceux-ci dans nos mers, où
elle les acculait dans les impasses de nos baies; enfin, qu'elle se
précipitait sur les fuyards avec une impétuosité si terrible, qu'elle
s'engrêvait ou s'envasait du coup. De plus récentes observations
de Scoresby, analysées et approuvées par Georges Cuvier, donnent tout lieu de croire que le Nord-Caper n'est pas autre que la
baleine franche.

La seconde baleine à fanons qui fréquente nos mers, s'appelle
le Rorqual ou la Jubarte. Le rorqual est le plus long de tous les
cétacés; cependant il est loin d'égaler la baleine franche et le cachalot macrocéphale en poids et en grosseur. Sa patrie la plus
chère est aujourd'hui le Nord, mais il a vécu longtemps dans les
eaux tièdes de la Méditerranée, depuis les colonnes d'Hercule
jusqu'aux lieux où fut Tyr. Il s'est échoué longtemps d'une façon régulière sur les côtes basses de la Provence: et même ce
manége a duré jusqu'à la fin du dernier siècle, heureuse époque
où la mer Bleue du Midi était encore un lac français, poétisé
par la piraterie barbaresque. Il paraît avoir déserté ces doux lieux
pour toujours depuis le tapage infernal d'Aboukir et de Trafal-
gar. C'est le rorqual que les Phéniciens ont pêché, qu'Aristote et
Pline ont connu; c'est l'ex-Gibbar des Basques et la Jubarte
des musées d'aujourd'hui. Jubarte vient de Gibbar, comme Gibbar de *Gibbo*, qui veut dire bossu. C'est même probablement encore sur le dos de cette espèce que le juif menteur a bâti sa fable
du Léviathan.

Le rorqual jouit de deux évents et porte des fanons comme la
baleine franche; et la manière de vivre de ces deux grands dé-

bris est à peu près la même; seulement le rorqual préfère l'anchois à la sardine et le jeune thon au hareng; ce qui explique sa prédilection d'autrefois pour les eaux de la Provence, de l'Italie et de la Grèce. Les fanons de cette espèce sont plus courts aussi que ceux de la baleine franche, et sa tête moins longue, proportionnellement à son corps; mais un autre caractère plus saisissant sépare la baleine du cap Nord de celle du cap Matapan. Celle-ci porte sur le dos une sorte de troisième nageoire qui manque à celle-là, et qui lui a fait donner par les Basques son sobriquet de Bossue. Cette différence de conformation dorsale n'a pas du reste échappé aux yeux clairvoyants de la science moderne, qui a pris occasion de l'accident pour créer en faveur du rorqual et des autres, le sous-genre des baleinoptères, mot à mot, baleines *ailées*. Je crois véritablement que cette science moderne me fera mourir de chagrin avec sa manie détestable d'attacher ses *ptères* partout, aux jambes et aux bras des quadrupèdes qui volent, aussi bien qu'à l'épine dorsale des puissants cétacés qui ne peuvent quitter le sein de l'onde; Cheiroptère, Baleinoptère, Lépidoptère, etc. Je proteste à haute voix, pour que tout le monde m'entende, contre l'abus de cette terminale vicieuse. Je déclare souverainement absurde l'habitude de rapprocher d'aussi près par la similitude des noms des espèces aussi éloignées les unes des autres, au physique et au moral, qu'une Baleine, un Papillon et une Chauve-Souris. Je demande à tous les esprits sérieux de s'unir avec moi pour mettre un terme à cette mystification indigne que la science se plaît à faire subir à la jeunesse candide, laquelle, dans sa foi pleine et aveugle en ceux qui parlent grec, s'imagine naïvement que les dénominations parentes par le son n'ont pu être inventées par eux que pour qualifier des espèces contiguës, et, par suite de cette illusion dangereuse, se trouve trop souvent entraînée à confondre les trois ordres ci-dessus. Passe encore d'appeler des ailes les membranes des chauves-souris, voire celles des poissons volants à qui ces organes mal nommés procurent au moins le privilége de se soutenir dans les airs; mais décorer du même titre la bosse d'un cétacé qui pèse soixante mille kilogrammes, mais apparier par la même terminale le nom scientifique du papillon et

celui de la baleine pour induire en erreur l'innocence du jeune
âge... c'est là, je ne puis m'en taire, un abus d'autorité qui me
révolte, et qu'aucune considération humaine ne me ferait excuser.
L'honnête homme n'a qu'une parole en zoologie comme ailleurs.
Or, dès qu'on est convenu que cette terminale *ptère* voulait dire
*aile* en grec, la probité toute seule, à défaut de la logique, interdisait de s'en servir pour désigner d'autres bêtes que celles que la
nature a pourvues de la faculté de voler.

J'attendrai philosophiqnement que les savants de cabinet et les
baleiniers se soient mis d'accord sur le chiffre exact des membres
de la famille des baleines pour compléter cette notice.

Je ne décrirai pas la pêche à la baleine, non pas seulement
parce que les détails de cette boucherie sont partout, même dans
les almanachs, mais parce que ces détails m'écœurent. On cherche une baleine, on la voit, on y va, on lui fiche dans le flanc,
avec la main ou avec le fusil, un lourd et court javelot qui s'appelle un harpon, et dont la pointe est faite en fer de flèche pour
qu'elle ne sorte pas de la plaie. A ce harpon est attachée une corde
sans fin qui se déroule sous le tirage de la baleine comme celle
du moulinet de nos pêcheurs à la ligne sous les efforts de la carpe.
La bête piquée plonge, perd son sang, s'affaiblit et meurt; morte,
on monte sur son dos pour la tailler sur place en quartiers volumineux qui se hissent à bord, se débitent plus menu, se fourrent
dans la chaudière, finalement font de l'huile... Une huile fétide
et odieuse qui n'a que son bas prix pour elle et qui peut être rem-
placée avantageusement partout par la première venue, par
l'huile de schiste notamment, une huile minérale dont l'exploitation ne coûtera la vie à personne, et dont les mines de l'Autu-
nois ne tarderont pas à doter la France. Mais qui remplacera la
baleine, comme on remplacera son huile, quand la noble espèce
ne sera plus !

Quand elle ne sera plus ! Sera-t-il dit, ô mon Dieu ! qu'aucun
homme d'État de nos jours ne comprendra l'épouvantable portée
de ces cinq mots ! Qu'aucune force humaine n'arrêtera à temps
ce commerce insensé qui se rue en ce moment à l'extermination
de l'espèce, poussé, encouragé au mal par l'appât tentateur de la

prime criminelle offerte par les gouvernements ! Que, parmi tous
ces tueurs et tous ces fauteurs de carnage, pas un ne sera tenté
de jeter les yeux sur les premières pages de l'histoire du Futur,
pour y lire : — Que la date de l'infection universelle des mers qui
détruisit en ce temps-là les deux tiers de l'espèce humaine, coïncide avec celle de la disparition des baleines ; — que cette grande
mortalité provint de la putréfaction d'immenses bancs de méduses vertes, qui ne rencontrant plus d'obstacles à leur multiplication, depuis la fin du dix-neuvième siècle, avaient envahi toutes
les mers !

Et parce que je suis seul à voir toutes ces choses et à assister
en esprit à ces vastes funérailles, moi qui n'ai pas même l'espoir de retarder d'un seul jour par mes prédictions l'explosion
de la catastrophe, il faut que seul aussi je porte le poids des
torts de mon espèce. Ma situation est celle du chasseur de rivière qui voit son épagneul chéri parti à l'eau pour lui rapporter un canard, tenter de vains efforts pour franchir la ceinture
de glace qui lui barre le retour et qui assiste à tous les détails de
l'agonie de la malheureuse bête, sans pouvoir lui tendre la
main. Or, quiconque ne fut pas spectateur jusqu'au bout de ce
drame déchirant, ignore ce que c'est que souffrir, et ne saurait se
faire une idée du supplice atroce que j'endure, au spectacle de la
barbarie et de l'imprévoyance de mes contemporains. Bienheureux les pauvres d'esprit et aussi les pauvres de cœur, qui loin
d'éprouver le besoin de compatir aux misères du Futur, réussissent
à s'étourdir sur celles du présent !

Hyperoodon. Je ne connais pas d'exemple de cachalot macrocéphale ou autre échoué sur nos plages ; mais M. de Lacépède a
parlé d'un jeune hyperoodon qui se laissa prendre en 1788 dans
les eaux de Honfleur, et qui, ayant appelé sa mère à son secours,
la fit capturer également. M. Doumet eut aussi la chance de rencontrer, en 1842, un troisième individu de cette espèce, qui vint
périr sur des rochers voisins du port de Bastia, dans l'île de Corse,
à la suite d'un combat terrible avec quelque monstre inconnu.
Voilà donc les seules visites bien constatées que nous ait faites
cette espèce qui paraît constituer son genre à elle seule : l'Éven-

teur à jet simple, qui n'a que deux dents recourbées et sises à
la mâchoire inférieure, pour faire pendant à l'Anarnack qui les
porte à la supérieure. L'hyperoodon, observé près de Bastia,
mesurait 5 mètres 8 centimètres de l'extrémité du museau à celle
de la queue; son poids fut évalué à 4,200 kilogrammes.

Genre Dauphin. Ce genre renferme à lui seul une quinzaine
d'espèces qui sillonnent toutes les mers, et dont quelques espèces
pénètrent même dans les eaux des fleuves, dans celles de Cal-
cutta-sur-Gange comme de Paris–sur–Seine. Il y a de grands et
de petits dauphins; il y en a de bons et de méchants comme
dans toutes les grosses familles. Les principaux caractères du
genre sont d'avoir les deux mâchoires garnies de dents vigoureuses dont le nombre est variable, la fente de l'évent linéaire
en forme de croissant, la nageoire dorsaire triangulaire, la caudale fourchue, ou, pour mieux dire, divisée en deux lobes. Le
genre se fractionne de lui-même en deux sous-genres; le premier, dit des museaux pointus ou des dauphins à bec; le second,
des museaux camards ou des marsouins. Tous les dauphins sont
piscivores; mais plusieurs pourraient manger l'homme. Heureusement que les espèces qui se montrent le plus habituellement
dans nos mers, et qui sont au nombre de six ou sept, ont l'humeur généralement folâtre, et que leur mission semble être d'é-
gayer la scène des flots.

Les dauphins des bonnes espèces témoignent généralement
d'une certaine propension vers l'homme. Un de leurs passe-temps
favoris est la chasse au poisson volant dont ils aiment à donner
le spectacle aux navigateurs, et dans laquelle ils déploient une
puissance de moyens natatoires et une précision de coup d'œil
réellement prodigieuses. Les poissons volants sont des bêtes
grosses comme des maquereaux et qui volent à la façon des sauterelles dont les ailes semblent montées par un ressort de montre. Or, on voit de ces dauphins qui, après avoir calculé que la
portée de l'essor d'un poisson volant le ferait passer par-dessus
le pont du navire, prennent leurs mesures en conséquence, plongent sous le bâtiment et reparaissent de l'autre côté, juste à la
place et à la seconde précises pour recevoir dans la bouche le

trigle à bout de voies. (*Trigle* est le nom latin du poisson volant ;
j'ignore si on dit *le* ou *la*).

D'autres fois, ces souffleurs, heureux de vivre, feront semblant
de vouloir lutter de vitesse avec le navire, lui rendant généreusement une avance de deux à trois nœuds qu'ils se gardent bien
de rattraper trop vite de peur d'humilier leurs rivaux, et jouant
à saute-mouton tout le long du chemin pour prolonger la lutte.
Et s'il arrive alors qu'un commandant trop susceptible et qui ne sait
pas supporter philosophiquement une défaite, essaie de prouver
aux vainqueurs, par un argument péremptoire, que les balles du
fusil de l'homme franchissent l'espace plus vite encore que les nageoires du dauphin, les jeux cessent soudain, et la troupe effrayée s'enfuit, la mort dans l'âme, maugréant contre la perfidie
de cette espèce humaine insociable, qui ne peut seulement pas
rire une heure ou deux sans se fâcher.

Quand la syzygie de l'équinoxe gonfle le sein des ondes et
remplit les terres d'attente, et que le monde ébranlé menace ruine,
le dauphin seul, immuable en sa jovialité, prend ses airs les plus
gais pour la fête qui s'apprête... Semblable à la Gymnasienne
intrépide qui se plaint que l'escarpolette la plus vertigineuse ne
va jamais assez haut, l'ardent souffleur maudit aussi l'odieuse loi
de Newton qui l'enchaîne à la cime des vagues ; s'enivre de l'ac-
célération de mouvement des éléments convulsés, se monte au
diapason de la tourmente, bondit par-dessus les abîmes, et, dans
son délire titanesque, dit à la montagne écumeuse qui pousse
vers le ciel : *allons-y...* Et l'homme voyant cela, finit par se ras-
séréner à la placidité de la bête, et apprend d'elle à braver les
menaces des flots.

Bien des navires ont péri depuis l'origine de la navigation maritime jusqu'à nos jours ; mais je ne sache pas que jamais naufrage ait fourni à l'histoire le plus petit prétexte d'accuser le
dauphin d'un acte d'agression contre nous, tandis qu'il est encore
beaucoup de bonnes âmes, moi du nombre, qui croient naïvement à la véracité du récit d'Arion, et ne voient pas pourquoi les
dauphins de ce temps-là n'auraient pas aussi bien prêté leur dos
pour passer l'eau à des écoliers en retard. Le dauphin fut tou-

jours contre les illettrés, ainsi qu'il en donna une si verte preuve
à ce singe ignorant qui prenait le Pirée pour un homme et disait
le connaître. Il a droit, à ce titre, à l'estime fraternelle de tous les
gens de plume, et je lui accorde la mienne. N'y eut-il de prouvé,
d'ailleurs, dans l'histoire du dauphin, que sa passion enthousiaste
pour la musique instrumentale, que je ne lui demanderais pas une
seconde garantie de l'innocence de ses mœurs. Le nom de dauphin, qui doit venir du grec *adelphos* (frère), atteste, dans tous
les cas, la bonne opinion que le monde antique eut de lui, et il
est plus que probable que si l'âge moderne n'eût pas pleinement
acquiescé au jugement des aïeux à l'égard de la bête, elle n'eût
pas aussi longtemps baptisé la noble terre des Allobroges et les fils
aînés des rois de France.

Le Dauphin proprement dit. Le Dauphin de la légende hellé-
nique, le dauphin populaire est toujours un de ceux qui fréquentent le plus assidûment nos côtes. Il est demeuré, depuis des siècles, fidèle aux flots harmonieux de la mer d'Ionie et de la mer
Tyrrhénienne qu'il sillonne en tous sens de ses troupes nombreuses, et où il continue de donner le spectacle intéressant de ses
évolutions aux approches des gros temps. C'est un souffleur qui
appartient à la catégorie des dauphins à bec ou des jolis dauphins, et dont la longueur ne dépasse pas trois mètres. Sa bouche, longue et étroite comme le bec de certains oiseaux, est
armée de deux riches mâchoires garnies de quatre-vingt-qua-
torze dents chacune. La couleur de son cuir, noire sur le dos,
passe au gris-perle et parfois au blanc pur sur les flancs et sous
le ventre. Sa taille élégante et bien prise répond, à première vue,
à l'idée que l'homme peut se faire de la beauté d'un souffleur;
ce qui s'exprime beaucoup mieux par la locution populaire : *il est
bien dans ce qu'il est.*

Cette espèce paraît plus répandue dans la Méditerranée que
dans l'Océan atlantique; elle échoue rarement sur nos plages,
étant doublement protégée contre ce genre de sinistre, par la
modération de sa taille et l'absence presque complète de flux et
de reflux dans la mer du Midi, son principal séjour. Les savants
lui ont donné le nom de *Delphinus Delphis,* comme qui dirait

Dauphin de la Dauphinière. A tant faire que de ne pas lui retirer son nom historique pour lui en donner un meilleur, j'aurais mieux aimé lui conserver celui de Dauphin d'Arion.

Le Nésarnak (*Delphinus tursio*). Commun, à ce que rapportent Cuvier et l'*Encyclopédie moderne*, sur les côtes de Normandie. C'est le second des dauphins à tête de brochet qu'on rencontre dans nos mers. Je sais peu de choses sur l'histoire particulière de cette espèce, ce qui pourrait bien provenir de ce que les savants officiels n'en savent rien du tout.

Le sous-genre des dauphins à museau camard renferme une demi-douzaine d'espèces, dont quatre pour le moins bien connues dans nos mers. Je ne leur donnerai pas, comme Cuvier, le nom générique de marsouin, dérivé de l'allemand *meersch-wein*, qui veut dire cochon de mer, attendu que ce nom est absurde... attendu qu'une bête dont le museau se prolonge en groin comme le porc, ne peut pas être pris décemment pour l'enseigne d'une série quelconque de bêtes à nez camard.

L'Épaulard. J'ai déjà dit deux mots de ce souffleur à l'article Baleine. Il appartient à la série des dauphins à museau camard (Simidelphes). C'est le plus grand et le plus féroce de tous. Sa taille se rapproche de celle du narwal; sa voracité est extrême, la capacité de son estomac formidable, la force de ses mâchoires et sa rapidité à l'avenant. Sa patrie est la mer d'Islande; mais il en descend chaque année, à la suite des poissons voyageurs, d'où vient qu'il s'égare sur nos côtes. Le cabinet du Museum de Paris possède un magnifique échantillon de cette espèce, qui fut recueilli vers l'embouchure de la Loire, où il s'était imprudemment engagé dans la vase, il y a plusieurs lustres. L'épaulard, pour beaucoup de savants, est la même bête que l'orque de Protée, et porte par conséquent le nom d'Orca dans un grand nombre de nomenclatures. Je demande qu'on fonde ces deux noms dans un troisième qui signifierait quelque chose, qui voudrait dire, par exemple, le dauphin géant ou le dauphin féroce.

Le Dauphin globiceps (mot à mot *tête ronde*). Taille de vingt pieds de long, six de circonférence, pesant cinq mille livres. Une troupe de soixante-dix individus de cette espèce échoua un beau

matin, en janvier 1812, sur la côte de Paimpol, bourg voisin de
Saint Brieuc. Ils poussaient de grands cris plaintifs par leurs
évents, et cherchaient visiblement à se défendre les uns et les autres. Tous furent démolis à coups de hache et convertis en huile ;
on oublia d'en conserver un ou deux pour le Muséum national.

Le Dauphin gris. On ramasse quelquefois encore sur les côtes
de Vendée et de Bretagne, un souffleur d'une espèce voisine de
la précédente par la conformation de la tête, mais moins grande
de moitié. Les savants l'ont nommé le *Delphinus griseus*, en attendant qu'ils écrivent son histoire.

Le Marsouin vulgaire est le plus commun et le plus petit des
dauphins. Sa taille est de cinq pieds au plus ; la courbure de sa
nageoire dorsale donne à son corps la forme d'un arc, et cette
nageoire apparaît presque toujours à la surface des eaux. Le marsouin est un des plus rapides nageurs que l'on connaisse ; il
voyage en troupes nombreuses et vogue volontiers de conserve
avec les navires. Ses mœurs sont innocentes comme celles du
dauphin, et sa chair immangeable. Quelques marins néanmoins
boivent son sang, qui a le singulier privilége d'être considéré à
la fois comme un tonique puissant et un rafraîchissant énergique. Les femelles des marsouins, comme celles de tous les autres
cétacés, même des herbivores, ont l'habitude de porter leur petit
sous le bras dans son bas âge, et de veiller à son éducation avec
une tendresse extrême. Les mâles entourent leurs femelles de
toutes sortes d'égards et semblent susceptibles d'un attachement
durable.

La guerre à outrance que les armateurs anglais, américains et
français font depuis trente ans à la baleine, a sauvé jusqu'ici ces
espèces inférieures ; mais la tranquillité dans laquelle on les laisse
encore ne sera pas de longue durée. Elle finira lorsque la pêche
à la baleine aura cessé de couvrir ses frais ; c'est à dire demain
ou après.

Les mammifères pélagiens (cétacés) qui n'ont que deux membres à l'avant, transitent vers la mammiférie terrienne par les
Morses et les Phoques.

## PHOQUES.

Les morses et les phôques occupent le second gradin de la Mammiférie, dont les Cétacés sont la première expression. Les cétacés tiennent plus du poisson que du quadrupède. Les morses et les phoques tiennent plus du quadrupède que du poisson.

Ils ont quatre nageoires au lieu de deux, et ces nageoires sont attachées par paires, une à l'avant, l'autre à l'arrière, et elles sont composées de véritables doigts armés d'ongles.

Ces animaux sont, en outre, couverts, depuis les pieds jusqu'à la tête, d'une robe fourrée et lustrée. Enfin ils peuvent vivre à terre aussi bien que dans l'eau, ce qui est le trait caractéristique de l'ambiguité.

Les morses et les phoques sont donc de véritables amphibies, qui auraient dû prendre leur nom scientifique de ce caractère, et dont, par conséquent, l'étiquette actuelle est absurde.

Il est intéressant d'observer, à l'occasion de cette série nouvelle, avec quel art infini la nature procède dans la graduation de ses types, et quelle crainte surtout elle a de tout saut brusque, même dans ses débuts.

Nous avons vu, au précédent chapitre, qu'aucun cétacé *piscivore*, ni baleine ni dauphin, ne pouvait toucher le sol sans courir danger de mort. Le péril disparait déjà en partie pour le cétacé *herbivore*, Steller ou Lamantin, à qui la progression n'est pas complètement interdite sur le sol où il est quelquefois forcé de venir paître. Les morses et les phoques, pour être incomparablement plus ingambes que ceux-ci, qui se *traînent*, ne peuvent cependant encore ni *marcher* ni *courir*. Ils sautent, mais d'une façon pénible et difficile, non des pieds de derrière comme tous les quadrupèdes, mais de l'avant, mais de la poitrine, et leur allure ne peut mieux se comparer qu'à celle de ces clowns désossés qui exécutent des courses à cloche pied sur les mains. L'étrangeté de ce mode de locomotion provient de ce que les morses et les phoques sont bien de véritables quadrupèdes, mais des quadrupèdes estropiés, ou plutôt infirmes de naissance.

Ils ont bien, en effet, quatre jambes, mais de ces quatre membres les extrémités seules sont sorties du corps; tout le reste est demeuré comme emprisonné et cousu dans le sac du sternum ou de l'abdomen; et c'est même tout au plus si les pieds de derrière passent. Pour surcroît de malheur, la nature leur a ganté ces pieds et ces mains de mouffles si démesurément larges, que l'action individuelle de ces doigts s'en trouve paralysée complètement. Il est vrai que l'amplitude exagérée de la mitaine restitue à la *nageoire* en puissance, ce qu'elle fait perdre en dextérité à la *patte;* et qu'il résulte de là que les morses et les phoques, qui font d'assez mauvais marcheurs, sont en revanche d'excellents nageurs. C'est une compensation qui leur était bien due, et dont ces deux espèces sentent d'autant mieux tout le prix, qu'elles sont exclusivement piscivores et n'ont besoin d'aller à terre que pour aimer, bâiller, jouer et dormir.

La plupart de ces animaux ont la tête ronde par défaut d'oreilles externes, le museau carré et garni de superbes moustaches, les yeux grands, la physionomie douce et intelligente. Les vertèbres de leur cou sont douées d'une flexibilité extrême, avantage qui manque aux baleines et à presque tous les poissons. Leur corps arrondi et renflé vers le milieu se termine en cône comme celui des dauphins. Leur queue, coupée en tronçon et remarquable par son exiguité anormale, semble se confondre avec les pieds, qui sont situés à l'extrémité du corps et quasi-contigus. Une épaisse couche de lard, trop riche en huile pour le malheur des pauvres bêtes, leur ceint le corps comme aux cétacés et leur sert de bouclier contre le froid. La nature, du reste, pour les prémunir contre le péril de réfrigération par contact, a fait couler dans leurs veines un sang vivace et copieux, chauffé à une température beaucoup plus haute que celui des espèces appartenant aux latitudes raisonnables. Tous ces animaux ont la vie dure, à moins qu'on ne les frappe sur le nez.

Les morses qui viennent, dans la série des mammifères, immédiatement après les cétacés, sont des bêtes puissantes et majestueuses qui atteignent facilement une taille de douze pieds et un poids de six cents kilogrammes. Ils sont totalement étrangers

à nos mers et n'habitent que les régions voisines du pôle Arctique, principalement au nord du continent d'Asie. Tous les îlots
de l'Océan glacial en étaient encore peuplés il y a deux cents
ans, et la confiance de ces animaux dans l'homme était extrême;
mais depuis le jour où le démon du commerce apprit aux marchands de l'Europe le profit qu'on pouvait tirer de leurs dents et
de leur chair, la population des morses a bien diminué. On a di-
rigé contre eux des expéditions meurtrières; on les a traqués d'île
en île, de glaçon en glaçon; bref, on a réussi à changer leur dispositions amicales pour l'homme en amères pensées de haine et
de vengeance. Il n'est pas de morse aujourd'hui qui n'entre en
fureur à la vue de l'homme, et ne soit disposé à se ruer sur lui;
mais la nature n'a pas armé la malheureuse espèce pour soutenir
avantageusement la lutte contre un ennemi si terrible, et son
courage n'a guère abouti jusqu'ici qu'à multiplier de son côté le
nombre des victimes. Enfin, quelques rares survivants de la noble famille ont profité des leçons du malheur et de guerre lasse,
sont partis pour chercher de l'autre côté du pôle et par-delà les
Cordillières de glace, un refuge inaccessible à la cupidité des humains. Puisse Dieu leur venir en aide!

Un jour que des navigateurs d'Albion flânaient vers les parages
de la mer de Baffin, par le travers du 75° degré de latitude nord,
au commencement du dernier siècle, ils avisèrent un si grand
nombre de morses endormis sur les bords d'une île, que la fantaisie leur prit naturellement d'en faire un opulent massacre au
profit de la science, afin de savoir au juste ce qu'il était humaine-
ment possible à une quantité donnée de matelots anglais d'assommer de morses en un jour. Ils opérèrent si habilement et si
consciencieusement que, le soir, le chiffre des morts s'élevait à
plus de huit cents!! Tous les jours on envoie au bagne de malheureux notaires qui n'ont pas fait pis que cela.

Je n'ai accordé place dans le présent chapitre à ces détails concernant les morses, que pour faciliter aux jeunes naturalistes l'é-
tude de l'agencement de la série universelle. J'étais bien obligé
de traverser le pont de la tribu intermédiaire entre les cétacés et
les phoques pour passer de l'histoire des premiers à celle des se-

conds. Or, j'ai gardé avec préméditation pour la fin le signalement des deux caractères génériques appartenant en propre aux
morses, qui démontrent le plus ostensiblement la proche parenté
de cette tribu avec celle des baleines ?

Les morses ont des narines quasi-jaillissantes, et ils portent
à la mâchoire supérieure deux défenses (énormes canines) recourbées en dessous, à la façon de l'anarnak, caractères remarquables qui ne se retrouvent pas chez les phoques.

Mais voici maintenant que l'esprit d'analogie me pousse encore, malgré moi, à propos de ces défenses, à vouloir établir de
nouveaux liens de parenté entre des espèces hétéroclites et réputées jusqu'ici étrangères l'une à l'autre. Laissons divaguer à son
aise l'esprit d'analogie qui n'en finit jamais; c'est le meilleur
moyen d'en être plus tôt quitte.

L'éléphant, qui occupe dans son ordre le même rang que la
baleine dans le sien, relativement au poids et au volume, et qui
porte des défenses, n'est pas sans avoir avec les cétacés de nombreux rapports d'inélégante massiveté de formes. Sa robe n'est
guère plus velue que celle du cétacé; l'œil n'est guère plus grand,
le moulage des membres plus achevé dans une espèce que dans
l'autre. Le lamantin et la baleine emportent leur petit sous
leurs aisselles pour le préserver de la fatigue et le dérober à la
vue de ses ennemis. Ainsi fait l'éléphante, qui cache son éléphan-
teau entre ses jambes pour l'abriter derrière le rempart de son
corps, et qui, au moyen d'un vigoureux nœud de trompe, le soutient dans ses premiers pas et l'entraîne parfois dans une course
rapide. J'ai cependant eu pour amis des chasseurs de haut titre
qui avaient tué des femelles d'éléphant dans cette situation intéressante, et qui me racontaient de sang-froid qu'il arrivait presque toujours, en pareil cas, que le pauvre orphelin, se voyant
tout à coup privé de sa nourrice et de sa protectrice naturelle, se
donnait à l'assassin de sa mère et le suivait chez lui.

La trompe de l'éléphant est un évent véritable, puisque l'animal
s'en sert pour absorber des quantités d'eau immenses qu'il s'amuse
ensuite à faire jaillir en l'air pour qu'elle lui retombe sur le dos.
Il se procure par le même procédé d'agréables douches de sable.

L'éléphant étant le seul quadrupède qui jouisse du privilége d'i-
miter les fontaines jaillissantes, il est bien de l'employer en fonte
à ce genre de décoration publique; car l'Art, pour être tenu de
faire mieux que la Nature, ne doit pas cependant s'écarter de ses
lois.

L'hippopotame, qui porte ses défenses à la mâchoire inférieure
comme l'hyperoodon, et dont la chair est bardée de lard (1)
comme celle des cétacés, l'hippopotame, qui passe tous ses jours
au fond de l'eau, comme le lamantin, et n'en sort que la nuit
pour paître, l'hippopotame, quand il est forcé de remonter à la
surface des eaux pour prendre l'air, charge son petit sur son dos.
Le sanglier, le babiroussa, toutes les bêtes à défenses et à lard,
sont essentiellement amies de l'eau. Mais ne poussons pas plus
loin ces excursions dans le domaine de la fameuse *Théorie des
ressemblances*, et laissons à M. da Gama Machado, notre maître,
ce qui est à M. da Gama Machado.

Les phoques constituent l'une des plus nombreuses et des plus
intéressantes familles de la mammifèrie. On en connaît une vingtaine d'espèces qui sont répandues sur le rivage de toutes les
mers, et habitent même quelques grands lacs de l'intérieur du
continent d'Asie.

Cependant leurs séjours de prédilection sont aux alentours de
l'un et l'autre pôle, et pour eux comme pour les morses, le plus
doux oreiller est celui du glaçon. Les plus grandes espèces connues appartiennent aux terres antarctiques. Il y a des individus
de certaines familles (le lion et l'éléphant marin) qui ont vingt-
cinq pieds de long, et dont un seul fournit jusqu'à sept cents kilogrammes d'huile.

Tous les naturalistes sont d'accord pour reconnaître que l'histoire de ce groupe intéressant est une de celles où il leur reste le
plus à apprendre. Ils ont tort de parler ainsi; car on sait réellement de ces bêtes beaucoup plus qu'un savant ordinaire n'a be-

_____

(1) La graisse la plus délicate et la plus exquise de toutes les graisses du
monde, au dire de Delegorgue, celle de la caille y comprise.)

soin d'en savoir; et, par exemple, leurs diverses patries, leurs habitudes, leurs amours, leurs combats, leurs plaisirs et leurs peines, et l'usage auquel peuvent servir leur dépouille et leur huile. Je connais même peu d'oiseaux de France dont la monographie ait été aussi bien faite que celle de la plupart des phoques. Quand on ne serait pas fixé encore sur le chiffre exact des espèces, et quand on aurait, par hasard, confondu ou séparé mal à propos deux genres très voisins, je ne verrais pas là des motifs suffisants pour faire crier à l'ignorance universelle des savants; il est bien de mettre de la mesure en tout, même dans la modestie. J'en sais plus, pour mon compte, sur les malheureuses bêtes, que je n'en voudrais savoir ; et quand je songe aux nombreuses causes d'erreurs qui entourent cette question du phoque, quand je réfléchis que cette famille est la même qui composa jadis le personnel des troupeaux de Neptune, et qui fournit dans l'âge moderne le moule de ces mystérieuses sirènes que les navigateurs hollandais retrouvèrent un jour à l'autre bout du monde, je ne m'étonne plus que d'une chose : c'est que cette question ait pu résister à l'action combinée de tant d'éléments de confusion, et se dégager aussi lumineusement qu'elle l'a fait du réseau de ténèbres dont la poésie antique et la fable moderne l'avaient enveloppée.

Le fait est que l'histoire anatomique et physiologique du phoque a été parfaitement étudiée, et que c'est la classification seule qui cloche. Or, je vais bâcler en deux lignes la classification que ces pauvres savants disent si épineuse, et essayer charitablement de leur apprendre leur métier.

Je supprime d'abord le nom de phoque comme j'ai supprimé le nom de morse, attendu que ces deux étiquettes sont absurdes. Elles sont absurdes au premier chef, parce qu'elles ne renferment aucune allusion au moral ou au physique des animaux qu'elles désignent. Je les remplace par un vrai nom de série, ayant une valeur scientifique et qui veuille dire *Amphibies piscivores*.

Je fais, de plus, cadeau au groupe d'un nom de supplément pittoresque, que je tire de l'absence des oreilles externes, un accident de physionomie fort rare chez les quadrupèdes.

Autre particularité excentrique : Ces bêtes aiment à avaler des cailloux. Qui empêche de les traiter de *lapidivores*, à ce propos?

Observant ensuite que les morses portent à la mâchoire supérieure une paire de défenses majestueuses que la nature a refusées aux phoques, tout exprès pour établir une ligne de démarcation entre les deux branches de la série, j'entre dans les vues de la nature et je mets ce caractère entre eux. Le plus gros du travail est fait.

Car il ne me reste plus qu'à procéder à la sériation des genres et des variétés, l'opération la plus facile du monde et qui va toute seule, puisque nous avons les phoques à *museau carré*, les phoques à *trompe*, à *crinière*, etc., les phoques qui ne mangent que du poisson, les autres qui ne digèrent que les sèches, etc.; les phoques du pôle arctique et du pôle antarctique, de la Méditerranée, de la Manche, de l'Adriatique ou du lac Baïkal, etc... et voilà une besogne terminée à la satisfaction unanime... La classification des phoques me rappelle, par sa difficulté, celle des canards, où il n'y a qu'à écrire canard de Barbarie, de Caroline, de Chine.

Ainsi, ce travail si épineux et si hérissé d'obstacles, à ce qu'on dit dans les livres, marche au commandement comme une table à roulettes vigoureusement chauffée par six couples d'adultes.

Je sais bien que cette méthode a contre elle sa simplicité même. Mieux vaut encore cependant, à mon sens, laisser dire la nature et écrire humblement sous sa dictée, comme je fais, que d'aller chercher dans le dictionnaire, comme ont fait ici les savants, les alliances les plus monstrueuses et les plus désobligeantes de noms de bêtes, pour en affubler une tribu qui ne le méritait pas. Je ne vois, moi, dans la question qui nous occupe, qu'un problème insoluble et qui consiste à expliquer comment des bêtes qui se ressemblent toutes, peuvent ressembler en même temps à un éléphant et à un lièvre, espèces fort disparates, ou à un veau et à un loup, à un lion, à un ours, etc. Or, tout le monde sait parfaitement que ce n'est pas la nature, mais la science qui nous l'a proposée, cette énigme de sphynx, en faisant de la série des phoques une autre arche de Noé, où l'on a fait entrer de force et tenir pour la seconde fois côte à côte tous les moules de la création.

« Ils ont semé les soulèvements, dit l'Écriture, et ils s'étonnent de récolter les tempêtes ! » Ainsi dirai-je des savants : Ils ont semé l'anarchie, et ils s'étonnent de récolter le chaos !

Mais la presse parisienne, qui travaille dans le vieux, s'obstine en ses admirations pour le gâchis barbare ; et, parce que l'idée bouffonne ne m'est jamais venue, à moi, analogiste, d'attribuer le nom de *lièvre* à une bête *sans oreilles*, pas plus que de faire fraterniser à la même table le Lion, l'Ours et le Veau, le *Journal des Débats* m'outrage et m'appelle *homme d'esprit*.

Cependant les phoques n'ont rien du lièvre, de l'éléphant ni du veau, qui, tous trois, sont porteurs d'oreilles très visibles, préfèrent la verdure au poisson et sont dentés en conséquence. C'est donc à tort qu'on a mariné ces trois noms de pythagoriciens pour les attribuer à une secte qui ne vit que de chair. Les phoques sont conformés d'estomac et de mâchoires, comme la loutre et les autres carnassiers. Ils ont l'intestin court et la bouche garnie d'une double rangée de molaires, de canines et d'incisives, formant un ratelier superbe de trente à quarante pièces.

Les trous auditifs et les narines de ces bêtes ont la singulière propriété de se fermer au moyen d'une soupape ingénieuse quand elles plongent.

Deux espèces seulement sont connues sur nos côtes, mais toutes deux fort rares et charmantes. La première, qu'on appelle improprement le veau marin, appartient à la mer du Nord. C'est l'espèce minuscule, de deux ou trois pieds de long, jaunâtre et mouchetée, qu'on nourrit au Jardin-des-Plantes, en compagnie des pélicans, des harles et des canards. Elle nous arrive habituellement des parages voisins de l'embouchure de la Somme. L'autre, spéciale à la Méditerranée, et presque exclusive à l'Adriatique, a reçu le nom de phoque *moine*, à raison d'un capuchon noir qui lui couvre toute la tête et le dessus des épaules. Elle est plus longue du double que l'espèce précédente, et son pelage d'une teinte sombre n'offre aucune moucheture. Toutes deux vivent parfaitement en domesticité.

25

Cette série intéressante avait été donnée à l'homme pour remplacer le chien de pêche qui lui manque, et en même temps pour balayer les mers de toutes les immondices animales capables d'altérer la pureté de leurs ondes; mais le mortel des sociétés limbiques, agissant, comme toujours, au rebours des intentions de Dieu, a voué l'infortunée famille à la destruction. Le sauvage des terres antarctiques, la brute de Tasmanie, lui plonge dans la gorge une perche enflammée, et la fait périr par le feu. L'Esquimau, le sauvage du Nord, boit son sang, mange sa chair, et fait de sa peau des pirogues. Le civilisé d'Europe, d'Amérique et d'Asie, toujours altéré d'huile, la poursuit sur toutes les plages, et invente chaque jour pour elle quelque nouveau procédé de destruction plus parfait que celui de la veille. Alors il est probable qu'avant un demi-siècle, la race entière aura disparu de ce monde. Ainsi la noble confiance qu'avaient mise en nous ces naïfs alliés naturels n'aura servi qu'à hâter leur ruine. J'entends, à cette phrase, mes lectrices, même les plus indulgentes, dire tout bas que je me répète... comme si je ne m'étais pas aperçu de ce malheur bien longtemps avant elles ! comme si j'étais le maître de transformer en actes méritoires les sottises et les barbaries de mes semblables, à seule fin de varier mon style !

Les phoques sont des animaux doués d'une intelligence supérieure et d'une physionomie charmante; la douceur de leur caractère se lit dans leurs grands yeux expressifs et voilés. Ils ressemblent beaucoup, par les traits généraux du visage, à la loutre, qui est aussi une espèce amphibie et l'espèce la plus voisine d'eux en remontant du côté de l'homme.

Les phoques consacrent une grande partie de leur existence au sommeil, ce qui est encore un des indices les plus certains d'une conscience calme et pure. Libres, ils pratiquent entre eux tous les devoirs de la solidarité fraternelle et font preuve d'un esprit de sociabilité extrême; les mâles sont pleins de déférence pour les femelles et de tendresse pour les petits. Captifs, ils s'attachent promptement à la personne qui les soigne et aux chiens qu'on leur donne pour compagnons de servitude, s'endormant avec confiance dans les bras de ceux-ci au bout de quelques jours, supportant leurs espiégleries sans murmure, les provoquant au badinage par de douces caresses et allant même jusqu'à se plaindre quand leurs camarades jouent sans eux.

Le phoque aboie comme un jeune chien ou comme une jeune loutre, mais il a plus souvent recours, pour exprimer ses désirs, au langage des yeux qu'à celui de la voix. Friand et délicat sur le choix de sa nourriture, comme toutes les bêtes d'esprit, il a ses préférences pour telle ou telle chair de poisson dont il ne démord pas, et il repousse toute autre. De deux phoques qui vivaient à la ménagerie du Jardin-des-Plantes, il y a une vingtaine d'années, et qui appartenaient à la même famille, l'un avait voué un culte exclusif au hareng, et l'autre à la limande. Or, la limande ayant manqué à Paris pendant huit jours de suite, pour cause de tempête équinoxiale, ce dernier aima mieux se laisser mourir de faim que d'adopter, même temporairement, un nouveau régime diététique; mais le premier, plus philosophe, se rabattit sur le hareng salé et s'en trouva fort bien. On a remarqué que certains phoques avaient l'habitude de vider leur poisson avant de l'avaler, tandis que d'autres négligeaient complètement cette opération préalable. Cette diversité de goût et de façon d'agir n'a rien qui doive surprendre, puisqu'elle se retrouve chez les hommes, notamment en matière de grives et de canards sauvages. J'étais pour le premier système dès ma plus tendre enfance, et n'ai pas changé depuis.

Les phoques du Jardin-des-Plantes ont toujours eu le privilége d'intéresser la foule, et ils comptent parmi les hôtes les plus populaires de ce lieu. Ils accourent à votre voix pour peu qu'ils vous connaissent, et vous donnent la main quand vous les en priez. Leurs gardiens les chérissent et pleurent leur trépas.

Comment ne pas regretter que les hommes, qui ont su de si bonne heure tirer parti des talents naturels du chien et du cheval, n'aient pas mieux utilisé jusqu'à ce jour les éminentes facultés du phoque, qui n'a encore appris de son contact avec la civilisation moderne qu'à dire papa, maman !

Les phoques sont, après les baleines, les plus zélés conservateurs de la salubrité des ondes; ce qui nous explique pourquoi
les Grecs en avaient fait des troupeaux à Neptune, et pourquoi
ce dieu intelligent, qui savait que sa gloire périrait avec eux,
s'en montrait si jaloux.

# CHAPITRE VIII.

Des bêtes qui se forcent et ne se tirent pas, et du courre.

**Le Lièvre. — Le Cerf. — Le Daim. — Le Chevreuil. — Le Sanglier. — Le Loup. — Le Renard.**

### LE COURRE.

La chasse à courre est la chasse où l'on *force*.

C'est le perfectionnement de la chasse naturelle, de la chasse que pratiquent le chien sauvage et le loup abandonnés à leurs propres instincts.

Le vrai chien de chasse étant le chien courant, la vraie chasse est la chasse *à courre*.

C'est aussi la chasse par excellence, la chasse française, la chasse dite *royale*, la chasse où le chien est tout, l'homme rien. Un chasseur qui respecte ses chiens ne leur fait pas l'affront de leur apporter le secours de son arme. M. le comte de Reculot, gentilhomme comtois d'avant 89, un veneur de la vieille roche, avait un fils, aujourd'hui existant, veneur passionné comme lui, mais de plus tireur habile, et qui avait eu quelquefois le tort d'essayer la portée de son fusil sur une bête de chasse. Le père, pour ce crime, avait baptisé l'héritier de sa race du nom de *Fusillaut*. Il disait, en plaisantant, que c'était le plus mauvais chien de sa meute.

On force le cerf, le daim, le chevreuil, le sanglier, le loup, le lièvre, le renard; on force avec des chiens courants ou avec des lévriers. J'ai consacré un chapitre spécial à la chasse de chacune des bêtes ci-dessus.

Il n'y a qu'une excuse pour légitimer l'emploi du fusil à la chasse aux chiens courants, c'est la misère; mais cette excuse en vaut cent. Tout le monde n'est pas roi, grand-duc ou banquier israélite pour avoir les moyens d'entretenir une meute. Mais parce qu'on n'est ni roi, ni duc, ni banquier juif, ce n'est pas une raison pour renoncer au plaisir de la chasse ; et ce ne serait pas la peine de faire des révolutions, si les révolutions ne donnaient pas à tous les citoyens le droit de chasse.

Il faut une meute particulière, qu'on nomme un équipage, pour chaque bête que l'on veut chasser. L'équipage pour la chasse du sanglier ou *bête noire,* ou *vautrait,* s'appelle *équipage de vautrait;* tous les autres prennent leur nom de la bête pour laquelle ils ont été spécialement montés, équipage, meute de cerf, de loup, etc.

Une bonne meute pour cerf et sanglier ne doit pas compter moins de quatre-vingts chiens, car le cerf et le sanglier sont des animaux fort méchants, qui se défendent quand on les attaque, et qui ne meurent pas toujours sans vengeance. Or, il faut que le veneur comble les vides de son équipage, à mesure qu'ils se font. Les meutes pour loups et lièvres peuvent être moins nombreuses. J'ai vu tuer trente loups en une saison avec une meute de douze chiens.

Une meute exige pour son service un nombre plus ou moins considérable de piqueurs et de valets de chiens.

Le piqueur, qui est le pivot de la chasse à courre, est l'homme qui est chargé de *faire le bois,* c'est à dire d'examiner la rentrée des animaux au buisson et de les *détourner* ou de les *rembûcher.* Détourner ou rembûcher un animal, c'est avoir connaissance de l'enceinte où l'animal s'est couché pour passer la journée. On rembûche un animal par la simple inspection du pied, quand il y a assez de boue ou de neige pour indiquer la rentrée d'un animal dans une enceinte. Voici des pieds qui entrent et qui ne sortent pas, donc l'animal est ici ; voici tant de pieds entrés, tant de pieds sortis... qui de douze ôte quatre, reste huit. Le plus souvent, et presque toujours en été, le rembûchement s'opère à l'aide du limier. Le limier est un chien courant doué d'une haute intelligence et d'une grande subtilité d'odorat, qui aide le piqueur à faire le bois et qui lui indique par une foule de démonstrations silencieuses et en pesant sur la laisse par laquelle il est tenu, le passage par où l'animal est entré récemment dans l'enceinte. A cette place, le piqueur fait sa *brisée*, c'est à dire qu'il casse une branche dans la cépée pour reconnaître la place. La brisée faite, le piqueur tourne l'enceinte, et si le limier n'indique pas la sortie par des démonstrations semblables à celles de tout à l'heure, s'il continue au contraire à lever le nez vers l'enceinte que l'on tourne et à vouloir y pénétrer, la besogne est faite, la bête est rembûchée ou détournée. Le piqueur juge par le pied, par les *fumées* ou *laissées*, par la hauteur à laquelle les branches ont été froissées par l'animal, de sa taille, de son âge et de son embonpoint. Il fait son rapport sur chacun de ces détails et vient le présenter au maître d'équipage au lieu du rendez-vous.

Le talent du piqueur exige une étude approfondie des mœurs de chaque animal qu'il attaque. Il doit connaître aux allures d'icelui son caractère accommodant ou farouche, sa pesanteur ou sa légèreté, et indiquer d'avance ses refuites pour qu'on poste les relais sur le passage de la bête. On voit d'ici quelle immense part de responsabilité pèse sur le piqueur. Honte et malheur à lui s'il ne *trouve pas* ; si ayant trouvé, il ne *détourne pas* ; si ayant détourné, il a fait erreur sur le sexe, l'âge, la taille de l'animal. Les gens superficiels, les veneurs de salon, ont tort de se railler des airs d'importance que s'arrogent parfois les piqueurs. Si l'orgueil est permis à quelqu'un au monde, c'est au piqueur, à qui le stimulant de la gloire est plus indispensable qu'à personne pour le faire passer par dessus les déboires attachés à sa profession. Les grands-veneurs de France ont toujours accordé à leurs piqueurs le droit d'orgueil et de familiarité ; car le piqueur représente le *talent* dans l'industrie de la chasse, et les chiens le *travail*, tandis que le riche veneur, hélas ! le maître d'équipage, ne représente que le *capital*, pauvre rôle dans une industrie où tout est art, poésie, entraînement, enthousiasme.

Les véritables veneurs ne dédaignent pas de se charger, à l'occasion, de l'office de piqueur. Le dernier des Condé aimait à *faire le bois* lui-même. J'ai vu le duc de Nemours à l'ouvrage dans la forêt de Fontainebleau, à cinq heures du matin.

Le valet de chien est l'homme attaché à la conduite de la

meute et chargé d'exécuter les ordres du piqueur. C'est lui qui couple et découple les chiens, qui divise la meute et mène les relais aux endroits indiqués.

Le rapport fait, ou les rapports, s'il y a plusieurs animaux rembûchés, le maître d'équipage décide à quelle brisée on ira *attaquer*, brisée de Firmin, brisée d'Antoine ; la brisée porte le nom du piqueur qui a détourné un animal. Le maître d'équipage fixe également le nombre des chiens à donner à l'attaque.

L'ordre reçu, on découple sur la brisée. Quelquefois le piqueur entre sous bois avec son seul limier et approche de tout près l'animal au repos. Le limier donne quelques coups de voix ; la meute parfaitement *créancée* se rallie à cette voix bien connue, et la bête est lancée. Plus souvent on fait attaquer par des chiens de choix appelés *chiens de tête*. Une meute bien *créancée* est celle qui se rallie sur la voix des chiens de tête. C'est une armée qui a foi dans le courage et dans le talent de ses chefs et que la confiance conduit à la victoire. Quelquefois tous les chiens sont donnés à la fois à l'attaque ; il n'y a pas de relais et l'on dit alors que la bête a été chassée ou prise de *meute à mort*.

Aussitôt que la bête a détalé, piqueurs de sonner la fanfare du *lancer* et veneurs de prendre le galop. A la fanfare du *lancer* succède celle du *bien aller*, qui annonce que la chasse marche bien, qu'aucune difficulté ne se présente encore, que les chiens sont tous sur la voie de l'animal. Une trompe, deux trompes sonnent l'*a vue* (ou *la vue*) ; la fanfare de l'*à vue* annonce qu'on vient d'apercevoir la bête *par corps*, et que la chasse s'emporte vers telle ou telle direction. Tout d'un coup, les voix éparses de la meute semblent se confondre et se condenser en un hurlement formidable, et le bruit n'avance pas ; c'est le dix cors ou le quartan qui fait tête. Des gémissements plaintifs ont percé à travers les accents de la fureur, c'est que le sang a déjà coulé et que le drame prend couleur. *Hola ! hé ! mes bellots ! taratantantara*, c'est le moment d'encourager les chiens du verbe et de la trompe ! Les voix se taisent-elles au contraire, les chiens affairés semblent-ils interroger l'air, les branches, siffler d'impatience, tourner et retourner sur leurs voies, c'est un défaut. L'animal a *donné change*,

c'est à dire qu'il a fait bondir une autre victime à sa place et qu'il
s'est rasé dans le buisson qu'occupait celle-ci, ou bien il a rebattu
ses voies; la fanfare sonne le *hourvari*. Le défaut est-il relevé, la
partie recommence, le *bien aller*, l'*à vue; ce* sera le *bat l'eau*,
quand le cerf aura pris l'eau et se sera jeté dans l'étang; puis l'*hallali sur pied*, quand le cerf, le dos arqué, la langue pendante, sera
sur *ses fins*, qu'il s'acculera pour attendre la meute de pied ferme
et pour vendre chèrement son dernier souffle de vie; puis l'*hallali
à terre*, le dénouement du drame, quand la noble bête sera tombée sous la rage de ses nombreux ennemis, et enfin la *curée*.

Maintenant, peuplez la forêt d'un escadron volant de jeunes
chasseresses qui courent à toute bride par les vertes allées de
chênes, escortées de leurs cheveux flottants et d'un galant cortége de veneurs aux riches uniformes, et franchissant à l'envi
fossés, roches et troncs d'arbres, se pressant, se distançant
pour arriver les premières à *la mort*... Faites se gonfler et se
renvoyer par les échos des monts les clameurs de la meute
ardente accompagnées du tapage étourdissant des fanfares, des
hennissements belliqueux des coursiers, du pétillement des
fouets, des hurlements douloureux des chiens blessés, des cris
de guerre des piqueurs. Prenez pour théâtre du drame quelque
site enchanté, au sein d'une nature poétique, quelque rive feuil-
lue d'un lac de la reine Blanche qui dorme enseveli au fond de la
vallée, sous les rideaux des peupliers mobiles. Que les vents fassent
silence aux bois, qu'un doux soleil d'automne colore les coteaux
jaunissants de ses lueurs empourprées... et vous aurez placé sous
les regards de l'homme un des plus nobles et des plus émou-
vants spectacles qu'il lui soit donné de contempler ici-bas.

Ceci est la chasse à courre : le peu que j'en ai dit suffit pour
faire comprendre que le plaisir en est réservé aux fortunes prin-
cières. Quand la propriété morcelée, qui n'a plus que des jours à
vivre, aura disparu de la terre pour faire place à la propriété sociétaire, chaque commune aura ses équipages de chasse, ses
meutes, ses filets. Les fonctions de piqueurs et de valets de
chiens seront exercées par des artistes passionnés pour leur art
et non plus par des laquais; le capital ne sera plus représenté à

la chasse, et chaque commune harmonienne aura sa Diane chasseresse pour présider aux fêtes de cet ordre ; la gloire sera pour
quelques uns, le plaisir et le gibier pour tous.

On force quelquefois le lièvre avec des lévriers ; mais c'est une
chasse sans poésie, car le lévrier est muet et le lièvre ne peut
pas ruser. La loi française a prohibé cette chasse, qui ne peut
s'excuser que par le besoin de destruction. La loi française a sanc-
tionné, cette fois, le vœu unanime des chasseurs.

On a chassé autrefois, en France, la grande bête, avec des
lévriers de forte taille qu'on lançait sur l'animal aussitôt qu'il
prenait la plaine. On chasse encore de cette manière le loup et
le chevreuil en Russie, en Pologne et dans plusieurs contrées de
l'Europe ; mais cette pratique est aujourd'hui chose inconnue en
France. Le lévrier n'est plus dans nos mœurs. Le législateur a
néanmoins octroyé au lévrier la faculté de se produire dans le
régime cynégétique actuel comme moyen de destruction des animaux nuisibles. On se sert quelquefois encore du lévrier dans
certains pays de plaine, et notamment dans la Camargue, pour
forcer la perdrix. C'est une chasse brutale qui ne vaut pas qu'on
s'arrête à la décrire.

La misère des civilisés ne permettant pas à chaque chasseur
d'avoir une meute et des piqueurs, la masse se contente d'entretenir une dizaine de chiens courants, beaucoup moins quelquefois, deux chiens, voire un seul. Et, avec ces simples moyens,
il faut suffire à tout, chasser indifféremment tout ce qui se
présente. C'est la chasse du petit propriétaire, la chasse de la
bourgeoisie, une dégradation de la chasse noble ; mais ça ressemble encore à de la chasse, puisque le chien y joue un rôle. Alors
l'homme est forcé de prendre autant de peine que le chien et de
courir aussi vite que lui. Il faut qu'il connaisse les bons postes,
qu'il prenne les devants pour se trouver au passage de la bête et
la tirer à portée. Ici on ne chasse plus pour chasser, mais pour
tuer, pour tirer, ce qui revient au même. C'est cependant encore
la plus agréable de toutes les chasses après la chasse à courre, en
raison des nombreuses qualités qu'elle exige de la part du chasseur : expérience, patience, tempérament de fer, jarrets souples,

coup d'œil sûr. Le chien, dans le principe, s'était bien forma-
lisé de la prétention de son maître à vouloir lui ravir la moitié
de ses peines et de sa gloire ; mais l'homme lui ayant fait comprendre sa misère, le chien s'est raisonné, et il a fini par prendre son parti en philosophe ; ce qui n'a pas empêché que le chien
*courant* n'ait perdu énormément de son importance depuis l'invention du fusil.

## LE LIÈVRE.

C'est le type de l'espèce victime. Le lièvre a pour ennemis tous
les animaux carnassiers des forêts et de l'air, plus l'homme. Il
n'y a pas jusqu'à la belette et le lapin qui ne lui déclarent la
guerre. C'est l'emblème des races inférieures réduites à l'ilotisme
et condamnées par le droit du plus fort à servir aux vainqueurs
l'impôt du plaisir et du sang. Dieu a donné à la malheureuse
créature, pour la préserver des chances innombrables de destruction qui la menaçaient, la fécondité d'abord, triste privilége de la
misère, puis la vitesse pour fuir et la ruse pour dépister ses persécuteurs. Le lièvre est bien armé, comme le rat et l'écureuil,
de puissantes incisives dont il pourrait tirer parti contre ses bourreaux, mais la démoralisation, conséquence forcée d'une trop
longue servitude, lui a ôté jusqu'à la conscience de ses moyens.
Il ne se sert de ses armes naturelles que contre les siens, à l'instar de l'esclave, et ne demande son salut qu'à la fuite.

Le lièvre est taillé pour la course ; son nom latin *lepus* n'est
que la contraction des deux mots *levis pes*. La longueur démesurée de ses pattes de derrière en fait deux ressorts puissants qui se
détendent à volonté et communiquent à ses mouvements de progression une impulsion énergique. Cette disposition particulière
de l'arrière-train du lièvre lui permet également de gravir les
collines avec la même rapidité que les surfaces horizontales, privilége dont il use pour gagner l'avance sur les chiens, sur le lévrier surtout, le seul de ses ennemis à quatre pattes qui l'emporte
sur lui par la vélocité. Par la même raison, la descente lui est
défavorable. L'homme n'a pas encore réussi à imaginer un système de véhicule à l'imitation de la charpente du lièvre, c'est à
dire apte à transformer la montée en plan horizontal, par la
hausse proportionnelle de l'arrière-train.

Le lièvre péche par la vue ; il est doué, en revanche, d'une
finesse d'ouïe extrême, comme l'annoncent ses oreilles longues,
effilées, mobiles, et qui semblent remplacer chez lui la queue

dans l'office du gouvernail. C'est un animal de sang chaud et de tempérament ardent. L'amour maternel, hélas! est la seule jouissance qui ne soit pas interdite au pauvre, puisqu'elle ne coûte rien. La femelle du lièvre, la hase, fait dans nos climats une quinzaine de petits chaque année, une portée chaque mois, de février à la Toussaint. Le mâle les tue quelquefois, mais en domesticité plutôt qu'à l'état libre; car il faut de graves motifs, comme la privation absolue de la société des femelles, pour le pousser à ces extrémités. La femelle elle-même, placée dans les mêmes circonstances, ne respecte pas plus le sentiment familial; mais ni l'un, ni l'autre, selon moi, ne mangent leurs petits; ils se contentent de leur broyer la tête d'un coup de dent. La servitude est comme la faim une mauvaise conseillère.

Bien que l'espèce soit répandue à profusion sur toute la surface de l'ancien et du nouveau continent, bien qu'elle s'accommode de toutes les zones, sa vraie patrie est la steppe, la plaine incommensurable et aride où croissent le serpolet, la lavande, les labiées odoriférantes. Le lièvre ne boit pas; il aime le grand air, l'espace nu, d'où l'ennemi s'entend de loin, et où il y a moyen de fuir. Il périt de marasme et de consomption dans nos parcs trop ombreux, pour peu surtout que le lapin y abonde. On n'a jamais pu en conserver à Vincennes. C'est un des animaux les plus difficiles à acclimater et à retenir en un pays qui ne lui convient pas. M. Viardot raconte une mystification très plaisante dont furent victimes, il y a quelques années, d'illustres chasseurs de Saint-Pétersbourg, qui avaient fait venir à grands frais, de Moscou, un troupeau de lièvres de quatre cents têtes. A peine les pauvres bêtes furent-elles arrivées à leur destination, que leurs propriétaires convoquèrent, pour les occire, le ban et l'arrière-ban des chasseurs indigènes. La Russie ne connaît guère d'autre procédé de chasse que la battue; trois cents rabatteurs et quatre-vingts hommes se trouvent réunis sur le champ de bataille. L'attaque s'engage vivement de la part des traqueurs, mais les fusils restent muets; la seconde, la troisième battue ont le même succès que la première. Stupéfaction universelle! Bref, un seul coup de fusil est tiré à la dernière enceinte, et tiré sur un lièvre impotent, un malheureux lièvre du pays qui n'avait pu décamper avec les autres... Car voici le mot de l'énigme :

Les lièvres de Moscou, à peine descendus du véhicule qui les avait apportés, s'étaient remis en route pour leur contrée natale, et la description par eux faite de cette contrée plantureuse aux lièvres de Saint-Pétersbourg, avait déterminé ces derniers à quitter leur triste patrie.

Le lièvre ne se réfugierait aux forêts que pendant les rudes gelées de l'hiver, si les persécutions de l'homme ne lui faisaient une nécessité permanente de l'abri du fourré ; car le fourré est une demeure peu tranquille et peu sûre pour l'animal craintif qui entend des ennemis partout, pour qui le moindre bruissement du vent à travers la feuillée est un sujet d'alarme et qui a le droit de croire une bête assassine postée en embuscade derrière chaque buisson. Quand la feuille tombe au bois, après les premières gelées d'octobre, tous les lièvres abandonnent le fourré pour la plaine. Les chasseurs le savent bien, et c'est une belle époque pour la chasse en plaine au chien d'arrêt.

Le lièvre affectionne les céréales pour demeure et pour nourriture. La tige verte du froment, celle de l'orge et l'avoine en grain lui sont des mets particulièrement savoureux. On a vu quelquefois cette passion pour la tige des céréales dégénérer en manie désastreuse. Dans beaucoup de contrées de la Russie, en Crimée, en Ukraine, les grands propriétaires ont un serviteur spécial préposé à la destruction des lièvres.

Dans certains pays de plaine rase, le lièvre se terre comme le lapin. Le loup agit de même dans les steppes de Tartarie. J'ai vu tuer dans ma vie, en France, deux lièvres *au furet*.

La chasse du lièvre au chien courant est la plus amusante et la plus intéressante de toutes les chasses à courre, et c'est heureux ; car c'est, avec celle du chevreuil, la seule qui nous reste en France, aujourd'hui que le cerf, le daim, le loup et le sanglier y sont presque partout détruits, et que les rares survivants de ces espèces sont dévolus aux plaisirs des rois de la finance. Je ne sais pas de jouissance comparable à la chasse du lièvre en montagne, par une belle journée d'octobre, ni de concert préférable à l'unisson de douze voix de hurleurs *de pied*, capables de forcer leur lièvre en deux ou trois heures. Oh! comme de tous les paradis de ma connaissance, je choisirais, si j'avais à choisir, celui des peaux rouges des grands lacs, ces forêts du grand Manitou, où les élus sont conviés à des hallalis éternels !

On appelle chiens *de pied* des chiens de vitesse égale qui chassent en escadron serré sans jamais se désunir.

Le grand roi Louis XIV avait une meute pour lièvre, et il avait raison. C'était un prince qui savait apprécier le mérite et qui n'eût pas confié la direction de l'agriculture à un fabricant de drap noir pour culottes, comme son petit neveu Louis-Philippe.

La chasse du lièvre est celle de la petite propriété ; c'est la plus importante, par conséquent, dans un pays comme le nôtre, qui renferme onze millions de parcelles sur une superficie totale de cinquante-deux millions d'hectares. On me pardonnera pour cette cause la longueur des développements que je veux donner au sujet.

La piste du lièvre est une piste délicate comme celle du chevreuil, et qui ne convient que médiocrement au goût des chiens gâtés à chasser la bête puante. Il en est de ceux-ci comme des buveurs d'absinthe, dont le palais brûlé par l'alcool, est devenu insensible au fin bouquet du clos Vougeot et du Laffitte... Tout chien qui a eu le malheur de chasser avec succès le renard est sujet à prendre le change du lièvre sur l'animal immonde. D'où ce premier principe : voulez-vous avoir une bonne meute pour lièvre, qu'elle ne chasse jamais le renard. Je ne permets à l'équipage pour le lièvre d'autre distraction que celle du chevreuil, et encore est-ce là une tolérance blâmable et que les grands chasseurs de lièvre, comme M. de Pommery, ne m'accorderaient pas. Mais entendons-nous avant de passer outre. Nos douze hurleurs, bassets, bigles ou lorrains, qui sont parfaitement suffisants pour forcer le lièvre de *meute à mort*, en moins de trois heures, ne sont plus de taille à mener de la sorte le chevreuil à ses fins. Le chevreuil est, après le loup, la bête qui possède le jarret le plus solide. Il n'est donné qu'à l'Anglais et au Vendéen *croisé* de forcer le chevreuil de meute à mort en deux heures ; même ces ré-

sultats ne sont guère possibles qu'à la condition d'avoir quatre-
vingts à cent chiens. Communément, la chasse à courre du chevreuil exige l'emploi des relais comme celle du sanglier et du
cerf. Ainsi, quand je permets d'attaquer le chevreuil avec l'équipage du lièvre, il est sous-entendu que les tireurs auront le droit
de faire usage du fusil : sinon, non.

En raison de la délicatesse du sentiment de la bête, il faut, pour
ainsi dire, pour bien chasser le lièvre, un temps et un pays façonnés tout exprès. Les chaleurs de l'été ôtent le nez aux chiens,
le vent du midi aussi ; les gelées un peu fortes empoisonnent la
terre ; la pluie noie le fumet ; les herbes fortes et le fumier l'absorbent ; la terre détrempée *botte ;* c'est à dire que la patte du
lièvre étant garnie de poils, emporte après elle la boue imprégnée
de sa piste, et dérobe sa passée aux chiens. La vraie saison de la
chasse au lièvre court de l'équinoxe de septembre au 20 novembre, saute les gelées et reprend de février en avril, mais les hases
sont pleines dès les premiers jours de février et veulent être res-
pectées. Le bon vent pour la chasse au lièvre est le vent d'est, ni
trop frais ni trop sec ; le bon terrrain : la bruyère et les *friches*,
un sol siliceux, consistant, et où l'eau ne séjourne pas. Les terres
argileuses, celles surtout qu'on appelle *terres blanches*, les vignes
fortement fumées et détrempées sont le désespoir du chasseur et
des chiens. Quand vous voudrez acheter une meute pour lièvre,
essayez-la, si faire se peut, dans les terres blanches et dans les
vignes, et ne lésinez pas sur le prix, si elle se tire honorablement de l'épreuve ; mais ne vous engouez pas trop vite pour la
conduite la plus brillante à travers les bruyères, les chaumes, les
buissons.

A toutes ces difficultés provenant de l'atmosphère et de la nature du sol, ajoutez la multiplicité des ruses de l'animal, et vous
comprendrez la raison de la haute estime en laquelle l'amateur
tient la chasse du lièvre. Le parfait chien de lièvre est, à mon
sens, égal en valeur au meilleur chien de loup, l'espèce la plus
prisée. Il ne faut au chien de loup que du sang, du jarret et du
cœur ; il faut au chien de lièvre un peu de génie avec ça, plus
l'amour de la chose, la passion artistique. On ne sait pas ce que

dépense de combinaisons ingénieuses et de savants calculs un
chien de lièvre occupé à deviner une ruse inédite. J'ai été pendant deux ans en Bourgogne à la tête de six chiens courants qui
ne chassaient que le lièvre, qui m'en forçaient neuf sur dix en
trois ou quatre heures, par tous les vents du monde, et que je
respectais trop pour les aider de mon fusil. Tout au plus me per-
mettais-je de leur apporter le concours de mon expérience pour
relever le défaut. C'étaient des hurleurs de petite taille, fins et
déliés, et payant fort peu de mine, de vrais trésors cependant
pour le jarret, le flair et la ténacité. Pourquoi Dieu qui n'a donné
qu'une seule amitié à l'homme, le chien de chasse, n'a-t-il pas
égalisé la durée de leurs deux existences, pour qu'on pût renfermer les deux amis à la fin de leur carrière dans le même tombeau?

Une personne fort sensée, devant qui j'exprimais un jour ce
regret douloureux m'objecta que si le chien vivait quatre-vingts
ans comme l'homme, s'il avait pour développer son intelligence
le même temps que nous, ce serait peut être lui qui nous tiendrait en laisse... Alors ce que Dieu a fait est bien fait.

Le chapitre des ruses du lièvre ne se terminerait pas si l'on
avait la prétention de les y faire entrer toutes; car ces ruses va-
rient nécessairement avec le territoire, le climat et la disposition
des lieux. Le moindre accident de terrain, une mine toute fraî-
che, un éboulement de la veille, un arbre abattu par la cognée
ou renversé par l'ouragan, tout est matière à stratagème pour le
lièvre, tout phénomène nouveau lui suggère une idée. Il n'a pas
étudié le Code civil, mais nul légiste ne connaît mieux que lui les
entraves qu'apporte à la liberté illimitée du droit de chasse le
droit de la propriété individuelle. Il spécule sur ces entraves. Il
sait l'inviolabilité du domicile du citoyen sous le régime constitutionnel; il en réclame le bénéfice pour lui, toutes les fois que
l'occasion s'en présente. Il ne craint pas d'invoquer le droit d'asile
du potager ou du parterre, quand la meute le serre de trop près.
J'ai connu un lièvre de Bresse dont le bonheur était de s'épanouir
et de s'étirer au soleil, au pied d'un jeune épicéa isolé au milieu
d'une verte pelouse, comme pour tenter la sensibilité du chasseur.

J'ai donné une fois dans le piége. La pelouse n'était séparée que
par un fossé en ruines d'une forêt de dahlias, de rosiers et de
chrysanthèmes remplissant la presque totalité d'un parterre sis
au devant d'une riche demeure, alors inhabitée par ses maîtres
et confiée à la garde de quelques serviteurs hors d'âge. La pelouse
semblait de loin prolonger le parterre, et l'épicéa faisait point de
vue. Il fallait que l'animal fût parfaitement au courant de tous
ces détails pour affecter la tranquillité d'âme avec laquelle il attendit l'attaque de mes chiens. J'ai observé par deux fois sa tactique. Il ne se levait du gîte qu'après un long rapprocher, et lorsque le chien de tête n'était plus qu'à deux pas de lui, afin d'entraîner tous les chiens sur sa voie par un *à vue* furieux. Alors notre bête endiablée traversait légèrement le vieux fossé, pénétrait
sous les voûtes sacrées des dahlias, y décrivait plusieurs circuits,
gagnait le perron de la demeure, puis, doucement, s'insinuait
dans l'étroit soupirail de la cave au fond de laquelle il allait chercher un asile sous des fûts de tonneaux. Et alors les chiens de
faire vacarme au milieu du parterre et de saccager les plates-ban-
des, et tous les gardiens du poste d'accourir, armés de faux et de
fourches, de jurer, de tempêter et d'arrêter les chiens ; bref, de
me forcer à une capitulation déraisonnable en espèces pour me
tirer de là. Ce ne fut pas moi qui payai les dahlias cassés la seconde fois, mais un ami trop jeune qui avait le tort de ne pas
croire aux perfidies du lièvre, et qui exigeait une leçon. J'eus
grand soin de lui présenter le lièvre de l'épicéa comme une rencontre de hasard, non comme une connaissance de huit jours.

Le lièvre d'Afrique, que j'ai beaucoup pratiqué, et qui habite
une terre de barbares où le sol n'est pas approprié, c'est à dire où
le droit de propriété n'existe pas, le lièvre d'Afrique n'a point de
ces finesses qui sentent leur Bas-Normand. C'est un lapin pour
l'innocence.

Le lièvre civilisé sait encore, sur le bout des ongles, la flore et
la géologie du canton qu'il habite, et quelle herbe forte brûle le
nez des chiens, et quel terrain conserve le moins la piste. Il tire
de ces études un immense parti. Il est certain aussi que les lièvres
se communiquent entre eux les diverses notions qu'ils ont acqui-

ses, comme font les vieux loups qui apprennent à leurs jeunes élèves combien il est dangereux de badiner avec les armes à feu. J'ai vu dans le même mois dix lièvres du même canton recourir au même stratagème. Et il n'y avait pas à dire que ce fût un moyen classique à l'usage de tous les lièvres tant soit peu lettrés de France et de Navarre. Le stratagème était local et exigeait une connaissance approfondie de l'état des lieux. C'était une étroite zone de terre blanche, la seule qui existât dans le pays, qu'il fallait venir prendre, à travers mille obstacles, au bas d'une montée rapide, à une lieue quelquefois du lancer. Puis, la bête gravissait jusqu'au faîte la zone empoisonnée, multipliant, dans son ascension rapide, les bonds et les écarts pour dérober sa voie. Parvenue enfin au sommet de la colline où se trouvait une ancienne marnière, tapissée dans sa partie inférieure de quelques touffes de genèvriers, elle ajustait les buissons, et, du haut de la muraille verticale, piquait au fond du gouffre une tête désespérée. La ruse nous était si connue que nous assignions d'habitude le poste de la marnière aux novices de notre escorte, aux élèves en vacances, qui nous suivaient pour faire leurs premières armes. Nous en ont-ils manqué! Mais ils m'ont fourni l'occasion de remarquer qu'un lièvre, bien actionné à sa ruse, ne se dérangeait pas de sa besogne pour un coup de fusil de collégien.

Rien de plus commun encore dans les pays plats et arrosés que ce fameux *défaut du saule* qui revient si souvent dans les histoires de chasses merveilleuses. La Bresse, dont j'ai parlé plus haut, est une contrée dans ce style, plate et entrecoupée d'une multitude de fossés et de ruisseaux dont les bords sont plantés de saules et de peupliers que l'indigène a coutume d'étêter. Quelques-uns de ces saules se donnent, comme on sait, des attitudes penchées, des poses mélancoliques. Dans ce cas-là on a l'habitude de s'en servir comme de ponts naturels pour traverser les rigoles. Or, il arrive fréquemment que le lièvre, mal-mené par les chiens et ne sachant plus où donner de la tête, s'en vient demander un asile au tronc vermoulu de ces arbres. On le voit entrer dans l'eau d'abord, la battre quelque temps, puis s'élancer d'un seul bond et sans toucher le sol, sur la crête branchue du saule, où il se

tient désormais immobile et se laisserait prendre à la main. Le
stratagème est si usé, je le répète, que lorsque le défaut a lieu
en un de ces parages aquatiques, chiens et chasseurs, pour le relever, s'occupent incontinent de l'inspection des saules et mettent
le nez en l'air, au lieu de regarder à leurs pieds. J'ai sur la conscience plus d'un assassinat de lièvre perché, mais de lapin surtout. Le lapin des îles de la Loire, de la Garonne et du Rhône n'a
pas d'autre refuge que les têtes des saules lors des inondations. Il
trouve même dans cette retraite confortable la table et le couvert,
car l'écorce du saule est une nourriture qui lui convient parfaitement.

Mais de toutes les roueries du lièvre, apocryphes ou réelles, la
plus spirituelle, à coup sûr, est celle du panier de chasse. Dans
une contrée de France, qu'on nomme la Gascogne, vivait, je ne
sais plus quand, un vieux lièvre dont l'astuce dépassait de plusieurs coudées celle d'Ulysse et du fourbe Sinon. On eût pu faire
un gros volume avec le simple catalogue des ruses inédites qu'il
avait imaginées pour dépister meutes et veneurs. Un jour que le
matois compère arpentait les guérets, promenant à sa suite une
quinzaine de chiens, il rencontre sur sa route un baudet qui chemine lentement vers la ville, le dos chargé d'une riche cargaison
de gibier, lièvres, lapins, canards. L'idée lui vient soudain de
prendre place parmi ces cadavres ; bien avisé sera celui qui viendra le chercher en pareille compagnie. Il saute dans un des pa-
niers, s'y blottit parmi les fourrures et attend avec calme la suite
des événements. La meute, arrivée sur le lieu du défaut, s'emporte après la bourrique. Le propriétaire accourt pour défendre
son bien, et fustige d'importance les harpaillons indignes qui
prennent change sur le mort. Surviennent les piqueurs, qui partagent la fureur du marchand de gibier et doublent la correction.
On commande le retour et le ralliement, au bruit d'un sifflement
de fouets formidable et universel. Ce commandement est l'arrêt de
mise en liberté du malheureux reclus, qui l'attendait sans souffler
mot dans sa retraite. Aussitôt qu'il a compris que le péril est
passé, il saute légèrement à terre, remerciant de son hospitalité
involontaire notre négociant stupéfié, qui s'imagine déjà que la

résurrection s'est mise parmi ses morts, et qui ne commence à découvrir un coin de la vérité qu'après avoir révisé ses comptes et reconnu qu'aucune pièce ne manquait à l'appel.

C'est à dire que l'existence du lièvre n'est qu'une série perpétuelle d'angoisses et de terreurs, de machinations et de ruses. Il n'y a qu'un seul être ici-bas, l'épouse criminelle et charmante, dont le sort soit plus digne de pitié. *Vita leporis*, c'était pour les anciens l'expression de la suprême misère.

Le lièvre sait si bien que le moindre laisser-aller dans sa conduite peut l'exposer aux conséquences les plus fâcheuses, qu'il n'est pas un des actes de son existence quotidienne qu'il ne calcule et ne pèse. S'il a vu le jour dans les forêts, s'il fait du buisson sa demeure habituelle, il aura grand soin de ne se tailler qu'une seule voie pour la rentrée et la sortie, de manière à tenir dans le pays aussi peu de place que possible. De peur que le moindre brin de bruyère, que l'épine n'arrache un poil de sa fourrure et ne trahisse ainsi la route de son gîte, il débarrasse soigneusement cette route de toute plante qui la barre; il la tond et la peigne comme avec des ciseaux; ainsi fait-il pour les tranchées qu'il se creuse à travers les orges et les blés. Hélas ! cet excès de précaution est précisément ce qui le perd. L'homme, reconnaissant à ces signes, à ces brins d'herbes coupés, la passée habituelle du lièvre, y vient tendre son collet perfide, et le renard, le plus terrible des ennemis du lièvre après l'homme, le renard s'embusque dans le voisinage pour appréhender le pauvre animal au corps, au moment où il débûchera, mené par un autre renard.

Qui n'a pas observé du haut d'une éminence toutes les manœuvres du lièvre fuyant devant les chiens par la plaine peut se faire une idée de ce travail, en suivant ses pas sur la neige. Une des circonstances qui frapperont le plus l'observateur sera certainement l'accroissement subit de dimension des bonds de l'animal au moment où il se rapproche du gîte. Ce qui se lit sur la neige en hiver est la révélation exacte du travail quotidien du lièvre. La rentrée au gîte est constamment précédée de ces bonds prodigieux, terminés invariablement par un dernier saut de côté qui l'amène en la place dont il a fait choix pour le jour. Ces bonds énormes et ces écarts expliquent les difficultés du rapprocher du lièvre, et pourquoi les chiens sifflent si longtemps d'impatience autour de l'animal sans pouvoir le lancer.

Le lièvre de ce pays se lance habituellement au bois ; suivez-le à partir du lancer. Le voici qui débûche en plaine pour faire sa première randonnée. La randonnée est une espèce de demi-circonférence d'un kilomètre de rayon plus ou moins, que l'animal décrit autour du point de départ. On a vu plus d'une fois, par la gelée, de vieux bouquins échappés à plus d'une affaire dessiner devant eux des pointes de cinq à six kilomètres, et dépister chiens et maîtres par ces allures incomprises; mais le fait est peu commun. Dans cette première randonnée, le lièvre n'a pas même songé à tirer parti de ses ressources; le danger ne presse pas. Il n'a besoin que d'une chose essentielle : connaître le caractère et les jambes de ses ennemis, afin de proportionner sa défense à leurs moyens d'attaque. Vous voyez bien qu'il s'arrête tous les cent pas dans la plaine, l'oreille droite, pour calculer la rapidité de la meute et la férocité de ses intentions d'après le rapprochement des voix et le timbre des gosiers. S'il n'a affaire qu'aux jambes torses des bassets, il témoigne son mépris pour cette race de tortues en folâtrant devant eux, ou bien en se rasant dans le premier sillon venu, sans même se donner la peine de regagner le lancer. Une multitude innombrable de lièvres, et des lièvres les plus rusés, ont été et sont tous les jours victimes de leur mépris pour le basset à jambes torses. J'aime autant le basset pour chasser au fusil que la plus magnifique race de Vendée. Le chasseur profite de l'insouciance du lièvre qui s'amuse devant le basset pour le massacrer indignement. Le basset ménage l'homme; c'est la meute du chasseur peu opulent.

Si la poursuite est plus rapide, les voix plus accentuées, la question change de face. Ce n'est plus le moment de s'arrêter paisiblement à cinquante pas des chiens et de filer au petit trot devant eux pour déployer ses grâces. Avec ceux-ci, il n'y a pas de temps à perdre en vaines fanfaronnades ; il s'agit de déployer ses talents au plus vite, et surtout de ménager ses moyens. Le plan du lièvre est déjà arrêté dans sa tête.

Il profitera des cinq cents mètres d'avance qu'il a sur les chiens pour jouer son premier tour. De l'autre côté du petit bois où il a été lancé, et où il est revenu, se trouve un chemin de grande communication, fréquenté à certains jours de la semaine comme une route royale. C'est le cas d'y passer au devant de tout ce monde qui s'en vient du marché, et qui effacera notre pied et emportera notre piste. Le lièvre le traverse ; il s'y promène quelques minutes, recherchant les veines de poussière ; il revient sur ses voies pour mieux céler sa route ; il sort enfin du chemin par un bond de côté, bien au dessous de l'endroit où il y est entré. La meute a déjà des hiéroglyphes à deviner pour un bon quart d'heure. Le lièvre profitera de ce temps d'arrêt pour reprendre haleine, et se placera à distance pour juger de l'effet de son premier moyen.

Il eût peut-être réussi le moyen ; mais, hélas! des langues indiscrètes ont révélé la tactique du fugitif et le lieu où il s'est recélé. D'ailleurs, un chien de tête, un griffon de Vendée, n'a pas donné dans tous ces subterfuges d'allées et de venues, et n'a pas quitté la vraie voie une seule seconde, et voilà que toute la meute s'est ralliée sur lui ; il faut fuir, fuir à travers la plaine. Heureusement que ce nuage de poussière qui s'élève là-bas annonce la présence d'un troupeau de moutons. C'est encore le cas de mêler sa voie à celle de toutes ces bêtes et de se glisser au milieu d'elles pour échapper ensuite inaperçu à la faveur du tumulte, et gagner le coteau voisin. Aussitôt dit, aussitôt fait ; par malheur, tout berger est quelque peu braconnier, et tout chien de mouton quelque peu chien de lièvre ; notre bête a été aperçue par le berger et par ses chiens, et voyez-vous, il y a dans la voix du chien qui donne, un accent qui ne permet pas de se tromper sur le sens de ses paroles, et que tout chien comprend. La mèche est éventée une seconde fois.

Du Fouilloux raconte avoir *suivi et pris dans une bergerie* un lièvre qu'il n'avait pu chasser du milieu d'un troupeau.

Cependant le lièvre a conservé son avance ; il a déjà gagné le coteau, que les chiens en sont encore à se débrouiller du troupeau. Ce coteau est planté de vignes. Les vignes sont parfaite-

ment fumées et plantées en *hautains* (espèce d'espalier en plein
vent). Ces chiens de Vendée, si rustiques et si persévérants,
ont l'avantage d'une haute taille. On leur fera payer ici ce triste
avantage un peu cher. Le lièvre a grand soin de prendre tous les
hautains en travers et de se glisser sous les coulées les plus basses
des treillis. Les chiens de Vendée s'assoupliront l'échine à imiter
ce manège, mais plus d'un hurlera de rage et d'impuissance
avant d'avoir atteint la dernière barrière. Si le lièvre avait bien
su, il n'aurait pas bougé de cette position formidable, et son avenir était assuré ; il s'est contenté de donner du *fil à retordre* (c'est
le mot propre) à ses ennemis dans la passe maudite ; il a eu tort.
Pendant que nos braves Vendéens maugréent contre le treillage
qui leur barre la voie et se fraient un passage à la force des mâchoires, le lièvre, tapi depuis un quart d'heure sous le vent, au
milieu du grand bois qui couronne la colline, rumine de nouvelles ruses. Alerte ! alerte ! et sur pied au plus vite ; voici la voix
infernale du griffon qui se rapproche de plus en plus, et qui re-
tentit déjà sous les voûtes de la forêt. Mais si on lui faisait faire, à
ce dépisteur incommode, une promenade accidentée et énervante
à travers les fondrières, les houx et les épines dont cette crête est
semée ? Sans doute, mais le satané griffon a deviné la pensée de
l'ennemi, et, appelant à son aide son expérience de limier, un
office qu'il remplit quelquefois, il tourne l'enceinte des fondrières pour s'enquérir d'abord si le lièvre y est resté, et il se
rencontre nez à nez avec celui-ci au moment où il débusque de
la dernière fosse. Désappointé si brusquement dans ses espé-
rances légitimes de répit, notre lièvre commence à s'inquiéter
sérieusement, et, dans le trouble de ses idées, demande d'abord
son salut à la course. Inutiles efforts : les jarrets du griffon et
ceux de ses acolytes semblent redoubler de vigueur et d'élasticité,
à mesure que les siens se détendent. Voilà déjà plus d'une heure,
sans interruption, que dure cette course échevelée ; il faut se reposer pourtant, sinon périr, car la meute gagne, gagne ; encore
cinq minutes et c'est fait... Dans cette perplexité affreuse, notre
lièvre se souvient avoir vu dans ces lieux, le matin même, un de
ses compagnons de misère se retirer en un buisson qu'il connaît.

L'égoïsme est de toutes les conditions, de la pauvreté comme de la richesse, de la faiblesse comme de la force : notre bête aux abois tente un dernier défaut, rabat de nouveau ses voies, tournaille, et finit par se précipiter au milieu du buisson habité, par un bond démesuré, dans lequel il épuise ce qui lui reste de force. La meute arrive sur ces entrefaites, met le nez au buisson ; le lièvre frais s'en échappe, le lièvre de chasse se tient coi. La meute, emportée par la vue de la nouvelle bête, éclate en hurlements victorieux. Le péril est passé cette fois, et notre adroit compère s'applaudit déjà en silence du succès de sa ruse. Amère illusion trop promptement déçue ! Une voix, une seule voix fait défaut au concert triomphant de la meute, mais c'est celle du griffon. L'intelligent enfant de la Vendée n'a pas pris longtemps le change ; il a bientôt reconnu l'imposture ; la piste d'un lièvre chassé depuis deux heures n'a pas le fumet aussi prononcé que celle d'un lièvre frais ; il y a de la gabegie là-dessous... et aussitôt le griffon de reprendre son contrepied et de revenir à la première voie. La voilà ! il la tient. La meute, bien *créancée*, se rallie au rappel de son chef ; la fin du drame n'est plus qu'un *à vue* continuel, qu'un long et cruel hallali !

Mais tous les chiens ne sont pas des griffons de Vendée, taillés sur le patron de celui que je viens de décrire, et les trois quarts des lièvres échapperaient à la meute, n'était que le lièvre tient à mourir au lieu qui l'a vu naître, et s'éloigne peu de son canton, ce qui permet au chasseur d'observer de loin ses manœuvres et de venir en aide à la sagacité des chiens, pour les remettre sur la voie et relever leurs défauts ; et voilà pourquoi tant de lièvres se font tuer et prendre même avec de mauvais chiens.

La chasse du lièvre au chien d'arrêt en plaine, au mois de septembre, ne vaut pas l'honneur d'une mention spéciale ; ce n'est pas chasser que de tirer un lièvre qu'un chien vous montre, et qui vous part dans les jambes. La chasse d'hiver en plaine exige plus de science et d'adresse ; c'est un grand talent déjà que de savoir approcher le lièvre et de le voir au gîte. La chasse à la neige, en vieille lune surtout, est une véritable boucherie ; la loi aurait dû l'interdire, au lieu de laisser ce soin à l'arbitraire des préfets. La battue devrait être également prohibée en plaine, comme aux bois, excepté pour les animaux nuisibles, car ce n'est plus de la chasse, mais bien du massacre et de la destruction.

On sait que les lièvres du Mont-Cenis sont blancs l'hiver; ceux de la Norwège aussi. C'est une prévoyance admirable de la nature qui a voulu que le pauvre animal changeât de robe avec les saisons comme la terre, et que sa couleur se confondît toujours avec celle du sol, pour tromper l'œil de ses nombreux ennemis. J'ai cependant rencontré quelquefois des lièvres blancs comme des perdreaux blancs dans mes chasses des environs de Paris. J'ai vu aussi un lièvre noir, il y a quelques années, à l'étalage du magasin de la rue Montesquieu. Bien qu'il provînt de la banlieue parisienne, le chef de l'établissement de comestibles avait cru devoir le baptiser *lièvre d'Afrique*, s'imaginant probablement que tous les animaux de cette contrée devaient porter la livrée de l'homme de l'Équateur. J'ai connu également une colonie de lapins noirs dans le bois de Meudon.

La taille du lièvre s'accroît à mesure qu'il monte vers le nord, *et vice versâ*. Le lièvre d'Algérie est à peine moitié de celui de France. Le plus petit de tous est le lièvre d'Égypte, remarquable par le développement prodigieux de ses oreilles. Les plus gros lièvres des quatre-vingt-six départements français, mais non les meilleurs, nous viennent de la Flandre et de l'Alsace, les pays les plus riches et les mieux cultivés du royaume. Le lièvre de la forêt est généralement plus fort que celui de la plaine.

Le lièvre mérite d'occuper une place honorable dans les fastes de la gastrosophie; j'ignore pour quelle cause Moïse en a prohibé la chair et l'a déclarée impure. Les Romains, qui étaient de gros mangeurs, étaient loin de partager la répugnance des Juifs pour le civet, si j'en juge du moins par ces vers de Martial :

> *Inter aves turdus...*
> *Inter quadrupedes, gloria prima lepus* (1).

---

(1) La première gloire parmi les oiseaux est à la grive; parmi les quadrupèdes, au lièvre.

Les dames romaines, qui étaient de grandes coquettes, estimaient de leur côté le sang du lièvre comme le plus précieux de tous les cosmétiques pour la peau du visage et pour celle des mains. J'aime mieux la pâte d'amandes.

Voulez-vous savoir pourquoi la rencontre d'un lièvre qui traverse votre chemin a la réputation d'être un mauvais présage ? Écoutez :

Il était une fois un général lacédémonien, nommé Lysander, qui faisait le siége de Corinthe. Ce général aperçut un jour un lièvre qui flânait sur les glacis de la citadelle, devant les lignes des assiégés. « Très bien ! s'écria aussitôt cet homme de guerre, très fort sur les rébus, voilà une ville qui ne doit pas tarder à être rasée, puisque les animaux des champs, qui chérissent la solitude, viennent déjà retenir leur logement dans la place. » Or, l'histoire rapporte que cette explication déplorable d'un phénomène insignifiant produisit sur le moral des soldats lacédémoniens un effet si prodigieux qu'ils demandèrent l'assaut à l'instant même, *où* ils se conduisirent comme des lions et ceignirent leurs fronts des lauriers de la victoire.

Je n'ai jamais partagé les appréhensions du vulgaire à l'endroit de la rencontre du lièvre, et je ne la redoute aucunement, surtout lorsque je suis armé.

Un chef de cabinet ministériel, personnage éminemment habile à *développer le côté inutile des questions*, et que cette spécialité appelait à un brillant avenir sous le gouvernement constitutionnel, me pria un jour de lui procurer la distraction d'une chasse au lièvre. Je l'emmène chez un ami des champs. A ma demande on découple deux bassets novices dans un bosquet attenant à l'habitation, petit parc de réserve. Part un levraut qui vient se poser en *chandelier*, au beau milieu d'une avenue, à dix pas du personnage en question. Celui-ci fait feu de ses deux coups sur la malheureuse bête, à qui la peur donne des ailes et qui vient me passer à vingt-cinq pas. Je l'assassine, et comme j'ai affaire à des chiens qui débutent, je coupe prestement les oreilles au levraut et les partage aux deux bassets pour les affriander. Survient à l'instant même le premier tireur, qui réclame l'honneur de l'assassinat. — Il était blessé à mort, s'écrie-t-il du plus loin qu'il m'aperçoit ; c'était inutile de le tirer, les chiens allaient le prendre. — En êtes vous bien sûr ? lui répondis-je. Il s'approche, et avisant le lièvre dont la coiffure est à bas. — Ma foi non, dit-il, *ce n'est pas le même ; le mien avait des oreilles longues comme ça !!* Et dressant vers le ciel l'index de sa main droite, il m'indiquait d'une manière énergique la prodigieuse dimension des oreilles de *son* lièvre.

Or, il s'est trouvé une fois un ministre constitutionnel et soidisant chasseur pour me faire de cet homme-là le préfet d'un département très boisé ! Et les imbécilles se demandent pourquoi la monarchie a péri.

## LE FAUVE.

### Cerf. — Daim. — Chevreuil.

Les branchus de nos forêts de France comptent, avons-nous dit, trois espèces, cerf, daim, chevreuil. Ces trois espèces sont désignées sous le nom général de *fauve*. On dit d'une forêt bien peuplée de ces trois espèces que *le fauve y abonde*.

La femelle du cerf s'appelle *biche;* celle du daim, *daine;* celle du chevreuil, *chevrette.* Le mâle de cette dernière espèce s'appelle *brocart.* Les nouveaux-nés des trois groupes prennent également le nom de *faons* (prononcez *fans*).

Ces bêtes-là ont des *pieds*, et non pas des *pattes.* Je professe une très médiocre estime pour les gens qui me demandent une patte de chevreuil ou de cerf pour orner le cordon de leur sonnette ou pour en faire des manches de couteaux. La patte est essentiellement armée de griffes et d'ongles. Ces ongles sont rétractiles chez les félins (lion, chat) et non rétractiles chez les autres carnivores (canins, mustéliens). Il est malheureux que le mot *ongle* se dise indifféremment de la griffe des félins et de la corne du pied des bêtes fauves et de la bête noire (sanglier).

Le cerf, le daim et le chevreuil *perdent leur tête* tous les ans à époque fixe, le cerf et le daim en mars, le chevreuil en décembre. Ils la *refont* aussitôt après l'avoir perdue. Le bois est l'attribut de la masculinité, comme la barbe; le front de la femelle est dépourvu de cet ornement, sauf de rares exceptions, lorsque le sexe, par exemple, a disparu avec l'âge, et que la bête est devenue *brehaigne*, c'est-à-dire stérile, et, dans ce cas encore, la prétention de la femelle se borne-t-elle à parer son chef de chétifs cornillons.

La tête a pour appui, sur le front de l'animal, la *meule*, sorte de plate-forme ronde et couronnée, sur laquelle va pousser le bois. La mère branche, la tige, a nom le *merrain* ou la *perche*. De cette mère branche partent en avant des rameaux qui ont reçu le nom de *cors* ou d'*andouillers*, et qui sont au nombre de trois dans une tête régulière, le premier andouiller, la chevillure et le sur-andouiller. Après avoir fourni les trois andouillers, la perche se termine par une fourche qu'on appelle, suivant la forme qu'elle affecte, *chandelier* ou *empaumure*. Empaumure s'emploie le plus souvent pour désigner toute la ramure du daim, qui est plus large que celle du cerf. Il y a de ces chandeliers qui comptent jusqu'à six ou sept branches. La tête est dite *bizarde* quand les deux ramures ne sont pas pareilles et que les irrégularités touchent à la monstruosité. Une belle tête est celle qui compte trois andouillers d'égales dimensions, bien étagés sur une même ligne horizontale, et dont l'empaumure porte quatre branches. L'analogie du cerf exige que son bois forme une série parfaite à sept termes, comme une gamme, avec la perche pour pivot. La chevillure, andouiller du milieu, doit être le plus long des trois. Le plus beau bois est le bois le plus pesant, celui dont le grain est le plus noir, le plus fin et le plus luisant. Le jeune cerf porte le nom de *faon* pendant les six premiers mois de sa vie, au bout desquels il prend le nom de *hère* ou haire, qu'il conserve pendant le même espace de temps, c'est-à-dire jusqu'à sa première tête. De un an à deux ans, c'est un *daguet*. Ses bois, pointus, droits et unis comme une corne de gazelle, ressemblent, en effet, à une double dague, et s'appellent ainsi. De deux ans à trois ans le cerf est dit à sa *deuxième tête ;* à sa deuxième tête le cerf a pris son premier andouiller. De trois ans à quatre ans, *troisième tête :* la chevillure s'étage au-dessus du premier andouiller. De quatre à cinq ans, *quatrième tête :* apparition du sur-andouiller, l'empaumure se dessine. De cinq à six ans, *dix-cors jeunement :* la tête est complète désormais, et ne fera plus que croître en grosseur, sauf les *bizarderies* de l'empaumure. De six à sept ans, *dix-cors.* Plus tard, *grand vieux dix-cors, grand vieux cerf.*

Ceci est l'histoire de la ramification du bois du cerf et de celui du daim. Cette ramification est moins compliquée chez le chevreuil. Le chevreuil porte la dague comme le cerf et le daim à sa seconde année ; mais il fait toute sa tête de la troisième année à la quatrième, c'est-à-dire que dans cet espace de temps il a pris ses deux andouillers, la seule parure à laquelle il ait droit de prétendre. Le chevreuil a fait et parfait toute sa tête en cinq ans. On sait que la suppression du sexe et de graves infirmités interrompent la végétation de la tête chez tous les ruminants.

On juge de l'âge, de la taille et de l'embonpoint du cerf par la grosseur de son pied, par ses *allures*, par ses fumées. L'allure est la manière dont un animal marque le pas ; c'est l'espace qui existe entre ses pieds de devant et ses pieds de derrière. On dit que la biche et le daguet *se méjugent*, parce que leur marche est oblique, et que leur pied de derrière ne s'emboîte pas, comme celui du dix-cors, dans celui de devant. Je ne donne pas les détails d'une foule d'autres indices dont la connaissance est du ressort particulier de la profession du piqueur, et qui, outre l'inconvénient de n'instruire que médiocrement les lecteurs à qui ce traité s'adresse, ont celui de se trouver dans vingt livres.

On dit du cerf que sa *venaison* commence en juin et finit en septembre, pour exprimer que c'est en cette saison que l'animal a acquis tout son embonpoint et qu'il est plus avantageux de le chasser. On dit que le fauve se rend au *gagnage* quand il sort du buisson (bois) pour aller paître dans les champs. Paître, pour le fauve, c'est *viander ;* pâture, c'est *viandis*. Le cerf ne boit pas, il *prend l'eau ;* il ne se *dérobe* pas comme le renard, il ne prend pas de l'avance sur les chiens comme le sanglier, il se *forlonge* Son cri, qui est un mugissement formidable, s'appelle *raiment* ou *bramement ;* le cerf, le daim et le chevreuil raient ou brament.

Un des premiers articles de la charte des veneurs consacre l'inviolabilité des femelles dans la chasse du fauve. Ce privilége d'inviolabilité devrait s'étendre à toutes les espèces destinées à nos plaisirs. Respect au sexe, que la femelle s'appelle biche ou chevrette, chanterelle ou poule faisane. J'ai vu avec douleur, dans les derniers temps de la monarchie, que messieurs de la Société de Rambouillet se rendaient quotidiennement et systématiquement coupables d'infraction aux sages prescriptions de la charte de saint Hubert. J'ai vu mieux que cela, hélas! en fait d'infractions coupables ; j'ai vu des bourreaux, qui n'avaient pas même le besoin pour excuse à leur crime, imiter le cri de détresse du faon pour attirer la mère sous le canon de leur fusil. Ainsi, dans ce fumier de civilisation où croupit la société actuelle, où tout s'achète et se vend, la voix de l'électeur comme la chair de la vierge, le pourvoyeur d'amour s'appuie de la tendresse maternelle comme d'un tout-puissant levier, et fait résonner au cœur de la fille séduite les cris plaintifs de son enfant à jeun, pour la pousser dans le gouffre large ouvert de la prostitution. Les peuples chasseurs de l'Amérique, les plus féroces d'entre les sauvages, auraient horreur d'un semblable procédé de destruction. L'assassinat des femelles du castor fut longtemps considéré comme un *casus belli* parmi les tribus des peaux rouges. Le *Bas-de-Cuir* de Fenimore Cooper, qui fait parler si éloquemment la providence de Dieu, n'a pas de paroles assez dures pour flétrir ces assassinats de femelles.

Si quelque pauvre bête méritait, au surplus, d'être exemptée de la proscription qui pèse sur le fauve, c'était assurément la biche; la biche, symbole parfait des pauvres épouses et des pauvres mères de la classe laborieuse; la biche, esclave soumise que le vainqueur s'adjuge pour prix de sa victoire et qu'il abandonne aussitôt que l'orage des sens est calmé, laissant désormais à sa charge tous les tourments de la maternité. Oh! n'accusez pas pour cela le cerf de sécheresse et de dureté de cœur, car c'est la dureté du travail, c'est la persécution qui le force à se *recéler* et à vivre seul. Le cerf est l'emblème du juste persécuté, et le juste persécuté a mieux à faire qu'à s'occuper de sa famille. Le Christ a dit: *Que celui qui veut me suivre abandonne les siens...* Vous savez bien d'ailleurs que l'Évangile de saint Malthus interdit aux nobles travailleurs le droit d'amour et de paternité, et que ces droits naturels là sont priviléges du riche. Vous saurez tout à l'heure que le cerf est un de ces travailleurs d'élite à qui les valets de plume de l'opulent improductif refusent le droit d'aimer.

Pauvres biches! Dieu a mis tant d'amour maternel en leur cœur qu'elles acceptent avec joie toutes les douleurs de la maternité. Rien n'égale la tendresse de ces pauvres mères pour leur progéniture; elles n'ont point d'armes pour défendre leurs petits contre la dent du loup; elles les cachent; elles leur apprennent à se tenir immobiles sous la cépée herbue. Pour éloigner l'ennemi du buisson qui renferme leur jeune famille, elles feront les blessées et se donneront aux chiens. Quand le faon aura grandi et aura conquis par la vigueur de son jarret un moyen de salut, la pauvre mère s'attachera à meubler son intelligence de toutes les ruses et de tous les détours que comportent la localité qu'il habite et le genre d'ennemis qu'il aura à combattre. Que de fois la compassion est entrée dans mon cœur au spectacle des merveilles de sagacité et de calcul déployées par un simple daguet (cerf d'un an) dans sa première épreuve ! Que de fois me suis-je fait le complice volontaire de ses supercheries, aimant mieux *mentir* à mes chiens que de trahir la retraite du fugitif, dont le hasard m'avait permis d'observer les marches savantes et d'admirer les ruses ! Et je ne m'en repens pas !

La biche, la daine et la chevrette ne sont pas, à proprement parler, des bêtes de chasse, et ce que j'ai dit d'une des familles s'applique aux deux autres. Je préviens seulement que dans l'espèce chevreuil, la plus favorisée des trois, le mâle, moins absorbé par le travail de tête, ne se débarrasse pas sur la femelle des soins de la famille, et qu'il prend sa part du fardeau. L'union du brocart et de la chevrette est un ménage véritable et non une passade amoureuse comme celle du cerf et de la biche, du daim et de la daine. Ces considérations sur l'espèce exposées, abordons la question passionnelle, la grande question du courre du cerf, la chasse par excellence, la chasse des empereurs et des rois.

## LE CERF.

Je suis le cerf à cause de ma teste ;
Par les Grecs fuz *ceratum* surnommé.
En beauté j'excède toute beste
Dont à bon droit ils m'ont ainsi nommé.
Pour le plaisir des rois je suis donné :
De jour en jour veneurs me pourchassent
Par les forêts. Je suis abandonné
A tous les chiens qui sans cesse me chassent.

Toute la destinée du cerf est écrite en ces vers. Victime réservée aux honneurs de la tuerie royale pour la beauté de son corps, éternel objet de l'ardente convoitise de la meute pour l'excellence de sa chair. Un dix-cors ravagé par de profonds chagrins et désireux de verser ses peines dans le sein d'un homme pieux, n'emprunterait pas à la poésie un langage plus touchant, plus naïf, que celui que lui prête Du Fouilloux.

Noble et douce nature, créature victime, encore une bête du bon Dieu !

Car il y a les bêtes du bon Dieu, je vous l'ai dit cent fois, comme il y a les bêtes du diable. Les hirondelles et les bergeronnettes sont des oiseaux du bon Dieu ; le hibou et le vautour sont des oiseaux du diable. Le renard, emblème du procureur, et le bouc, emblème de la luxure, relèvent de Satan ; le bœuf et la brebis, emblèmes du travailleur exploité, relèvent du bon Dieu.

Il y a aussi le double dogme du bon et du mauvais principe.

Il y a les apôtres du bon Dieu, les socialistes qui réclament le droit de vivre pour tous et qui écrivent que le bonheur est la destinée de l'homme ; et les apôtres de Satan, les Scribes de Juda, qui disent que la misère est le lot fatal des masses, et qui, après avoir fait semblant d'abolir l'héritage et de chercher la femme libre, ont vendu pour un peu d'or leur plume et leur conscience aux juifs. Infamie sur les apostats !

La plupart des animaux du bon Dieu adorent la mélodie pastorale.

Aristote a connu la passion du cerf pour les chants mélancoiques et tendres ; il affirme qu'on peut prendre cet animal à deux, au moyen de la flûte. Pendant que l'un des deux compagnons tient l'animal charmé par l'attrait de ses mélodies, l'autre s'approche en tapinois de la victime et lui plonge son poignard dans le sein. Du Fouilloux, qui a pratiqué le cerf plus particulièrement qu'Aristote, est à peu près d'accord avec le grand naturaliste de Stagyre, quant à la mélomanie du noble quadrupède ; mais si le cerf comme le bœuf aime les pipeaux rustiques, comme lui aussi il a peur du clairon belliqueux.

Il n'y a qu'à consulter les légendes historiques et religieuses de tous les peuples pour reconnaître que le cerf est un des instruments dont Dieu aime à se servir pour faire part aux mortels de ses desseins sur eux. Ce fut un cerf blessé du mont Ida qui donna à l'homme la première leçon de thérapeutique et lui fournit la recette du dictame.

Tous les auteurs anciens et un grand nombre d'auteurs modernes qui ont traité du cerf ont parlé longuement de ses guerres avec les serpents. L'analogie dit bien, en effet, qu'il doit y avoir antipathie entre le noble quadrupède qui symbolise la loyauté et le reptile venimeux qui symbolise la perfidie ; mais il ne m'est pas prouvé pour cela que le cerf ait avalé toutes les couleuvres qu'on lui prête. Je sais des chiens, il est vrai, qui tuent les vipères pour le plaisir de les tuer, et uniquement parce qu'ils ont la conscience de rendre service à l'homme en détruisant des bêtes malfaisantes ; mais le chien est un chien, le chien est le sergent de ville de l'homme, et le cerf n'a pas été créé pour servir de doublure au chien. Le vrai destructeur des reptiles parmi les quadrupèdes, c'est le sanglier au cuir épais, à l'estomac complaisant ; c'est, parmi les oiseaux, le kamichi, le secrétaire, le cariama, la cigogne et le héron. Mais le cerf avait, dès le principe, la réputation de savant dans les choses de la médecine ; on lui était déjà redevable de la découverte du dictame, natif du mont Ida ; on a été naturellement amené à lui attribuer une foule d'autres inventions merveilleuses.

Ainsi, le cerf ne se contente pas de *déchirer* le serpent qu'il rencontre sur sa voie et de l'avaler par la queue suivant une coutume
invariable ; il va le provoquer jusque dans le fond de ses plus
noires cavernes ; il se rit du nombre de ses ennemis et n'a pas
peur de se laisser envelopper par eux ; car sa mère lui a confié le
secret d'un spécifique infaillible contre le venin de leurs morsures. Ce secret consiste tout bonnement à descendre dans le
premier ruisseau venu où il y ait des écrevisses et à se gargariser
la bouche avec un demi-cent de ces crustacées, mais *sans boire*.
Cette dernière considération est de rigueur ; *sans boire ;* si le cerf
boit, il est perdu. On peut se conduire avec les auteurs anciens
d'une manière convenable, sans se rendre garant de l'infaillibilité
de tous leurs spécifiques. Je ne garantis pas l'infaillibilité du spécifique ci-dessus.

On sait encore que, dans l'ancienne médecine, la poudre de
corne de cerf et celle de *l'os de son cœur* passaient pour les *alexi-*
*pharmaques* (fortifiants) par excellence. La corne de cerf est la
panacée universelle qui guérit tous les maux passés, présents,
futurs, nouveaux ; c'est elle qui soulage la femme enceinte, qui
détruit les vers chez l'enfant, qui rajeunit le vieillard. Malheureusement le cerf a la malhonnêteté d'enterrer ses bois et de vouloir priver l'espèce humaine d'un remède dont elle a tant besoin,
ce qui force celle-ci de faire la guerre au cerf. Je m'empresse de
protester contre cette accusation ridicule de rouerie adressée à
une bête loyale qui en est complètement incapable. Le cerf n'en-
terre pas ses bois, qui s'enterrent tout seuls, quoi qu'en disent
Aristote et sa docte cabale, et Théophraste et Pline.

La biche possède aussi de merveilleux remèdes pour une foule
de maladies ; elle pénètre très avant dans les secrets de Lucine et
connaît des cailloux qui ont la propriété de faire accoucher sans
douleur. La médecine arabe, qui serait au désespoir de se laisser
distancer par la grecque ou par la latine sur le terrain des secrets
merveilleux, affirme de son côté que la peau et les *fumées* de la
gazelle, calcinées et réduites en poudre et mêlées à très faible
dose dans la nourriture de l'enfant, lui donnent de la mémoire,
de l'esprit et un doux caractère. Elle ajoute (la médecine arabe)

que le meilleur moyen de guérir les femmes de la démangeaison du babil est de leur faire manger de temps à autre une langue de gazelle séchée au four.

Qui ne se rappelle avoir lu avec amour, dans les Métamorphoses d'Ovide, l'histoire touchante du jeune Cyparisse, si inconsolable de la mort de son cerf chéri, et qu'Apollon, touché de sa souffrance, change en cyprès, image des douleurs éternelles?

La foi catholique a pris aussi sa part du cerf et s'en est largement servie pour illustrer ses légendes. Le grand saint Hubert, patron des chasseurs, a dû sa conversion à un cerf.

Saint Hubert était un gentilhomme austrasien (lorrain) qui s'abandonnait à sa passion pour la chasse avec une fougue qui lui faisait complètement oublier le salut de son âme. Le bon Dieu, qui avait des desseins sur lui, et qui le destinait à être un jour le porte-enseigne vénéré de la corporation des chasseurs, lui fit faire, un beau matin ou un beau soir, la rencontre d'un cerf qui portait un saint-sacrement sur son chef en guise d'andouillers. La légende rapporte que les flammes qui jaillissaient de cet appareil lumineux étaient si éblouissantes, que les chiens qui chassaient l'animal en prirent peur et renoncèrent à courre le cerf pour le reste de leur vie. Leur maître fit mieux; averti par cette manifestation éclatante que le Seigneur n'approuvait que médiocrement ses occupations habituelles, il dit adieu à ses chiens et se retira au fond d'un ermitage, où il édifia ses frères en Jésus par la pratique de toutes les vertus chrétiennes, partageant désormais son temps entre la pipée, la prière et la préparation de ses remèdes secrets contre la rage.

Ou je me trompe fort, ou il doit y avoir un peu de cerf dans la biographie de saint Eustache et dans celle de saint Germain-l'Auxerrois, et aussi dans celle de saint Norbert, fondateur des Prémontrés. «Je te l'ai *de près mmtré* (l'animal de chasse).

Qui nourrit le fils de Geneviève de Brabant du lait de ses mamelles? Une biche..... Qui fut dans le désert la consolatrice et l'amie de cette femme innocente, malheureuse et persécutée par un tyran barbare, soupçonneux et peu délicat? Une biche. Il y a dans le poème de Jocelyn une biche qui a certainement plus de

sentiments humains dans le cœur que cet odieux évêque de Gre-
noble, lequel ne trouvant pas que son propre martyre lui ga-
rantisse suffisamment sa place au paradis, force deux jouven-
ceaux qui s'adorent à s'immoler et à se damner pour lui en cette
vie et dans l'autre. Comme tous ces mauvais prêtres ont calomnié
le Christ !

Je n'en finirais jamais si je voulais citer tous les exemples qui
prouvent que l'humanité, dans ses afflictions, a toujours trouvé
refuge et reconfort près de la biche et de sa famille. Toutes les
histoires un peu poétiques en sont pleines.

Oh ! oui, le contrat d'alliance et d'amitié entre l'homme et le
cerf a été signé, il y a bien longtemps ; Phèdre en parle dans ses
fables ; mais si le cerf l'a toujours scrupuleusement respecté, il
faut bien reconnaître que l'homme y a donné de fiers coups de
canif. Combien de fois n'ai-je pas vu un malheureux cerf mal
mené, à bout de jambes et de ruses, chercher un refuge dans la
demeure de l'homme, et celui-ci lui plonger son couteau dans la
gorge, le dépouiller et le saler après ! Ainsi, l'Anglais victorieux
reconnut un jour la confiance du vaincu de Waterloo qui lui demandait un asile, l'enchaîna, le garrotta, et le clouant sur un
roc désert, au sein de l'Atlantique, l'y fit périr de consomption
et d'ennui.

Mais puisque le cerf, me dira-t-on, avait été doué du triste don
des larmes par le suprême ordonnateur des choses, apparemment
que c'était pour s'en servir. Cette réflexion est juste.

Le cerf symbolise, en effet, l'homme juste, le travailleur persécuté par l'égoïsme des grands seigneurs et livré à l'exploitation
de tous les agents parasites de l'administration civilisée (chiens
courants).

Et ce travailleur-là n'est pas un travailleur ordinaire, un simple manœuvre possédant ses bras pour tout capital, comme disait le grand ministre Turgot, l'ami du peuple et du malheureux
Louis XVI, ce pauvre roi dont la civilisation fit un martyr et dont
l'Harmonie eût fait un si glorieux président de la série des ingé-
nieurs-mécaniciens !

Le cerf travaille de tête. C'est un de ces poursuivants acharnés de la science, pour lesquels la science n'a que des épines et qui périssent d'une manière misérable, comme Salomon de Causs, pour avoir devancé les idées de leur siècle.

Que d'obstacles à surmonter pour l'inventeur avant d'avoir parfait son œuvre! Après les douleurs de l'enfantement, que de douleurs pour faire accepter sa découverte, pour pouvoir la développer en son plein! Que de souffrances dévorées dans la solitude! Las! l'inventeur aussi fut doué du triste don des larmes... Et un autre emblème du savant persécuté, la couronne impériale, porte trois larmes congelées au fond de son calice!

Le cerf n'apporte en naissant que les rudiments de sa parure de tête, dont le développement parfait et régulier représente la série industrielle ornée de son pivot, le merrain. De même que le cerveau de l'inventeur s'enrichit chaque année d'une acquisition nouvelle, ainsi la tête du cerf doit s'accroître, avec l'âge, de quelque nouvel andouiller :

> Le daguet n'a sur la tête
> Que deux dagues seulement;
> C'est une petite bête
> Qui se fait chasser très longtemps.
> (*Funfare du daguet.*)

Le *daguet*, cerf d'un an, a remplacé, avons-nous dit, le *faon* (premier âge), et le *haire* (second âge) ; la *deuxième tête* a succédé au daguet; la *troisième tête* à la deuxième ; la *quatrième tête* à la troisième ; le *dix-cors jeunement* à la quatrième tête ; le *dix-cors* au dix-cors jeunement.

Or, chacune de ces métamorphoses a été pour la malheureuse bête une crise douloureuse. Elle a été obligée aussi de se retirer dans la solitude et loin de tous les regards pour mûrir en paix son travail (refaire sa tête) ; mais à peine a-t-elle reparu dans la lice, fière du nouveau perfectionnement de son procédé, qu'elle se trouve soudain le point de mire des traits acérés de l'envie, des attaques de la concurrence, de la cupidité du fisc, je veux dire des chasseurs. Car le cerf qui a perdu son bois en mars l'a refait en juin, et c'est l'époque où le *gagnage* est friand et où commence la venaison du cerf. Tayaut! Tayaut! écoutez le cri de guerre des veneurs et le bruit étourdissant des fanfares qui sonnent la *royale;* c'est un dix-cors qui fuit devant la meute ; pour lui vient de s'ouvrir l'ère des persécutions.

Or, voyez le malheur...! A mesure que son cerveau s'enrichit, que son noble front s'illustre, dans la même proportion s'accroît le nombre de ses persécuteurs. Tant qu'il n'était que daguet, jeune et léger de bagage scientifique, c'est à peine si les veneurs daignaient s'occuper de lui. Son obscurité lui tenait lieu de sauvegarde, et puis le poids de l'existence est si facile à porter au matin de la vie, et ses jarrets étaient si vigoureux, si souples ! Attendons qu'il profite, disaient-ils, qu'il soit devenu gras et lourd; pour aujourd'hui le jeu n'en vaut pas la chandelle. Mais voici que le daguet est devenu dix-cors, que l'embonpoint et la pesanteur lui sont arrivés avec l'âge. En avant, piqueurs et limiers, plus de repos à la bête, son bois au ratelier, sa chair à la curée !

C'est pour en venir là que le noble animal a refait tous les ans sa tête, dont le poids a fini par alourdir sa marche. Travail infructueux comme celui de l'inventeur obligé de recommencer tous les ans sa besogne, sans pouvoir parvenir à dompter la misère où le retient invinciblement l'oppression du capital oisif, l'oppression de la caste privilégiée... Travailleurs, caste maudite, il est écrit dans la Bible et dans l'Evangile d'Albion, commenté par saint Jean-Baptiste Say et par saint Malthus, que vous périrez à la peine; que le produit de vos sueurs appartient de droit à vos maîtres. Courbez vos fronts sous la loi du plus fort, subissez l'arrêt du destin...

Alors les victimes, découragées par l'inutilité de leurs efforts, se résignent ou vont demander à l'ivresse l'oubli momentané de leurs maux (le cerf, le daim et le chevreuil se livrent à la passion du brou). Alors les apôtres de la fausse morale, souteneurs-nés des priviléges des classes fainéantes, et les valets de plume de la boutique, messieurs les économistes, prennent texte de l'abrutissement où ces excès de jeunes pousses ont plongé les victimes, pour tonner contre l'immoralité native des classes laborieuses. Alors M. le préfet de l'Oise range par arrêté le cerf et le chevreuil dans la catégorie des animaux nuisibles ! ! !

Mon Dieu oui, parce que de pauvres bêtes, à qui si peu de jouissances sont accordées en ce monde en retour de tant de misères; parce que le cerf, le daim et le chevreuil semblent se jeter avec avidité au printemps sur les pousses des jeunes chênes, qui leur procurent une ivresse passagère, une minute d'abandon, d'insoucieuse gaieté, trop souvent expiée par un châtiment terrible; pour cette seule faiblesse, hélas! de cupides propriétaires de forêts, d'insensibles administrateurs, qui sablent à discrétion le bordeaux et le champagne dans leurs orgies quotidiennes, ont déclaré les trois innocentes espèces dûment atteintes et convaincues du vice originel d'ivrognerie. Ainsi disent les ministres puritains d'Albion, parlant des prolétaires irlandais et saxons, méprisable canaille imbue de tous les vices !

Parce que le cerf, aigri par les chagrins sans nombre dont il est assailli, recherche avec fureur les distractions d'amour, les mêmes l'ont accusé de luxure et d'impudicité. Comme si la privation et la misère n'étaient pas les légitimes excuses de tous les excès des sens! comme s'il était possible au pauvre monde d'apporter de la mesure dans la jouissance du seul bien que le riche ne lui ait pas encore interdit! Ah! la morale vous est facile à vous, riches impotents blasés sur les jouissances d'amour, qui pouvez acheter à prix d'or les caresses et la chair de la fille du peuple, sauf à l'abandonner après votre caprice passé; mais faites boire le cerf à votre auge et constituez-lui un harem, vous verrez qu'il ne vous scandalisera plus de ses débordements. Eh! parbleu, ne s'enivre pas qui peut boire à sa soif le vin des meilleurs crûs.

On n'a peut-être que ce défaut à reprocher au cerf, la violence de ses passions amoureuses. Le cerf n'a pas assez médité, j'en conviens, la leçon de discrétion infligée par la chaste Diane au chasseur Actéon; mais je me demande qui est parfait en ce monde. Samson, Hercule et M. de Turenne étaient de nobles héros, et l'amour aussi les perdit. L'amour est la passion des grands cœurs.

L'espèce du cerf est répandue par tout le globe. Le Jardin-des-

Plantes de Paris en possède aujourd'hui une dizaine d'espèces
vivantes, dont la plus semblable à la nôtre est celle du Malabar.
Presque toutes ces espèces se reproduisent en captivité, et peuvent
être considérées comme acclimatées en France. Elles feront quelque jour la gloire de nos forêts repeuplées. Et l'honneur d'avoir
doté leur patrie de ces nouvelles richesses reviendra à MM. Isidore Geoffroy Saint-Hilaire et Florent Prevost.

J'ai dit que les savants des académies avaient eu tort dans le
temps de chercher querelle à Virgile, pour avoir affirmé l'existence du cerf africain. Il paraît que ces messieurs tenaient énormément à ce que la terre d'Afrique ne nourrît que des antilopes
et des gazelles, et que les lauriers de notre dernière conquête les
ont contrariés beaucoup.

J'ai dit les mœurs du cerf. Sa vie n'est qu'une longue série
d'amertumes. C'est l'orgueil des forêts, le gibier royal par excellence ; mais sa beauté le tue.

Le cerf a pour ennemis tous les carnassiers du globe, les canins
et les félins notamment. Dans la Perse et dans l'Inde, on le
chasse au guépard, charmante espèce de tigre qui se dresse comme
un lévrier. Je ne sache pas qu'on le chasse nulle part à l'oiseau,
à l'instar de la gazelle. Pline affirme néanmoins que de son temps
les aigles faisaient beaucoup de chagrin aux cerfs, commençant
par leur troubler la vue avec la poussière de leurs ailes, puis
leur crevant les yeux. Le gypaète des Pyrénées et des Alpes a été
accusé aussi de faire usage d'un procédé identique pour détruire
le Chamois et l'Isard. Ici je ne m'inscrirai pas en faux contre le
témoignage de Pline, quoiqu'il se soit passé du temps de cet
écrivain une foule de choses d'histoire naturelle qu'on n'a pas
observées depuis. J'ai vu des pies et des corneilles poursuivre des
levrauts dans nos champs et leur crever les yeux. Le faucon
blanc de Perse, qui n'est pas plus gros qu'un pigeon, attaque la
gazelle, et je ne vois pas pourquoi l'aigle et le gypaète ne s'en
prendraient pas au cerf ou au chamois dans un besoin urgent.

Dans les forêts du Nord, où le cerf disparaît pour faire place à
l'élan et au renne, les principaux ennemis de ces deux races sont
le loup, le glouton et le chat-cervier ; le loup qui chasse à forcer

comme le chien, le glouton et le chat-cervier qui préfèrent l'affût
et s'embusquent dans les branches touffues des sapins, pour de là
se laisser choir sur la proie qu'ils guettent au passage. L'ours a
toujours été plus friand de fraises et de miel que de chair : le
cerf et ses congénères ont eu rarement à se plaindre de lui. Je
ne suis pas fâché de trouver, en passant, l'occasion de délivrer
ce nouveau certificat de bonnes vie et mœurs à une bête trop
calomniée.

D'innombrables troupeaux de cerfs émaillaient le sol des prairies et des forêts de l'Amérique du Nord avant que la fée de l'industrie y eût transformé d'un coup de sa baguette le désert et la
solitude en cités populeuses, et n'eût planté les assises des ports
aux plages limoneuses où dormaient naguère au soleil les caï-
mans musqués. Le cerf (daim de Cooper) constituait alors en
grande partie la richesse sociale et le capital des Peaux rouges,
de la rive gauche du Mississipi jusqu'à l'Atlantique, comme le bison celui des Peaux rouges de l'Ouest, de la rive droite du fleuve
jusqu'aux Montagnes Rocheuses. C'était pour eux, ou pour elles,
la manne du désert, leur unique ressource contre la faim, supplice normal de la sauvagerie. L'Européen civilisé, cet être que
saisit le besoin de gaspillage et de destruction, à la vue des richesses naturelles, n'eut garde, comme on pense bien, de ménager celles-ci. Il vint des exterminateurs de partout pour faire la
guerre aux daims et aux bisons, et ces espèces n'eussent pas duré
un siècle, si l'esprit de conservation, inhérent à la propriété,
n'eût fini par insuffler une idée raisonnable dans le cerveau des
Yankees. Donc ces destructeurs acharnés s'aperçurent un jour
qu'ils n'étaient pas les seuls à vouloir la fin de leur fauve, et que
le loup et le couguar (panthère grise d'Amérique) leur faisaient
dans ce but une rude concurrence. Alors ils déclarèrent une
guerre à mort, guerre de concurrence à ceux-ci, et la bataille dure
encore et si bien que le daim, comme le pigeon de la fable, a
profité largement du conflit des voleurs, c'est-à-dire que l'espèce
commence à se repeupler depuis aux prairies et aux forêts de la
North-Amérique; et que le cerf américain, toujours ami de
l'homme, toujours confiant dans sa générosité, vit aujourd'hui

dans la conviction intime que l'homme n'a été poussé à sévir contre le couguar que par le seul désir de l'obliger, lui cerf. Pourquoi chercherais-je à détruire ces illusions candides ?

Le cerf méritait surtout d'être honoré en France, *France*, *nourrice de toute noblesse et fontaine des sciences et des arts*, a dit Jacques Du Fouilloux, le plus grand des écrivains de cerf que je connaisse, et dont j'engage tous mes lecteurs, je ne dis pas toutes mes lectrices, à lire le célèbre traité de *Vénerie*. Aussi le cerf a-t-il joué un rôle immense dans l'histoire des plaisirs des rois de France, princes qui chassaient de race, et qui n'ont pas dédaigné de consacrer leurs veilles à l'étude de la chasse à courre. Le cerf de France a, comme vigueur et comme beauté de formes, une supériorité marquée sur tous ceux de l'Europe. Mais s'il a eu quelques beaux jours sous l'ancienne monarchie, qu'il est tombé bas avec elle! qu'il a expié chèrement ses amitiés royales! En 89, comme depuis en 1830 et en 1848, ce fut, hélas! la première victime innocente sur laquelle le courroux du peuple s'abaissa. *Quidquid delirant reges, plectuntur cervi*, aurait dû dire le poète, au lieu de *achivi*, car il est certain que le peuple a moins à pâtir des révolutions que le cerf.

Pourquoi cela cependant, si le noble animal symbolise l'inventeur ?

Eh! mon Dieu, pour une raison bien simple; parce que toutes les révolutions françaises où le cerf a pâti ont été escamotées par l'aristocratie du capital au grand détriment des travailleurs, et que mieux vaut pour l'homme de génie, le Molière, le Riquet, le Perrault, le Monge, le Laplace, mieux vaut l'amitié de Louis XIV, de Colbert ou de Napoléon, que la protection de la charte de 1830 ou de la constitution de 1848, sous le régime de laquelle les Sully et les Colbert ont nom Cunin-Gridaine, Fulchiron, Aliboron, Duchâtel, Guizot, Thiers. Le grand roi, le souverain absolu, peut n'aimer que modérément le progrès; mais par fierté, par amour de la gloire, il se croit tenu d'encourager la science et les beaux-arts; il dote de riches pensions le poète et l'artiste; il les réserve pour les plaisirs intellectuels de sa cour. Le plus noble et le plus généreux des Mécènes de l'époque est le

tzar Nicolas ; et le judicieux autocrate ne se borne pas à enrichir
et à honorer les talents par sa munificence : en même temps qu'il
rémunère le travail utile, il proscrit l'industrie parasite ; il condamne le *juif*, le *juif brocanteur... au travail !* C'est triste à confesser pour un écrivain démocrate, mais c'est vrai, les Monarchies citoyennes et les Répub'iques modérées ont les instincts
artistiques moins développés que les monarchies absolues des
Aaroun-al-Raschild, des Soliman, des Louis XIV et des Nicolas.

Que nos lecteurs consultent l'article *Lièvre* qui précède pour
connaître la chasse du cerf ; car le cerf n'est pas moins ingénieux, pas moins fécond en ressources que le lièvre, et les ruses
de ces animaux sont les mêmes. Ces deux malheureuses bêtes
ayant été créées pour le martyre, il a bien fallu leur donner avec
la vitesse, la finesse d'ouïe et d'odorat, la faculté de combiner des
plans de stratégie défensive.

Il y a mieux que l'article *lièvre* qui précède pour renseigner
les curieux de détails sur la chasse du lièvre et sur celle du cerf.
Jacques Du Fouilloux et Leverrier de la Conterie, les deux écrivains qui ont porté le plus haut la gloire de la vénerie française,
ont traité les deux sujets avec une supériorité désespérante pour
ceux qui devaient venir après eux. Comme Du Fouilloux n'avait
rien laissé à dire sur le cerf, au point de vue de la pratique du
courre, La Conterie a épuisé la science sur la question du lièvre.
Gloire et respect aux maîtres ! La modestie est le coloris de la
science, comme la pudeur est le coloris de la vertu.

Le cerf a donc recours aux mêmes ruses que le lièvre pour dépister les chiens ; il rabat comme lui ses voies le long des routes.
Le lièvre forcé se juchera sur la tête d'un saule, se nichera dans
un four à chaux abandonné ; l'histoire de la chasse du cerf abonde
en hallalis dramatiques dont la scène se passe sur des toits de
maisons. Seulement, le cerf fait entrer plus volontiers que le lièvre la traversée des étangs et des fleuves dans ses combinaisons.
Le cerf a été réputé de tout temps fort nageur ; les anciens lui
faisaient faire trente lieues à la nage d'une seule traite, de Chypre
au Continent. L'auteur grec, on le sait, est un conteur agréable,
qui pèche quelquefois par luxe d'imagination. J'aime mieux ce

défaut que le défaut contraire. Le cerf use aussi plus fréquemment du change que le lièvre. Touchant instinct de la solidarité ! Presque tous les animaux persécutés par les chiens ont recours à la tactique du change. Le cerf et le chevreuil ont dans la tête la liste de tous les individus de leur espèce qui séjournent dans leur voisinage ; ils savent l'âge, le buisson, le gîte de chacun. A défaut de cerf ou de harde de biches, le cerf donnera change sur le chevreuil et réciproquement.

Voyez pourtant comme la chasse deviendrait difficile et pénible pour le chien et pour l'homme, si toutes ces bêtes savaient s'associer dans l'intérêt de leur mutuelle défense. Et les pauvres travailleurs, hélas ! eux aussi forceraient bientôt messieurs du capital à compter avec eux, s'ils savaient se servir du principe sauveur de l'association, ce levier puissant de progrès avec lequel le travail soulèvera le monde un jour. Aussi les veneurs et les capitalistes, qui savent de quels revers les menace l'union des travailleurs et des bêtes de chasse, redoublent-ils incessamment d'efforts pour apporter des entraves à la conclusion de tout traité de solidarité entre leurs victimes. Le banquier a ses journaux et ses économistes pour prêcher la concurrence anarchique sous le nom de liberté commerciale ; le veneur a ses limiers pour débrouiller le change et pour remettre sur la voie de la bête de chasse la meute dévoyée.

Malheureusement le change, cette large voie de salut pour le cerf, lui devient tous les jours de plus en plus difficile, par suite de la rareté de plus en plus grande de l'espèce ; et d'un autre côté, prendre parti à travers nos champs si pleins de monde, nos guérets toujours retournés, c'est pour lui s'exposer à des dangers mortels, aux coups de l'assassin. A quoi se décider alors, en cette triste occurrence ! Mon Dieu, à mourir et à vendre chèrement sa vie, après avoir vainement essayé de la défendre pendant une heure ou deux par des moyens indignes et des fuites sans gloire.

Lisez, pour vous faire une idée de la vraie chasse du cerf, l'épisode dramatique ci-après, que j'emprunte au *Journal des chasseurs*, et dont le narrateur et le témoin oculaire, M. Léon Bertrand, a droit à votre plus entière confiance.

« En 1826, au mois d'août, par une de ces chaudes journées d'été où pas une feuille ne remue au sommet immobile des trembles et où de tièdes vapeurs s'échappent par bouffées, comme d'une fournaise, de la terre desséchée et brûlante, j'étais au pied de l'un des plus vieux chênes d'Armainvilliers, sur lequel j'avais découvert un nid de buse. J'avais fait monter sur l'arbre un jeune garçon d'une ferme voisine et je l'encourageais du geste et de la voix à poursuivre son ascension périlleuse, quand l'enfant, parvenu à la première bifurcation des branches, s'arrêta tout à coup, et, par un langage d'action plus éloquent que la parole, me sollicita de venir partager son poste, d'où, me faisait-il comprendre, j'allais découvrir un spectacle plein d'intérêt pour moi. Ce spectacle, à en juger par ses yeux plongeant alternativement sur moi et sur le lieu de la scène, devait se passer à une assez petite distance.....Je ne me fis pas prier deux fois : en deux minutes j'eus rejoint mon camarade au haut de cet observatoire improvisé, situé à huit ou dix mètres au moins au dessus du sol, et je n'y fus pas plus tôt établi à côté de lui, assez commodément pour n'y point redouter de chute, que son doigt m'indiquant la chaussée de Puy-Carré, étang qui borde la petite plaine de Favières, me fit tout aussitôt apercevoir l'objet par lequel son attention se trouvait ainsi captivée.

» Un cerf dix-cors, sorti de la forêt, était arrêté au milieu de l'allée de pommiers qui longe l'un des bords de l'étang ; et d'après son attitude, celle d'un animal fatigué qui se repose et écoute, il était évident que, chassé depuis longtemps, il avisait avec toutes les ressources d'un merveilleux instinct aux moyens plus ou moins sûrs de dérober sa fuite incertaine. Soit par suite d'un défaut, soit par suite d'un change, la meute qui le poursuivait lui avait laissé prendre une grande avance ; car il n'y avait pas un souffle de vent, et par ce temps calme et silencieux, où l'on n'entendait au loin sous la feuillée que le chant monotone du grillon faisant bruire ses deux ailes de gaze, pas un seul cri de chiens, pas le moindre requêté sonné au loin sur la trompe, ne troublait encore la solitude du lieu.

» Du bord du carrefour où s'élevait notre chêne séculaire, nous n'étions pas à plus de cent cinquante pas du cerf ; et comme en cet endroit la lisière de la forêt était plantée en jeunes tailles de quatre à cinq ans, appartenant à M. Baillot ou à la princesse, à la hauteur où nous étions et d'où nous dominions tout autour de nous, nos yeux entièrement absorbés ne pouvaient perdre aucun des mouvements du fugitif, en aparence fort inquiet sur sa route.

» D'abord il prit un pré à gauche, comme pour débûcher franchement par Mantegris ou le poteau de la Grenouillère, et gagner la forêt de Crécy ; mais soudain, soit qu'il n'eût pas assez de confiance dans ses forces, soit qu'il préférât essayer de confier son salut à la ruse, il revint brusquement sur son contre ; et quiconque aspire au titre de veneur jugera si ce fut pour moi une scène d'émotion palpitante que celle qui s'apprêtait sous nos yeux et dans laquelle, grâce à un hasard inespéré, j'allais voir se développer une à une toutes les manœuvres d'un cerf forlongé qui travaille à déjouer la science de l'ennemi, manœuvres pleines d'astuce que je savais capables de dérouter le plus fin piqueur, et dont un tacticien consommé allait, sans s'en douter, m'enseigner en une leçon la pratique et la théorie.

» A peine l'animal eut-il doublé ses voies qu'il fit un bond de côté, redescendit par un fossé profond et plein d'eau, où je le vis allant et venant plusieurs fois vers la chaussée de droite de l'étang, occupée dans une partie de sa longueur par une large pile de bourrées, sauta sur les tas de fagots qu'il parcourut jusqu'à l'extrémité, se jeta, sans toucher terre, dans une petite nacelle amarrée au rivage, qu'il faillit faire chavirer sous son poids, et de là, battant l'eau pour gagner majestueusement à la nage une partie couverte de joncs assez touffus que le soleil de la canicule avait presque mise à sec, se relaissa dans cette espèce d'îlot, où, le corps enfoncé dans la vase et les bois couchés sur le dos, pour tout autre spectateur que nous, il était à coup sûr complètement invisible. Vingt minutes se passèrent ainsi, mon compagnon osant à peine respirer, ainsi que moi, et le pauvre animal, dévoré sans doute par les taons au milieu de son poste aquatique, ne témoignant que par un mouvement presque continuel des deux oreilles qu'il n'était pas transformé en nénuphar ; quand le bruit du cor, et bientôt même quelques voix d'hommes, appuyant des chiens anglais qui se récriaient à peine, nous annoncèrent l'approche d'un équipage... Le cerf devint immobile au milieu des roseaux, tandis que trois veneurs à cheval débouchaient d'une route au bout de la plaine... Un instant après la meute elle-même parut, et comme les chiens indécis balançaient le nez dans la poussière de la route, les uns donnant quelques rares coups de voix, les autres tâtant çà et là aux branches du taillis, l'un des nouveaux venus, un vieillard encore vert, en uniforme de chasse, monté sur un grand cheval bai-brun de *demi sang*, mit pied à terre d'un air assez maussade, et, entrant dans ce même bateau où le cerf était passé avant lui, remplit d'eau une petite casquette de cuir qu'il venait de tirer de sa poche.

» — Eh bien, Fortin, dit-il à l'un des deux hommes, celui qui avait pris en main la bride de son cheval, voilà encore, j'espère, une belle journée !... »

» L'individu ainsi interpellé ne répondit pas... ses yeux, fixés à terre, paraissaient interroger le sol, et l'embarras de sa contenance trahissait un désappointement visible.

» Deux fois, dans le même mois, manquer le même animal, continua le premier interlocuteur, tout en rejetant avec une grimace l'eau fangeuse qu'il venait de goûter. Des tailles d'Ouzouer ici la distance est bonne ; mais quand nous devrions tous y aller coucher à pied ce soir, il n'est pas possible que notre chasse se termine ainsi... Où penses-tu, voyons, que se soit fourré ce diable de cerf?... Débûche-t-il à Crécy ou retourne-t-il au lancer?

» — Monseigneur, mon avis est qu'il est retourné dans les tailles de la Rucherie ou de la Pointe, répondit le piqueur à son maître, que je reconnus alors pour le vieux prince de Condé lui-même. En sautant au pavé de Coubert, l'animal est rentré *tête couverte* aux gaulis de la Souche. J'ai revu d'une harde aux Quatre-vingts-Arpents, et je ne serais pas étonné que notre cerf ne s'y fût mêlé pour faire bondir le change à sa place...

» — Ainsi, tu ne penses pas qu'il soit ici, dans ce canton, où déjà l'autre jour, et dans les mêmes circonstances à peu près, il nous a fallu recoupler l'équipage.

» — Non, Monseigneur, je ne le pense pas... Si l'animal est venu baiser le bord de la route, c'est tout.; mais, ou je serais bien trompé, ou il n'a fait qu'un faux débûcher, et si nous perdons un temps précieux à délibérer, comme l'autre fois, j'ai bien peur qu'il ne nous échappe.

» — Allons, en chasse, dit le prince, qui, malgré son grand âge, remonta lestement en selle... qu'on foule, pied par pied, tous les fourrés qui bordent la plaine... Je vais rester un instant ici en vedette, et honneur au premier qui en reverra!...

» A cette injonction les deux piqueurs rentrèrent sous bois, sonnant un ton pour chiens pour rallier l'équipage. Quelques valets de limiers qui s'étaient réunis, se divisèrent à droite et à gauche sur les routes transversales pour voir si l'animal ne viendrait pas à passer, et le prince de Condé, resté seul au bord de l'étang, se mit à garder la plaine.

» A l'exception de deux griffons orangés, tous les chiens s'étaient enfoncés dans la taille, et déjà quelques uns semblaient rapprocher la voie. *Au retour! au retour!* fit le prince en poussant son cheval vers les retardataires, qui, seuls, flairant toujours avec action sur le chemin, semblaient fort peu sensibles à l'appel de la trompe... Mais les chiens, au lieu d'obéir, se replièrent vers le fossé où le cerf était descendu, et là l'un d'eux se récria avec un accent de vérité qui parut surprendre le prince.

» J'étais haletant, mais toujours immobile; quant à mon jeune compagnon, dont j'avais eu beaucoup de peine à obtenir un mutisme complet pendant ce magnifique épisode de chasse, il n'y résistait plus et allait maladroitement nous trahir, lorsqu'une défense expresse, faite à voix basse, de prononcer un seul mot avant moi, vint à propos lui clore la bouche.

» On conçoit de quel intérêt était pour moi, praticien encore bien neuf alors, de suivre jusqu'au dénoûment, et sans rien gâter par une sotte précipitation, les moindres incidents de ce drame, de voir aux prises l'instinct et la ruse d'un animal courageux mais trop faible contre tant d'ennemis, avec cette brillante réputation de veneur que l'on m'avait tant vantée, sans que j'eusse encore été à même de l'apprécier. Neutre sur ce champ de bataille, je devais, quitte à parler plus tard si l'attaque n'était pas assez savante, commencer par respecter le plan de la défense, que j'avais surpris déloyalement ; autrement mon rôle eût été celui d'un dénonciateur, d'un espion, et il me semblait plus noble et plus digne de m'en tenir à celui de juge.

» Cependant le chien, toujours au fond du fossé, se récriait encore plus chaudement, et cette fois son camarade, qui jusque-là n'avait fait que renâcler, commençait à embellir le concert de quelques notes assez pleines.

» Le prince descendit de nouveau de son cheval, l'attacha à une des barrières de la route, et, sautant de propos délibéré dans le ruisseau, se mit à examiner avec attention si l'on revoyait par pied de l'animal. Il n'avait pas fait dix pas qu'une exclamation de joie nous prouva que ses recherches n'étaient pas infructueuses; les deux griffons rapprochaient alors avec un véritable ensemble. Néanmoins, à l'issue du fossé, tout retomba comme avant dans l'incertitude et le doute ; maître et chiens hésitèrent à la fois, tous trois plus embarrassés que jamais... C'est en vain que, portant au vent, les uns flairaient et côtoyaient les deux berges, tandis que l'autre explorait le sol : rien à gauche, rien à droite, rien devant ni derrière ; le fil était rompu, et la voie miraculeusement retrouvée, perdue plus miraculeusement encore.

» Dans cet intervalle de quelques secondes, où se jouait le coup décisif de la partie, je regardai celui qu'elle intéressait si fort ; un seul coup d'œil, prompt, rapide, comme si j'eusse craint que mes yeux ne lui portassent malheur en trahissant sa retraite. Le cerf était impassible..... Moi cependant, plus ému que lui, de grosses gouttes de sueur m'inondaient le visage.

» Tout à coup le vieux Nemrod, dont le regard persévérant se promenait partout avec une pénétration merveilleuse, eut une de ces inspirations subites qui, en chasse, dénotent un veneur consommé, et qui, sur un champ de bataille, décident souvent du gain d'une journée.

» D'un pas aussi ferme que sûr, il marcha vers la pile de bourrées et l'escalada un instant en s'y cramponnant tant bien que
mal... A la sortie de ce fossé fangeux, nécessairement l'animal
avait les pieds couverts de limon et de boue, comme le veneur
lui-même, comme ses chiens. Or, quelques linéaments ver-
dâtres, mélangés d'une vase encore humide, appendaient çà et
là aux fagots sur lesquels le cerf avait sauté, et sur ce simple
indice, aperçu de loin et fort insignifiant peut-être pour des
yeux moins habiles, voilà inopinément relevé le défaut le plus
difficile.

» Une fois bien convaincu d'un fait aussi important, notre
chasseur était trop expert pour ne pas deviner tout le reste; il
comprit qu'après avoir suivi cette longue pile de bois d'un bout à
l'autre, arrivé à l'extrémité, l'animal avait dû se jeter dans la
nacelle pour aller se remettre au milieu de ces touffes de roseaux
où quelques joncs nouvellement rompus trahissaient encore son
passage; et je n'étais pas descendu de mon arbre pour me rapprocher du théâtre où allait s'accomplir l'acte final, que déjà
tous les chiens, ralliés à la voix des deux griffons, ces excellentes
clefs de meute, nageaient intrépidement vers le dix-cors, qui,
engourdi par un fatal repos, voulut en vain essayer de fuir, et
fut noyé, pour ainsi dire sans combat, après un défaut de cinquante minutes environ, et au bout de deux heures un quart de
chasse... »

Je ne sais pas de spectacle plus beau que celui du débûcher
d'un dix-cors, dans toute la plénitude de sa vigueur, emportant après lui, à travers les bruyères, les fossés, les obstacles,
l'ouragan furieux de la meute mugissante, qui s'enivre de
l'écho de ses propres clameurs, et vous enivre, vous, spectateurs et chasseurs, et vous entraîne à sa suite dans sa course
effrénée. Rien de joli, de majestueux, d'élégant comme le noble
animal qui bondit d'assurance, la poitrine en avant, la tête gra-
cieusement inclinée sur l'arrière. Qui pourrait l'arrêter dans sa
fuite rapide, la bête aux jarrets d'acier qui rase les buissons
comme fait l'hirondelle ! Qui pourrait l'arrêter? l'inquiétude,
hélas ! le son retentissant des fanfares, la vue de tout ce monde et

les échos de la montagne, qui lui rapportent à chaque demi-heure les hurlements de rage de nouveaux ennemis; car des relais de chiens frais et âpres à la curée ont été disposés sur sa route de distance en distance, et son moral se trouble à mesure que les voix de la meute altérée se doublent et se rapprochent. Ah! que si l'idée lui venait d'emprunter au loup sa tactique, de courir droit devant lui, tout droit, toujours tout droit, à travers champs et fleuves... Comme il aurait bientôt laissé loin derrière lui, dépaysé, dispersé et perdu, le gros des escadrons ennemis. Ainsi faisait un cerf de la forêt de Chantilly, qui tirait droit à la forêt d'Ardenne aux premières voix des chiens, ne s'arrêtant qu'à trente-cinq lieues du lancer, et qui fut pris pourtant par le prince de Condé, mais que le prince de Condé seul pouvait prendre. Hélas! tous n'ont pas l'énergie de persévérance, la vigueur de jarret de l'illustre cerf de la forêt d'Ardenne. Épuisée, essoufflée, notre bête sur ses fins, tête basse, dos arqué, langue pendante, s'achemine lentement vers le prochain étang, dans l'espoir qu'un long bain réparera ses forces. Vain et fragile espoir! l'onde inhospitalière mouille à peine son corps, que ses membres saisis se roidissent et se tendent. L'animal veut gagner le large, ses jarrets indociles refusent d'obéir; et pourtant il faut fuir, car voilà que le premier peloton de la meute implacable a pris l'eau après lui et nage dans son sillage. Écoutez les fanfares qui sonnent le *bat l'eau*, puis l'hallali sur pied. Admirez un instant sur la surface polie de l'onde, cette large tête noire historiée de ramures, autour de laquelle se meuvent, avec une activité de fourmi et un tapage infernal, ces cent têtes de chiens; le cercle se rétrécit, les points isolés se rapprochent, se confondent; tous ces museaux altérés gagnent, gagnent; le silence se fait, le sifflement des narines succède aux hurlements. Allons, l'heure est venue, il faut périr, l'homme ainsi l'a voulu; et les yeux du noble animal s'emplissent d'amères larmes. Puis tout-à-coup l'éclair de la vengeance illumine sa pensée; plus d'indignes pleurs, guerre pour guerre... et avisant le tertre voisin, il s'y installe par un suprême effort, et de ses pieds et de sa tête, brisant, chargeant, perçant tout ce qui s'offre à ses coups, il s'enivre de carnage à son tour, et tombe sur un sommier de cadavres ennemis !

Histoire des travailleurs qui portent sur leur drapeau la devise terrible : *Vivre en travaillant ou mourir en combattant !*

## LE DAIM.

Le daim est de moins noble extraction, de moins haute taille que le cerf. Son corps est plus ramassé, sa venaison plus succulente, ses jambes moins rapides. Des trois espèces de fauve, celle-là était la plus difficile à sauver ; aussi ne figure-t-elle plus que pour mémoire sur la liste des bêtes de France. Il s'en trouve encore quelques-uns dans la forêt de Compiègne, dans celle de Rambouillet, dans le parc du Raincy et dans quelques autres établissements particuliers, mais je doute que sur toute la superficie du territoire national on compte cinq cents daims. Les chiens anglais en ont pour une heure à forcer le daim. Ce courre est loin d'offrir les mêmes émotions et les mêmes péripéties que celui du cerf. Le daim s'éloigne peu du canton où il vit, et ses ruses se démêlent sans peine ; elles se bornent à donner le change et à prendre l'eau le plus souvent possible. Il y a un proverbe de vénerie qui dit : *au sanglier la haire, au cerf la bière*, pour exprimer que les andouillers du dix-cors font des blessures plus mortelles que les défenses du solitaire ; mais le daim n'a que bien rarement illustré son trépas par l'énergie de son désespoir. L'histoire parle peu de la puissance de ses armes. Le daim est un travailleur de trop bonne composition et qui ne se révolte pas assez contre la barbarie de ses persécuteurs ; c'est du sang irlandais ou du sang de Saxon qui coule dans ses veines. Je ne lui pardonne pas de livrer ainsi sans combat sa venaison succulente à tous les agens parasites de la propriété et de l'administration (chiens courants). Je lui pardonne moins encore d'enrichir si généreusement de sa peau la garde-robe du gendarme, pierre angulaire de la société actuelle. La lâcheté des victimes est la meilleure justification des bourreaux.

## LE CHEVREUIL.

Le plus joli, le plus rapide et le plus délicat de tous nos coureurs. Le chevreuil est plus vite que le cerf, plus fin de venaison que le daim, aussi rusé que le lièvre; il possède une vertu
de plus que tous ces animaux : le sang-froid dans le péril. Il a le
doux regard de la gazelle, l'élégance de sa taille et sa légèreté. Il
ne lui a manqué pour être chanté par les poètes comme la gazelle que d'avoir un nom aussi doux. Cette question de nom
propre a dans l'histoire une portée immense; le vulgaire ne le
sait pas assez. Je ne prendrais pas feu si facilement à la moindre
balourdise de la science officielle, si je ne savais tout le mal
qu'elle a fait à la vraie science et toutes les entraves qu'elle a semées sur la route du progrès, en déshonorant les noms propres.
La langue est le plus important et le plus efficace de tous les instruments de progrès. Partant, une nomenclature barbare qui s'oppose au perfectionnement du langage est un sabot qui enraye
indéfiniment le char de l'idée et le retient dans l'ornière de la routine. Un malheur immense pour la poésie et pour l'art, c'est que
les hommes d'esprit aient si facilement abandonné aux hommes
de science le droit de baptiser les créatures du bon Dieu; c'est
que tous les vrais poètes n'aient pas protesté encore contre les
dangers de cette usurpation. Les nomenclateurs officiels, en accaparant ce droit de baptiser les êtres, ont déjà réussi à bannir
de la conversation honnête, le nom des plus jolis oiseaux et des
plus jolies fleurs. Or, de quel bois faire flèche pour piquer l'attention d'un auditoire féminin, quand il ne sera plus permis
d'appeler à son aide l'histoire des oiseaux et des fleurs? Je connais une multitude d'arbustes et d'arbrisseaux charmants récemment importés des extrémités du globe, des arbres dont chaque
fleur vaut un poème et qui ne peuvent trouver place dans aucun
hexamètre, grâce à la barbarie de leur dénomination. Essayez
donc de me glisser un *Mesembrianthemum* ou une *Boussingaultia capensis* dans une strophe d'Alfred de Musset. Je vous jure

que si les poètes et les enfants n'avaient pas pris les devants sur
la science pour donner un nom à la rose, les amours de Bulbul,
la rose serait encore aujourd'hui à chanter. Ceci n'est point de
l'exagération, c'est de l'histoire.

. . . . . . . . . . . . . . . . . . . . . . . . . . . . . . . . .

Le chevreuil est l'emblème des plus pures affections familiales.
Il aime sa compagne et défend avec énergie son bonheur conjugal, mais sa chair ne s'enflamme pas de ses luttes. amoureuses
comme la chair du daim et du cerf. Jamais l'amour ne prend chez
lui comme chez le bouc l'odeur de la luxure et de l'immondicité.
Ensuite le dévouement qu'il a pour sa famille ne le rend pas
égoïste pour ceux de sa race. Aucune bête de nos forêts n'entend
mieux que le chevreuil le principe de charité et de solidarité.
Le chevreuil persécuté par les chiens n'a pas besoin, comme le
cerf ou le daim, d'employer la violence pour faire bondir le
change; le change vient de lui-même s'offrir pour concourir au
salut de la bête poursuivie; et c'est merveille de voir comme tous
ces charmants coureurs s'entendent pour créer des embarras
à la meute. Imitez avec un appeau le cri de détresse du faon, et
toutes les chevrettes accourront pour lui prêter assistance. J'ai
dit comme quoi des assassins sans entrailles exploitaient odieusement cet instinct de charité maternelle. Malheur, trois fois
malheur, hélas! à qui écoute la voix de charité dans les sociétés
maudites! Je chassais naguère six mois de l'année dans une forêt
de l'État trop peuplée de chevreuils; il n'était pas un de mes
coups de fusil heureux qui ne me coûtât un remords. Ce remords
hypocrite allait jusqu'à la douleur quand ma balle s'égarant, frap-
pait une chevrette dont je n'avais pu distinguer la tête ni l'allure
à travers le fourré. Je vois venir le jour où la crainte de la méprise ne fera respecter systématiquement le brocart.

Toute bête qui se marie et qui a charge de famille est forcée,
par ce fait même, de travailler perpétuellement à agrandir la
sphère de ses instincts conservateurs. Le brocart, sur qui pèse la
responsabilité du salut d'une famille, apporte donc encore plus de
science et de combinaison dans ses plans stratégiques que le cerf
et le daim. Aussi chasse-t-on rarement le chevreuil à courre, et

le veneur a-t-il l'habitude de recourir pour le détruire à l'aide
du fusil. Le chevreuil est après le loup la bête de nos forêts qui se
force le moins; et ce n'est pas seulement la vigueur de son jarret
qui le préserve si fréquemment du sort du cerf et du lièvre, c'est
plutôt le sang-froid qu'il déploie dans la lutte, et la sage distribution qu'il fait de ses moyens. Le cerf et le lièvre aussi sont
doués d'un jarret vigoureux, et ce n'est pas l'esprit de ruse
qui.leur manque; mais le cerf et le lièvre sont malheureusement
sujets à perdre la tête dans un moment critique. Pour fuir la
meute qui le talonne et dont les clameurs l'épouvantent, le cerf,
comme le lièvre, dépensera quelquefois, dans un quart d'heure de
course désordonnée, une somme de vigueur considérable, laquelle, mieux répartie, lui eût permis de tenir une heure ou
deux heures de plus sans fatigue. Et pour n'avoir pas assez mé-
nagé ses poumons, pour avoir voulu mettre trop vite un trop
grand intervalle entre lui et le péril, le fugitif est bientôt contraint
d'arrêter court, car le souffle lui manque avant même que ses
jambes faiblissent. Or, pendant ce repos forcé, la meute distancée
regagne le terrain qu'elle avait perdu; alors le cerf relancé re-
demande vainement à ses jarrets l'élasticité qu'ils n'ont plus.
C'est presque toujours l'essoufflement qui tue le cerf et le lièvre,
et beaucoup échapperaient au sort fatal, n'était la peur qui les
pousse si fréquemment à prendre un parti désespéré. Le chevreuil
obéit moins à ce mauvais maître; le péril ne l'émeut pas; il joue
devant les chiens, il broutera volontiers à dix pas du basset qui le
chasse; il s'arrête à chaque pas, ayant bien soin de se couvrir de
l'épaisseur d'une cépée, d'un grand arbre. Il écoute de toutes ses
oreilles avant de franchir le sentier et la route où il suppose des
tireurs embusqués, traverse d'un bond le périlleux passage ou revient sur les chiens, comme, dans les battues, il rebrousse sur les
rebatteurs. Le moment venu de prendre un grand parti, il n'hésite plus, prend sur les chiens une énorme avance, fait une lieue
en quelques minutes, et profite de l'intervalle de temps que la
meute doit mettre à le rejoindre pour exécuter un stratagème médité de longue main. C'est un grand chemin frayé, un ruisseau
qu'il remontera et descendra par deux fois, et d'où il s'échappera

par un bond de côté prodigieux. S'il a beaucoup de temps devant
lui, il multipliera la ruse, la compliquera de changes infinis. Bien
habiles seront le piqueur et les chiens qui parviendront à déjouer
ces manœuvres. J'ai vu forcer le chevreuil après quatre ou cinq
heures de chasse et même moins dans des forêts où le fauve était
rare, mais dans celles où il abonde et où le change est facile, le
courre de cet animal présente, je le répète, presque autant de difficultés que le courre du vieux loup. Par malheur, ce sang-froid
que le chevreuil affecte en face du péril, et qui le sauve dans la
chasse à courre, lui est mortel dans la chasse au fusil. Comme il
joue devant les chiens, rien n'est plus facile que de le tuer au lancer, que de le tirer sous bois en suivant la chasse. Un simple basset à jambes torses, aidé d'un bon tireur, porterait bas à lui tout
seul plus de chevreuils en quinze jours qu'une meute de cent anglais en toute une saison.

Le chevreuil est le dernier honneur des forêts de la France.
Lui mort, la vénerie française n'aura plus à inscrire dans ses fastes que des prises de lièvre, et le chevreuil est déjà inconnu de
fait dans près de cinquante départements de France. Ce qui est
cause que messieurs les préfets l'ont rangé dans la catégorie des
animaux nuisibles. Je suis fâché de vous en avertir, messieurs
les administrateurs, mais voici un arrêté qui pèsera un jour sur
vos nuits comme un cauchemar satanique, et dont vous répondrez
devant Dieu.

Il est vrai que le chevreuil et le cerf ne sont pas en parfaite
odeur de sainteté près de la secte libérale, et je sais que de fougueux amants de la liberté ont accusé maintes fois les deux nobles
espèces de tendances absolutistes, comme le pigeon ramier.
L'accusation tombe à faux. Le cerf, le chevreuil, le ramier et
toutes les créatures d'élite n'aspirent, comme la femme, qu'à un
seul idéal, au règne d'harmonie, au règne des affections libres et
pures. Si d'ici là, et parmi les sociétés limbiques, le cerf et le
chevreuil ont l'air de préférer l'une à l'autre, la barbarie à la civilisation par exemple; si l'autocratie pure leur va mieux que le
gouvernement de l'épicerie, c'est que de plusieurs maux ils ont
choisi le moindre. Le sort du gibier royal étant incomparablement

plus doux sous le régime de la monarchie absolue que sous celui
de la république, il est tout naturel que le gibier royal vote plus
volontiers pour la première forme politique que pour la seconde.
D'un autre côté, s'il est vrai que le régime de la culotte de peau
soit un régime de corruption, de vénalité et de mensonge où l'argent fait la loi, il est très rationnel encore que des bêtes de haut
titre, qui symbolisent le juste persécuté et qu'on chasse d'asile en
asile, n'éprouvent qu'une médiocre sympathie pour ce système
impur où les *permissions de défricher* s'achètent pour un pot de
vin. Honte aux gouvernements des pots de vin et des défrichements! disent le chevreuil et le cerf dans leur indignation légitime. Et parce que le peuple français a eu jusqu'ici la sottise de
confondre le charlatanisme libéral avec la liberté; et parce que
M. Guizot, l'historien anglais, lui a fait accroire que l'avénement
du boutiquier au pouvoir était le dernier mot du progrès politique, le peuple français en est venu à considérer le chevreuil et
le cerf, qui méprisent le bourgeois, comme ennemis de la liberté.
Immense et double erreur, et dont la France a porté bien longtemps la peine!

Je veux qu'avant dix ans tous les hommes intelligents de mon
pays rendent hommage à la sagacité du cerf et du chevreuil que
leur droiture d'esprit sauvegarda des roueries et des piéges du libéralisme, et que d'iceux nous partagions tous l'antipathie profonde pour la boutique et les défrichements.

### LE SANGLIER.

Une des plus utiles conquêtes que l'homme ait jamais faites est celle du sanglier. Je ne dis pas la plus utile, je m'incline avec respect devant le chien. Le sanglier privé, plus généralement connu sous le nom de porc, est une des principales sources de la richesse des nations, et l'un des plus précieux éléments de la première de toutes les industries, l'industrie culinaire. L'éducation et l'exportation des porcs ont fait la prospérité commerciale des Gaules dès les temps les plus reculés de l'antiquité. Pausanias parle des puissantes expéditions de porcs provenant des forêts du Jura, de la Côte-d'Or et des Vosges, et qui descendaient vers la Méditerranée par la Saône et le Rhône. La grande querelle des Eduens (Bourguignons) et des Séquaniens (Francs-Comtois), laquelle favorisa si puissamment l'invasion de Jules César, eut pour origine un droit de péages sur ces porcs. Bayonne, à qui le genre humain ne doit pas l'institution de la baïonnette, Bayonne l'aventureuse, a vendu des jambons aux Phéniciens et aux Carthaginois, tant qu'il a existé des peuples de ce nom. La charcuterie est une industrie éminemment française. C'est pour cela que je sens le besoin de protester contre la déplorable réputation qu'ont faite au porc les estomacs débiles et les anathèmes ridicules de ces sombres législateurs de l'Orient, qui n'ont pas plus respecté la femme blonde et le vin. Je sais qu'on est en droit de reprocher au porc, à sa femelle surtout, quelques habitudes vicieuses, comme de manger les enfants au berceau, ou de dévorer ses petits; mais ces légers défauts du porc ne doivent pas nous donner le droit d'être ingrats à son égard, et de méconnaître ses nombreux mérites. Je prouverai tout à l'heure que cette voracité même, qui entraîne quelquefois le porc à des excès regrettables, constitue la plus précieuse de toutes ses qualités.

J'ai besoin de faire observer préalablement que tout ce que je vais dire du porc s'applique au sanglier, et réciproquement. Le porc et le sanglier sont une seule et même race. De cette race, certaines familles se sont ralliées à l'homme, les autres ont préféré aux délices de la servitude la noble indépendance et la pauvreté des forêts. Du reste, les individus des deux camps n'ont jamais cessé de vivre sur le pied de la plus parfaite intelligence, et des relations de bon voisinage ne manquent pas de s'établir entre eux, pour peu que le local et les habitudes du régime alimentaire s'y prêtent. J'ai vu tuer en pleine basse-cour, dans un petit village de la Meuse, un énorme sanglier qu'un trop vif sentiment d'amour avait attiré dans ce lieu. J'en ai tué un de mon propre fusil, en Afrique, dans la grande rue de ma ville, où l'avait entraîné l'ardeur de la même passion. Les mœurs et les appétits sont les mêmes dans les deux conditions de liberté et d'esclavage. L'influence du domicile n'a apporté de modification sensible que dans la couleur du vêtement et dans la puissance des armes offensives. Il est tout aussi facile d'amener le sanglier à la civilisation que de rendre le porc à la sauvagerie. Il y a mieux : je sais, dans les forêts de Lorraine, certaines races de porcs soi-disant privés, qui se ruent sur les chasseurs ou sur les voyageurs accompagnés de chiens, avec une énergie et une férocité qui n'ont jamais été dans les habitudes du sanglier. Celui-ci, en effet, ne se décide guère à attaquer qu'autant qu'on le pousse à bout. Il use de représailles, et, s'il se rend coupable de quelque meurtre, il a toujours pour lui l'excuse de la légitime défense, tandis que celui-là, le soi-disant privé, qui charge spontanément, ne peut, dans aucun cas, invoquer le bénéfice des circonstances atténuantes.

Le porc est l'emblème de l'avare; voilà son grand malheur. L'avare est un être qui ne commence à nous être agréable qu'après sa mort, mais qui nous est particulièrement répulsif et odieux toute sa vie. Ainsi du porc.

La voracité du porc est insatiable comme la cupidité de l'avare. Il ne craint pas de se vautrer dans la fange; il s'engraisse des plus immondes substances; tout fait ventre pour lui. De même de l'avare, du juif, qui n'a pas honte de se vautrer dans la bassesse et dans l'usure pour augmenter son trésor, et qui ne trouve pas de spéculation infime dès qu'il y a du profit à y faire. L'empereur Vespasien disait, à propos de l'impôt des vespasiennes, que l'argent n'avait pas d'odeur. On prête la même réponse à Henri IV, dans une circonstance analogue. J'en suis fâché pour Henri IV, qui aura beaucoup à faire avec l'histoire pour se laver de l'accusation d'avarice.

La goinfrerie du pourceau et la violence de ses autres appétits charnels disent la nature des jouissances qui conviennent au tempérament de l'avare.

La truie qui dévore ses petits, c'est la mère cupide qui fait argent des charmes de sa fille, qui la vend par-devant notaire à un vieux, et s'engraisse ainsi de sa chair.

Cependant l'avarice a aussi son bon côté. L'avarice est l'amour immodéré de la conservation, comme la prodigalité est l'amour désordonné de la dépense inutile.

L'humanité a un intérêt immense à ce qu'aucun de ses éléments de richesse ne disparaisse, avant d'avoir fourni à l'homme toute la somme de services ou de jouissances qu'il contenait en lui.

Or, il y a dans l'humanité une foule de tessons de bouteilles, de clous dépareillés et de résidus de chandelles qui seraient complètement perdus pour la société, si quelque main soigneuse et intelligente ne se chargeait de colliger tous ces débris sans valeur, et d'en reconstituer une masse susceptible d'être retravaillée et rendue de nouveau à la consommation. Cet office important rentre dans les attributions de l'avare.

En effet, l'avare se baisse avec bonheur pour ramasser le bouton ou l'épingle que le reste de l'humanité foule aux pieds. Ce n'est plus ici l'usurier, le vampire qui suce au cœur une pauvre famille d'artisans, qui s'enrichit de leur ruine; ce n'est plus l'agioteur infâme qui fabrique des nouvelles de bourse et parie à coup sûr; ici le caractère et la mission de l'avare s'élèvent visiblement : le grippe-sou devient chiffonnier.

Or, quelle industrie plus honorable que celle du chiffonnier, qui résume les débris, analyse les immondices et protège la richesse sociale contre la distraction des servantes et la prodigalité des ménages négligents !

Comme le chiffonnier utilise pour la société les tas d'ordures de

villes, ravivant le papier mort et convertissant les fragments de
carafes en lustres magnifiques dont il use peu pour lui-même,
ainsi le porc utilise les immondices des forêts, des champs et de
la ferme, et convertit pour l'homme en viande succulente les re-
buts de la cuisine, du jardin et de la laiterie. Le porc est le grand
chiffonnier de la nature ; il ne s'engraisse aux dépens de personne.

C'est pour cette fin que Dieu l'a fait omnivore et l'a doué de
cette voracité tant blâmée. Sans cette voracité, l'animal ne serait
pas apte à se contenter de ce que tous les autres refusent et à faire
graisse de tout. S'il eût été délicat pour sa nourriture comme le
cheval, il est évident qu'il n'eût pu remplir sa mission de chiffonnier. Et ce qui prouve bien clairement que la pauvre bête accomplit une fonction de dévouement sur cette terre, quand elle fouille
les ordures et laboure le sol, c'est qu'elle est éminemment sensible de sa personne aux charmes du bain froid et de la propreté.
Tout le monde sait que, de tous les animaux domestiques, le
porc est le seul qui craigne de souiller de son fumier la couche sur
laquelle il sommeille. Le cheval et le chien, qui ont de si jolies
manières, ne sont pas cependant à la hauteur de cette délicatesse.

L'avare redoute la mort qui doit le séparer de ses trésors, unique objet de ses affections. Comme il a pratiqué l'usure et pillé
son prochain toute sa vie sans l'obliger jamais, il est peu pressé de
rendre compte à Dieu de ses œuvres d'ici-bas. Le porc voit aussi
arriver la mort avec terreur et cherche à la conjurer par d'hor-
ribles gémissements. La colère du sanglier aux abois est de la rage
à son plus haut paroxysme. Xénophon et Pollux ont écrit que,
dans ces moments-là, les dents du sanglier s'échauffaient à tel
point, qu'il n'était pas rare de voir la robe des chiens roussie à
l'endroit où les dents avaient frappé. J'ai déjà reconnu que ces
historiens grecs ont été de tout temps d'agréables brodeurs. J'ai
vu dans ma vie beaucoup de sangliers très-fâchés, en France et
en Afrique, mais je déclare n'avoir jamais pu réussir à allumer
mon cigare au feu de leurs défenses.

Comme la mort de l'avare, qui n'a jamais fait de bien à qui que
ce soit, comble les vœux les plus ardents de sa famille... ainsi le
jour où l'on tue le porc est une fête pour son propriétaire, ses voi-

sins, ses amis. C'est le moment où la chair de la victime va indemniser le nourrisseur de toutes les dépenses que l'éducation de
la bête a coûtées. Donc, que chacun se gaudisse dans le voisinage
et prenne sa part de la curée; il y en aura pour tous : la succession est riche. Voyez ces chapelets de boudins qui n'en finissent
pas, comme ces *jaunets* du défunt qui demandent à prendre l'air.

L'analogie de l'avare et du porc est une tradition populaire ;
mais, une chose assez curieuse, c'est que ce sont les législateurs
des Juifs et des Arabes, c'est-à-dire des nations réputées les plus
avares, qui ont proclamé les premiers l'*immondicité* du porc.

La nation juive et la nation arabe sont éminemment sujettes à
la lèpre, ainsi qu'il est prouvé par la place importante que tient,
dans leurs chroniques, l'histoire de cette maladie. Le porc est également l'animal le plus sujet à la lèpre. La lèpre du porc s'appelle *ladrerie !*

Ladrerie, avarice !

Tous les historiens sont à peu près d'accord sur les causes qui
ont fait anathématiser la viande du porc par la loi religieuse de
l'Orient. Question d'hygiène locale.

La viande de porc gâtée peut occasionner des accidents fort
graves. On voit fréquemment, à Paris même, des familles entières
empoisonnées pour avoir mangé de la charcuterie de mauvaise
qualité. M. Gisquet raconte dans ses mémoires que la première
razzia qu'il fit faire par ses agents chez les charcutiers de la capitale produisit une saisie de 10,000 kilogrammes ou de 20,000
livres de viande putréfiée. C'étaient d'odieux jambons, des sau-
cisses, du fromage d'Italie surtout. La matière saisie fut transpor-
tée à la voirie de Montfaucon et précipitée dans les lacs impurs de
ce moderne Cocyte. Pendant la nuit, toute la cargaison fut repê-
chée et rendue à la consommation. Pour opposer des entraves efficace à cette industrie courageuse, le préfet ordonna qu'à l'avenir
les viandes saisies seraient hachées et mélangées intimement avec
les matières qui peuplent le fond des lacs de la voirie de Montfaucon. Je m'abstiens facilement de la chair de porc à Paris.

Or, les dangereuses qualités de la viande du porc n'ont pu
être un secret pour les premiers législateurs, qui furent tous un

tant soit peu médecins. De là les interdictions formulées au nom de Dieu dans leurs codes. Le Juif et l'Arabe étant particulièrement sujets aux maladies de peau, soit à raison de leur malpropreté native, soit pour cause de la rareté des eaux dans leur aride patrie, Moïse et Mahomet durent tenir plus rigoureusement que tous les autres la main à la prohibition.

Toutefois, quelques historiens trop savants ont assigné à cette interdiction religieuse une origine plus curieuse; il ont attribué la répugnance des Orientaux pour la viande de porc à trois causes principales :

1º A la similitude de la disposition intérieure du corps de cet animal avec celui du corps humain, similitude reconnue par Galien ;

2º A l'identité complète de saveur entre la chair du porc et celle de l'homme. Cette identité, qui, pour le dire en passant, fournit un argument de quelque valeur aux partisans de l'anthropophagie, a été constatée, au rapport de Conrad Gessner, par une foule d'expériences. (Voir l'histoire des pâtés de chair humaine du barbier de Tournus.)

3º Enfin, à cette propension singulière qui porta de tout temps les démons chassés du corps de l'homme à élire domicile dans le ventre des pourceaux, propension mentionnée en vingt endroits de l'Écriture sainte, ce qui doit révéler une antique tradition. Dans l'Évangile, selon saint Matthieu, ce sont les démons eux-mêmes qui, pressés de sortir du corps du possédé, demandent au Christ la faveur de se retirer dans un troupeau de porcs qui flâne en ces parages. Il doit y avoir aussi, si je me souviens bien, les habitants d'une ville, les *Gadareni,* je crois, qui supplient le Christ de se retirer de leur territoire, à cause du préjudice énorme qu'il fait à leurs troupeaux.

Ici se présente une question historique qui m'a intrigué toute ma vie, et que je me permets d'adresser aux membres les plus forts de l'Académie des inscriptions et belles-lettres, au risque de les plonger dans une perplexité douloureuse :

Puisque le porc n'est bon qu'après sa mort, et n'est bon qu'à être mangé, comment un peuple qui ne mangeait pas le porc, et qui regardait cet animal comme immonde, a-t-il pu se livrer à l'éducation de cette espèce ?

J'ai toujours pensé qu'il y avait eu jusqu'à ce jour confusion dans les textes. Les porcs dont parle l'Écriture n'ont jamais été que sangliers, et ce qui donne à mon opinion une autorité immense, c'est qu'on peut voir aujourd'hui encore en Arabie, en Judée, en Égypte et en Algérie, dans tous les pays, en un mot, où se rencontrent le musulman et l'israélite, d'innombrables troupeaux de sangliers peu farouches, qui s'y multiplient avec d'autant plus de facilité que l'indigène ne leur fait pas la guerre.

Quoi qu'il en soit de ces diverses manières d'envisager la chose, le fait est que le porc jouit d'une pauvre réputation dans l'opinion religieuse des peuples. Les prédicateurs luthériens, entre autres, ont abusé de la comparaison des porcs à l'engrais, en faveur des ministres du culte catholique. Or, je dis que le porc est victime d'un préjugé inique.

Le porc est le don le plus précieux que le navigateur européen puisse faire aux peuples sauvages. C'est un des éléments les plus puissants de la civilisation et du progrès.

Le porc qui vit de tout, et dont la fécondité est prodigieuse, s'accommode de tous les climats, hormis de ceux de la zone glaciale, où la terre durcie par le froid ne lui permet pas d'exercer son industrie de laboureur. Hors de là, on le rencontre aujourd'hui par masses nombreuses sur toute la surface des continents et des îles. C'est un animal innocent, qui ne fait la guerre qu'aux reptiles, aux mulots et aux taupes, et généralement aux espèces parasites ennemies de l'homme. Les cochons sauvages de l'Amérique détruisent journellement une énorme quantité de serpents à sonnettes.

Le porc a été doué par la nature d'une subtilité d'odorat prodigieuse. Il s'en sert pour découvrir la truffe cachée dans les entrailles de la terre, et pour l'enseigner à l'homme. J'ai déjà dit une fois de trop que le chien lui avait enlevé naguère cette spécialité.

L'Inde asiatique, les grandes îles de la Sonde et l'Afrique tout entière, depuis le cap de Bonne-Espérance jusqu'au cap Matifoux, regorgent de sangliers. Notre régence d'Alger était bien riche encore, il y a quelques années, en produits de ce genre. J'en dirai plus bas quelques mots.

Le sanglier de nos forêts d'Europe l'emporte sur tous ceux des cinq parties du monde par le volume du corps et la force de ses défenses. On en a vu qui pesaient 250 kilogrammes. La venaison du sanglier européen est aussi la plus délicate. C'est que le gland, qui fait les délices du sanglier et qu'il récolte en abondance dans nos forêts, à l'automne, est la nourriture par excellence de l'espèce. Le gland agit vigoureusement sur le sanglier au moral et au physique. Il donne de la fermeté à sa chair et de l'énergie à son caractère. On sait que le sanglier repu de gland est d'humeur peu commode. Les hallalis sont plus dramatiques en octobre et en novembre qu'aux autres époques de l'année. Remarquez que le gland est le fruit du chêne qui symbolise l'avarice comme le porc !

Les laies entrent en rut en décembre ; elles mettent bas vers la fin de mars. La richesse de la portée est proportionnelle à l'âge de l'animal ; les jeunes mères se contentent d'élever trois à quatre marcassins ; les vieilles vont jusqu'à la dizaine. Le jeune sanglier conserve le nom de marcassin aussi longtemps qu'il porte la *livrée*, cinq à six mois environ ; vers l'automne, il renonce à la robe de l'enfance et prend le titre de *bête rousse*, qu'il quitte bientôt pour celui de *bête de compagnie*. L'animal est dit *ragot* ou *venir à son tiers-an*, quand il a deux ans révolus et qu'il entre dans sa troisième année ; le *tiers-an* a ses trois années pleines, le *quart-an* ses quatre années ; plus tard, il est dit indifféremment *solitaire* ou *grand vieux sanglier*. Avec l'âge, ses défenses se recourbent et perdent leur tranchant ; on dit alors que la bête est *mirée*. Ces défenses sont au nombre de quatre ; les deux plus terribles sont celles de la mâchoire inférieure ; il semble que celles de la mâchoire supérieure n'aient d'autre fonction que de servir d'aiguisoir à celles-ci. Je n'ai jamais rencontré de laies armées en guerre, c'est-à-dire pourvues de puissantes défenses, que dans les romans de M. Granier de Cassagnac. Les autres, celles qu'on rencontre dans nos forêts d'Europe et dans les plaines de l'Abys-

sinie, de l'Amérique et de l'Inde, sont peu faites pour inspirer la
terreur ; tout au plus, leurs boutoirs inoffensifs sont-ils de force
à découdre un basset.

La chasse du sanglier exige peu de connaissances de la part du
veneur, peu de finesse d'odorat de la part de la meute. C'est une
bête de piste grossière et chaude comme le renard, et qui se fait
chasser de près. Le sanglier bon marcheur ne prend parti que
lorsqu'il a gagné sur les chiens une avance considérable. Il est
rare qu'en ce cas il perde cette avance. Cette chasse-là devrait
être l'apanage exclusif du mâtin. Les anciens tuaient le sanglier à
l'épieu. Cette méthode, longtemps adoptée par la vénerie française, a été généralement abandonnée pour celle du fusil double ;
toutefois, les nobles veneurs sont restés jusqu'en ces derniers
temps fidèles aux traditions de l'art antique. Je sais plus d'un
chasseur qui dégaîne volontiers pour venir au secours de ses
chiens dans un hallali dramatique et pour attaquer le sanglier au
couteau. Il n'est pas de chasseur qui n'ait été témoin de quelque
épisode ensanglanté de cette nature. Un de mes plus dramatiques
et de mes plus récents souvenirs date du 26 octobre 1845. La
scène se passait dans *notre* forêt d'Ourscamps.

Le solitaire dont j'ai entrepris de raconter la fin tragique n'ha-
bitait pas précisément la forêt d'Ourscamps ; il s'y plaisait seulement comme s'y plaisent tous ceux qui l'ont visitée, hommes ou
bêtes, Parisiens, chevreuils ou faisans ; il y prolongeait ses stations aussi longtemps que ses moyens d'existence pouvaient le lui
permettre. C'était pour la brutalité, le caractère, la richesse de la
taille, la longueur et le tranchant des défenses, l'image vivante de
feu le sanglier de Calydon, si souvent mentionné dans l'histoire
des personnages illustres de l'antiquité. Ses avantages physiques,
rehaussés de l'éclat de quelques actes de sa vie privée, où il avait
fait preuve d'un méchant naturel, avaient fini par lui conquérir à
la longue une réputation de coupe-jarret et de mauvais coucheur
qui n'avait pas peu contribué à éloigner de sa demeure une foule
de visiteurs importuns. Les maîtres d'équipage du pays l'auraient
attaqué de grand cœur, s'ils en avaient eu une seule fois connaissance précise ; car c'eût été pour quelques uns d'entre eux une

occasion nouvelle de faire montre de leur sang-froid et de leur intrépidité, en même temps que de leur adresse à jouer du couteau de chasse, et l'on ne trouve pas tous les jours pour faire sa partie un adversaire du poids de deux cents kilogrammes. Mais le moyen que des piqueurs ou des valets de chiens, quelque peu affectionnés à leur meute, se décidassent à faire rapport d'une bête aussi terrible! Ils se turent deux ans, attendant que l'âge eût miré l'animal, c'est à dire que pendant deux ans l'affection pour leurs chiens l'emporta dans leur cœur sur l'amour de la gloire et la soif des combats. Cette longanimité, cependant, devait avoir son terme; le hasard l'amena.

Le 25 octobre 1846, le piqueur de M. le marquis de l'Aigle eut connaissance du passage d'une laie avec ses marcassins dans la forêt d'Ourscamps et reçut ordre de la détourner. Mais la laie, avec toute sa société, avait vidé la forêt pendant la nuit.

Le lendemain, à neuf heures du matin, nous nous rencontrions, le piqueur et moi, dans une verte avenue.

— Eh bien! lui demandai-je, la chance a-t-elle été bonne?

— Mauvaise, mauvaise.

— La laie?

— Partie.

— Pas de loups?

— Pas plus que dessus ma main.

— Pas de chasse alors?

— Au contraire.

— Comment cela, fis-je à part moi, commentant cette physionomie lugubre et cet accent désolé, est-ce que par hasard il retournerait solitaire? Et d'un air dégagé, continuant l'entretien : Vous avez dû revoir du vieux sanglier? lui dis-je; je l'ai rencontré tout à l'heure qui sortait du Petit-Chapitre et traversait la plaine pour rentrer au bois Leblond. Et, parbleu! si je ne me trompe, le revoici; c'est le *pigache* (1), il n'y a pas à s'y méprendre.

_____

(1) On dit qu'un sanglier est pigache quand il a une pince plus longue que l'autre.

dre. Et, ce disant, mes regards étaient collés à un pas tout frais
de la matinée, une empreinte de la dimension de celle d'une gé-
nisse, et chacune de mes mains se portait machinalement vers sa
poche respective, pour chercher la cartouche à balle.

— Vous l'avez dit, répondit le piqueur d'un air triste.

Le rapport du vieux Louis accusait en effet un solitaire monstrueux rembûché au bois Leblond, à cinquante mètres du poteau.

— Pensez-vous que ça se fasse chasser un peu? dis-je à Louis,
au moment où l'on découplait les chiens. Question insidieuse; je
savais bien qu'une bête de cette taille-là ne se fait pas chasser.

— Mais, dam! oui, peut-être bien un quart d'heure, vingt
minutes.

— Vous m'étonnez... et vous n'êtes pas à cheval?

— Parfaitement inutile pour la chasse d'aujourd'hui.

Le brave homme examinait en ce moment les pièces d'un nécessaire de chasse qui paraissait avoir certaine analogie de forme
et de destination avec une trousse de chirurgien. Il tournait et re-
tournait entre ses doigts des pelottes de soie rouge armées d'aiguilles courbes et semblait trop absorbé dans cette importante besogne pour répondre longuement à mes questions.

On arrive au poteau; les relais sont jugés inutiles; on chassera
de meute à mort.

Les quarante-cinq chiens de l'équipage (chiens anglais) sont
donc donnés à la fois à l'attaque. La bête débûche sans se faire
prier, contrairement aux habitudes de l'espèce; elle traverse le
pré Viguereux à fond de train; les quarante-cinq Anglais sont
sur elle et lui soufflent le poil. C'est l'ouragan qui passe, noir,
menaçant, terrible, mais l'ouragan muet, sans tapage ni furie.

Le chien anglais, comme je l'ai déjà dit vingt fois, a été inventé par des gens qui considèrent comme perdue toute journée
passée sans trafic; le veneur anglais, si tant est que j'aie le droit
de le nommer ainsi, avait besoin de se créer une distraction pour
les heures du jour où la Bourse ne va pas, et il a rogné la chasse
pour la forcer à se tenir dans de ridicules intervalles. Il est évident, du reste, qu'on ne pouvait pas inventer de chiens trop vites
pour un pays où le brouillard n'a que deux heures de transparence

sur vingt-quatre, dans la saison des chasses. Quoi qu'il en soit de
ces causes, le chien anglais a conscience de sa mission et de son
devoir ; il n'aboie pas , parce qu'il a appris à l'école le nombre
précis de centimètres que peut faire perdre un coup de voix dans
un instant donné. Je ne pardonnerai jamais aux veneurs français d'avoir contribué à naturaliser dans ma belle patrie cette race
inintelligente et brutale, qu'il est absolument impossible de suivre
à pied, comme j'en ai acquis la conviction par une foule d'expériences.

Si je me permets sur l'Angleterre cette intéressante digression,
dont je ne demande pas pardon à mes lecteurs, c'est que je cherche à gagner du temps, n'entendant plus la chasse. Cependant
l'air est calme, et l'attaque a eu lieu à une heure vingt-cinq minutes ; or, il est une heure trente, et la chasse tourne autour de
nous ; il me semble que les échos de la forêt, s'ils faisaient bien
leur devoir, devraient nous rapporter quelque bruit ; car nous
n'avons pas, à coup sûr, un kilomètre de distance du champ de
bataille à l'endroit où nous sommes. Baissez-vous un peu, écoutez ! Entendez-vous là-bas, là-bas, ces quelques glapissements de
renard dans la direction du château d'Ourscamps ? — Sur mon
âme, c'est la grande voix de la meute furieuse, oyez plutôt les
fanfares ; le solitaire fait tête. — De si bonne heure, c'est mauvais signe.

Les habits rouges se précipitent en foule vers le lieu présumé
du combat. Mais le moment n'est pas venu encore, patience ; la
bête n'a pas jugé assez inexpugnable la position où elle a fait un
moment mine de s'acculer ; elle sait mieux que cela ailleurs. Elle
repart, rapide comme le vent (le sanglier n'est pas un quadrupède qui court, c'est une boule noire qui roule, lancée à toute vapeur). Au Gorgeat, veneurs et piqueurs, c'est là que vont se
porter les grands coups ! Le Gorgeat, ainsi que son nom l'indique, est une affreuse enceinte non percée de routes, mais
bordée, en revanche, d'une muraille formidable de houx et d'é-
pines noires, agréable préambule d'un corps de place inexpugnable, se composant pour ainsi dire d'un seul et unique roncier,
un roncier de cent hectares. Je ne connais, parmi les animaux

de nos climats, que le sanglier et la fouine à qui ces demeures ne soient pas interdites; le renard lui-même ne songe à y chercher un refuge que dans des circonstances excessivement pénibles. La chasse y est arrivée en moins de temps, à coup sûr, que je n'en ai mis à traduire ce nom propre. Le solitaire a brûlé déjà dix enceintes : les Longs-Murs, les ventes d'Ourscamps et Sempigny, les Blanches-Tailles, le bosquet de Parvillet et la queue Saint-Éloi; c'est à peine si j'ai pu distinguer la bête de la meute, au traverser de la route départementale, au milieu de la poussière que l'ouragan fumeux soulevait dans son vol. La bête s'arrête enfin : c'est assez fuir comme cela... La montre de mon voisin marque une heure trente-cinq.

En entrant au Gorgeat, le rusé solitaire a forcé de vitesse pour avoir le temps de se frayer passage et de dresser ses batteries. — A vous, messieurs les Anglais, voici la route, entrez ; elle est un peu étroite seulement, songez-y...

Dix chiens s'élancent de front dans le dangereux passage, emportés par la même ardeur; ils se culbutent, se déchirent, s'entassent...

Attendez, voici qui va faire cesser le désordre et nettoyer la passe.

Du poste qu'il a choisi, et où il attend de pied ferme ses innombrables ennemis, les yeux rouges de sang, les lèvres écumantes, le solitaire tombe comme la foudre au milieu de ses assaillants surpris; il éventre, découd, mutile, taille tout ce qui s'offre à ses coups; la voie est déblayée; les deux premières bêtes que le monstrueux animal a frappées sont restées sur la place ; elles posent, agitées à peine par les dernières convulsions de l'agonie, sur l'épaisse couche de ronce où les a fait voler le boutoir formidable; leur poitrine est ouverte du sternum à l'épaule. Trois ou quatre autres champions se retirent du champ de bataille en poussant d'affreux hurlements qui retentissent douloureusement dans mon âme ; les intestins leur sortent du corps par de larges fissures ; ils appellent Louis à l'aide, Louis arrivera trop tard. Heureux qui s'est retourné à temps pour recevoir le coup de boutoir dans la partie la moins dommageable de son individu.

Il est une heure trente-sept... deux chiens sont étendus raides morts, dix, douze hors de combat.

Les habits rouges se hâtent ; les gémissements des victimes disent où en est le drame ; les cavaliers mettent pied à terre et se disposent à pénétrer dans le fourré, la carabine et le couteau à la main. Il faut dire que lorsque le sanglier est acculé contre un tronc d'arbre et occupé à discuter sérieusement avec les chiens, la vue du veneur a le don de porter sa colère au paroxysme. Il est assez d'usage même que le sanglier, dans ce cas, laisse là ses premiers adversaires et tourne toute sa rage contre le survenant. C'est le moment que les veneurs un peu artistes choisissent pour servir l'animal ; comme il fond droit sur vous, rien de plus facile que de lui loger un lingot entre les deux yeux, avec un peu de sang-froid surtout et un fusil qui ne rate pas. Mais si la chose est facile ailleurs, au Gorgeat c'est tout différent. Les ronciers dudit lieu ne permettent pas au veneur le plus intrépide de tenter l'aventure. Il faut se décider pourtant, car les moments sont chers et chaque minute compte sa victime. On entend des rives de l'enceinte un formidable charivari formé de hurlements de douleur, de cris sourds de vengeance, d'aboiements frénétiques, de grognements de rage, accentués du roulement des redoutables castagnettes des mâchoires. Les geais, les pies, oiseaux éminemment bavards, brodent sur l'événement leurs discordants commentaires.

L'Anglais se bat bien et longtemps ; la vue du sang, loin de l'intimider, ne fait qu'enflammer sa furie ; le théâtre du combat commence à s'élargir ; la terre et les buissons voisins s'empourprent peu à peu : il est une heure trente-huit minutes.

Est-ce le sanglier qui est chassé, est-ce le sanglier qui chasse ? on ne sait ; le fait est que les aboiements des combattants qui survivent ont semblé indiquer tout à coup que le lieu du combat changeait. Oui, vraiment, c'est le solitaire qui charge la meute et la force à rebrousser. Bravo le solitaire ! Mais comme la roche Tarpéienne, hélas ! est près du Capitole ! Dans son retour offensif, l'animal imprudent, emporté par sa fougue, a baisé de trop près la rive de l'enceinte. Il passe à portée de la balle d'un ve-

neur, qui a juré d'avoir sa vie, et qui s'est courageusement engagé dans le roncier, décidé à marcher à quatre pattes pour
arriver jusqu'à lui. La bête tombe : il est une heure quarante.....
le drame n'a duré que quinze minutes. Cinq chiens sont éven-
trés, douze grièvement blessés, douze légèrement; quatre minutes de plus et la meute entière y passait !

Le solitaire dont il est ici question pesait sur pied 200 kilogr.
Il fut envoyé à Paris pour servir d'ornement à un musée quelconque. Un Arabe aurait donné bien des choses pour pouvoir
orner le poitrail de son coursier (cheval) des défenses de la bête.

Le vieux Louis n'est pas encore consolé de la perte de Flori-
baut et de Perçante... les meilleurs chiens de tête qu'il ait eus de
sa vie, raconte-t-il. (Le chien qu'on vient de perdre est toujours
le meilleur et le plus aimé.) J'ai pris une part sincère aux douleurs de cet homme. Ses chiens n'étaient que des anglais, mais
c'étaient toujours des chiens.

« Quelle différence de caractère entre les ours d'autrefois et les
sangliers d'aujourd'hui ! » me disais-je à part moi, le soir de cette
journée mémorable.

Je résume en quelques mots les principes de la chasse du sanglier. Le franc veneur doit respect à la laie, au marcassin, à la
bête rousse, voire à la bête de compagnie, à moins de nécessité
de destruction. Au *tiers-an*, bête légère et de bon pied, et puissamment armée, reviennent de droit tous les honneurs du courre,
meute, relais et fanfare; au quart-an, bête lourde et d'humeur
massacrante, la balle et le couteau.

Mais une pensée mélancolique m'oppresse, que je ne peux
contenir plus longtemps dans ma poitrine, et que je demande la
permission d'exhaler.

Les forêts de France, déjà veuves de l'élan, de l'aurochs, de
l'ours, du daim et du cerf, sont menacées de perdre d'ici à peu de
temps le dernier fleuron de leur couronne (style noble). Le morcellement va faire passer le sanglier à l'état de mythe. J'ai assisté, en 1835 et 1836, à l'extermination de la race dans ces magnifiques cantons du Mâconnais que M. le marquis de Foudras a
si judicieusement choisis pour le théâtre de ses exploits cynégéti-

ques qu'il raconte si bien. Les damnés veneurs ne respectaient ni l'âge, ni le sexe; ils en mirent à mort plus de cent cinquante dans un rayon de trois à quatre lieues, en deux campagnes. Ils chassaient tous les jours; le peu qui survécut à la boucherie déguerpit. Maintenant qu'ils ont dissipé leurs richesses, qu'ils ont crevé le ventre de la poule aux œufs d'or, ils cherchent à repeupler; ils élèvent des sangliers dans leurs basses-cours. Lorsqu'une laie est pleine, ils la transfèrent dans une maison des bois, où ils l'entourent de tous les agréments du confort. Puis, quand elle a mis bas, on pratique à la partie inférieure de sa loge de petites ouvertures propres à laisser passer les marcassins, qui peuvent vaguer dans le bois voisin, s'en aller, revenir, se faire croquer par le loup, suivant que la fantaisie leur en prend. De cette façon, on est à peu près sûr que la portée se cantonnera dans le voisinage, pourvu qu'on ne la tourmente pas. Il serait grandement à désirer que tous les louvetiers de France, qui n'ont été institués que pour la conservation des nobles races et des traditions de la haute vénerie, usassent de toute leur influence pour généraliser l'emploi de ce procédé de multiplication simple et économique. Je demanderais également à la loi d'interdire la chasse et la vente du sanglier passé le jour de l'an.

Outre l'homme, le sanglier et sa famille ont pour ennemi dans nos forêts le loup. Le loup aime à rôder aux environs de la bauge sous laquelle la laie abrite sa portée; et alors malheur à l'imprudent marcassin qui s'écarte! La bauge est une cabane artistement couverte avec des branches d'arbre et garnie à l'intérieur d'un moelleux tapis d'herbes sèches. Ce sont d'excellentes mères que ces laies, attentives, empressées, courageuses. J'ai vu de quelques-unes, dans mon enfance, des actes de dévouement maternel qui pourraient figurer avec avantage dans le traité de la *Morale en action*. Pour conjurer les périls dont l'importunité de ces loups menace leur famille, les laies des Ardennes et de la Meuse ont l'habitude d'établir autour de leur bauge un cordon sanitaire de bêtes de compagnie. Il y a des sentinelles qui pèsent 75 kilogrammes et qui sont armées de manière à faire respecter leur consigne. Les individus de cette race sont assez portés en

général vers l'esprit d'association. Ils se prêtent volontiers secours
et assistance dans les mauvais quarts d'heure.

J'avais compté sur l'Algérie et sur les hôtes de ces populeux
déserts pour nous indemniser de la disparition du sanglier français : vain et fragile espoir ! ils ont tout tué déjà.

J'ai été assez heureux cependant pour voir l'Algérie en ses
jours de splendeur, alors que le fléau de la guerre sévissait sur la
Mitidja dévastée, et que les ordres des chefs retenaient dans les
camps nos garnisons captives. La guerre chez les hommes, c'est
le repos et le bonheur chez les bêtes ! Si le gibier de France n'est
pas ingrat, la mémoire de Napoléon lui doit être bien chère. A
l'époque dont je parle, le sanglier d'Algérie, débarrassé du voisinage des tribus indigènes, s'épanouissait avec luxe par toutes
les demeures de la plaine. Pas un buisson un peu épais de vignes
ou de luzernes sauvages qui n'en recélât dans ses flancs quelque
puissante famille. Les corridors que les sangliers pratiquent dans
ces fourrés, impénétrables pour le chien et pour l'homme, nous
disaient à l'avance quand la place était habitée. Nous avions d'ailleurs, pour nous accompagner dans ces chasses dangereuses, un
groupe de cavaliers arabes, une race d'hommes que la nature a
trop favorablement traités, et qui joignent à la force et à la supériorité du Centaure la subtilité de vue et d'odorat du chien.
Avec ces limiers-là, et dans cette terre bénie, il eût fallu bien de
la bonne volonté de notre part pour faire buisson creux.

Le plus difficile en Algérie, n'était pas de détourner la bête,
mais de la débusquer. En fait de gibier de cette contrée, je ne
connais que la gazelle et la poule de Carthage (cannepetière), qui
partent hors de portée. Les autres espèces, plume ou poil, attendent généralement pour se lever qu'on leur marche sur la patte.
Quand on met le feu à un buisson dans lequel on suppose quelque mauvaise bête, hyène, chacal ou chat-tigre, il est rare que
l'animal se décide à partir avant d'avoir subi quelque avarie dans
sa fourrure. J'ai vu fréquemment le sanglier affecter le même
stoïcisme. Ce sang-froid remarquable du sanglier africain, en
présence de l'incendie qui le menace et le déborde, a sa cause
dans les habitudes agronomiques du pays. L'Arabe ne connaît

encore d'autre procédé de défrichement que l'incendie; il brûle
périodiquement les hautes herbes, les buissons et les roseaux de
la plaine dans tous les lieux qu'il destine à ses prochaines cultures, et la flamme promenée par le siroco ne s'arrête que là
où elle ne rencontre plus rien à dévorer. Naturellement le gibier
indigène a fini par se blaser à l'endroit de se spectacle trop souvent répété, et de là cette indifférence en face du péril et ce mépris du feu que nous trouvons sublime chez Mutius Scévola.

Je plains de tout mon cœur les pauvres veneurs de France qui
n'ont pas chassé le sanglier à l'allumette chimique. Je retourne-
rais en Afrique, rien que pour me redonner cette jouissance. J'ai
fait assister de mes amis à ces chasses royales, qui n'ont contre
elles que d'être trop amusantes et pas assez dramatiques; ils en
sont revenus enthousiastes. C'est moins noble, moins savant,
moins méritoire à coup sûr au point de vue de l'art, qu'un hallali
de Compiègne ou de Fontainebleau; mais ces flammes noirâtres
que le vent rabat vers la terre, et qui taillent en courant des
fournaises dans l'épaisseur des buissons, qui rejaillissent tout-
à-coup dans les airs en gerbes éblouissantes, le sifflement des
feuilles vertes, le jeu des flammèches emportées dans l'espace, la
détonation des roseaux qui simulent de loin les feux de file d'un
bataillon d'infanterie, les aboiements des chiens animés par la
présence des maîtres et qui entendent le fourré s'agiter devant
eux; enfin, pour le bouquet, le débûcher de la compagnie et la
décharge générale des armes à bout portant; tout cela constitue
un ensemble de tapage, de mouvement, d'émotions saisissantes,
plus échevelé, plus poétique que tout ce qu'on m'a jamais fait
voir dans nos forêts peignées et tirées au cordeau. Ajoutez à cela
les chances de l'imprévu, les hasards du chacal, du chat-tigre,
de l'hyène, du porc-épic. Mais la paix est venue qui a détruit tout
cela. J'ai acquis la certitude douloureuse que le sanglier et la perdrix n'existaient presque plus que de nom dans la mémoire des
hommes, des rives du Massafran à celles de l'Aratch.

Il est encore en Algérie une chasse au sanglier pleine de charmes et qui rappelle quelque peu les courses de taureaux de Séville.
Le chasseur s'amuse, à l'instar du banderillo, à planter un certain

nombre de petites lances ornées de banderolles dans le côu de
l'animal. Le cavalier arabe, qui est le premier de tous les cavaliers du monde, déploie une admirable adresse dans ce genre de
*fantasia*. Le cavalier arabe chasse tout et prend tout à cheval,
excepté la gazelle.

Les scheiks et les familles nobles avaient seuls autrefois le privilége de chasser le sanglier avec de grands lévriers jaunes qui
le forcent promptement et le coiffent.

Cette espèce de chien est encore assez rare et très considérée
en Afrique.

Le préjugé religieux a longtemps protégé le sanglier d'Algérie.
Avant 1830, l'indigène ne le chassait jamais que pour en faire
curée à ses chiens. Mais depuis l'avénement de la cuisine française en Afrique, et depuis que le sanglier peut se vendre, les
choses ont changé de face; l'Arabe a déclaré au sanglier une
guerre d'extermination. Je proclame, envers et contre tous, le
sanglier et le porc-épic d'Algérie deux excellents gibiers.

Le lion, qui doit être connaisseur en pareille matière, ayant
assez souvent occasion de choisir, me paraît partager cette opinion. On m'a mené une fois sur la contrescarpe d'un fort de cactus
solidement bastionné, dans lequel résidait, m'avait-on dit, un de
ces rois chevelus du désert. Pour des motifs de discrétion qu'il
est inutile de confier au lecteur, je ne jugeai pas à propos de
pousser ma reconnaissance plus avant; mais j'en vis assez pour me
convaincre que le maître de céans devait nourrir pour la chair
du sanglier une affection profonde. Les abords de la place étaient
complètement tapissés d'ossements appartenant à des individus
de cette espèce.

Dans l'une de nos premières expéditions dans la province de
Constantine, un officier très distingué de l'armée d'Afrique
avait été posté en embuscade avec sa compagnie, au gué d'une
petite rivière voisine du camp de Dréan. C'était par une de ces
nuits si calmes et si sereines particulières aux climats méridio-
naux, où les moindres sons vous arrivent, où vous pouvez lire et
écrire avec autant de facilité à minuit qu'un Anglais de Londres
à midi. Chaque soldat était aux écoutes. Tout-à-coup un frôle-

ment de feuillage, promptement suivi du bruit de la chute d'un corps pesant dans l'eau, attira l'attention générale. C'était un sanglier de forte taille, qui fuyait rapidement droit devant lui et venait de se précipiter dans la rivière, espérant y trouver son salut. Un nouveau déplacement qui s'opéra soudain dans les hautes herbes annonçait que la pauvre bête était poursuivie par un animal terrible.

En effet, un lion énorme avait été porté jusqu'auprès du poste par quelques bonds prodigieux. Arrivé sur le bord de la rivière, il aperçoit sa proie, mesure son effort, s'élance, tombe sur elle, l'étrangle de quelques coups de dents, puis l'abandonne et retourne tranquillement sur ses pas, comme s'il ne s'était agi que de laver une offense. Nos soldats, témoins de ce drame, n'auraient pas mieux demandé que d'intervenir en faveur du plus faible dans cette lutte par trop inégale ; mais la prudence de leur chef s'y opposa, une fusillade à cette heure de la nuit et dans ce poste avancé ne pouvant manquer de donner l'éveil aux Arabes.

On dit aussi que la panthère ne se fait pas faute d'un quartier de sanglier, lorsque l'occasion de s'en procurer à bon marché se présente.

Le sanglier d'Algérie, moins fort quoique aussi bien armé que celui de France, a le caractère infiniment plus doux. Mais cette douceur ne va pas jusqu'à la débonnaireté. Les défenses du sanglier d'Afrique décousent les hommes et les chiens comme celles des sangliers de France. Même pour le chasseur chargé par l'animal, il y a plus de danger en Afrique que chez-nous ; car, en Afrique, il n'y a point de tronc d'arbre pour vous abriter lorsque vous en êtes réduit à la défensive, et, dans ce cas, il ne vous reste guère d'autre procédé à employer que le procédé de M. de Montcrocq. M. de Montcrocq, un des derniers de nos grands veneurs français, l'illustre complice de M. de Brosse, est un lieutenant de louveterie de Saône-et-Loire, à qui j'ai connu la passion de se faire charger par le sanglier aux abois, pour avoir l'agrément de tirer l'animal en tête et de lui loger une balle entre les deux yeux. Comme nous n'avions pas assez de chiens, quand nous chassions ensemble, pour nous en laisser éventrer quelques

couples par chasse, ainsi que peuvent faire nos premiers maîtres
d'équipages, nous n'hésitions jamais à servir d'une once de plomb
une bête dangereuse. La première fois que j'eus l'honneur de
chasser avec M. de Montcrocq, je lui vis tirer à une cinquantaine
de pas un sanglier bondissant à travers un fourré de houx, de
genêts et de buis. L'animal était resté sur le coup. Comme le piqueur cherchait la place de la blessure et ne la trouvait pas :
« Regardez du côté de l'œil gauche, cria de loin le meurtrier,
c'est par là que j'ai visé. » La balle était entrée dans l'œil ; ce
qui était cause que l'on n'avait pu découvrir le trou du projectile
à la première inspection.

Un autre trait admirable de ce veneur-modèle. Un jour qu'il
faisait semblant de chercher avec moi des perdreaux dans un
champ de pommes de terre, un lièvre lui part dans les jambes.
« A vous le lièvre ! me crie-t-il. — Eh bien, et vous? — Tiens!
c'est vrai. » Il tire; l'animal fait en l'air un bond prodigieux et
tombe mort : il avait reçu une balle entre les deux oreilles... Il y
avait trente ans que ce chasseur d'un autre âge ne chargeait son
fusil qu'à balle, et il avait oublié son arme en présence d'un gibier de cette taille !

Comme il y a eu dans le département de Saône-et-Loire des
louvetiers qui n'ont jamais chassé que des loups, il y en a eu
d'autres dans d'autres départements à qui la chasse de ce quadrupède a toujours été étrangère. C'est à un de ces derniers que je
fis savoir une fois, *par la voie de la presse parisienne*, que deux
grands loups se promenaient depuis quinze jours autour de son
château et inquiétaient ses chiens.

J'ai chassé le sanglier à tir et à courre, à la neige, à l'affût, à
la fourchette, à la lance, à l'allumette chimique... mais la plus
divertissante de toutes ces chasses est sans contredit la chasse à
l'hameçon.

## LE LOUP.

Ma conscience me commandait depuis longtemps d'essayer de réhabiliter le loup dans l'opinion publique. J'aborde aujourd'hui l'entreprise... une entreprise ardue, immense, impopulaire! Mais quelle grande vérité, quelle vérité nouvelle fut jamais populaire! L'unité de Dieu, l'égalité des hommes, l'existence du Nouveau-Monde, l'attraction passionnelle, toutes ces découvertes sublimes n'ont-elles pas valu à chacun de leurs auteurs la ciguë, le gibet, les sarcasmes ou les persécutions de leur siècle? Instruit du sort que la petitesse et la jalousie des hommes réservent aux *apporteurs* de toute parole nouvelle, je l'attends sans frémir... en appelant d'avance de la sentence de mon époque au tribunal de la postérité!

Le loup est l'emblême du bandit des sociétés limbiques (Civilisation, Barbarie); c'est le fléau de la propriété. A ces titres, il y a antipathie naturelle entre lui et le chien, sergent de ville de l'homme et ami de la propriété. Maintenant, qu'est-ce qu'un bandit?

Un bandit est un être richement organisé, que ses concitoyens ont mis au *ban* de leur société pour une raison quelconque, ou qui s'y est mis de lui-même par haine des institutions de cette société.

Le bandit, le brigand, c'est le *Max* de Schiller, le *Lara* de Byron, l'*Hernani* de Victor Hugo, le *Sbogar* de Nodier, le *Robin Hood* de Walter Scott; c'est le flibustier des îles de la Tortue, l'Arabe de l'Atlas, le chef de la guérilla espagnole, le contrebandier, le braconnier... C'est le plus souvent une nature généreuse que le spectacle de l'iniquité révolte, qui étouffe dans l'air corrompu des cités; c'est quelquefois un dialecticien de l'école naturelle qui vient, au nom de Dieu, demander compte aux oppresseurs de leurs lois inhumaines. Ou bien c'est encore un guerrier de la race vaincue qui proteste, les armes à la main, contre le droit brutal de la conquête.

Le bandit est, comme le braconnier, le héros de toutes les légendes populaires, et les poètes, ces merveilleux avocats des causes justes, ont dû aller chercher de tout temps l'inspiration aux sources de la légende où est écrite la protestation du droit contre la force, et ils ont brodé avec amour l'histoire du bandit national des perles de leurs chants.

Le lecteur va se trouver en droit de m'accuser de redite dans le cours de cet article ; mais je le prie d'avance de vouloir bien remarquer que c'est la nature qui se répète et non pas moi, et que je suis bien forcé de dire ce qu'elle veut que je dise, moi qui écris sous sa dictée. D'ailleurs, puisque les emblêmes du mal sont en dominance dans les sociétés maudites, on ne doit pas être surpris d'entendre une foule de bêtes tenir un langage identique. Ce n'est pas de ma faute si le loup professe, en matière politique, les mêmes opinions que le moufflon et le zèbre.

Rémus et Romulus, qui fondèrent la Cité éternelle, furent deux chefs de bandits *élevés par une louve!*... et les civilisés subissent encore la loi des enfants de la louve !

Le lâche vulgaire, la masse qui s'agenouille devant le succès et ne tient compte que des faits, le vulgaire odieux a établi entre le héros des champs de bataille et le héros de la grande route une distinction ridicule que n'admet pas le sage. La justice du vulgaire, dont la balance est boiteuse, a évalué la gloire à la mesure du sang versé. Il salue du nom de conquérant les bourreaux de nations qui font la plus large curée de cadavres aux hyènes et aux vautours, comme qui dirait les Alexandre, les Napoléon, les Djingis, et il flétrit de l'ignoble épithète de bandits, d'assassins, les chefs de horde qui travaillent sur une moins grande échelle. Or, je prie qu'on me dise quelle différence existe, au point de vue de la vérité absolue, entre le conquérant qui promène sa furie sur toute la surface du globe pour distribuer des empires à tous ceux de sa race, et le flibustier, le contrebandier, le corsaire, qui opèrent en petit, poussés par le même mobile. Dès que chacun a versé le plus de sang qu'il a pu, dès que chacun a réalisé dans sa sphère la plus haute somme de mal, je tiens que chacun des deux doit obtenir, dans l'estime des hommes, la même part de gloire

ou d'infamie. Oh! civilisés stupides, qui glorifiez les tueurs
d'hommes en gros et qui flétrissez les tueurs d'hommes en détail,
que vous méritez bien le mépris que les despotes font de vous!

Je le répète, le loup c'est le bandit, c'est le contrebandier, c'est
le Saxon qui n'accepte pas la souveraineté du Normand, l'Arabe
qui ne veut pas du protectorat de la France. C'est une espèce ambitieuse et ardente qui n'a pu se plier, comme le chien, aux lois
iniques de l'homme des sociétés limbiques. La devise du loup est
celle-ci : *Periculosam libertatem malo quam tutum servitium* (1).

Le loup est l'ennemi de la société civilisée et de la société barbare, parce que ces sociétés-là sont ennemies de la loi de Dieu.
Il est l'ennemi de la propriété, parce que le système actuel de
propriété, qui ne reconnaît pas même à tous les membres de la
société le droit de *vivre*, lequel droit prime cependant de cent
coudées celui de posséder, est en complet désaccord avec la volonté de Dieu...; attendu que la terre qui fournit toutes les sub-
sistances alimentaires est un des éléments de l'existence humaine
aussi indispensables que l'eau et l'air. Les économistes les plus
inintelligents jetteraient certainement les hauts cris, si on venait
leur dire qu'un banquier juif quelconque s'est fait concéder par le
gouvernement le monopole de la vente de l'air respirable ou de
l'eau, surtout si ledit banquier israélite avait oublié de leur accorder une petite participation dans le bénéfice de l'affaire. Eh bien!
je déplorerais la pauvreté de l'intellect de ces mêmes économistes,
s'ils ne comprenaient pas, *à priori*, que l'accaparement de la terre
par quelques individus et *le droit d'abuser de la propriété* sont tout
aussi dangereux pour la société que le serait l'accaparement de
l'air ou de l'eau. En Arabie, c'est l'eau qu'on accapare et non pas
le sol... qu'on abandonne au premier occupant...; et les procureurs du roi de ce pays-là ne considèrent comme écrivains factieux
que ceux qui protestent contre l'accaparement des eaux. Quand
nous aurons le monopole de l'air, il viendra un journal de juif
qui traitera de *cerveaux détraqués* les écrivains qui réclameront

---

(1) J'aime mieux une liberté orageuse qu'une tranquille servitude.

pour chaque membre de la société un minimum d'oxygène, et qui les dénoncera au ministère public, sous prétexte d'immoralité ou de provocation à la haine contre une classe de citoyens.

Voilà donc en partie les raisons de l'inimitié profonde qui a existé jusqu'à ce jour entre le loup et le civilisé. J'ose me flatter que M. de Buffon ne les a pas même entrevues du coin de l'œil, ce qui ne m'étonne nullement de la part d'un savant simpliste.

Ainsi le loup a juré de rester rebelle à l'homme, tant que l'homme restera lui-même rebelle à la loi d'harmonie et d'équité qui est la loi de Dieu. Il ne proteste pas contre la supériorité naturelle de l'homme, ni contre son droit de royauté légitime, mais seulement contre les abus que fait l'homme de son autorité et de ses droits. C'est un sujet révolté qui ne veut transiger avec le pouvoir qu'à de certaines conditions, et qui exige sa charte, et qui proclamera que l'insurrection est le plus saint des devoirs jusqu'à ce qu'on ait fait droit à ses réclamations. Je n'ai pas de raisons pour désapprouver cette conduite.

La répugnance du loup pour le civilisé repose sur les mêmes motifs que celle de l'hémione, du zèbre et d'une foule d'autres quadrupèdes et bipèdes intelligents qui, voyant la manière dont les civilisés se déchirent entre eux, et considérant les mauvais traitements que les barbares font subir aux pauvres animaux qui se sont ralliés à l'homme, se tiennent à distance de lui, et le regardent comme l'ennemi commun.

La main sur la conscience, a-t-on le droit d'exiger qu'une louve sensée, qui n'a jamais abandonné ses louveteaux sur la voie publique, qu'un loup qui n'a jamais goûté à la chair de son semblable, acceptent la supériorité d'une société humaine où il y a des mères qui tuent leurs enfants, des enfants qui tuent leurs mères, et où les premiers de l'État sont les individus qui ont fait égorger le plus d'hommes en leur vie. Si nous voulons que les bêtes viennent à nous, je le répète pour la vingtième fois et ce ne sera pas la dernière, il faut que nous commencions par leur donner l'exemple de la justice, et par étaler sous leurs yeux le spectacle contagieux de notre bonheur. Il faut que nous réformions notre milieu social, dont l'odeur et l'aspect soulèvent de dégoût

tous les cœurs généreux ; que nous fassions pour le loup des bois,
pour le castor des lacs, pour le zèbre des déserts ce que nous
avons fait pour les ramiers des Tuileries ; en un mot, que nous
délections leurs regards par l'exposition permanente de scènes
sympathiques qui captivent leur imagination et leurs sens.

Mais le civilisé orgueilleux, qui se mire dans son ignominie
comme le hibou dans sa progéniture, le civilisé orgueilleux, semblable en cela à tous les pouvoirs établis, a trouvé plus facile de
faire calomnier les loups, les demandeurs de réformes, que de se
corriger. Il a rejeté la scission du loup sur les *passions mauvaises*
d'icelui, sur ses instincts vicieux qu'il a déclarés incorrigibles ; il
a *ameuté* contre lui tous les scribes ignorants, tous les conteurs
de fables, toutes les bonnes d'enfants. Il a créé, pour le détruire,
une institution spéciale, une race de chiens idem. Il a fini par
mettre lâchement à prix la tête du *factieux*. Le législateur d'A-
thènes a payé d'un talent les oreilles du louveteau, et de deux
talents celles du loup adulte. Celui d'Albion a fait grâce au sorcier de la peine capitale, à la condition qu'il emploierait toutes
les ressources de son art à détruire les loups. Si bien que, après
l'écrivain socialiste, je ne sache pas de créature au monde qui
ait été plus odieusement vilipendée et calomniée que le loup.

Les fermiers-généraux des chemins de fer, les accapareurs des
emprunts nationaux, les loups-cerviers de la Bourse lui ont reproché sa voracité ; les inventeurs d'engins de destruction, son
humeur sanguinaire ; les hommes de loi, sa fourberie ; le peuple,
les accès de rage auxquels *il* est sujet (*il* se rapporte à loup). Le
moraliste a tiré du nom du loup le mot de *lupanar*, pour soulever
contre le loup le mépris des honnêtes gens et des cœurs délicats.

Mais avant de prononcer l'anathème contre l'infortuné quadrupède, l'homme s'est-il occupé du moins de faire le triage de ses
qualités et de ses vices ? L'a-t-il sevré dès l'âge le plus tendre,
pour l'empêcher de sucer les mauvais principes avec le lait de sa
mère ? L'a-t-il placé, en un mot, dans un milieu convenable où
ses aptitudes naturelles eussent pu se développer vers le bien ?
Oh ! non pas, s'il vous plaît ; le moraliste ignare et paresseux
n'admet pas cette méthode d'investigation scientifique. Son igno-

rance s'accommode mieux de la théorie de la perversité native
qui le dispense, lui moraliste, d'inventer un système d'éducation
susceptible de favoriser le développement des aptitudes honorables de chaque individu et de chaque espèce. Et comment ces
moralistes sycophantes auraient-ils fait pour le loup ce qu'ils
n'ont pas fait pour l'homme?

Les législateurs civilisés n'écrivent-ils pas tous les jours que
l'homme est né méchant, et que la société ne tiendrait pas sans
le bourreau? Le gendarme et la potence ne sont-ils pas les attributs parlants de la société actuelle? Que j'aime ce mot charmant
du voyageur européen qui, abordant sur une plage inconnue et
aperçevant une potence, tombe à genoux pour remercier le ciel
d'avoir conduit ses pas sur une terre *civilisée!*

Allez, marchez, civilisés aveugles, ministres fainéants... Bordez
vos capitales d'une ceinture de bastilles; appelez-y des armées
pour tenir garnison; doublez, triplez l'effectif de vos sbires, élar-
gissez le ventre de vos maisons de force, comprimez, réprimez...
mais quoi que vous fassiez pour endiguer le torrent du mal, tous
vos efforts ne contiendront pas sa furie; car sa source est dans la
misère et dans le travail répugnant, et ce torrent dont les eaux
montent, montent sans cesse, ne s'arrêtera pas que sa source ne
soit tarie.

Entendez-vous, débitants de palabres, qui tonnez si éloquemment à la tribune contre les passions mauvaises, — l'origine des
troubles de la société n'est pas où vous voulez bien dire. Les troubles de la société ont leur cause dans l'oppression du travail par
le capital parasite, et dans le travail répugnant. Oui, monsieur
Guizot le puritain, oui, dans le travail répugnant, en dépit de ce
qui est écrit dans votre histoire de la civilisation, où vous avez
osé affirmer que le régime constitutionnel, c'est-à-dire l'avénement des épiciers au pouvoir, était le dernier mot de l'esprit humain, en matière de constitution gouvernementale. Comme je me
réjouis d'avance de vous voir rire avec nous autres de cette opinion saugrenue et libérale, la première fois que nous nous ren-
contrerons dans la vie aromale, dans cinquante ans d'ici !

Le loup de la fable, séduit par les paroles captieuses du chien,

est sur le point de se rallier à l'homme, quand il aperçoit sur le
cou pelé de l'animal domestique la marque du carcan :

> — Vous ne courez donc pas
> Où vous voulez? — Pas toujours, mais qu'importe !
> Il importe si bien, que de tous vos repas
>     Je ne veux en aucune sorte,
> Et ne voudrais pas même à ce prix un trésor...
> Cela dit, maître loup s'enfuit et court encor.

S'enfuit et court encore... Pourquoi cela? parce que l'asservissement du travailleur dégoûte du travail les natures généreuses.

Le loup ne refuse pas le travail par amour du *far niente* : c'est
le plus infatigable et le plus actif de tous les quadrupèdes ; il refuse le travail par horreur de l'iniquité qui préside à la répari-
tion des produits du travail. Un rédacteur du *Journal des Débats*
peut trouver très légitime qu'un juif stupide gagne deux millions
en quelques heures à agioter sur des promesses d'actions de chemins de fer,—pendant que le malheureux prolétaire des champs,
qui supporte le poids du jour et de la chaleur, épuise sa santé et
ses forces sans pouvoir parvenir à gagner le misérable morceau
de pain noir qu'espère sa famille. Mais le loup, qui n'a jamais été
subventionné pour défendre l'esclavage ni les agioteurs, le loup
s'est toujours refusé à ces lâches concessions.

Un ex-magistrat député, que ses votes législatifs avaient fait
procureur-général sous la monarchie citoyenne, mais qui avait
eu le tort grave néanmoins de prendre le *Malherbe* d'Henri IV
pour le *Malesherbes* de Louis XVI, reprochait publiquement à
l'assassin de Nangis l'indignité de sa conduite. — Que voulez-
vous, répondit le coupable, *la faim met le loup hors du bois.* —
*Le loup peut travailler*, riposta l'accusateur public avec plus d'é-
loquence que de bonheur.

— Eh! mon Dieu, non, monsieur le procureur-général, le loup
ne peut pas travailler à tourner la roue d'un cloutier comme un
caniche. Cette destinée n'est pas dans ses attractions ; et si vous
voulez fausser sa nature sauvage, elle se révoltera, se tordra, vous
mordra. Mais faites-lui le travail attrayant, c'est-à-dire concor-
dant avec ses aptitudes, et il ne tuera plus.

Qui pousse le loup hors du bois? C'est la faim. Qui lui brûle le sang, qui dévore ses os, qui lui donne la rage? La faim, toujours la faim. Les chiens des zones heureuses, où la terre fournit à tous les appétits, ne connaissent pas la rage. La rage est le privilége exclusif des contrées déshéritées du soleil (1). La rage, c'est le désespoir de la faim, exalté jusqu'au paroxysme. Le loup enragé qui se jette sur l'homme et sur tous les animaux qu'il rencontre, c'est Lacenaire, c'est Poulmann (l'assassin de Nangis), des natures sauvages et orageuses que le carcan de la misère a froissées plus douloureusement que d'autres, des monstres qui tuent pour tuer, pour se venger, pour rendre, avant de mourir, à une société sans entrailles, une petite part des maux qu'elle leur a fait souffrir.

L'horreur des surfaces brillantes et polies qui caractérise la rage, c'est l'horreur du luxe et de la richesse, dont l'insolent étalage aux montres des changeurs redouble les tortures de l'indigent affamé!

La rage est la plus épouvantable de toutes les maladies qui puissent affliger l'espèce humaine; car elle change l'homme en brute et le fait périr dans d'atroces convulsions que ne lui ôtent pas même la conscience de sa position désespérée. Cela veut dire que la société égoïste qui laisse périr de faim un seul de ses membres est une société criminelle et maudite, et que Dieu proportionne la grandeur du châtiment à la grandeur du crime. La misère et l'oppression changent aussi les opprimés en brutes et leur donnent du goût pour le sang et le meurtre, et leur font déchirer le cœur du maréchal d'Ancre à belles dents.

Il n'y a pas de remède contre la rage, disait-on autrefois. Cela voulait dire qu'il n'y a pas de moyens curatifs contre les maux qu'engendre la misère, et que toute tentative de repression de ces maux est inutile et absurde. Cela veut dire que la misère est une de ces maladies qui se *préviennent*, mais qui ne se *répriment* pas.

---

(1) Il y a eu des cas de rage en Algérie depuis l'introduction du chien français.

Combien de fois, mon Dieu! nous faudra-t-il donc répéter des vérités si simples à ces civilisés ?

L'Irlande, l'Irlande avec ses six millions d'affamés... savez-
vous quel mal la travaille ? C'est la rage, la vraie rage, la maladie
sans remède, la maladie aux contagions mortelles. Oh ! malheur
à toi, Albion, malheur à tous les bourreaux d'Erin ! car c'est à
toi, Albion, à toi et à tes lords qu'en ont la vengeance et la haine
des fils désespérés d'Erin... ces hommes que ta cupidité insatiable
et ton orgueil inhumain transformeront en loups, et en loups
enragés !

Civilisés de bonne foi, voulez-vous deux preuves foudroyantes
de l'impuissance de vos machines législatives, compressives et ré-
pressives, voire de l'impuissance des billevesées économiques et
narcotiques de M. le baron Dupin, un monsieur qui enseignait le
mépris des richesses aux ouvriers de Paris, à mille francs le cachet. Écoutez :

Un préfet de police, qui devait avoir d'excellents renseignements sur la chose, a fixé à QUARANTE MILLE le nombre des mal-
faiteurs que renferme en ses murs la seule ville de Paris. Or,
répondez : depuis que M. Gisquet a publié ces révélations, le nombre de ces quarante mille scissionnaires, incessamment conjurés
contre votre ordre social, a-t-il augmenté ou décru? Il a augmenté,
vous le savez bien tous, et augmenté en dépit de l'accroissement
de l'effectif de vos municipaux et de vos sergents de ville, et si
bien augmenté qu'il a fallu élargir l'enceinte de la Cour d'assises
de la Seine pour faire place à tous les bandits que les balayeurs
de la voie publique ramassent journellement sur le pavé de Paris.
Et les juges de la capitale n'ont plus suffi à juger les *filous*, les
*grinches* et les *escarpes*, dont les bandes innombrables se succèdent
sans interruption sur la sellette du crime. Et le mal en est arrivé
à ce point, que le plus fougueux admirateur de votre prétendu
ordre social n'oserait pas se hasarder aujourd'hui à sortir de sa
demeure, sur le tard, sans escorte ou sans arme. Et les législateurs de cette société modèle, qu'avaient illustrée déjà les découvertes de l'acétate de morphine, de l'acide prussique et du
masque de poix, seront obligés de prononcer, avant peu, l'in-

terdiction absolue de la vente de l'arsenic, par le motif qu'il est devenu urgent de protéger l'existence des époux ennuyeux et des pères trop tenaces à la vie, contre les abus scandaleux que font de cette poudre de succession les épouses incomprises et les fils pressés de jouir.

Vous voyez donc bien, civilisés absurdes, que la rage est une maladie qui vient de la misère du travailleur, et qu'il n'y a pas d'autre remède contre la rage que d'augmenter les profits du travailleur, en réduisant d'autant ceux de l'improductif.

On dit qu'un heureux voyageur, le docteur Rochet d'Héricourt, a eu l'incroyable chance de rencontrer en Abyssinie le spécifique de la rage et qu'il l'a rapporté en France. L'affection bien connue que je porte à la race canine ne me permet pas d'être jaloux du bonheur et de la gloire d'autrui. Il reste à découvrir le spécifique de l'épilepsie, de la phtysie et de la goutte, plus de mobiles honorables, par conséquent, qu'il n'en faut pour stimuler l'ambition d'un homme simple. Seulement, j'ai besoin d'affirmer que la découverte du remède contre la rage était fatalement réservée à l'époque qui doit voir écraser l'infâme et se clore l'ère du paupérisme, par le triomphe définitif du principe de solidarité.

Maintenant suivez-moi en Angleterre, patrie du représentatif et de l'économisme. Ils ont exterminé le loup en Angleterre ; là le résultat est acquis.

Or, croyez-vous que, les loups détruits, la part du mouton soit devenue là-bas plus forte pour chacun ? Écoutez :

On lit dans les rapports officiels du gouvernement du pays que les travailleurs d'Albion sont atteints, pendant trois ou quatre mois de l'année, d'une maladie singulière... *une maladie dont les symptômes disparaissent aussitôt que l'on donne à manger aux malades!* On dit que dans le seul hiver de 1846 à 1847, il est mort par la faim près d'un million d'Irlandais. Que vous semble de l'efficacité de l'extermination des loups ?

Hélas ! non seulement l'extermination des loups n'a pas fait la part de mouton plus forte pour le peuple, mais je vais prouver que la prospérité des moutons est devenue une des causes les plus affreuses de la détresse du travailleur britannique.

Un jour, en effet, que le duc de Sutherland avait lu avec fruit le livre d'un économiste français, nommé Jean-Baptiste Say, dans lequel livre il est écrit que toute la science de l'économie politique consiste à faire rendre le plus fort revenu possible à un capital donné, le plus fort *revenu net*, l'idée vint *subito* à ce digne et saint homme d'appliquer cette théorie charitable à ses domaines d'Écosse. Et comme ses intendants lui eurent prouvé que les moutons, qui dépensent beaucoup moins que les hommes en frais de nourriture et de logement, rapportent beaucoup plus, *en revenu net*, Sa Seigneurie fit abattre ses métairies et transformer ses champs en pâturages, et les malheureux cultivateurs qui avaient trouvé jusque-là sur ses terres à s'occuper et à vivre, en furent inhumainement chassés, et sont allés depuis grossir le nombre des vagabonds des cités.

C'est à dire que l'invasion de tous les loups de la Russie et de la Suède n'aurait pas fait subir à la population rurale de la Grande-Bretagne la centième partie des malheurs que l'invasion des moutons a déchaînés sur elle !

Et l'on voudrait m'interdire à moi, homme de sens, le droit de rire jusqu'aux larmes ou de m'indigner jusqu'à la fureur des folies de cette société stupide qui a trouvé moyen de rendre la race des moutons plus meurtrière à l'homme que la race des loups ! et les délateurs gagés de la juiverie prétendraient me fermer la bouche à l'endroit des abus du droit de propriété et m'empêcher de dire l'aristocratie anglaise coupable du crime de lèse-humanité pour avoir sacrifié l'espèce humaine à l'espèce ovine ! Non pas, morbleu ! non pas, méchants valets de juifs, vous ne me ferez pas taire que vous ne m'ayez coupé le poing et arraché la langue ! J'ai vu vos oreilles d'âne, Midas de la finance et de l'économisme, et je vous les allongerai si fort que tout le monde les verra !

Après avoir considéré la question du loup dans ses rapports avec la politique sociale, il me reste à la traiter plus particulièrement au point de vue de la chasse, c'est à dire au point de vue des démêlés quotidiens de l'animal avec l'espèce humaine d'aujourd'hui.

Le loup est le plus roué et le plus audacieux de tous les enne-

mis de l'homme. Vivant côte à côte avec lui, il s'est instruit de sa
tactique; il a étudié ses manœuvres; il a appris à son école le
grand art de la guerre. Le lion et le tigre, confiants dans la puissance de leurs ongles et de leurs canines, attendent fièrement que
l'homme les provoque, ou bien se précipitent sur lui de prime
saut quand la faim les talonne. Le loup ne veut pas faire aussi
bon marché de sa vie. La prudence et la circonspection président
à chacun de ses actes, soit qu'il attaque, soit qu'il ait à se défendre; il ne se pardonnerait pas d'omettre le moindre élément de
succès dans la lutte désespérée qu'il soutient contre l'homme.

Le loup l'emporte sur le chien par la finesse de l'ouïe, de l'o-
dorat, de la vue, par la vigueur des muscles, par la puissance de
la mâchoire, par la mémoire des lieux, par le talent de l'observation, par le génie de la combinaison stratégique. Le chien n'a
jamais prétendu lui contester cette supériorité; car il ne se décide
qu'avec peine à attaquer le loup, et le plus terrible chien de loup
renonce promptement à cette chasse déplaisante pour le moindre
coup de dent. Le loup et le chien, qui appartiennent à la même
famille, sentent vaguement qu'ils sont faits pour s'estimer et se
comprendre, et que les dissentiments politiques qui les divisent
aujourd'hui ne seront pas éternels. Le loup ne poursuit dans le
chien que le compagnon inséparable du civilisé et la sentinelle
vigilante de la propriété insociétaire; il n'a jamais cherché noise
au renard, qui le respecte de son côté et se garde bien de chasser sur ses terres. S'il se décide à emporter un chien pour sa consommation personnelle, c'est que les temps sont durs; et puis il
a contre le chien tant de motifs légitimes de rancune! J'ai vu
quelquefois trois ou quatre grands loups se récrier et s'unir pour
mettre à mort un chien de berger, un chien de garde qui les gê-
nait par sa surveillance incommode, et, après l'avoir déchiré,
semer ses membres, ses intestins et sa tête par les carrefours les
plus fréquentés du pays, pour servir d'exemple aux mutins. Il
était visible que ce n'était pas la faim, mais un simple désir de
vengeance, qui les avait poussés à cet assassinat, puisqu'ils
avaient laissé intactes toutes les parties du corps de la victime. J'ai dans mes souvenirs de deuil deux morts de chiens

d'arrêt, exécutées de cette façon cruelle, et dont un seul fut vengé.

On voit parfois aussi des braconniers aux abois s'associer et s'entendre pour en finir avec un garde-forestier ou un garde-pêche trop sévère, et plus d'un douanier vigilant a été payé de son zèle par la balle d'un contrebandier.

Des observateurs dignes de foi m'ont affirmé avoir connu des chiens qui avaient profité de la trop grande liberté où les laissaient leurs maîtres, pour contracter alliance avec des loups du voisinage et chasser de compte à demi avec eux. J'ai quelquefois aussi entendu dire par des jugements de police correctionnelle, que des douaniers s'étaient associés avec des contrebandiers pour partager les profits de la fraude. L'histoire des bêtes est une traduction littérale de l'histoire de l'homme, et qui est placée en regard de son texte dans le même volume. Si la page de la brute est un peu moins rouge de folie et de sang que celle de l'homme, cela provient peut-être de ce que les brutes ignorent encore l'héritage et le mariage d'argent, et n'attendent pas après la mort de leurs parents pour vivre.

Le loup, reconnaissant envers la nature, a grand soin de cultiver les brillantes qualités qu'il a reçues d'elles. La louve, modèle de tendresse maternelle, apprend à ses petits, dès l'âge le plus tendre, à détester l'espèce humaine et à se défier de ses pièges. Elle leur dit la portée et la détonation de l'arme à feu. Elle leur recommande surtout de respecter les oies et les agneaux du voisinage, afin de ne pas trahir par une démarche inconsidérée le secret de leur domicile. Elle-même va leur chercher au loin, à deux ou trois lieues quelquefois, la nourriture de chaque jour, un quartier de cheval mort, un mouton, une chèvre. Quelquefois elle se fait accompagner dans ses expéditions de nuit et de jour par un vieux loup dont elle réclame l'aide, moyennant promesse de partage dans le butin. Les loups, comme les bandits et les corsaires, observent entre eux les lois de la discipline et de la stricte équité. Ils sont esclaves de leur parole. On n'a jamais vu de querelles ni de procès éclater dans une société de loups en commandite, à l'occasion de la répartition des dividendes. Néanmoins, le vieux loup commence généralement par se servir.

La louve apprend encore à ses louveteaux à *emboîter* le pas, c'est-à-dire à marcher à la file les uns des autres, du même train, et à placer dextrement leur patte dans l'empreinte de la patte de celui qui va devant. J'ai rencontré un jour, dans le rude hiver de 1829 à 1830, six grands loups qui traversaient ainsi la Loire à pied sec, les uns derrière les autres et le pas dans le pas. Vous auriez juré, à examiner leur trace sur la neige, qu'il n'était passé qu'un seul loup. Les chasseurs expérimentés et les piqueurs ne se trompent pas à ces apparences. Ils scrutent attentivement l'empreinte, et ils finissent par y reconnaître le nombre exact des bêtes qui sont sur pied. Vous lirez dans une foule d'auteurs plus ou moins dignes de foi que les loups observent la même tactique, quand ils ont à passer une rivière ou un fleuve, et qu'ils nagent tous à la suite les uns des autres, en se tenant par la queue. J'avouerai n'avoir pas été témoin oculaire du fait, ce qui n'est pas une raison pour que je le déclare controuvé.

Il n'est personne qui n'ait entendu plus ou moins parler du loup blanc; il n'est pas de pays de loups où l'on ne connaisse le loup noir. Le loup noir, qui fut très-commun jadis dans le nord de la France, et Normandie et en Picardie notamment, n'est pas même une variété de l'espèce, et sa couleur n'est qu'un accident. Toutes les espèces grises sont sujettes à tirer au blanc et au noir, par la raison fort naturelle que le blanc et le noir sont les éléments du gris. Mais qu'on ne s'y trompe pas, la tendance d'une espèce quelconque à changer de couleur est une démonstration de sa domesticabilité.

La louve met bas au mois d'avril; elle porte soixante jours comme la chienne. La portée est quelquefois de six petits, plus communément de cinq. Elle choisit pour demeure les hautes bruyères, les houx, les fourrés épineux de la forêt. Les petits conservent le nom de *louveteaux* aussi longtemps qu'ils ont besoin pour vivre de l'assistance de leur mère. On les appelle *louvarts* quand ils ont atteint l'âge de quatre à cinq mois, c'est-à-dire quand ils sont en état de gagner leur vie. Mais la mère ne les abandonne pas encore; elle ne se résigne à se séparer d'eux et à les lancer dans le monde qu'autant que leur éducation est parfai-

tement achevée et qu'elle les suppose lestés d'assez d'expérience
pour pouvoir se tirer sans trop de peine des passes épineuses dont
la carrière de tous les loups est semée. C'est merveille de voir
comme dès la fin d'août, à l'époque où commencent les tribulations des louvarts, ces jeunes animaux font déjà preuve d'intelligence, de savoir et de vigueur. J'ai vu des portées de louvarts se
faire battre six heures de suite dans la même enceinte, sans qu'il
en débuchât un seul, bien que les chiens donnâssent presque con-
tinuellement à vue. C'était un change perpétuel. Celui-ci avait-il
couru une demi-heure et se sentait-il épuisé, que celui-là accou-
rait aussitôt pour s'offrir volontairement au change et laisser à son
frère le temps de réparer ses forces; et chacun d'arriver à son
tour pour subir la corvée redoutable, pendant que la pauvre
mère, éperdue, coupait et recoupait incessamment la chasse, essayant d'attirer la meute sur sa voie et de l'entraîner tout entiere,
par une pointe habile, bien loin du théâtre du combat. Il n'est
guère de loups de France qui ne doivent la conservation de leur
existence à quelqu'un de ces actes admirables de charité fraternelle et maternelle. Par malheur, quand le laisser-courre prend
l'allure que je viens décrire, rien n'est plus facile que d'avoir
raison du louvart par les armes. Il suffit pour cela de pénétrer sous
le buisson et de suivre les chiens; la pauvre bête n'ayant pour
champ de manœuvre qu'un espace fort restreint, est condamné
à passer tôt ou tard au bout du canon du tireur qui s'est posté
sous bois. J'ai été témoin plus d'une fois dans ma vie d'assassinats de ce genre. Encore, si je m'étais toujours borné au rôle de
spectateur inoffensif!

La chasse du louvart est la plus animée peut être de toutes les
chasses à courre, la meute chassant presque toujours à vue. La
chasse du grand loup est, au contraire, la plus pénible et la plus
difficile de toutes. Mais n'anticipons pas sur les événements; con-
tinuons notre étude.

Les gouvernements, qui ne savent d'autre moyen de remé-
dier aux crimes engendrés par le paupérisme que de doubler
l'effectif de leurs gendarmes, et qui n'ont pas su ouvrir un
essor utile aux brillantes facultés du loup, pas plus qu'à celles

des Mandrins et des Lacenaires, ayant donc été forcés de mettre
les oreilles du louveteau à prix, beaucoup de gens dans les
campagnes ont été alléchés par la prime et se sont adonnés à
la destruction de l'espèce. On reconnaît facilement la présence
d'une portée de louveteaux dans le voisinage, aux ossements de
moutons qui tapissent le sol des clairières, où la jeune famille
vient prendre ses ébats la nuit, au sortir de son fort; mais l'enlèvement de la portée ne laisse pas quelquefois que d'être une
opération dangereuse.

La mère n'est jamais bien loin de ses petits, et elle n'est pas
d'humeur à se laisser priver de sa progéniture sans la défendre.
Cependant, en ces sortes de conflits, l'amour maternel l'emporte
encore chez la louve sur le désir de la vengeance. On a cent
exemples de louves qui, au lieu de se précipiter sur le ravisseur
et de lui sauter à la gorge, n'ont songé qu'à reprendre leurs petits et à les reprendre les uns après les autres, emportant le premier dans leur gueule et allant le cacher bien loin dans la forêt,
puis revenant à la charge pour continuer la même manœuvre
jusqu'à restitution complète de la part du larron. Or, les destructeurs de louveteaux, qui sont au courant des procédés de ces
pauvres mères, savent mettre à profit la durée des intervalles qui
s'écoulent entre chaque voyage, et, moyennant un léger sacrifice,
ils finissent toujours par sauver la majeure partie de leur butin.
C'est par le même moyen, rapporte la légende du Bengale, que
les dénicheurs de tigres réussissent à se procurer de jeunes individus de cette famille et à échapper à la dent meurtrière de la
tigresse. Ici, par exemple, le ravisseur a grand soin d'éviter la
rencontre de la mère, qui ne serait pas d'aussi bonne composition
que la louve, et sa tactique consiste à semer les nouveaux-nés sur
sa route, pour occuper la mère pendant l'espace de temps qui lui
est nécessaire pour gagner un lieu de sûreté. La perte de ses enfants a souvent produit sur la louve les mêmes effets que la pro-
longation indéfinie d'un jeûne trop rigoureux. On en a vu tomber
dans de violents accès de rage à la suite de ce coup cruel. Mais
les civilisés ne veulent pas même tenir compte à la pauvre bête
de l'excuse du désespoir.

Comme tous les animaux doués d'un odorat subtil, comme le chien, comme le renard, le loup n'attaque jamais sa proie qu'en se glissant sous le vent, pour que les émanations de son corps et le bruit de sa marche n'arrivent pas jusqu'à elle. Je ne sais quel auteur a écrit que le loup, en quête de victime, avait soin de s'humecter la patte avec la langue pour assourdir son pas.

La saison de l'année où le loup est le plus redoutable est celle des brouillards, qui font du jour la nuit, et permettent à l'audacieux de se glisser, sans être aperçu, jusque dans les basses-cours et dans les bergeries de la ferme. Les assassins et les escrocs de la capitale considèrent aussi les jours d'épais brouillards comme jours de bonnes fortunes. Le lendemain de ces jours là, les dalles de la Morgue offrent d'habitude une plus riche collection de cadavres que la veille, ce qui force les journaux, organes de la prospérité croissante, à signaler une recrudescence déplorable dans la monomanie du suicide. Je ne sais pas pourquoi quelques auteurs ont rangé le loup et le renard dans une certaine classe de canins nocturnes, sous prétexte que ces bêtes-là chassent de nuit. Le loup et le renard chassent parfaitement de jour quand ils peuvent.

Le loup a mis de temps immémorial en pratique le principe de l'association, secret de toute-puissance. C'est lui qui a inventé la chasse à courre et le procédé des relais. Il n'est pas de quadrupède capable de lutter avec lui pour la vigueur du jarret. Les loups de l'Amérique du Nord vivent presque exclusivement de la chair des daims, qu'ils forcent en quelques heures. Qu'un sanglier, un cerf ou un chevreuil ait été blessé par un coup de feu dans nos forêts, il ne tarde pas à devenir la proie du loup. En Lorraine, pays de grandes forêts, où le sanglier est encore commun et où l'on en fait une grande destruction par la neige, il arrive fréquemment que les chasseurs sont obligés d'abandonner une bête blessée que la nuit ne leur permet plus de suivre au sang; le lendemain matin, quand ils reviennent sur les lieux pour reprendre leur tâche, ils trouvent le plus souvent la besogne faite et la bête aux trois quarts dévorée. Les loups de Lorraine m'ont paru singulièrement friands de la chair du sanglier. Il est rare de n'en pas rencontrer quelques uns en embuscade dans le voisinage de la bauge où la laie abrite ses marcassins. Aussi la laie a-t-elle grand soin, comme on a vu, d'établir autour de sa demeure un cordon respectable de bêtes de compagnie. Je sais une ville de la Meuse où trois loups vinrent flâner une nuit jusqu'à la porte de la maison d'un chasseur, chez lequel avait été déposé un sanglier tué le jour même, et que l'on avait amené là en le traînant sur la neige, à défaut d'autre moyen de transport.

Le loup se prend rarement aux piéges, traquenards ou fosses à bascule. Quand il est pris au traquenard, il n'hésite pas à se couper la patte prisonnière. Il est à peu près impossible de l'empoisonner, car la bête soupçonneuse n'attaque guère que la charogne qui a été préalablement entamée par les chiens ; et semer des gobes empoisonnées pour le loup, c'est encore s'exposer à faire périr plus de chiens que de loups. Offrez au loup, au milieu du bois, un cadavre de cheval, de vache, de brebis, il n'y touchera pas. Il sait mieux que vous le lieu désigné par l'autorité pour servir de Montfaucon à la localité, et il se doute que c'est à son intention que vous avez enfreint l'arrêté municipal en créant, de votre chef, une succursale au dépôt officiel de la voirie. Mais si vous voulez que le loup donne à cette charogne, faites-la traîner par le bois, par les champs, ramenez-la près de votre domaine, enfouissez-la à moitié dans une fosse de votre verger, de votre enclos ; tâchez, en un mot, de convaincre le loup que vous tenez énormément à soustraire le cadavre en question à sa voracité, c'est le moyen presque infaillible de lui donner envie d'y goûter. Ce cheval, qu'il aurait laissé pourrir dans le bois sans même oser en approcher, il viendra le déterrer sans appréhension sous vos fenêtres, parce qu'il est bien persuadé qu'en le plaçant là vous ne songiez pas à lui. L'amorce sera plus puissante encore et le charme plus complet, si vous avez pris la précaution de faire mordre d'abord les chiens dessus. Disposez maintenant vos batteries, deux ou trois canons de fusil de fort calibre, chargés de chevrotines, convergeant dans la même direction, vers la place que devra occuper le loup en travail de déglutition et à la hauteur de 60 à 70 centimètres ; établissez une communication entre le cadavre enfoui et votre poignet, par le moyen d'une ficelle, et faites feu de toutes vos pièces à la fois, au moment où vous sentirez la secousse. Voilà le procédé le plus simple et le plus infaillible pour la destruction du loup. C'est aussi le procédé le plus usité en France. Il y a pourtant ici une précaution à prendre : le loup ne mâche pas comme le chien, il déchire sa proie et la boit pour ainsi dire ; il se précipite avec fureur sur l'appât, tire à lui le morceau qu'il a mordu et l'emporte au galop à quinze pas de là, pour le dévorer en sûreté ; et puis, c'est un nouveau voyage. Si donc vous étiez endormi à l'instant où la secousse de la ficelle vous a averti de la présence de l'ennemi, vous devez vous assurer que la bête est encore là, avant de presser votre triple détente ; sans cette information préalable vous seriez exposé à frapper dans le vide.

L'extrême voracité du loup, qui symbolise les appétits ardents des tempéraments de cours d'assises, n'a cependant pas la puissance de lui faire enfreindre les lois de la prudence. Il demeurera une semaine entière affamé plutôt que de toucher à la proie dont il se défie. Aussi, quand il a trouvé une belle occasion de satisfaire son appétit, répare-t-il admirablement le temps perdu. J'ai vu deux loups retirer à eux seuls, du fond d'une mare vaseuse et escarpée, le cadavre d'une jument énorme, qui pesait assurément plus de 350 kilogrammes, puis l'amener sur la berge et en manger la moitié en moins de deux ou trois heures. Comment des animaux, qui ne pèsent pas plus de 50 kilogrammes chacun, peuvent-ils absorber en quelques heures près de 200 kilogrammes de nourriture? L'explication du mystère est facile. Le loup a la faculté de rejeter par la gueule toute la nourriture qu'il a prise, et il en use pour prolonger indéfiniment ses repas. Pour le loup, ce qui est digéré n'est pas perdu, et il enfouit volontiers, en prévision des mauvais jours, ce qu'il a déjà mangé une fois. Ainsi faisaient les illustres gourmands de Rome, la sensuelle cité bâtie par les enfants de la louve. Les Russes, ces braves soldats qui mangent avec délices les chandelles qu'on leur confie pour un autre usage, les Russes et les Cosaques, émerveillés des prodiges de notre industrie culinaire, ont ressuscité, en 1814, le procédé

du vomitoire. Un anglophobe, digne de foi, m'affirme que cette
pratique ignoble, excusable seulement chez le loup, qui ne peut
pas toujours compter sur la pitance du lendemain, ne manque
pas de partisans de l'autre côté du détroit. Le peuple qui a inventé
le rôti à l'étouffé, la soupe à la tortue et la blanquette de veau
aux confitures, le peuple qui fait infuser dans le bordeaux du
poivre et du gingembre est capable de tout. Ce propos me rappelle, hélas! les ravages désastreux que le plumpudding et la
pomme cuite au clou de girofle ont déjà opérés parmi nous depuis 1830! Voilà bien de tes fruits, ô politique de concessions!
Ils ne laisseront pas même à ma malheureuse patrie la couronne
de laurier-sauce qui décorait sa tête !

La haine, qui rend impitoyable et aveugle, a été jusqu'à faire
un crime au loup des moyens désespérés auxquels il a quelquefois
recours pour tromper la faim cruelle. Comme on a vu que, dans
ces jours de famine, le loup était réduit à manger de la terre, on
en a conclu que, lorsqu'il s'*emplissait* de cette substance peu nu-
tritive, ce n'était que dans le but d'accroître la pesanteur de son
corps, afin d'avoir plus d'abattage pour écraser les grands animaux qu'il attaque, comme le bœuf et le cheval.

Et comme il n'attaque pas toujours le taureau par les cornes,
on l'a, à ce propos, accusé de lâcheté. J'ai quelquefois entendu
traiter de même les Kabyles et les Arabes d'Algérie d'assassins et
de lâches, sous prétexte que ces barbares, qui n'ont ni canons ni
tactique, s'embusquaient dans les ravins pour tirer sur nos troupes, au lieu de les attaquer de front. Qui n'a pas ouï parler de la
poltronnerie du loup, une calomnie atroce.

Non, le loup n'est pas poltron; il n'aime pas à exposer inuti-
lement sa vie, c'est vrai, mais c'est là de la sagesse et non de la
couardise. Les contrebandiers et les corsaires ne sont pas des lâches parce qu'ils évitent d'en venir aux mains avec des ennemis
trop supérieurs en nombre. Le courage, en pareil cas, serait du-
perie. Le loup ne s'est jamais donné pour aspirant à la succession d'Amadis de Gaule; ne lui demandons pas plus qu'il ne
nous a promis.

Le vrai courage se caractérise par le sang-froid en présence du

péril ; or, je ne connais pas un animal qui montre plus de sang-
froid dans le péril que le loup ; et c'est précisément pour cela que
la chasse du loup est si intéressante et si pénible.

Tous les ans, l'administration fait faire d'immenses battues
pour la destruction des loups. Tous les tireurs, tous les paysans
sont convoqués pour prendre part à l'opération, les uns pour
garder les passages, les autres pour traquer la forêt. Pourquoi ces
grandes battues, exécutées par un si grand concours de gens in-
téressés à l'extermination des loups, ont-elles si rarement un résultat utile ? C'est que les loups ne sont pas bêtes à s'effrayer du
bruit comme les renards et les lièvres. Les loups se disent : voilà
des gens qui ne crieraient pas si haut s'ils étaient armés, c'est
donc de leur côté, du côté des rabatteurs, qu'est la voie de salut.
Et, au lieu de fuir devant les rabatteurs, les loups rebroussent
tranquillement sur eux, et la chasse est manquée.

Ainsi tombe d'elle-même cette accusation ridicule de poltronnerie dont l'ignorance a entaché longtemps la réputation du
loup.

J'ai presque honte de donner place, dans un écrit sérieux, à
cette multitude de calomnies stupides que la malignité de l'espèce
humaine a entassées sur le compte du loup. Que de chapitres,
mon Dieu, à ajouter à l'histoire des erreurs de l'esprit humain,
dans ce que les hommes ont écrit sur les bêtes !

Si je vous disais qu'ils ont osé affirmer que le loup, abusant du
caractère étourdi et aventureux de la chèvre, abordait celle-ci,
une branche de saule à la gueule, et qu'il l'attirait, à l'aide
de cet appât trompeur, jusqu'en un lieu solitaire où il la dévorait...

Et qu'il y avait, en Algérie, une espèce de loups qui guettaient
les pêcheurs sur le bord de la mer et qui les obligeaient, sous
peine de mort, de partager avec eux les produits de leur pêche.
D'abord il n'y a jamais eu aucune espèce de loups en Algérie ; il
y a eu des éléphants, mais ce n'est pas la même chose ; et ensuite les loups se soucient autant de poisson qu'un poisson d'une
pomme. Ils ont aussi parlé d'une autre espèce de loups qui en-
traient en plein jour dans les villes sans se faire annoncer, et fai-

saient main basse sur tout le bétail qu'ils y rencontraient. J'ai déjà
fait observer que ces habitudes familières rentraient plutôt dans
les mœurs de l'hyène et du chacal que dans celles du loup. Je
soupçonne l'hyène d'avoir fait beaucoup de tort au loup dans les
Saintes Écritures et dans l'histoire ancienne; l'hyène, dont il a
été écrit qu'elle imitait la voix du berger à s'y méprendre, et
qu'elle appelait les chiens *par leurs noms,* pour les dévorer.

J'en passe et des meilleures. La calomnie de l'homme a poursuivi le loup au-delà du trépas. On a attribué à sa dépouille la
propriété singulière de faire naître la vermine dans les peaux de
brebis par le simple contact. On a dit qu'il était impossible de tirer
un accord de deux cordes d'instrument faites d'intestins de loups
et d'intestins de brebis; enfin, ils auraient vu des tambours de
peau de brebis, éclater à distance, par l'effet du son produit par
un tambour de peau de loup.

Lactance, le pieux Lactance, a essayé de justifier l'étymo-
logie du mot *lupanar.* L'auteur du *Traité de la véritable sigesse*
n'eût pas entrepris cette tâche, s'il eût été plus rempli de son
sujet.

Les anciens attribuaient aux simples émanations du loup la
vertu de faire avorter les juments et de rendre les génisses stériles. Dans les hiéroglyphes égyptiens, la stérilité est figurée par
une jument qui foule aux pieds un loup.

Les prophètes de l'Écriture sainte comparent fréquemment le
loup aux tyrans rapaces, aux rois de Syrie et de Babylone. L'analogie eût été plus exacte entre le loup et le rebelle qui brave la
tyrannie.

Hélas ! la simple histoire du loup, l'histoire naturelle du loup,
était déjà bien assez chargée de crimes, sans qu'il fût nécessaire
de la noircir encore de méfaits imaginaires. Le loup mange
l'homme et les animaux chers à l'homme. Le grief suffisait, ce
me semble, pour justifier la haine que l'homme lui a vouée.

Le loup mange l'homme, c'est vrai, mais qui est-ce qui a ha-
bitué le loup à se nourrir de chair humaine, sinon l'homme lui-
même, l'homme qui convie depuis tant de siècles les animaux
carnivores aux curées des batailles? Mais les loups ne se mangent

pas (1), et ils auront toujours cet argument terrible à rejeter à l'homme qui tue son semblable et qui le mange. Je défie l'histoire de me citer un crime de bête dont l'homme ne lui ait pas d'abord donné l'exemple. L'homme invente, l'animal copie.

Consultons l'histoire des loups célèbres de France ; elle four-mille de preuves à l'appui de cette haute vérité. Les chroniques du neuvième siècle font mention d'une invasion épouvantable de loups enragés qui ravagèrent le pays en 878. Eh bien ! rappelez-vous, c'était le temps où les Normands couvraient la France de sang et de funérailles. L'histoire du loup Courtaut se rattache aux malheurs effroyables du règne de Charles VI, au temps où l'Anglais tenait Paris ; celle de la bête du Gévaudan, qui fit périr tant de gens, à l'époque du funeste traité de 1763, qui consacra la ruine de notre puissance coloniale, et le triomphe de l'Angle-terre. Les loups qui envahirent la France en 1814 venaient de la Russie et de l'Allemagne, à la suite des armées que l'or de l'Angleterre avait coalisées contre nous. Je n'invente pas, je ra-conte ; ce n'est pas de ma faute si les deux fléaux se tiennent, si les triomphes d'Albion ont pour corollaire obligé un débordement de loups en France.

Ces loups de Moscovie étaient les frères et les cousins de ceux qui, en 1812, dans un gouvernement de l'intérieur, attaquèrent un détachement de quatre-vingts soldats qui changeaient de can-tonnement, les tuèrent et les mangèrent tous. Néanmoins, ces guerriers vendirent chèrement leur vie ; car on trouva le lende-main plus de deux cents cadavres de loups sur le champ de ba-taille au milieu des uniformes et des fusils brisés. Le fait est authentique. Un monument funéraire a été élevé sur le théâtre de la boucherie.

Et puis encore, quand bien même le loup mangerait l'homme, *de proprio motu*, qu'est-ce que cela prouverait contre l'éducabi-

---

(1) Il serait plus exact de dire que les loups ne se tuent pas entre eux pour se manger, car on a plus d'un exemple de loups affamés qui, rencontrant le cadavre d'un camarade, lui ont donné leur estomac pour tombeau.

lité du loup et contre ses bons sentiments naturels? Le chien
aussi mange l'homme, quand l'homme le dresse à l'anthropophagie. Il y en a même qui naissent avec un penchant très prononcé
pour la chair humaine, et qui aiment leur maître comme on aime
un bifteck. L'auteur de cette observation profonde, M. Alphonse
Karr, a eu un chien de Terre-Neuve qui le mangea une fois, sans
motif, sans provocation aucune, par lubie, par désœuvrement.
C'est lui-même, le mangé, qui raconte le fait.

Tous les jours on est exposé à rencontrer chez les banquiers des
chiens de garde qui vous dévorent pour un oui ou pour un non,
et qui seraient peut-être très embarrassés de donner une explication satisfaisante de leur conduite. Il y a quelques années qu'une
meute princière qui prenait le frais sur le haut de la terrasse de
Saint-Germain, avisa un charmant petit chien de la taille et de
la couleur d'un lièvre qui folâtrait innocemment sur le pont du
Pecq. Fondre sur la pauvre bête, la déchirer, la broyer, fut
pour cette troupe sans entrailles l'affaire de deux minutes. Quelques uns des coupables essayèrent de se justifier en affirmant
qu'ils avaient été abusés par une ressemblance fâcheuse ; mais
l'excuse ne fut pas admise, et l'équipage fut longtemps à se relever de cet échec moral. Un chien peut se tromper de l'œil
comme tout le monde ; se tromper du nez, jamais.

Le chien est sujet, comme le loup, à la rage ; le chien mord
plus d'enfants et tue chaque année plus de moutons que le loup.
M. le baron Dupin, qui est un homme très précieux pour ces
sortes de renseignements, nous dirait ça si nous le lui deman-
dions. Le chien abandonné à lui-même n'est guère moins redoutable que le loup pour tout son voisinage. Or, tout cela empê-
che-t il le chien d'être le plus précieux de tous les amis de l'homme
et le premier élément du progrès de la société humaine? Non,
sans doute ; eh bien! alors, s'il ne s'agit plus entre le loup et le
chien que d'une simple différence d'éducation, ne condamnez pas
le loup avant de savoir ce qu'il y a au fond de son caractère de
bon et de mauvais.

La plupart des voyageurs qui sont revenus du pays des Esquimaux estiment que les fameux chiens de trait qui remplacent le

cheval de poste dans ces parages, sont des loups véritables ; et
M. Bellot lui-même, qui a passé plusieurs années dans la société
de ces bêtes, et qui en a eu à son service, ne m'a pas paru hostile à cette opinion. M. Bellot est ce jeune et intrépide officier de
la marine française qui fait partie de toutes les expéditions en-
voyées à la recherche du capitaine Franklin dans les mers boréales, où il se trouve encore au moment où j'écris ces lignes
(mai 1853). A l'âge où d'habitude on achève sa cinquième,
M. Bellot avait déjà dans le corps une balle de Malgache reçue à
Tamatave, là-bas vers le tropique du capricorne, de l'autre côté
de l'équateur. Si c'étaient de vrais loups, pourtant, quel camou-
flet, quel pied de nez pour les calomniateurs de l'espèce !

Je sais des forestiers très instruits et très judicieux à qui l'on
n'ôterait pas de la tête que c'est la ruine du loup qui a entraîné
celle des forêts de la France. « Où est le temps, disent-ils, où la
peur salutaire du loup retenait dans le devoir les enfants et les
femmes ! »

. . . . . . . . . . . . . . . . . . . . . . . . . . . . . . . .

Où le sang-froid, l'intelligence et la vigueur du loup brillent
de tout leur éclat, c'est dans le laisser-courre, quand il a derrière
les talons cent chiens qui le harcellent. Posons d'abord, comme
règle générale, qu'on ne force pas le grand loup et qu'il faut de
toute nécessité recourir à l'aide du fusil quand on veut en finir
avec lui. Il y a des louvetiers qui ont chassé le loup pendant cinquante ans et qui avouent n'en avoir jamais pris un seul à la force
des jarrets de leurs chiens. Bien entendu qu'il n'est pas question
ici de lévriers. Le lévrier qu'on emploie encore à la chasse du
loup, en Russie et en Pologne, a existé autrefois en France ; mais
il y a bel âge que la race a disparu.

Chaque épisode de la chasse du loup présente sa difficulté spéciale. C'est déjà un travail épineux que de détourner l'animal,
c'est-à-dire de reconnaître l'enceinte qu'il habite dans le moment
actuel ; et, l'enceinte reconnue, reste à savoir s'il est au *liteau* ou
sur pied. Le liteau est le gîte que le loup se taille dans le fourré,
dans les hautes bruyères. Les endroits qu'il affectionne s'appellent ses *demeures*. Quand il n'a fait que se reposer en passant

dans le taillis, on dit en parlant des endroits où il a laissé l'empreinte de son corps : il a *flâtré* par là.

Le loup qui rentre fort tard au buisson est encore sur pied la moitié du temps, quand le piqueur vient faire le bois. C'est là ce qui rend l'opération si difficile. L'animal a en effet un tact exquis pour reconnaître l'approche de l'ennemi. Vous avez vu tout à l'heure ce loup qui a laissé passer sans mot dire et sans bouger de place une armée de paysans et de paysannes se rendant au marché ; il a même eu l'imprudence de s'asseoir à cinquante pas de la bande et de la regarder défiler, sans s'inquiéter des criailleries des chiens. C'est qu'il savait parfaitement qu'il n'avait rien à redouter de cette plèbe inoffensive. Maintenant voici venir un piqueur accompagné d'un unique limier. Le limier a reconnu l'entrée du loup dans le buisson ; mais, dans son ardeur, il a laissé échapper un maigre sifflement de narines...; or, en voilà assez pour que le loup, qui est à l'écoute à trois cents pas dans l'épaisseur du taillis, juge prudent de déguerpir et de s'enfuir à toutes jambes, à cinq ou six kilomètres de là.

Mais enfin, voici le loup rembûché ; le limier qui l'a reconnu est un chien discret et sage comme l'ennemi auquel il a affaire, et qui se contente de peser sur la lesse pour indiquer la rentrée. Les veneurs sont postés autour de l'enceinte, les relais disposés au loin On a été frapper à la brisée avec quatre chiens d'attaque ; les voici sur la voie : «Harlou, là, mes bellots ! » la bête part, la fanfare joyeuse a sonné le lancer. En avant, piqueurs et veneurs ; si vos chevaux ont du fond et vos chiens du jarret, on le saura tout à l'heure.

La bête a débûché au petit trot pour ménager ses forces ; elle pique droit devant elle ; c'est un vieux loup vraiment... Vingt chiens de plus à la bête. Sonnez, sonnez, fanfares... ferme le *bien aller*.

Le loup ne s'émeut pas du bruit ; il continue sa pointe.—Deux piqueurs pour gagner les devants et le faire rebrousser ! — C'est très bien, mais, par malheur, le loup a entendu le bruit et la direction de la cavalcade ; un temps de triple galop à son tour, et les piqueurs arrivent juste pour voir déraler la bête au petit trot, avec une légère avance de deux ou trois cents pas ; elle a modéré son allure aussitôt qu'elle a reconnu qu'il était inutile de se presser, et elle s'assied un moment pour observer les lieux et jouir du plaisir de se voir bien chasser.

La meute fait toujours rage au loin : c'est une voie si facile à suivre que celle du loup, malgré sa froideur. Toujours tout droit, point de défauts à craindre, point de change à dépêtrer. Toujours tout droit, c'est bien dit : c'est la ligne la plus courte pour les loups et les chiens, mais pas pour les veneurs, les piqueurs, les tireurs, la seule espèce dont le loup ait souci. Toujours tout droit, et l'on est sûr de rencontrer bientôt des collines abruptes, des fondrières, des vignes, des prés marécageux, une rivière, deux rivières, deux obstacles que les loups traversent ou surmontent plus lestement que les chevaux. Toujours tout droit, et, au bout de deux heures de chasse, les chiens dépaysés ne savent déjà plus qui les mène, et les cavaliers dispersés en sont à demander aux passants leur chemin et la chasse. Toujours tout droit deux heures encore, et tous les veneurs sont distancés, et il n'y a plus que Ronflaut et Tapageaut qui tiennent... Alors le loup, pour s'amuser, leur fait tête et les charge, si bien que Ronflaut et Tapageaut, ne se sentant plus appuyés ni par la voix, ni par la trompe, finissent par lâcher pied et par se résigner au retour en maudissant la ligne droite et la bête endiablée. Encore une corvée comme celle-là et un second coup de dent, et Ronflaut et Tapageaut se promettent de renoncer au loup pour le reste de leurs jours.

Les relais auraient bien donné si le loup avait passé de leur côté, mais il a passé ailleurs ; et puis, comment placer des relais à six lieues ?

Ce que tout le monde ne comprend pas, nos diplomates moins que personne, c'est que la ligne droite est le *nec plus ultra* de l'habileté et de la rouerie en matière de chasse tout comme en matière de diplomatie. Si les diplomates de la France n'étaient pas ce qu'ils sont, s'ils s'avisaient un beau jour de jouer cartes sur table et de dire de prime abord aux diplomates des gouvernements austro-russes : « Voici ce que veut notre pays, ni plus, ni moins, c'est à prendre ou à laisser, » vous verriez bientôt les rapports internationaux s'éclaircir et la mauvaise foi faire place à la franchise et à la loyauté dans les rapports des puissances. Mais les diplomates de tous les pays tiennent à passer pour des roués, pour des renards subtils; ils veulent jouer au plus fin et c'est là ce qui les blouse. Ce qui perd les cerfs et les lièvres, qui sont des animaux très rusés, c'est aussi de vouloir jouer au plus fin ; c'est parce que, au lieu de dépayser l'ennemi en prenant immédiatement un grand parti, ils s'obstinent à fouler les sentiers battus et à renouveler des manœuvres dont le secret finit par être dévoilé. Il n'en serait pas ainsi s'ils commençaient par isoler leurs agresseurs, comme fait le loup. J'ai cité l'histoire de cet illustre dix-cors de la forêt de Chantilly qui prenait parti vers les Ardennes chaque fois qu'on le lançait (trente-cinq lieues d'une traite). Il existerait encore s'il n'avait pas eu affaire au feu prince de Condé, le dernier des grands-veneurs de France, qui le fit prendre par ses relais à *vingt cinq lieues* du lancer. Un ministre anglican de France avait écrit sur les panneaux de sa voiture la devise ci-après : *Linea recta, brevissima.* C'était un puritain qui voulut se donner de petits airs de loup; mais sa conduite dans l'affaire de Cracovie, dans celles des mariages espagnols, du Sunderbund, etc., a bien prouvé qu'il n'était qu'un renard ; or, jamais renard n'a tenu contre des chiens anglais; et l'anglais l'a battu, et le peuple de Paris l'a forcé d'entreprendre un long voyage au 24 février.

Tous les loups cependant ne se montrent pas d'aussi bonne composition pour le départ que celui dont je viens d'esquisser la tactique. Il y en a qui ne se décident à quitter le fort qu'après avoir mis hors de combat les plus intrépides chiens de tête. Les échos de la vallée de Cluny disent encore les prouesses mirifiques du célèbre limier *Brisefort* et la résistance acharnée du terrible loup *Cambronne,* un Achille et un Hector à quatre pattes dont la lutte dura quatre ans entiers et se termina par un traité de paix dont les annales de la vénerie française n'offrent peut-être pas deux exemples. Brisefort et les siens s'engageaient à respecter à l'avenir l'inviolabilité du domicile de Cambronne. Cambronne promettait en retour de respecter le bétail de la contrée. Une seule exception était faite en sa faveur pour la chèvre. L'histoire dit que le traité fut religieusement observé de part et d'autre pendant plusieurs années. Avant d'en arriver à faire reconnaître ses droits d'une manière aussi triomphante, Cambronne avait écharpé successivement dix meutes de saintongeois et de griffons de Vendée, recrutés et équipés à grands frais. Sa tactique consistait à attendre de pied ferme l'ennemi dans son fort, puis à se jeter sur les assaillants les plus impétueux et à leur briser une patte d'un coup de dent. Autant de chiens blessés, autant de chiens perdus pour la chasse du loup. La fin de ce héros fut digne de sa vie. Il se noya dans la Saône, non pas comme Ophélia, en cueillant des fleurs sur la rive, mais en essayant de lutter de vitesse avec un bateau à vapeur dont la roue lui cassa les reins.

Il est d'observation que le loup, qui ne se fait pas faute d'emporter et de manger le chien courant qui chasse un lièvre, n'use presque jamais de ce procédé brutal à l'égard des chiens qui le chassent. Comme il sait, dans ce dernier cas, que c'est à lui qu'on en veut, et que le chef d'équipage ne peut être loin de sa meute, il ne se hasarde pas à perdre un temps précieux en dévorant un ennemi dont la mort serait promptement vengée. Quand il attaque le chien acharné à sa poursuite, c'est pour le dégoûter du métier et non pour le manger.

On ne chasse plus le loup en France ; cela provient peut-être de ce qu'il n'y en a plus, ou du moins de ce qu'il n'y en a plus guère ; car le morcellement de la propriété, l'accroissement désastreux de la population et le déboisement des forêts ont porté de rudes coups à l'espèce. Où l'on en rencontre le plus, c'est dans les colonnes des journaux, à l'article *canards ;* mais les veneurs qui cherchent ces animaux dans les monts et les plaines, sur tous les points du territoire, sont moins heureux que les rapporteurs de *faits divers,* assis tranquillement auprès de leur foyer, au centre de Paris. Si l'espèce du loup n'a pas encore été complètement exterminée en France ainsi qu'en Angleterre, il faut en rendre grâce, comme je l'ai déjà écrit, à la tendre sollicitude des louvetiers qui sauvent tous les ans quelques louveteaux de la proscription,... poussés à cet acte charitable par cette réflexion judicieuse, que s'il n'y avait plus de loups, l'institution des louvetiers deviendrait inutile. Je suis tenté de supposer parfois que c'est une raison analogue qui pousse nos avocats–représentants à nous bâcler de si méchantes lois. M. de Brosse, député de Mâcon, mort du choléra en 1832, et M. de Montcroq, auj urd'hui encore louvetier de Saône-et Loire, ont été, selon moi, les derniers représentants de cette noble corporation de veneurs qui portèrent si haut l'honneur de la louveterie française, n'attaquant jamais que l'animal nuisible, ne prenant jamais un plaisir dans lequel l'intérêt public ne fût pas pour moitié. Avec ces héritiers illustres des principes du comte de Montrevel et du curé de Chapaize, se sont éteintes les grandes traditions de la chasse du loup. L'un d'eux a assez vécu pour assister à l'invasion déshonorante des *fox hounds* d'Angleterre et du discrédit des chiens courants de Vendée et de Saintonge. Puisse l'expression de ces regrets sympathiques, dictée par une pensée toute française, parvenir à l'adresse de l'illustre louvetier de Saône et-Loire, et adoucir l'amertume de ses profonds regrets !

J'ai dit les mœurs du loup, son caractère, ses qualités, sa tactique dans les combats, ses moyens d'attaque et de défense. Je n'ai pas eu la pensée de dissimuler ses vices; j'en ai fait l'emblème du bandit. Seulement j'ai attribué ces vices à la misère et à l'influence délétère du milieu où il vit. Pourquoi ces circonstances atténuantes? Parce que je ne suis pas un civilisé qui condamne une bête sans l'entendre, et que j'ai fait ce que les civilisés ont oublié de faire; c'est à dire que j'ai élevé des loups, et que j'ai vécu dans leur intimité, avant de les juger. Et quand j'assigne au loup de brillantes destinées futures, c'est que de profondes études m'ont donné la conscience de ses hautes aptitudes, c'est que je le sais susceptible d'attachement, de gratitude et de fidélité. Oui, je vous le répète pour la .....ième fois, le bandit que vous renfermez dans vos bagnes, le loup que vous avez voué à l'extermination, sont des natures exubérantes chez qui déborde la sève et dont l'essor vigoureux a été dévié vers le crime, par un milieu subversif et hostile à l'éclosion des riches facultés. Le jour où la société

se décidera enfin à entrer dans la voie des destinées heureuses, le
jour où l'humanité fera appel au dévoûment de tous ses membres
pour tenter la grande œuvre de la conquête de son globe, où elle
associera pour la sainte Croisade tous les efforts de ses capacités
diverses, où elle aura besoin des plus hardis pionniers pour tarir
le choléra et la fièvre jaune aux plages limoneuses, et d'auxiliaires redoutables pour purger les régions de l'équateur et des pôles
des monstres qui les infestent... ; alors vous verrez, vous, vous
d'aujourd'hui, qui serez déjà peut-être revenus sur cette terre ;
vous verrez sur quelles têtes tomberont les couronnes décernées
au travail utile par la reconnaissance des peuples ; vous verrez
de quelle classe d'individus, de quelle race d'animaux sortiront
ces travailleurs d'élite et ces auxiliaires valeureux dont les efforts
combinés auront triplé la dimension du domaine de l'homme et
décuplé ses richesses. Ah ! je vous le dis d'avance, ce n'est point
aux lauréats Monthyon, aux natures lymphatiques et *vertueuses*
que sont réservées les palmes de la gloire dans les gigantesques
conquêtes de l'avenir. Arrière les faux dogmes d'expiation et de
renoncement, quand les jours de l'harmonie seront venus ! Arrière les faux prophètes qui parleront d'un Dieu méchant et cruel,
quand la munificence du globe, débordant de toutes parts pour la
félicité de la créature, aura proclamé la clémence et la générosité
du Créateur ! Malheur, malheur, aux Pharisiens et aux faux moralistes qui auront entravé la marche de l'humanité et prolongé
son enfance, en clouant sur la croix les confidents de la pensée de
Dieu ! Le monde émancipé de la tyrannie de l'égoïsme et de la
misère n'aura pas assez d'anathèmes et de sarcasmes contre eux;
tandis que la grande voix de l'universelle reconnaissance éclatera
disant :

Gloire aux natures ardentes et vigoureuses dont les poignets
d'acier ont frayé à nos générations la route de la Terre promise !

Gloire aux enfants réhabilités de la louve, par qui Dieu fait
fonder les cités éternelles !

## LE RENARD.

Vilaine bête, vilaine chasse. On ne chasse le renard que pour le détruire. Les Anglais seuls le chassent pour le chasser, et c'est là pour la vénerie anglaise une honte dont elle ne se lavera jamais. Les Anglais ne vont pas à la chasse pour chasser, mais bien pour se casser le cou et pour trafiquer en chevaux.

La chasse du renard n'offre aucun intérêt et vaut à peine qu'on en parle. Tous les chiens, même les plus mauvais, chassent le renard; un homme qui aurait le sens de l'odorat un peu exercé le suivrait à la piste. Voici toute cette chasse en quelques lignes. Les chiens lancent le renard à vue et s'emportent sur la voie en un charivari formidable; le renard prend un grand parti, ou fuit au prochain terrier et se *terre*. S'il fait chaud, si cette première course a duré plus d'un quart d'heure, la bête ne séjourne pas longtemps au fond de la demeure souterraine; elle est obligée d'en sortir pour prendre l'air. Elle s'élance au milieu des chasseurs et des chiens, et la chasse reprend jusqu'au second terrier. Postez vous sur un de ces refuges que tout le monde connaît; placez-vous sous le vent, et la bête vous arrivera dans les jambes, par l'endroit le plus fourré du taillis. Le renard, si rusé pour l'attaque, ne sait pas employer la ruse pour se défendre contre le chasseur et ses chiens. Ce fait a été signalé par le grand saint Ambroise. C'est une race à l'extermination de laquelle il est permis de procéder d'ailleurs, car le renard est un redoutable destructeur de lièvres, de perdrix, de faisans, de faons, de volaille, et il n'est bon qu'après sa mort, pour faire des tapis de pied et des vestes de chasse. La fourrure des renards bleus et blancs du nord est une fourrure de prix.

Mais si la manière dont on chasse le renard n'offre aux vrais amateurs qu'un intérêt médiocre, la manière dont le renard chasse est, au contraire, un curieux sujet d'études, aussi bien que ses mœurs, qui sont la peinture exacte des mœurs d'une foule de civilisés de bas étage, du voleur à la tire, du filou, du débitant félon. Si les animaux tiennent jamais boutique, je parie tout ce qu'on voudra que c'est un renard qui sera le premier boutiquier.

Je n'ai jamais dissimulé ma haine et mon mépris pour cette race (je parle du renard); j'en ai beaucoup détruit, et je donnerai même dans un prochain volume les moyens de les détruire tous en moins de deux ou trois ans. J'avoue même qu'il me serait doux de vivre après ma mort dans la mémoire des hommes, sous le nom de *Fléau du Renard*. Quand j'étais gouvernement... en Afrique, et que je surprenais quelqu'un de mes administrés en flagrant délit de vente de boissons falsifiées ou de viande de bœuf mort, je commençais par confiner le coupable en un séjour paisible et parfaitement abrité du soleil; puis je faisais fermer son officine, et j'écrivais de ma main sur les volets: *Fermé pour cause de vol*. C'est pour le coup que MM. les économistes auraient crié au sacrilége s'ils avaient connu mes méfaits, ces dignes précepteurs de morale qui n'entendent pas qu'on rogne les ailes au commerce, parce que ça l'empêche de voler..... Hélas! oui, j'avais espéré un jour parvenir à supprimer dans mes États le vol mercantile et la falsification du sulfate de quinine; mais j'avais compté malheureusement sans les agents comptables et leurs puissants amis.

On sait que le renard forme un des principaux groupes de la grande famille des *forceurs*, famille robuste, intelligente, douée d'un jarret d'acier, d'une finesse d'odorat exquise, d'une vue perçante, d'une patience à l'épreuve et de l'esprit d'association. Mais l'instinct supérieur, mais la force de la mâchoire et le génie de la combinaison stratégique ont été particulièrement dévolus dans la famille au loup et au chien: au loup, emblème du bandit, du flibustier; au chien, emblème du gendarme et du sergent de ville; celui-là opérant en mode subversif, celui-ci en mode harmonique. Le renard, titré en mode mineur (familisme), est le paria de l'espèce. Le loup et le chien, titrés en mode majeur (ambition, amitié), en sont la caste noble, faite pour la guerre et le gouvernement.

Le renard se marie donc. Si les savants savaient lire dans les œuvres du Créateur, quelle leçon de haute morale ils trouveraient dans ce fait du mariage du renard, qui leur a paru jusqu'ici, j'en suis sûr, le plus insignifiant de tous les phénomènes?

Pourquoi le renard se marie t-il, tandis que le chien, qui appartient cependant à la même famille, vit dans le célibat?

L'Institut a décerné beaucoup de médailles d'or dans sa vie, pour une foule de solutions inutiles; mais je doute qu'il ait jamais mis au concours cette question si féconde en enseignements profonds :

Pourquoi le renard se marie-t-il, et pas le chien?

Je n'attendrai pas que l'Institut ait posé la question pour y répondre, car peut-être attendrais-je longtemps.

Le renard se marie et non pas le chien, parce qu'il y a des hommes nés pour le mariage et d'autres pour le célibat.

Le chien ne se marie pas, parce qu'il est exclusivement titré en ambition et en amitié, c'est à dire parce que le chien a une destinée de dévoûment et d'unité sociale à accomplir, et qu'il ne convient pas aux intérêts de l'espèce humaine, reine du globe, que le chien soit distrait de ses occupations d'ordre supérieur par les soucis de la famille. Le chien doit être prêt à suivre l'homme en tous lieux, à toute heure, prêt à verser son sang pour lui jusqu'à la dernière goutte. Or, le ménage familial, surtout le morcelé, qui est celui du renard (chacun son trou) est la pierre angulaire de l'égoïsme et le tombeau du dévoûment. Le cerf, qui porte la série sur le front, en guise d'étendard, ne se marie pas.

Les grands génies n'ont pas de femme, parce que, dans les sociétés limbiques, la famille est une gêne, et que les grands révélateurs qui ont mission d'éclairer le monde et de périr à la peine, doivent commencer par s'affranchir de toute entrave susceptible d'embarrasser leur marche. Il est reçu, même en civilisation, que les militaires mariés font de mauvais soldats. C'était l'avis de l'empereur Napoléon, qui devait s'y connaître, en ayant consommé beaucoup.

La religion catholique, qui s'est posée comme religion de dévoûment, a été conséquente avec son principe en condamnant ses ministres au célibat. On peut ne pas vouloir de religion catholi-

• que, mais vouloir la religion catholique sans le célibat des prêtres est vouloir l'impossible ou l'absurde, qui pis est.

Le renard, qui vit de rapine et de maraude, et dont l'homme ne peut tirer parti pour l'embellissement du globe, le renard, race infime condamnée à disparaître un jour de la surface de la terre, peut se marier sans qu'il en résulte un grand mal pour l'humanité, et il se marie précisément pour nous apprendre à détester le ménage familial et morcelé, source de tous les vices et de toutes les misères.

Le ménage morcelé et le renard ont pour eux les moralistes hypocrites qui ne manquent pas de jeter la pierre au chien, à raison de son cynisme et de la brutalité scandaleuse de ses amours ; mais je réponds, pour le chien, aux moralistes : que la fidélité conjugale, dont se targue le renard, n'est pas toujours l'apanage des natures supérieures, et que l'influence de la papillonne n'a jamais terni l'éclat d'aucune grande renommée masculine ou féminine ; témoins Alcibiade, Aspasie, Salomon, Charlemagne, François Ier, Henri IV, Louis XIV, Catherine et Ninon. La fidélité en amour, idéal de tous les nobles cœurs dans les phases limbiques, n'est possible et normale qu'en phase d'harmonie.

Qui nous dit après cela que cette inconstance cynique, qui caractérise le tempérament du chien domestique comme celui du baudet, n'a pas sa raison d'être ? Qui nous dit que la grande question du ralliement à l'homme des espèces rebelles comme le loup, le zèbre, l'hémione, ne se rattache pas à ce vice de facilité d'amour reproché au chien et à l'âne. Je vous le demande, comment rallier le loup à l'homme, sans l'intermédiaire des croisements ? car je crois à l'éducabilité du loup ; c'est une de mes faiblesses. Mais ceci est trop savant pour les académiciens, je m'arrête.

Laissons respirer un moment les moralistes attérés, pour nous occuper exclusivement du renard et le suivre dans les diverses phases de sa carrière. •

Le renard se marie, mais il n'est pas monogame ; il ne fait terrier commun avec la femelle que pour le temps seulement où l'éducation de la famille rend ses soins nécessaires. Cette union, qui commence vers la fin de l'hiver, dure jusqu'au mois d'août.

La renarde porte deux mois comme la louve et la chienne ; elle met bas en avril : sa portée est de cinq petits.

Il est d'observation que, hors le temps de mariage, les renards, tant mâles que femelles, font très peu parler d'eux. C'est la venue de la famille qui développe avec luxe chez le père et la mère les instincts de pillage et de vol dont le ciel les a doués. Il en est de même chez les civilisés, où l'on voit fréquemment de jeunes commis-marchands très délicats au jeu avant le mariage, tricher au domino incontinent après. C'est encore une chose très connue que l'épouse civilisée triche au jeu. Je sais un riche négociant de Paris, autrefois démocrate, qui se plaignait à moi un jour de gagner trop d'argent sur le travail des pauvres ouvriers tisserands. C'était Néron, désespéré de savoir écrire. Le même fit poursuivre avec acharnement un de ses amis pour une dette misérable. Quand on lui fit reproche de ce procédé, odieux pour un républicain : « Que voulez-vous ! répondit-il, j'ai à nourrir une femme, deux enfants et deux chevaux. »

Un couple de portiers, désireux de trouver une loge, n'oublie jamais, pour capter la confiance des propriétaires, de se déclarer *sans enfants*.

C'est donc au mois de mai, quand il y a au terrier cinq bouches de plus à nourrir, que la basse-cour, le parc et la garenne ont à subir de la part de ces maraudeurs à longue queue les plus terribles assauts. Au père revient de droit l'office de directeur des expéditions diurnes et nocturnes ; à la mère, le soin de partager entre ses petits le produit de la chasse. Quand un renard pénètre dans un poulailler à cette époque, il ne se borne pas à étrangler une seule volaille et à l'emporter sur-le-champ, il fait main-basse sur tout le personnel de l'établissement (quand on prend des poulets, on n'en saurait trop prendre, ainsi disent les Juifs à propos de chemins de fer) ; puis il range ses victimes avec ordre, comme un chasseur son gibier, et procède avec calme à l'emballement et au transport de la marchandise. Si la femelle est là, elle lui prête assistance. Tout ce qui ne peut pas être mangé le jour même est enfoui soigneusement dans la terre, à des places qu'on remarque. Tous les individus de la grande famille des ca-

uins, qui sont menacés de mourir de faim ou réduits à vivre de
mulots et de racines, quand la chasse ne rend pas, ont cet instinct d'enfouissement et de prévoyance. Il y en a même, je l'ai
déjà dit, qui poussent la précaution jusqu'à enfouir ce qu'ils ont
déjà mangé une fois. La manie de feu Castagno était d'ensevelir
des pierres et des manches de fouet; j'ai toujours respecté ce travers et ne tiens pas à en savoir la cause. J'ai tué plusieurs fois
des renards à l'affût, en me postant dans le voisinage d'un quartier de levraut ou d'une aile de volaille enfouis par un de ces
animaux et découverts par la charrue. On ne tue pas toujours,
en ce cas, le propriétaire de la chose dérobée. J'en ai tué un, une
fois, en plein jour, derrière le mur d'une maison de ferme, qui
s'amusait à compter une demi-douzaine de chapons qu'il venait
de prendre, et qui paraissait tellement absorbé par ses calculs
qu'il me laissa approcher de lui jusqu'à une distance de quinze
pas. Il était midi : c'était l'heure où les laboureurs ont quitté la
plaine, où tout le monde fait la méridienne au logis. Le renard
est un observateur profond de toutes les circonstances extérieures;
il a étudié les allures des bêtes et des gens de son canton, il
possède à un haut degré la mémoire des heures, sans être cependant de la force du chien, qui distingue parfaitement les jours de
la semaine et qui sait que, dans les campagnes, les bouchers ont
l'habitude de tuer le samedi.

On connaît qu'une portée de renardeaux grandit dans le voisinage, quand on voit les carrefours de la forêt, où la jeune famille
vient prendre ses ébats, tapissés de fémurs d'oie et de tibias de
levraut. Les jeunes renardeaux sont friands de ces hochets, et
l'amour paternel veille à ce que ces charmantes fantaisies soient
toujours satisfaites. Les louveteaux, dont la mâchoire est plus
forte, préfèrent, pour folâtrer, le gigot de mouton.

Que de vols au faux poids, hélas! et de sophistications de denrées n'entraîne pas aussi l'amour paternel de l'épicier, désireux
de fournir sa progéniture de toutes sortes de hochets et d'une
veste d'artilleur! Quel sentiment louable n'aboutit pas à une tur-
pitude dans cette misérable société civilisée!

La renarde est pleine de tendresse et de soins vigilants pour

ses petits; elle quitte peu le terrier dans leur première enfance;
elle les guide à leur début dans la carrière du vol; elle leur enseigne avec amour les ruses du métier. Tel le marchand... mais
je suis las de comparaisons; que le lecteur s'en charge. Elle assume sur sa tête toute la responsabilité du péril lorsque la voix
des chiens se fait entendre; elle s'offre à leur poursuite en victime dévouée. La jeune famille ne paie pas toujours cette affection si vigilante et si tendre d'une parfaite gratitude. On a vu de
jeunes renardeaux affamés porter une dent parricide sur leur
mère et la dévorer jusqu'au squelette, dans des terriers dont
l'homme avait bouché les issues.

J'ai élevé plusieurs fois des renards que j'avais ravis à l'amour
de leurs parents dès l'âge le plus tendre. Je ne veux pas dire que
je n'aie jamais eu d'agrément avec eux dans le cours de leur éducation; seulement je suis forcé de convenir qu'avec ces bêtes-là
les relations d'amitié finissent toujours mal. Le renardeau ne
manque ni d'esprit ni de scélératesse, au contraire; malheureusement, il est impossible de compter sur sa parole et de se fier à
ses antécédents. L'éducation la plus soignée demeure impuissante
contre les suggestions incessantes d'un naturel dissimulé et perfide
et trop porté d'amour pour la volaille. La dissimulation, voilà le
vice qui ternit toutes les qualités du renard. Au surplus, sa physionomie n'est pas trompeuse, et la perfidie est écrite en caractères gros et lisibles dans son regard en dessous, dans sa démarche
quasi-boiteuse, serpentine et oblique. *Vulpes*, comme qui dirait
*volvipes*, une allure tortueuse. Défiez-vous de ces regards étroits
et louches qui brûlent d'un feu sombre, comme le regard de la
vipère, emblème de la calomnie. Le bon Dieu est un puissant
physionomiste, vous ai-je dit, qui a voulu que les grands yeux
fussent le miroir d'une âme innocente et candide. Le mouton, le
bœuf, la gazelle, le cerf, le lièvre ont reçu de grands yeux. Vous
pouvez lire le dévoûment et la loyauté dans le regard intelligent
du chien. La plus noble et la plus admirable créature qui soit
sortie des mains du créateur, la femme, type supérieur de l'ange,
lève aussi vers le ciel de grands yeux veloutés et tendres dont le
cristal azuré reflète la candeur de son âme. S'il y a des femmes

perfides, croyez-le bien, c'est l'injustice de l'homme qui les a dénaturées ainsi. La femme ayant été créée pour régner en ce monde, ne peut pas, en effet, désobéir à la volonté de Dieu, en se résignant à la servitude honteuse à laquelle l'homme l'a réduite. Esclave, elle est bien obligée de recourir à la ruse pour ressaisir son sceptre. C'est là de la bonne guerre, non de la perfidie.

Le renard est donc le type du sournois et du tendeur de pièges. Le monde civilisé est rempli d'individus de ce type ; on les rencontre surtout dans cette classe d'industriels qui se distingue par son uniforme de castorine fauve, et qui porte pour armure de tête la casquette de loutre. Ces gens-là sont même très flattés qu'on les dise de fins renards.

Du reste, le jeune renard s'habitue facilement aux figures et aux êtres de la maison dans laquelle il a été élevé. Ce qu'il paraît priser le plus dans nos institutions, c'est la régularité des repas. Je ne connais pas de chronomètre Breguet capable d'indiquer l'*heure militaire* d'un dîner avec la même ponctualité que l'estomac du renard. On a vu des renards qui avaient repris leur liberté d'eux-mêmes, revenir dans les mauvais jours, après trois mois d'absence, à la ferme où ils avaient vécu, et toujours, notez bien, à l'heure du repas.

J'étais propriétaire d'un très-jeune renard, il y a bien longtemps, un insigne farceur, capable de rendre quatre-vingts points sur cent à un munitionnaire général, en matière d'accaparement de comestibles. C'était une de nos consolations de l'étude du latin et du grec, à mes jeunes condisciples et à moi. Les applaudissements prodigués à ses bons tours avec trop de complaisance peut-être, et l'enivrement du succès, avaient réussi à développer outre mesure l'essor de son naturel cauteleux. Ma mère, responsable, aux termes du Code civil, des faits et gestes de mon renard, affirmait quelquefois tout bas qu'elle eût pu acheter un cheval avec le montant des indemnités que lui avait coûtées la bête scélérate, indemnités de volailles, de marmites désossées et de lapins de chou. La tête de l'animal fut enfin mise à prix ; mais qui eût osé se charger d'attacher le grelot, nous présents ? Un milan courageux ne craignit pas de tenter l'entreprise.

C'était un oiseau redoutable, la terreur des chiens caniches et des chats du pays, fier de cinquante victoires. Il demanda le champ clos contre le renard, et la lice s'ouvrit de mon consentement. La première attaque fut terrible. Interdite et effrayée par l'impétuosité de l'agresseur, la bête à quatre pattes lâcha pied honteusement et fut chercher une retraite dans le coin le plus obscur de la cuisine, théâtre du combat. Alors, le milan victorieux se campa fièrement sur la croupe de son ennemi aux abois, déchiquetant à grands coups de bec la partie la plus insensible et la plus fourrée du corps de son adversaire, la seule, d'ailleurs, que celui-ci offrit à ses outrages ; puis, enfin, saturé de son triomphe et des applaudissements du public, l'oiseau vint se percher sur le dos d'une chaise basse, où il ne tarda pas à se pelotonner et à s'assoupir, dans l'attitude de la buse repue. Et les théories de marcher leur train parmi les spectateurs, relativement à la supériorité des carnivores ailés sur les carnivores à quatre pattes, et la discussion de s'échauffer pour et contre, si bien que l'assemblée tout entière avait perdu de vue les combattants, au moment où un cri d'effroyable douleur fit retentir soudain les échos de l'enceinte. On se retourne, on regarde... Spectacle déchirant !... le milan gisait sur l'arène, battant les airs de son dernier coup d'aile et contractant ses serres dans une suprême convulsion d'agonie...

Comment le coup de mort avait été porté, je pouvais seul le dire. C'était une feinte renouvelée du fameux combat des Horaces et des Curiaces.

Le renard avait fui pour que l'oiseau s'attachât à sa poursuite et épuisât ses forces contre le bouclier rembourré de sa croupe. Aussitôt que l'oiseau fatigué eut renoncé à combattre et se fut perché sur le dossier de la chaise, dans la pose insolente du triomphateur insoucieux, la bête rusée avait tourné la tête, jugé la position et calculé la distance ; puis, s'élançant d'un bond terrible que nul n'avait prévu, que personne n'entendit, elle avait engueulé le milan endormi et l'avait percé d'outre en outre, d'un coup de dent unique. Ç'avait été l'affaire d'une seconde. Quant les regards cherchèrent le meurtrier, on l'aperçut sous l'évier de la place, dans l'attitude d'un être complètement étranger à la

scène tragique qui venait de se passer, et prosaïquement occupé
à mâcher la besogne à la servante, en essuyant les assiettes.

Comme nous étions très-forts en ce temps-là sur le *De viris*,
un nom de livre que nous prenions pour un nom d'homme, ainsi
que le *Selectæ profanis*, nous baptisâmes le héros de l'aventure
de l'illustre nom d'Horace. L'infortuné ne jouit pas longtemps
de notre admiration et de sa gloire. Emporté par une hallu-
cination étrange que produisit sur lui l'aspect de la première
neige, il s'enfuit à travers les plaines, sans prendre la précaution
de se débarrasser préalablement du collier à grelot dont il était
orné, et périt à quelques jours de là, sous le plomb d'un braconnier.

Le renard fait la guerre à tous les animaux plus faibles que
lui. C'est le fléau de la basse-cour et de la garenne ; il lève sur
la race du lièvre un épouvantable tribut ; il attaque avec succès
les faons de la chevrette et de la biche. Dans les jours de misère,
il se rabat sur les mulots et les racines ; il est moins friand de
raisin qu'on ne le dit ; mais tout ce qu'il peut dérober à l'homme
a pour lui un charme de saveur tout particulier ; c'est *pain béni*,
pour me servir de l'expression des juifs qui volent les deniers de
l'Etat. Le renard ne s'associe pas pour le vol avec les larrons de
son espèce ; il préfère travailler pour son compte et garder ses
bonnes aubaines pour lui seul, quand l'aide d'un complice ne lui
est pas indispensable. Ce n'est que pour le cas de chasse, et pour
celle du lièvre notamment, qu'il a recours au procédé d'association. Tant que l'affut lui paraît préférable au courre, il s'en tient
à l'affût. C'est le mode de chasse qu'il pratique le plus fréquemment à l'égard du lapin, gibier facile à surprendre au sortir du
terrier, en se masquant d'un tronc d'arbre, d'un buisson de char-
mille ou d'un bouquet de ronces. L'été, lorsque les blés sont
grands, il ne craint pas de se hasarder en plein jour dans la campagne où il surprend les levrauts au gîte, et les perdrix et les
cailles sur leurs nids. Il n'est pas rare que le renard, qui vient
guetter un lièvre à la sortie ou à la rentrée, trouve la place occupée par un braconnier et *vice versâ*. Le braconnier, né railleur,
ne manque pas de dire en ce cas : il m'est arrivé ce soir ou ce

matin un grand malheur : nous étions deux à l'affût du même lièvre, j'ai tué mon camarade.

Pour chasser le lièvre à courre, le renard s'y prend de la même manière que le chien et le loup pour forcer la grande bête. On connaît la passée d'un lièvre ; un renard, deux renards vont se poster sur la voie, aux endroits les plus favorables pour la surprise. Ceux-ci sont chargés de happer l'animal au passage ; un autre se charge de le mener à voix et d'indiquer la direction qu'il suit. Quand le lanceur est fatigué de courir, l'un des affûteurs postés en embuscade le reprend et ainsi de suite, jusqu'à ce que l'animal soit happé, ou forcé ou manqué ; mais les renards n'attaquent guère les grands lièvres qu'à défaut de levrauts. Les jappements aigus qu'on entend de tous côtés la nuit, dans les pays infestés de renards, et qui ressemblent assez à des aboiements de roquets, annoncent des renards en chasse. J'ai souvent entendu raconter l'histoire ou le conte de ce renard qui, après avoir reproché amèrement à son camarade de chasse d'avoir manqué le lièvre, répète devant lui le saut qu'il fallait faire, et paraît ne pas pouvoir comprendre qu'on soit si maladroit.

Un trait de cette adresse du renard, en même temps que de son effronterie. Un soir que nous revenions de la chasse au sanglier à la neige, un lièvre part devant nous dans la plaine et se dirige vers le bois ; quelques-uns de nos chiens l'aperçoivent et le poussent. Mais le lièvre a eu à peine le temps de gagner le buisson, que nous l'entendons jeter son cri de détresse. Je m'imagine qu'un de nos chiens le tient, ou qu'il s'est pris à quelque piége ; je m'élance de toute la vitesse de mes jarrets, pour m'en emparer avant que les chiens n'arrivent et le dévorent. Mais en voici bien d'une autre ; le lièvre continue de crier, et sa voix s'éloigne à mesure que je m'approche. Curieux d'avoir la clef de l'énigme, je redouble d'efforts pour gagner une jeune taille voisine où il faut que l'animal passe et que le mystère s'éclaircisse. Qu'aperçois-je ? un renard qui débûche à vingt pas de moi, traînant le malheureux lièvre à la remorque et fort gêné dans sa marche, comme on pense, par un pareil fardeau. Tant d'impudence méritait châtiment ; le coupable ne l'attendit pas une seconde. Ainsi l'effronté avait eu l'audace d'*accourir*, sur la voix des chiens, à la rencontre du lièvre et de le leur enlever à leur barbe, à moins de trois cents mètres du lancer!

Je l'ai déjà écrit; le renard, si rusé quand il chasse pour son compte, ne sait pas se défendre contre les chiens courants, pas mieux que les boulangers prévaricateurs devant le juge de paix. C'est le renard qui, dans les battues, arrive le premier sous votre fusil, à la voix des traqueurs; il ne rebrousse pas comme le sanglier, le loup et le chevreuil. On le prend facilement à tous les piéges, au rejet, au traquenard; on l'empoisonne avec les gobes, boulettes de viande assaisonnées de noix vomique. Je conseille pour ce procédé l'emploi de la taupe saturée de strychnine. Le renard étant le seul animal qui dévore la taupe morte, on ne risque pas, comme avec les autres gobes, d'empoisonner les chiens. Il arrive quelquefois que le renard pris au piège s'ampute courageusement la patte prisonnière et se sauve sur les trois qui lui restent. La *Maison rustique* veut que, pour éviter ce désagrément, on attache le traquenard à une pierre que le renard puisse traîner après lui jusqu'à une certaine distance, attendu que cette opération *l'amuse*, dit le livre naïf, et éloigne de son esprit toute idée de suicide. Cette naïveté rappelle ce précepte célèbre du *Cuisinier français :* la truite *aime* à être mangée *vive*, le brochet *préfère* attendre.

Un de mes amis de l'Aisne, grand destructeur de mauvaises bêtes, m'écrivait l'an dernier : «Vous êtes bien dans le vrai, ainsi que saint Ambroise, quand vous dites que le renard est une bête de peu de défense. J'en ai pris un ce matin dont la stupidité m'a fait peine. Imaginez-vous que l'imbécile s'était coupé la patte juste au dessus de l'endroit par où elle était tenue au piége, de sorte que ce douloureux sacrifice n'avait amélioré en rien sa position. Vous avouerez avec moi qu'une telle étourderie approche de la bêtise. Je ne crois pas qu'un loup, en pareille occurence, eût fait semblablement. »

C'est une mauvaise bête que le renard, et qui a la vie dure et la dent venimeuse. Ne lui mettez pas le pied sur la gorge avant de vous être bien assuré auparavant qu'il est parfaitement mort.

Plus d'un chasseur imprudent a été victime des airs de trépassé qu'il se donne pour ruser jusque dans la tombe (j'ai peur que la métaphore ne soit un peu forcée). Il y a quelques années que des bûcherons avaient déterré un renard à la fosse Bazin, une gorge escarpée des collines de Fontenay-aux-Roses. L'animal avait été assommé au sortir de son repaire et gisait sur le sol, ne donnant plus signe de vie, quand le garde-champêtre, qui avait assisté à l'exécution, et qui se défiait de quelque méchant tour de la bête, eut l'idée de lui plonger dans le flanc son arme redoutable ! O surprise ! le renard, piqué au vif, se réveille soudain de sa feinte léthargie, et détale aux yeux des spectateurs ébahis, emportant avec lui le sabre qui l'a blessé. Le fonctionnaire public en fut pour insigne.

J'ai entendu dire par beaucoup d'écrivains que le renard avait souvent recours à ce dernier stratagème, quand la faim le pressait; qu'il faisait le mort pour attirer à sa portée les corneilles et les autres oiseaux de proie qui vivent de charognes. Je crois tout du renard, emblème du boutiquier; du renard, qui s'approprie le terrier du blaireau par des moyens que la délicatesse de l'odorat réprouve, et dont l'existence entière n'est qu'une longue série de rapines, d'escroqueries et de meurtres d'enfants nouveau-nés.

Aussi, cette maudite engeance dont l'histoire politique est si noire de crimes a-t-elle provoqué de toutes parts, et depuis les temps les plus reculés jusqu'à nos jours, l'anathème des générations. Le renard de l'Écriture sainte se distingue par trois qualités principales qui sont: voracité insatiable, fourberie, cruauté. C'est pourquoi saint Luc l'évangéliste représente sous l'emblème du renard Hérode, tétrarque de Judée. Un détracteur forcené de la Grande-Bretagne, un anglophobe, comme on nous appelle, dirait qu'il y a aussi de l'Anglais dans ce portrait, sauf les griffes du léopard, qui manquent ici pour compléter la ressemblance. Les livres saints reprochent encore au renard de ne cultiver d'autre amitié parmi les bêtes que celle du serpent, ami des sombres cavernes comme lui. Je traduis le texte mot à mot.

Ézéchiel, qui n'était pas, au dire de la Bible, un gastrosophe de haut titre, Ézéchiel et le Cantique des Cantiques assimilent les faux prophètes aux renards. Origène et les autres Pères de l'Église vont plus loin ; ils affirment positivement que la fourrure du renard sert d'enveloppe au démon, et la tradition se perpétue jusque dans le moyen-âge. Elle se reproduit dans les légendes démoniaques de nos pères ; elle s'incruste en mythes vivants dans les pierres de nos cathédrales. On peut voir dans les stalles du chœur de la curieuse église de Cuiseaux (Saône-et-Loire), Satan sous la forme d'un renard, éteignant d'un souffle impur la flamme de l'Esprit saint.

Le livre des *Juges*, les *Fastes* d'Ovide, Tite-Live, l'histoire sacrée comme la profane, mentionnent l'emploi du renard comme stratagème de guerre. Un grand nombre d'écrivains incrédules et sceptiques ont paru révoquer en doute la véracité de l'histoire des trois cents renards accouplés deux à deux et munis de torches à l'arrière, avec lesquels le valeureux Samson fit tant de mal aux moissons des Philistins. On se récrie sur la difficulté de réunir une telle quantité de renards et de leur attacher simultanément tant de mèches incendiaires à la queue ; mais j'arrive à la justification de la version hébraïque en commençant par signaler une confusion du texte. Il est évident pour moi qu'il faut toujours lire *sanglier* et *chacal*, là où les livres saints disent *pourceau* et *renard*, attendu que le chacal et le sanglier sont aussi communs dans la Judée et dans l'Asie-Mineure que les porcs et les renards y sont rares, et, encore, parce que les renards ne vivent pas en troupes comme les chacals, et parce que la loi de Moïse prohibait l'élève du pourceau comme la loi de Mahomet. Avec cette simple rectification, l'histoire de Samson s'explique le plus aisément du monde, comme toutes les histoires des possédés de l'Évangile, et la véracité des Saintes Écritures est sauvée. Pour qui a vu l'Égypte et l'Asie-Mineure, ou seulement l'Algérie, ce n'est pas la mer à boire assurément que de réunir, Dieu aidant, quelques centaines de chacals. Dans l'hiver de 1841, à Boufarik, j'avais prié trois de mes administrés de me procurer quelques peaux de chacal pour m'en faire des tapis ; ils m'en apportèrent deux douzaines chacun au bout de trois ou quatre jours. Il y a plus, je tiens que, sans les chacals, l'Algérie eût été dévastée dix fois déjà depuis notre occupation par la peste, et cela, grâce aux innombrables décès de bœufs et de mulets provoqués par la négligence de l'administration militaire. En février 1842, le seul troupeau de Boufarik, troupeau du gouvernement, livra aux chacals de la Mitidja, en huit jours, plus de cent cadavres de bœufs d'Espagne et de Sicile, des bêtes gigantesques. Le neuvième jour, il n'en restait plus que les os.

Élien rapporte aussi que, de son temps, les renards étaient si communs dans les contrées voisines de la mer Caspienne, qu'on les rencontrait par bandes dans les rues des cités, où la présence des hommes ne les intimidait pas. Je répète que ces habitudes familières sont dans le caractère du chacal et non dans celui du renard. La version d'Élien est toute en faveur de ma thèse. Mais renard ou chacal, toujours est-il que toutes les fois qu'il s'agit de faire un mauvais coup, la vilaine bête est là. L'antiquité l'a même accusée d'aimer la chair humaine, et Pausanias a cité un fait à l'appui de cette accusation, l'histoire du Messénien Aristomène qui s'échappa des oubliettes où il avait été jeté par les Lacédémoniens, au moyen d'un conduit souterrain que les renards *avaient creusé pour venir manger les cadavres des oubliés.* La faim est mauvaise conseillère, j'en conviens, mais je n'ai par devers moi aucun fait authentique moderne qui justifie l'imputation ci-dessus. Quant au chacal, c'est autre chose ; le chacal a déterré en Algérie plus de cadavres que l'hyène. Le chien, redevenu sauvage, donne également dans ce travers regrettable. Le chien, ne l'oublions pas, est le très-proche parent du chacal. La chacale ne dissimule même pas ses préférences amoureuses pour le chien, et produit avec lui comme la louve ; mais il y a antipathie invincible et mortelle entre le renard et la chienne. Jamais le dévouement et l'épicerie ne se donneront la main. L'amour de l'humanité m'a logé sous le crâne deux idées fixes dont j'entends poursuivre l'application jusqu'à ma dernière heure : l'extermination du renard et celle du brocanteur.

On sait enfin que les fabulistes ont fait abus de l'analogie du renard, affublant de sa robe le flatteur, le parasite, le gourmand, le marchand d'amulettes, le fripon, le plaideur, l'orateur politique. Ils ont usé le costume à force de le prêter aux procureurs (avoués d'aujourd'hui). J'ai besoin de citer à ce propos la réponse sublime de l'un de ces interprètes jurés du Code, retiré de la chicane, où il avait laissé un nom illustre, avec une fortune *honorable* acquise en dix ans d'exercice. Comme on le félicitait un jour sur son rare talent à embrouiller les causes et à éterniser les procès, — «Plût à Dieu, répondit-il, que j'eusse à recommencer ma carrière ! je vous jure que je m'y prendrais autrement ! — Et comment cela? s'exclama l'interlocuteur, désireux de s'instruire. —Eh ! parbleu ! en me faisant honnête homme... il y a si peu de concurrents...» Je n'ai pas besoin de dire que la réponse ci-dessus remonte au temps passé.

Et maintenant que vous savez les raisons de ma haine et de mes mépris pour la bête favorite des veneurs d'Albion, écoutez la parole du Christ (Évangiles selon saint Luc, chap. 9, v. 58 ; saint Matthieu, chap. 8, v. 17) :

« *Vulpes foveas habent et volucres cœli nidos, at Filius Hominis non habet ubi caput reclinet!* »

« Les renards ont leurs terriers, les oiseaux du ciel ont leurs nids; mais le Fils de l'homme n'a pas où reposer sa tête ! »

Ainsi parlait le Christ aux puissants de la terre, il y a dix-huit siècles, reprochant à la société antique son égoïsme et son inhumanité. Depuis ce temps, la parole libératrice du Fils de Dieu s'est répandue sur le monde, et le dogme de la charité chrétienne n'a pas manqué d'apôtres ni de martyrs; mais, vainement ces apôtres ont prêché la justice, l'égalité et l'amour du prochain par tous les coins du globe : les renards ont encore pour l'hiver une fourrure et une retraite chaudes, les oiseaux du ciel ont leurs nids; le Fils de l'Homme lui seul, le prolétaire infortuné, n'a pas où reposer sa tête !

FIN.

# TABLE DES MATIÈRES.

AVERTISSEMENT DE L'AUTEUR......  ....................

## INTRODUCTION.

Discours sur l'origine des bêtes et sur l'analogie universelle..  3

## ZOOLOGIE PASSIONNELLE.

### CHAPITRE PREMIER.

De la chasse et de son influence sur les destinées de l'humanité................................................  75

### CHAPITRE II.

LA FRANCE EUROPÉENNE ; ses climats ; ses habitants... ....  106
Des sept fléaux limbiques de la chasse................  114
Des vins et du gibier de France....................  117
De la femme française et de la coquetterie...........  119

### CHAPITRE III.

Du mobilier zoologique de la France...................  131
Dissertation sur la nomenclature....................  141

33

## CHAPITRE IV.

Des animaux ralliés à l'homme; les auxiliaires; les domestiques....................................................... 172

AUXILIAIRES :

    Le chien................................. 174

    Le cheval................................ 203

    L'âne.................................... 217

    Le mulet................................. 221

    Ruminants : Le taureau; la vache......... 224

    Le chat.................................. 239

    Le furet................................. 245

DOMESTIQUES :

    Le porc.................................. 248

    Le bouc; la chèvre....................... 249

    Le bélier, la brebis..................... 252

    Le cochon d Inde......................... *ibid,*

    Le lapin................................. 253

## CHAPITRE V.

Des bêtes qui ne se chassent pas....................... 257

    Le hérisson.............................. *ibid.*

    La taupe................................. 264

    Le desman et la musaraigne............... 268

    Le rat................................... 269

    Le hamster............................... 277

    La marmotte.............................. 278

    Les loirs................................ 279

    Les chéiroptéres (chauve-souris)......... 280

## CHAPITRE VI.

Des bêtes qui se tirent et ne se chassent pas.......... 287

    Les ruminants des glaciers............... *ibid.*

    Le bouquetin. — Le chamois. — L'isard. — Le mouflon. 288

    Le lynx.................................. 295

La bête puante.................................. 297
        La fouine................................... »
        La martre.................................. »
        Le putois.................................. »
        Le vison................................... »
        La belette................................. »
        L'hermine.................................. »
        L'herminette .............................. »
Le blaireau.................................... 304
La loutre...................................... 307
Le castor...................................... 311
L'écureuil..................................... 314
L'ours......................................... 346

## CHAPITRE VII.

### MAMMIFÉRIE PÉLAGIENNE.

Souffleurs ; phoques........................... 340
Des poissons à mamelle, vulgairement cétacés.... 342
Phoques....................................... 378

## CHAPITRE VIII.

Des bêtes qui se forcent et ne se tirent pas, et du courre..... 389
   Le courre.................................. *ibid.*
   Le lièvre................................... 396
   Le fauve................................... 413
   Le cerf.................................... 418
   Le daim.................................... 438
   Le chevreuil............................... 439
   Le sanglier................................ 444
   Le loup.................................... 465
   Le renard.................................. 496

### FIN DE LA TABLE.

Paris. — Imprimerie L. Grimaux et Cie , rue du Croissant, 16.

*SOUS PRESSE :*

—

**Deuxième édition**

de

# L'ESPRIT DES BÊTES

VÉNERIE FRANÇAISE

ET

## ZOOLOGIE PASSIONNELLE

**PAR A. TOUSSENEL.**

1 fort volume in-8. Prix : 6 fr. pour Paris; 7 fr. 50 par la poste.

———◦◦◦———

Paris.— Imprimerie Gerdès, rue Bonaparte, 42.